# Photoshop CC

# 移动UI界面设计与实战

（第2版）

创锐设计 编著



電子工業出版社
Publishing House of Electronics Industry
北京•BEIJING

## 内容简介

目前移动设备产品日益增多，移动应用程序的市场呈现出百花齐放的胜景。为了能够迎合用户、提高用户体验，越来越多的移动应用程序产品开始提倡"以用户为中心"的设计理念，这就要求移动UI视觉设计师们要有敏锐的设计嗅觉和完整的设计流程及思维。本书从移动UI视觉设计的基础知识出发，通过分析和讲解两大主流系统的设计规范和设计技巧，将移动UI视觉设计中的创意思路与操作案例有机地结合在一起，力求在帮助读者提高UI界面制作能力的同时，拓展移动UI视觉设计的创作思路。

本书包含三部分，共12个Part的内容。第1部分为基础篇（Part1~Part3）：介绍移动UI视觉设计的基础知识，Photoshop软件的常用操作功能，以及移动UI界面中基础元素的设计规范；第2部分介绍两大主流系统（Part4、Part5）：分别对两大系统进行有针对性的讲解，通过相关的案例介绍移动UI视觉设计的制作方法和技巧；第3部分讲解App应用实例（Part6~Part12）：以完整的App界面设计为主要内容，展示不同风格移动UI界面设计的特点和制作方法。

本书包含了大量精美的界面元素、App应用程序界面视觉设计的案例，利用较详细的布局规划、创意思维、配色方案、组件分析等内容来对案例的创作思路进行阐述，并解读移动UI视觉设计的创作技巧。本书特别适合移动设备UI视觉设计的初学者阅读，同时对Photoshop使用者、平面设计师和App开发设计人员也有较高参考价值。



**图书在版编目（CIP）数据**

Photoshop CC移动UI界面设计与实战 / 创锐设计编著. — 2版. — 北京：电子工业出版社，2018.1

ISBN 978-7-121-32980-7

Ⅰ.①P… Ⅱ.①创… Ⅲ.①移动电话机 – 应用程序 – 程序设计②图象处理软件③Photoshop CC
Ⅳ.①TN929.53②TP391.413

中国版本图书馆CIP数据核字(2017)第264046号

策划编辑：孔祥飞
责任编辑：徐津平
印　　刷：中国电影出版社印刷厂
装　　订：中国电影出版社印刷厂
出版发行：电子工业出版社
　　　　　北京市海淀区万寿路173信箱　　邮编：100036
开　　本：720×1000　1/16　　印张：18.25　　字数：380千字
版　　次：2015年6月第1版
　　　　　2018年1月第2版
印　　次：2020年6月第8次印刷
定　　价：79.00元

凡所购买电子工业出版社图书有缺损问题，请向购买书店调换。若书店售缺，请与本社发行部联系，联系及邮购电话：（010）88254888，88258888。

质量投诉请发邮件至zlts@phei.com.cn，盗版侵权举报请发邮件至dbqq@phei.com.cn。

本书咨询联系方式：010-51260888-819，faq@phei.com.cn。

# 前言

在科技高速发展的今天，移动设备已经成为人们生活和娱乐的必需品之一，移动设备的用户界面及体验越来越受到用户的关注。对于一个优秀的App应用程序而言，其界面的视觉设计起着关键的作用，它是除交互式设计外，用户能够直接接触到的东西。如果把App的功能比作人的肌肉和骨骼，那么移动UI的视觉设计就是人的外貌和品格，是一款成功的应用程序必不可少的重要组成部分。设计师如何才能设计出让人过目不忘且实用美观的界面呢？在本书中你可以找到答案。

本书从移动UI界面设计的基础开始，针对当今主流的两大移动系统，讲述移动UI视觉设计的创意收集、设计重点、制作规范等一系列的知识，将理论与实践进行有机结合，通过从无到有、从局部到整体的方式讲解App应用程序的界面设计，帮助读者建立正确、实用的移动UI视觉设计的思路与方法。

**本书内容梗概**

第1部分 基础篇（Part 1~Part 3）：介绍移动UI视觉设计的基础知识，讲解移动UI视觉设计所使用到的Photoshop软件的常用操作功能，以及移动UI界面中基础元素的设计规范。

第2部分 两大主流系统（Part 4、Part 5）：对两大系统进行有针对性的讲解，从界面的图标、设计风格等角度入手，讲述两大系统各自的区别与特点，并利用相关的案例来介绍移动UI视觉设计的制作方法和技巧。

第3部分 App应用实例（Part 6~Part 12）：以完整的App界面设计为主要内容，通过对界面布局、创意、配色和组件等进行详细分析，用不同功能的App的创作思维和制作步骤来展示不同风格的移动UI界面设计的特点和制作方法。

**本书特色分析**

全面系统的知识体系：书中将两大主流系统的设计规范和风格进行了详细介绍，通过图文并茂、层次清晰的方式直观地展示出全面而系统的移动UI视觉设计的相关知识，帮助读者了解和掌握与移动UI视觉设计相关的概念和必备的基础知识。

精辟的设计思路剖析：在本书的案例中，我们针对案例设计的创意思路、设计来源等进行详细阐述，帮助读者形成自己的设计思维，并将设计创意分析与软件操作相结合，让读者在提升移动UI界面制作技能的同时，拓展创意和设计思维。

呈现精美的设计案例：书中包含了大量精美的App设计案例，每个案例都根据不同类型和功能的App进行构思和创作，并将平面设计知识和软件运用知识贯穿其中，可以帮助读者快速提高设计思维的灵活性和软件操作技能。

本书由“创锐设计”团队编写，参加编写工作的有马世旭、罗洁、陈慧娟、陈宗会、李江、李德华、徐文彬、朱淑容、刘琼、徐洪、赵冉、陈建平、李杰臣、马涛、秦加林。尽管作者在编写过程中力求准确、完善，但是书中难免会存在疏漏之处，恳请广大读者批评、指正，也欢迎大家加入QQ群（111083348）进行交流。

编　者

**读者服务**

轻松注册成为博文视点社区用户（www.broadview.com.cn），您即可享受以下服务：

◎下载资源：本书教学视频及资源文件，均可在“下载资源”处下载。

◎提交勘误：您对书中内容的修改意见可在【提交勘误】处提交，若被采纳，将获赠博文视点社区积分（在您购买电子书时，积分可用来抵扣相应金额）。

◎与作者交流：在页面下方【读者评论】处留下您的疑问或观点，与作者和其他读者一同学习交流。

页面入口：http://www.broadview.com.cn/32980

# 目 录



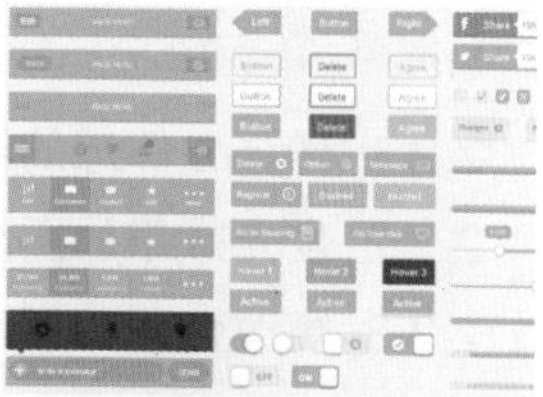

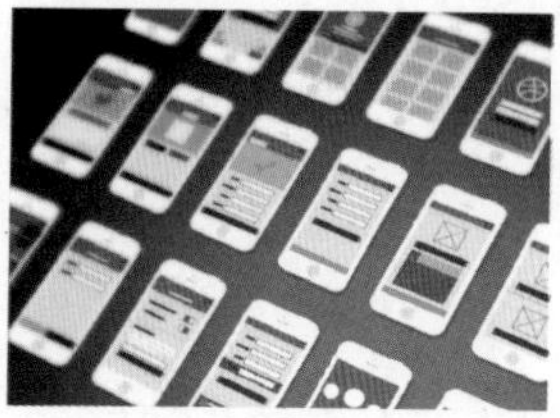

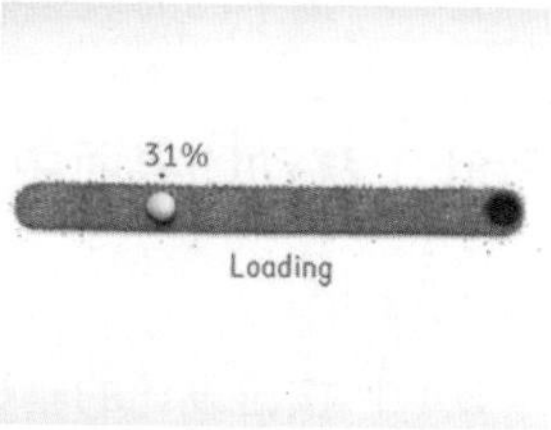

Because Of You
Kelly Clarkson

Because Of You
Kelly Clarkson



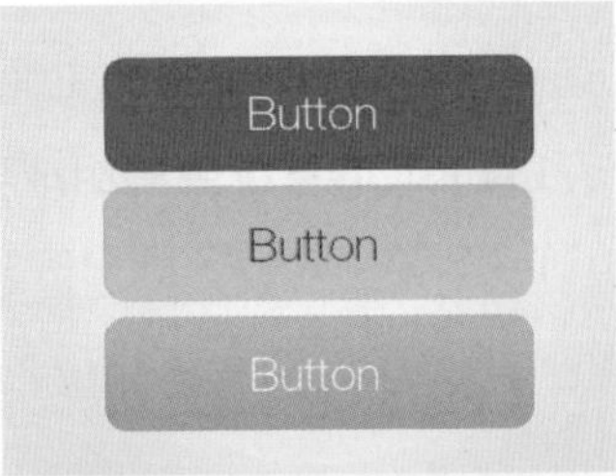
Button
Button
Button

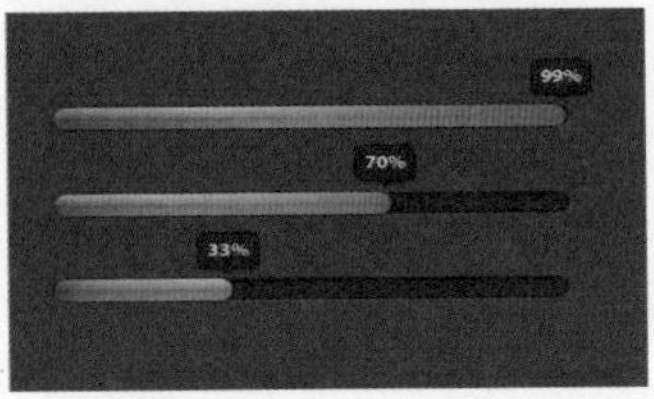
99%
70%
33%

Download

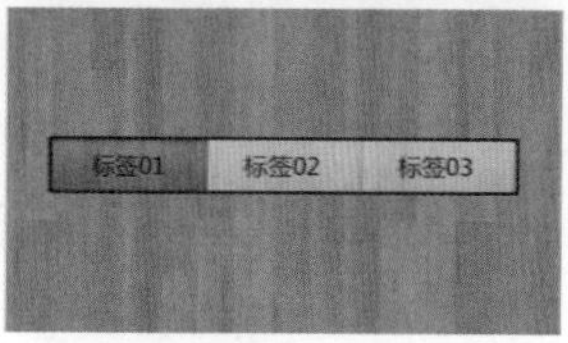
标签01
标签02
标签03

思源黑体
繁体中文版 V1.00
0123456789
abcdefghijklmnopqrstuvwxyz
ABCDEFGHIJKLMNOPQRSTUVWXYZ

+7°
中国・北京
星期四，7月07日

12 + 46

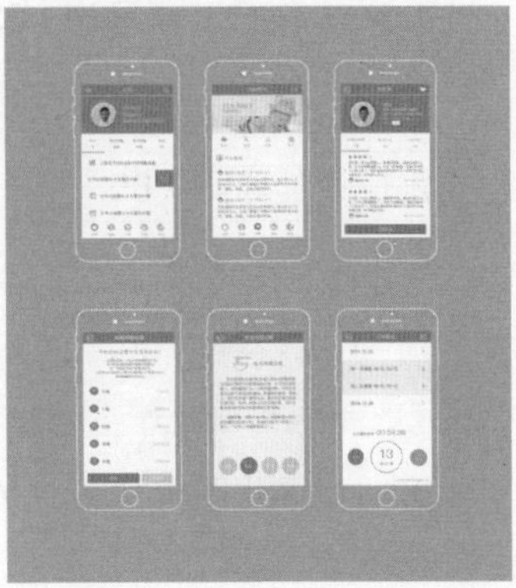

# 目录

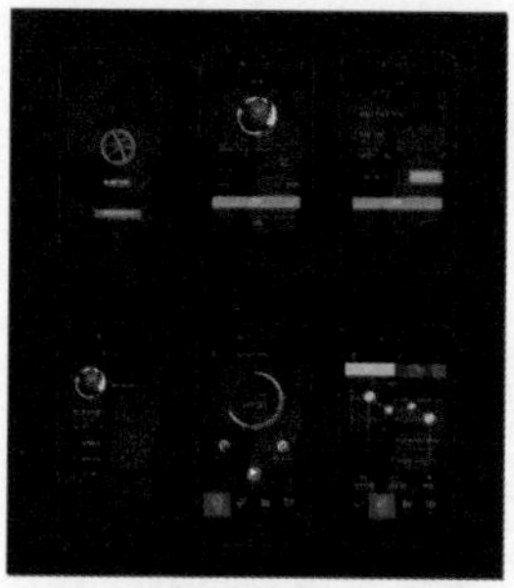



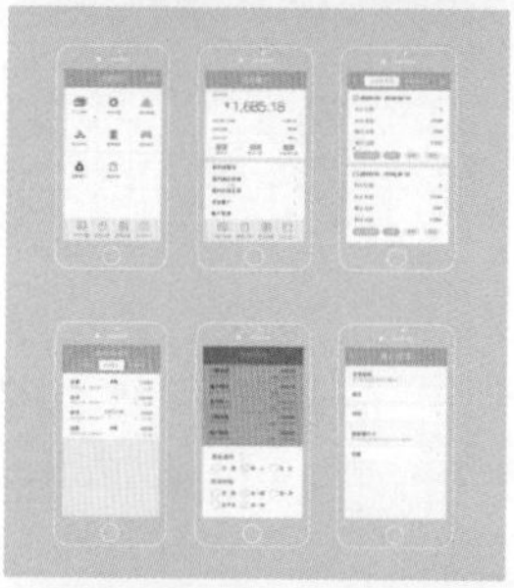



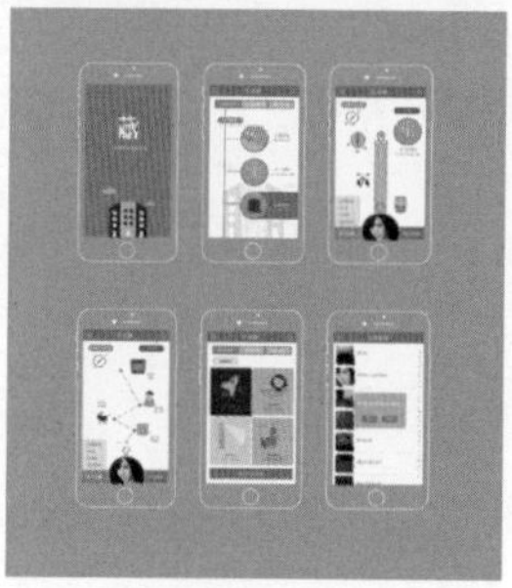

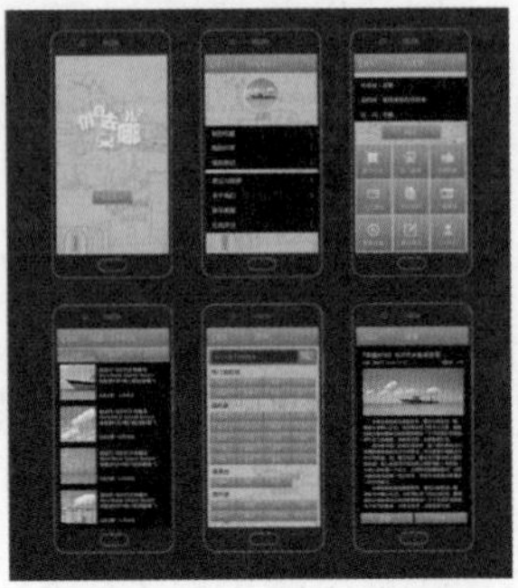

# Part 1
# 移动UI设计基础

移动UI视觉设计是整个App应用程序设计中的一个环节，在进行设计之前，让我们一起来了解和掌握一些关于移动UI视觉设计的基础知识，它包括移动UI设计的一些概念、设计的原则，以及如何获得创意和灵感等，此外，还包括对当前主流的两大操作系统的一些介绍。通过对不同操作系统的对比认识和差异了解，让我们在后续的设计和学习中能够更好地把握界面设计的风格和规范。接下来就让我们一起开始学习吧，共同进入移动UI视觉设计的世界中。

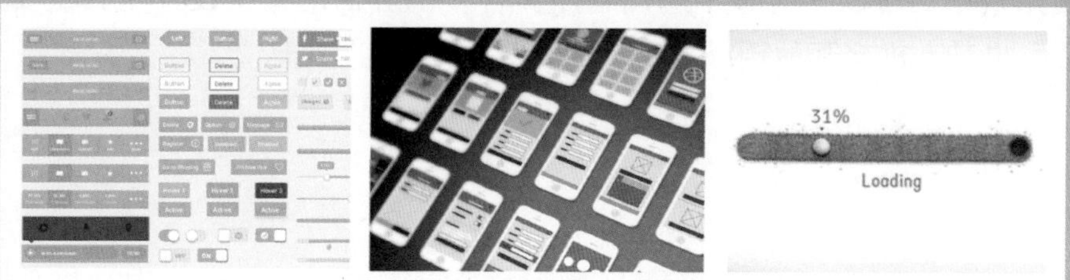

# 1.1 UI设计存在的意义

除建立起人机交互的桥梁外，移动UI的界面视觉设计还包含其他更加深层次的含义。在学习UI设计之前，让我们一起来探讨UI设计所存在的意义。

## 1.1.1 人机交互的桥梁

移动设备的UI视觉设计就是对应用程序的操作界面进行平面设计。我们在使用某个应用程序的过程中，都是通过移动设备界面中的指示和显示来进行操作的，而UI设计的基本含义就是人机交互设计。因而，移动UI视觉设计最基本的意义就在于给操作者与设备之间建立起桥梁，从下图中我们可以直观地看到这一特点。

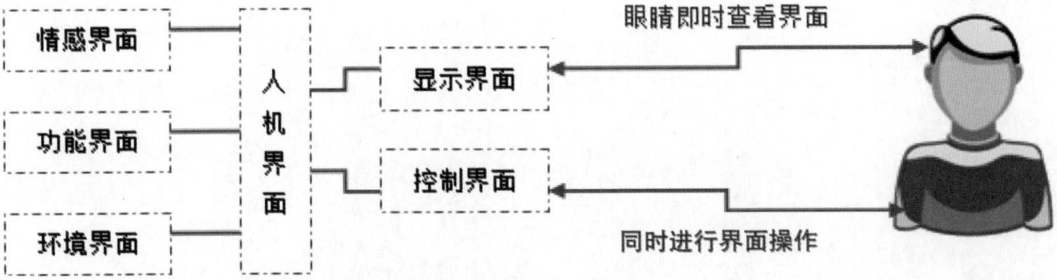


操作者通过眼睛观看界面和手动操作来实现某些功能，在操作的过程中，界面会对用户发出的指令给予一定的反馈，而这些反馈又以视觉化的形式展示在用户的眼前。而好的移动UI界面美观易懂、操作简单且具有引导功能，在能使用户视觉感官愉快、增强其兴趣的同时，拉近用户和设备之间的距离，从而提高使用效率。所以，对整个应用程序而言，UI界面的视觉设计是其重要的组成部分，也是人机交互的桥梁。

## 1.1.2 操作逻辑系统的展现

当我们进入某个App时，在应用程序的主界面中会显示出当前程序的一些特殊或主要的功能，我们根据UI视觉界面来对这些功能进行选择，从而切换到另一个我们需要的界面，这些具有指引性的提示和操作都是UI视觉设计中操作逻辑系统的展现，如右图所示为某新闻网站的界面框架图。

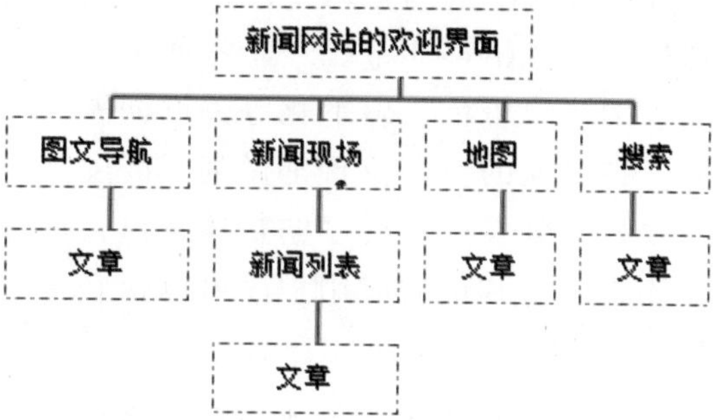


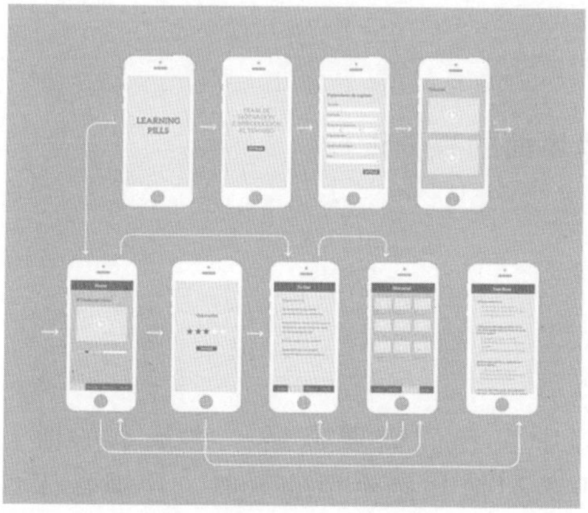

在移动设备应用程序的界面中，会使用多种设计方式来对程序的操作逻辑系统进行指示和提示，例如，在界面中添加导航栏、搜索栏、图标栏来展示一些与当前界面或者次级界面相关的信息，提示用户进行某些操作。如左图所示为手机应用程序中的框架图，它们中间的很多界面都是相互关联的，我们可以利用界面中的操作按钮实现返回、前进界面或者进入新界面的操作，这些都是UI设计的意义所在。

## 1.1.3 展现系统的整体风格

移动UI的视觉设计除具有人机交互的桥梁、操作逻辑系统的展示方面的意义外，还具有一个重要的意义：在移动设备迅速发展的今天，众多的应用程序脱颖而出，它们都各自拥有自己的个性，而这些个性的形成除功能上的独特之处外，最大的表现就是界面风格的打造。不同用途的应用程序，其界面的风格也有很大的差距，它们都力求展示出自己品牌的形象和特点。

如右图所示的美食App的界面设计，我们可以看到不论是界面元素的设计、界面布局的格调，还是图片的选择上，风格都非常统一。界面中的元素围绕着橙色、扁平化等关键词展开，在界面的各个位置都做到了高度一致，充分展示出程序的整体特点，让该程序与其他的应用程序可以很轻易地进行区分。

人机交互的桥梁、操作逻辑系统的展现和展现系统的整体风格，是移动UI视觉设计的三大存在意义。移动UI设计以及它在整个应用程序中的地位都是非常重要的，因为用户在使用和接触应用程序时，最先了解和感受到的就是界面的视觉设计。

## 1.2 移动UI设计的原则

在设计移动UI界面的过程中，我们需要遵循一些基本的原则，才能让设计符合用户视觉上的习惯和操作中的习惯，让视觉体验和操作体验更好。

### 1.2.1 视觉一致性原则

UI视觉设计中最重要的原则就是一致性原则，是指为用户提供一个风格统一的界面，这意味着用户可以在学习操作上花更少的时间，因为他们可以将自己从操作一个界面中的经验直接移植到另外一个界面上，使得整个UI体验更加流畅。

在为应用程序设计界面之前，设计者首先会对界面的风格进行定义，而定义风格会以应用程序的市场定位、功能特点等因素来决定，完成风格的定位之后，就会开始着手设计一些单个的界面元素，而这些界面元素也就是组成完整界面的个体，如下左图所示。在设计界面元素时，我们要把握好外形、材质、颜色等方面的问题，力求整套界面元素都是统一的风格，完成界面元素的创作后，再将这些元素具体应用到每个界面中，组成一个完整的界面，如下右图所示。那么，整个应用程序的界面就会形成一个统一的风格。

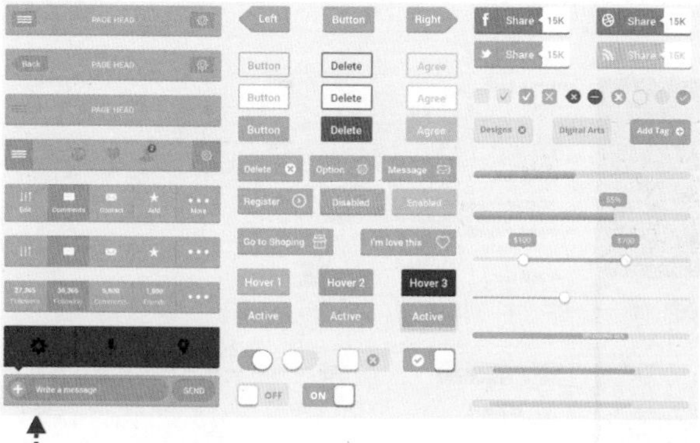


设计若干个界面元素包括按钮、图标、滑块、导航栏、图标栏等，从颜色、材质和外观上定义元素的风格

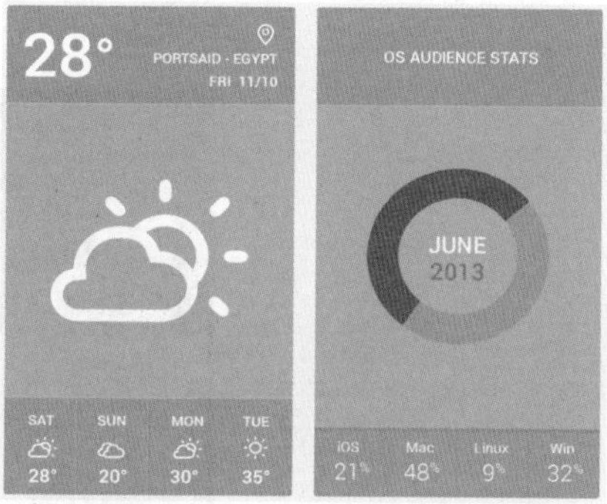


将确定的界面元素进行组合，形成完整的界面，构成统一的视觉

每一个设计都有不同的视觉表现，形、色、质相辅相成。每一个界面也有不同的组成元素，文字、组件、图标相融交错。每一个组成部分都有特定条件下的前提来促成它们在视觉表现上的一致性。一致性原则的视觉表现并不是将我们最终所能获取到位的前提点全部满足，而是根据界面系列的不同属性，对所有具有一致性的前提点根据属性来抽取组合，达成在主题下的界面视觉效果的一致性。

在很多人看来，设计是感性的，因此就注定每个应用程序都会根据该程序的特点形成自己的风格。而要保持界面中元素风格的统一，就要遵循UI视觉设计的一致性原则，这也是设计应用程序界面时需要注意的最基本的问题。

## 1.2.2 视觉简易性原则

移动UI视觉设计的基本意义在前面已经讲过，它的存在是为了让用户与设备之间得到更好的交流和互动，而移动UI设计的视觉简易性原则，就是让设计的界面直观、简洁，给人一目了然的感觉。

移动UI视觉设计要让用户便于使用和了解，并能减少用户发生选择错误的可能性。在优秀的设计中，看不到华而不实的UI修饰和用不到的设计元素，优秀设计的必须元素一定是简洁且有意义的，如下图所示为iOS系统中的界面设计，它们严格遵循简约、直观的设计原则，将界面中的修饰完全清除，减轻了用户思考的时间，但是并没有造成用户在认知和操作上的失误。

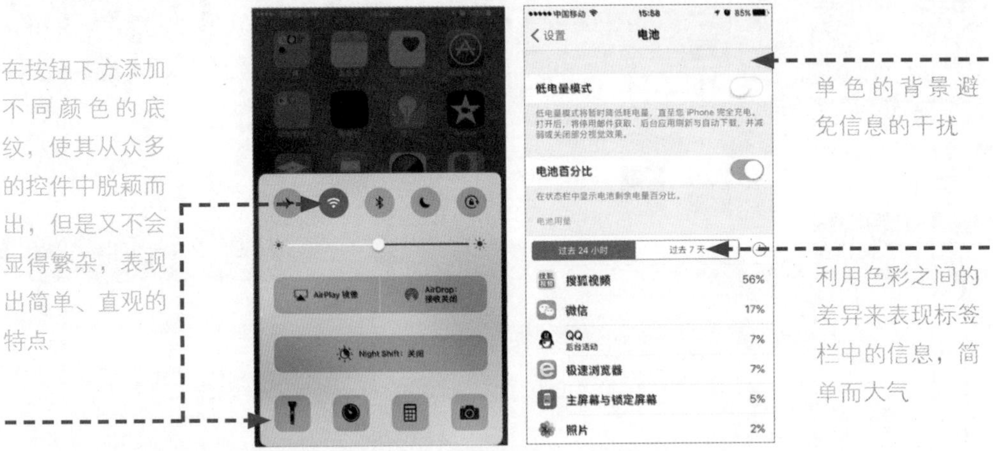
在按钮下方添加不同颜色的底纹，使其从众多的控件中脱颖而出，但是又不会显得繁杂，表现出简单、直观的特点
单色的背景避免信息的干扰
利用色彩之间的差异来表现标签栏中的信息，简单而大气

当我们在设计某个应用程序界面时，如果要为界面添加一个新的功能或者界面元素，先问问自己，用户真的需要这些吗？这样的设计是否会得到重视？而自己在考虑添加新元素的时候，是不是出于自我喜好而添加的？值得注意的是，设计中一定不要让UI设计太出风头，而削弱了程序本身的功能，要将视觉设计与功能相互平衡，寻求一个最佳的点，在体现出UI视觉设计的特点和风格的同时，简单而直观地展示出程序的功能。

## 1.2.3 从用户的习惯考虑

想用户所想，做用户所做，用户总是按照自己的方法来理解和使用设备。移动UI视觉设计的结果是为用户服务的，我们在设计的过程中，要更多地为用户考虑，不论是用户语言使用习惯，还是用户操作习惯，或者是认知习惯等，都是设计时需要注意的问题。

从用户语言使用习惯出发，在做设计的过程中，对按钮上文字内容的设定、菜单中语言的陈述等，都要注意一个标准。例如，我们对某个操作进行确认，那么在操作按钮上会显示出“确定”或者“确认”等字眼，以提示用户进行某项操作，这些问题可以借鉴其他优秀的应用程序界面的用户语言来进行设定。

除此之外，值得我们探讨的就是用户的使用习惯，因为用户的使用习惯会对移动UI界面中的布局产生较大的影响。现代移动电话随着触摸屏的改变，几乎其整个正面是一块屏幕，用户能够看见整个屏幕，并且可能触碰屏幕的任何一个部分用以进行操控。通过仔细观察，用户以三种基本的方式持握他们的手机：单手操作、摇篮式操作，以及双手操作，除打电话和接电话外，这三种操作方式的使用比例如下图所示。

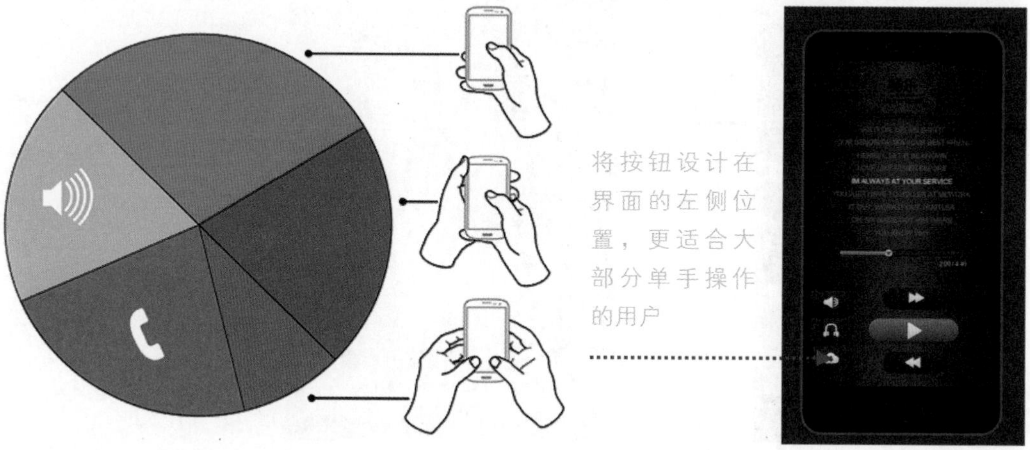

将按钮设计在界面的左侧位置，更适合大部分单手操作的用户
IM ALWAYS AT YOUR SERVICE


在应用程序的界面中会存在很多控件，它们会开启或者关闭某些功能，用户在使用它们的过程中，也是依靠这些控件来实现操作的。这些控件位置的摆放会影响用户的操作体验，操作起来是否顺手、方便，是检验UI设计是否遵循用户操作习惯的标准。掌握了用户使用手机的操作习惯，在设计中可以将一些重要的操作放在界面的两侧，以方便用户进行单手操作，而将一些次要的功能放在界面的顶部，让设计作品更符合用户的习惯。

## 1.2.4 操作的灵活性及人性化

移动UI设计的灵活性，简单说就是方便用户使用，但不同于上述所讲的习惯性原则，操作的灵活性是互动的多重性，不局限于单一的界面元素，如鼠标、键盘或手柄等。这要求在设计的过程中要从整个应用程序的交互式体验入手，在每个界面中安排合理的界面元素，让用户能够灵活、自由地控制程序的运行。

高效率和用户满意度是人性化的体现，即用户可依据自己的习惯定制界面，并能保存设置。在很多App的设置中，都允许用户自由地设置界面的背景、风格等，这些人性化的功能可以让用户更多地体验到程序的多样性和丰富度，也是程序灵活性的一种表现。

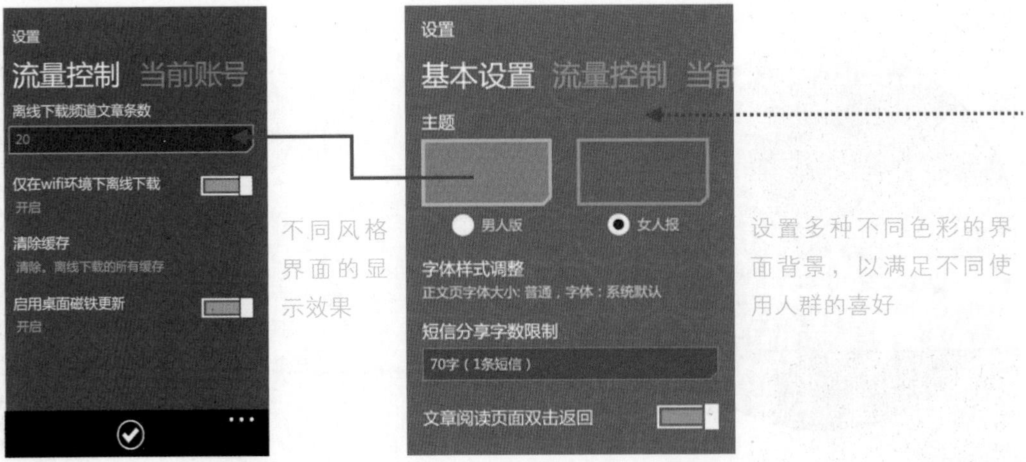

## 1.3 两大主流操作系统的特点对比

当前主流的两大操作系统即iOS、Android系统，它们不论是交互式体验，还是界面风格设计，都有很大的区别和特点，接下来我们就对这两大系统的界面设计进行对比。

### iOS系统

苹果iOS系统从7.0版本开始，就使用了扁平化的设计风格进行创作，不论是App图标还是界面中的按钮等，都是以简约风格出现的，同时鲜艳的色彩给人感觉更加清晰、亮丽。总之，iOS系统追求的就是简约、大方的设计和人性化的操作，如左图所示为iOS系统的界面展示效果。

### Android系统

Android系统一直以来推崇的都是较为开放式的设计，它的图标、界面控件会给人较为真实、拟物化的视觉效果。Android 7.0版本同6.0版本没有太大的变化，在原来系统的基础上进行了一定改进，更加注重了iOS系统也曾注重的扁平化设计，不过并非是iOS系统的纯粹的扁平化风格，而是在图标中增加适当的投影、内阴影或内发光等效果，如左图所示为Android系统的界面展示效果。

# 1.4 不同系统UI视觉的主要组成要素及特征

不同的系统都有自己的一套规则，它们会对界面的基本元素的设计进行一定的规范。接下来就让我们一起来学习不同系统UI的组成要素及特征，了解不同系统的设计要点。

## 1.4.1 iOS系统中的组成要素及特征

iOS系统从7.0版本开始，就实行了扁平化的设计理念，将界面元素中的一切修饰，如投影、内阴影、发光等特效清除。通过色彩的差异、形状外观等最基本的界面元素属性来区分各个功能控件，极大地减轻用户在视觉上的负担。如下图所示为iOS系统系统界面的基本组成要素。

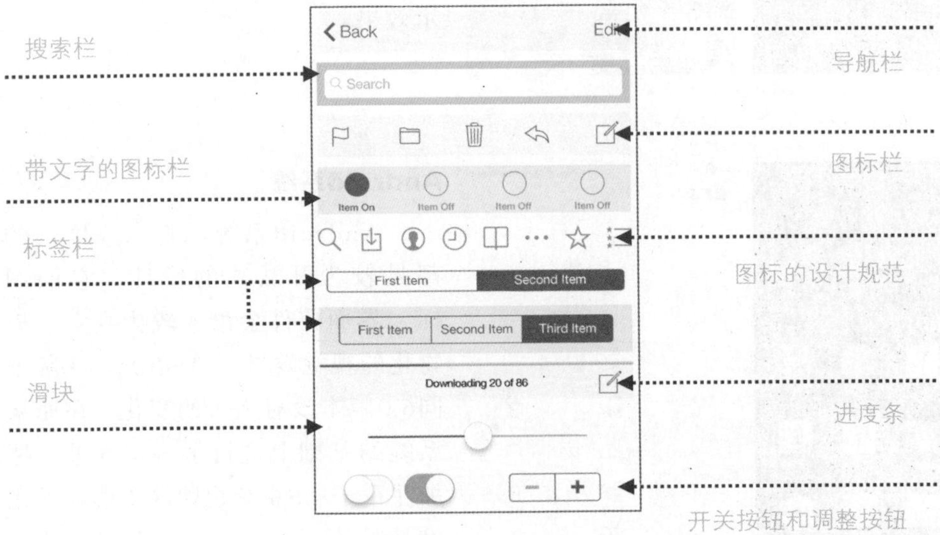

从上图所示中可以看出，iOS系统剔除了拟物化的图标和效果，色彩也更加单一。苹果针对iOS系统的设计指南推崇简单朴素以及易用的特性，但是设计指南并没有集中关注扁平化设计的规格和技术参数。

表面上看，iOS系统中导航栏的文本充当了按钮，其实本质上是对按钮进行了无边框设计。比如，清除内置日历、天气等应用中的网格线条，用醒目的对比色表现重要信息。这样一来，屏幕上就有了更多的开放空间，这种简约风格和附加的白色区域可以让用户明白和感受到按钮和网格线所在的地方，而不是真实地把它们绘制在设计中，如左图所示。我们在针对该系统设计App的过程中也要考虑这些设计规范的问题。

## 1.4.2 Android系统中的组成要素及特征

早期的Android 系统没有统一的设计，UI是自定义的，不同厂商的设备在不同的版本间徘徊，系统多版本带来的问题主要为缺乏交互、UI的一致性，外加硬件厂商热衷于UI的个性化发挥，影响着Android系统的用户体验。iOS系统的设计风格已经成型，设计规范也得到了广泛的认可，Android系统平台却有很多不确定的因素，可以这样设计，也可以那样设计，没有硬性的规范，也没有固定的用户习惯。

想让Android系统和iOS系统一样进行严格统一还是比较难的，但是自从Android 3.0系统以后，就对UI设计规范进行了梳理，推出了自己的UI设计规范。该规范的主要目的在于统一Android系统设计思想，从视觉设计、UI模式、框架特点、前端开发等方面去指导和影响后续开发者。如下图所示为Android系统界面设计中一些小组件的规范设计。

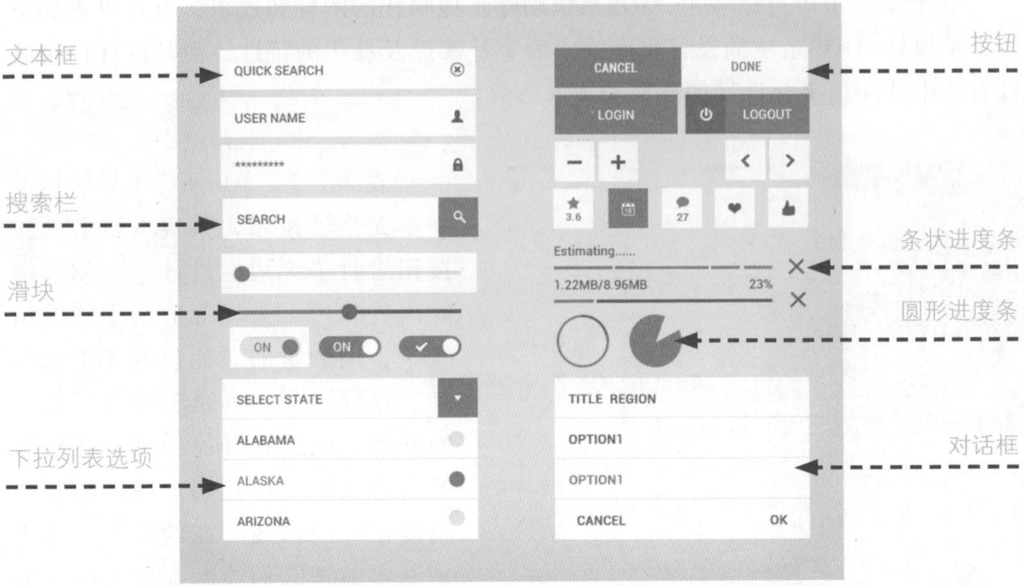


从上图所示的Android系统的界面设计规范来看，其效果也有些类似于扁平化的设计，但并不是完全的扁平化设计，可以称之为简约化设计，因为在界面元素的设计中没有过多的修饰。

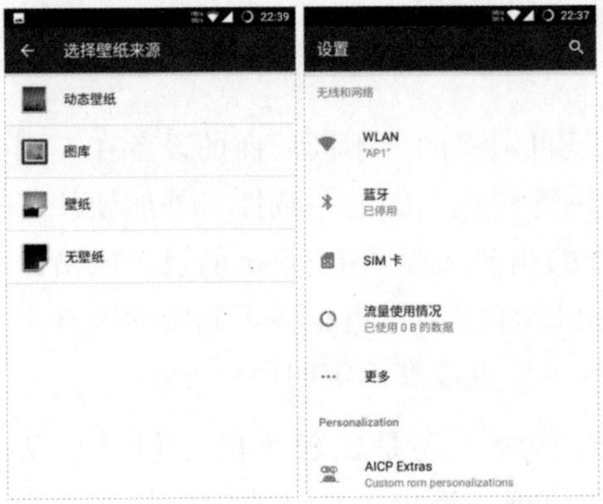


从左图所示的Android系统的界面设计来看，可以看到其界面中的多种组件都有淡淡的阴影效果，但是界面的用色和图标等元素却使用了较简约的设计来进行创作。我们在针对Android系统进行App创作的过程中，既要遵循这些规范，也要努力地进行创新和尝试，让自己的设计脱颖而出。

# 1.5 认识移动终端的分辨率和像素

分辨率和像素是移动UI视觉设计中最常遇到的问题，它会对我们设计界面的尺寸、清晰度产生影响。本节将对这两个概念进行讲解。

移动设备的配置参数，如CPU、GPU、镜头这些内部元件，普通用户是不能用肉眼去感受它的好坏和优劣的。最直观的参数便是屏幕，屏幕亮度、材质、显示是否细腻，在强光下显示是否正常等，这些都是评价一块屏幕好坏的依据。

我们先对像素的概念进行讲解，像素是由Picture（图像）和 Element（元素）这两个单词的字母所组成的，是用来计算数码影像的一种单位。如同摄影的相片一样，数码影像也具有连续性的浓淡阶调，若把影像放大数倍，会发现这些连续色调其实是由许多色彩相近的小方点所组成的，这些小方点就是构成影像的最小单位，即像素，如下图所示为不同移动设备屏幕放大后显示的像素颗粒效果。

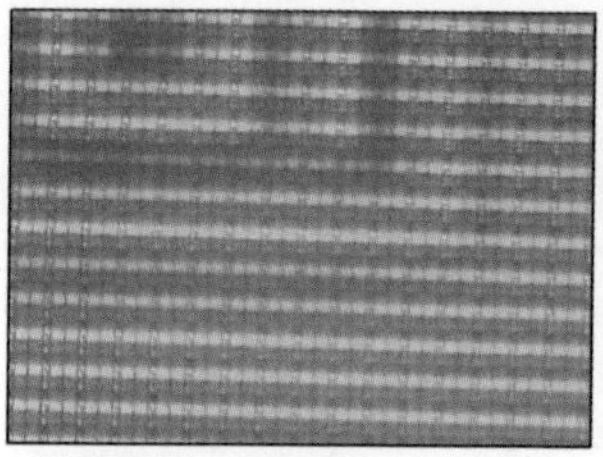

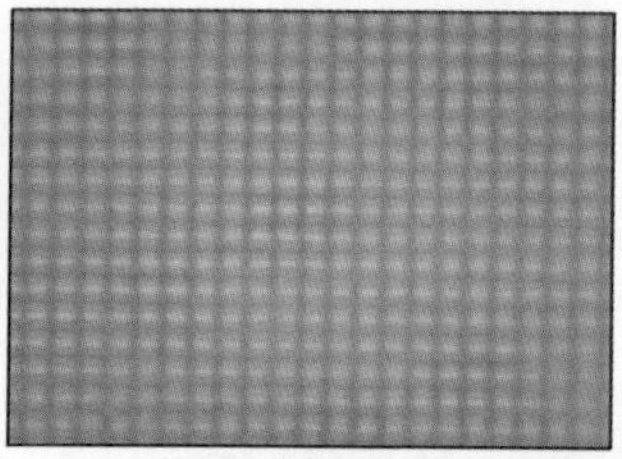

分辨率就是屏幕图像的精密度，是指显示器所能显示的像素的多少。由于屏幕上的点、线和面都是由像素组成的，可显示的像素越多，画面就越精细，同样的屏幕区域内能显示的信息也越多，所以分辨率是非常重要的性能指标之一。我们可以把整个图像想象成一个大型的棋盘，而分辨率的表示方式就是所有经线和纬线交叉点的数目，如下图所示为不同移动设备，在不同的分辨率下等比例放大后的显示效果，我们可以感受到分辨率高的屏幕显示的图像效果越精细。

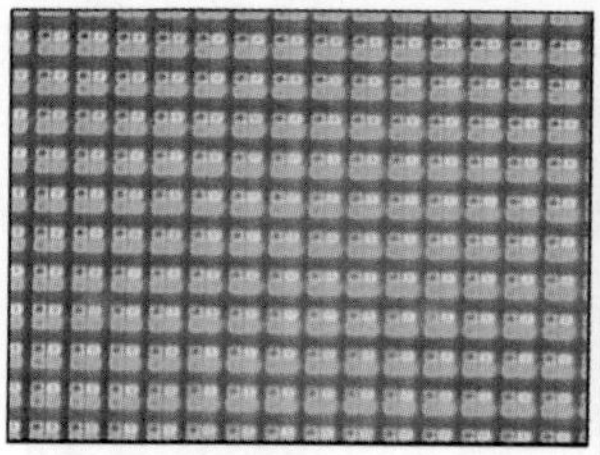

屏幕在单位范围内像素个数为14×11=154个

屏幕在单位范围内像素个数为17×13=221个

# 1.6 移动UI的创意与灵感收集

移动UI界面的视觉设计不是凭空而来的，它需要我们在平时的生活和工作中多收集一些信息，以及学会多种设计思维，将脑海中的想法转换为灵感和创意。

## 1.6.1 各种经验和灵感的记录

许多艺术家携带笔记本同行，以便随时记录周遭发生的趣事，我们在进行移动UI界面设计的期间，也可以随时将笔记本带在身上。当遇到有趣的事件，或者对界面的各个方面有想法时，及时将这些想法记录下来。

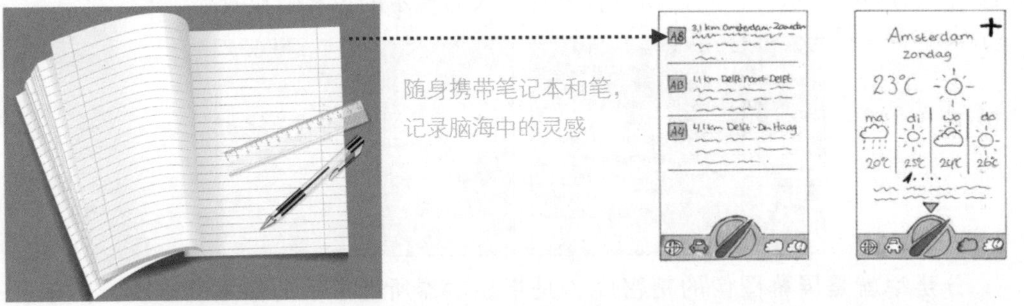


除使用记录的方式收集灵感外，还有两种办法可以将所收集的知识和经历在创作中移为己用，那就是间接收集和直接收集。间接收集不带特殊目的，只要“有趣”即可收集，在日后的项目中可能会派上用场。直接收集则围绕目前的项目进行特定收集。一旦你的知识和经历在特定领积累丰富，你会有更多的发挥空间。但与此同时，按照特定路线构建的知识和经历也会更难发挥创意思维。有一种办法可以解决这个问题，那就是多尝试新事物，尤其是倾听那些有不同思想的人的意见。通过倾听他人的意见，你能暂时性地逃脱自己的思路。

我们还应进行发散性思维，从身边较普通的事物身上发现更多有趣的东西，挖掘出事物的本质，以相关联的方式发现其亮度，并将其进行应用。

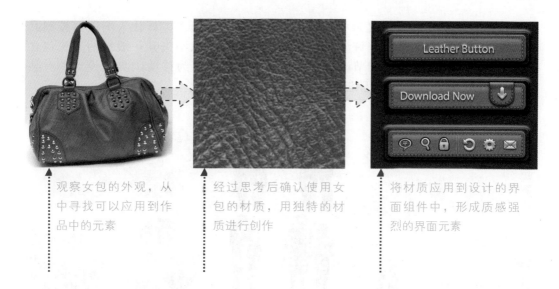

观察女包的外观，从中寻找可以应用到作品中的元素

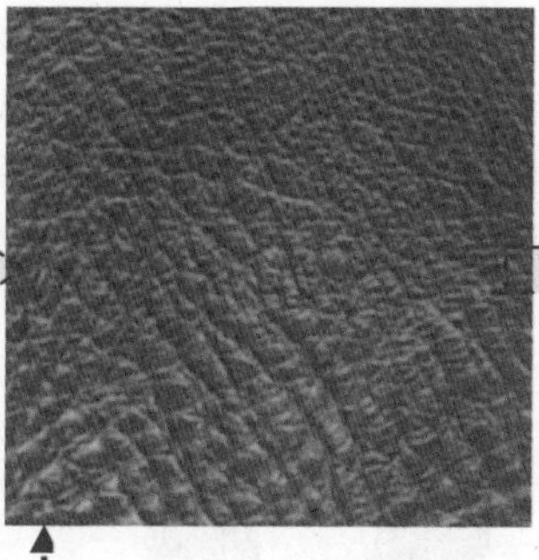

经过思考后确认使用女包的材质，用独特的材质进行创作

将材质应用到设计的界面组件中，形成质感强烈的界面元素

## 1.6.2 将对象抽象化

抽象化是指以缩减一个概念或是一个现象的资讯含量来将其广义化的过程，主要是为了只保存与一个特定目的有关的资讯。例如，将一个皮制的足球抽象化成一个球，只保留一般球的属性和行为等资讯。相似地，也可以将快乐抽象化成一种情绪，以减少其在情绪中所含的资讯量。

例如，我们经常会接触到的移动设备中的浏览器，以前UC浏览器的标志是一只非常可爱的松鼠，相信大家都不会陌生，而新的标志依旧是一只松鼠，但更加抽象化，更加简约，如下图所示。

采用松鼠作为标志形象，是因为松鼠是世界上跑得最快的小动物，其能代表UC浏览器“极速”与“小巧”的特点

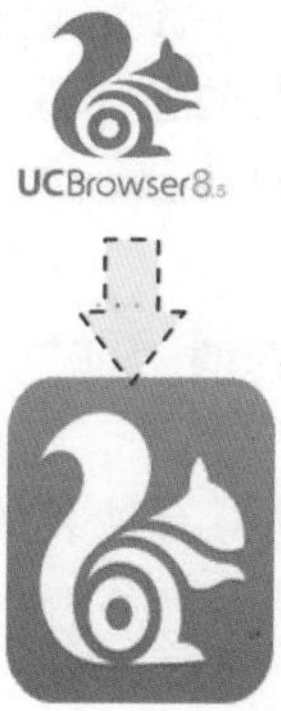


新标志由多块形状不一的七巧板拼接而成，寓意了UC浏览器“智能”的特点，而简约的单色设计则寓意UC浏览器的“安全”特点，显得更抽象

抽象化主要是为了使复杂度降低，得到较简单的概念，好让人们能够控制其过程或以宏观的角度来了解许多特定的事态。抽象化以不失其一般性的方式包含着每个细节的层级，来对细节渐进和加深。如下图所示为移动UI界面设计中对某婚恋网站的App设计图标的思维过程。

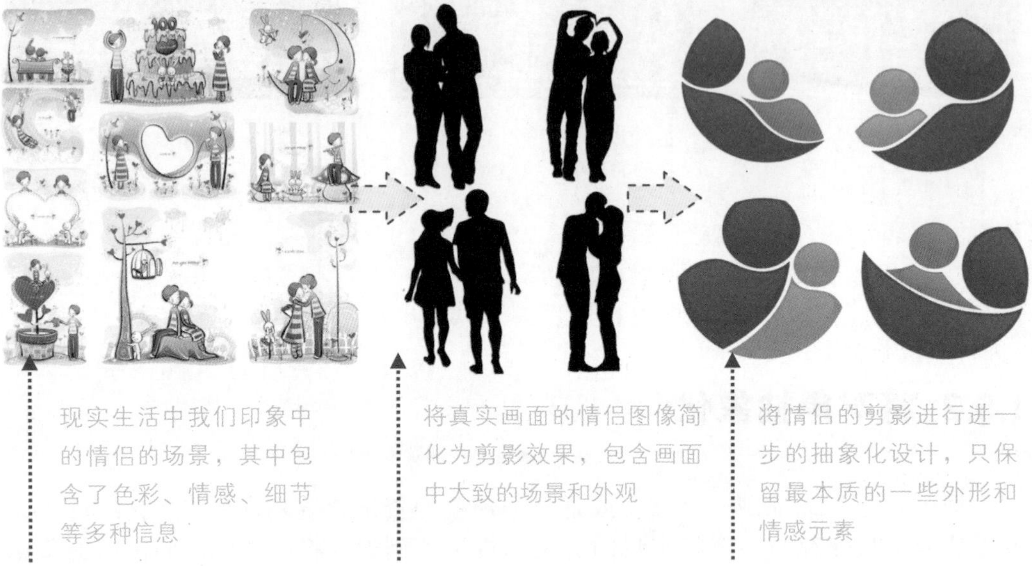
现实生活中我们印象中的情侣的场景，其中包含了色彩、情感、细节等多种信息
将真实画面的情侣图像简化为剪影效果，包含画面中大致的场景和外观
将情侣的剪影进行进一步的抽象化设计，只保留最本质的一些外形和情感元素

## 1.6.3 设计灵感的转移

詹姆士·韦伯·杨说的“创意就是旧元素的重新组合”，其实套用在移动UI的界面设计上也一样适合。一个好设计可以套用、借鉴和置换后成为一个新的设计。乔布斯也说过，“伟大的艺术家靠偷！”。当然不是真正意义上的偷，而是一种思维和创意上的置换和转移，遇到同类别的创意需求的时候，可以做一些创意元素的置换。

例如，把表现厨卫刀具的“薄”运用到“超薄手机”上，把表现汽车速度快的方式运用到快递“速递”上等。运用好的话可能成为一个伟大的创意，如果拿捏不好尺度，就容易让人觉得有抄袭的嫌疑，这个也叫作“乾坤大挪移”。

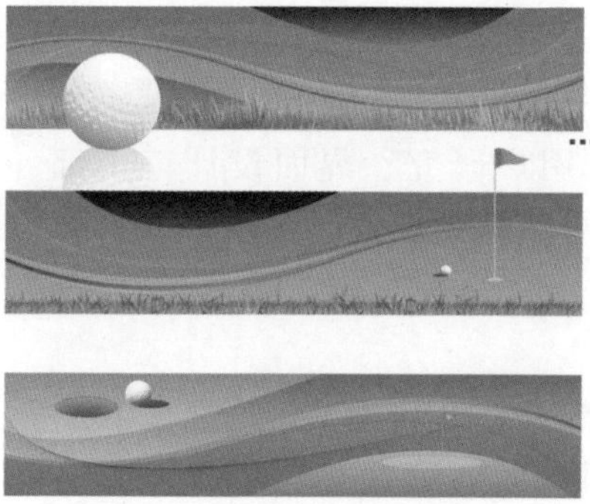

将高尔夫球场的设计转移到移动UI界面的滑块设计中

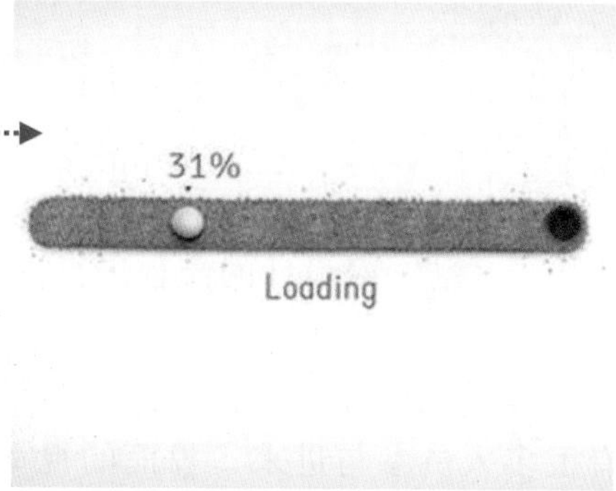


其实在很多时候，创意灵感的转移并没有我们想象的那么困难，由于移动设备的界面尺寸有限，因此，我们能够发挥的设计空间也没有广告平面设计那么大。更多的时候，我们只要将界面中的部分信息或者元素进行艺术化的处理，将其以另外一种方式表现出来即可，通过借鉴其他事物的外形、材质等来对界面元素进行艺术化的包装。

如下图所示的天气界面的设计中，设计者将天气度数与树枝、糖果、花朵等实物联系起来，通过堆叠的方式，利用实物填充来达到外形上的要求，制作出令人耳目一新的视觉效果，这样的设计也是创意转移中一种较为简单和直接的借用。

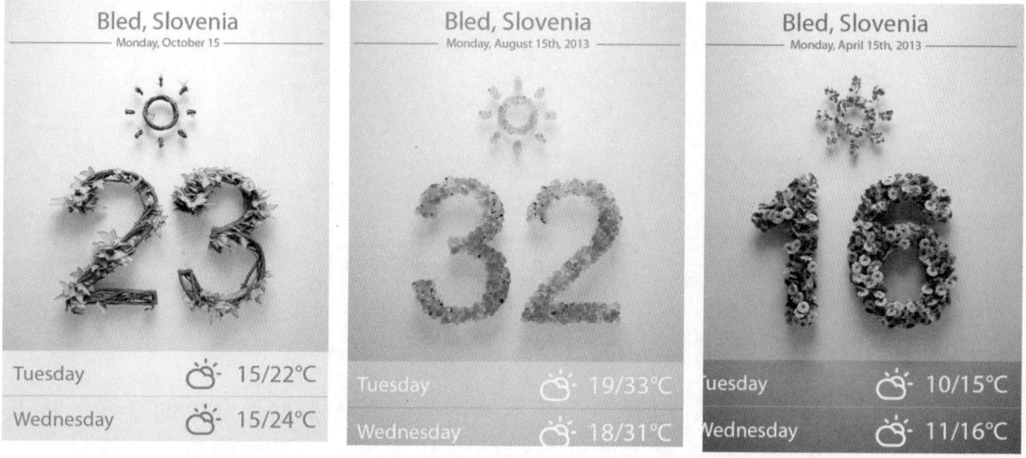


设计灵感的转移，一定要让两者之间产生一定的共通性。不论是相同的材质、一样的运动原理，还是相似的外形等，都是创意转移的根本点和依据，不能随意凭空想象。

# 1.7 移动UI的视觉设计流程

整个App的设计包括交互设计、用户研究、界面设计三个部分。而本书中主要涉及的内容为移动UI的视觉设计，接下来我们就对设计的流程进行讲解。

移动UI的视觉设计只占整个App设计中的一小部分，在研发App的过程中，会有很多人员参与进来，界面的视觉部分是展示在用户面前最直观的东西，也是整个App设计和开发中最重要的环节之一。如下图所示为一个完整的App设计和研发的流程，其中红色圆圈标注的“设计”流程为移动UI的视觉设计环节。

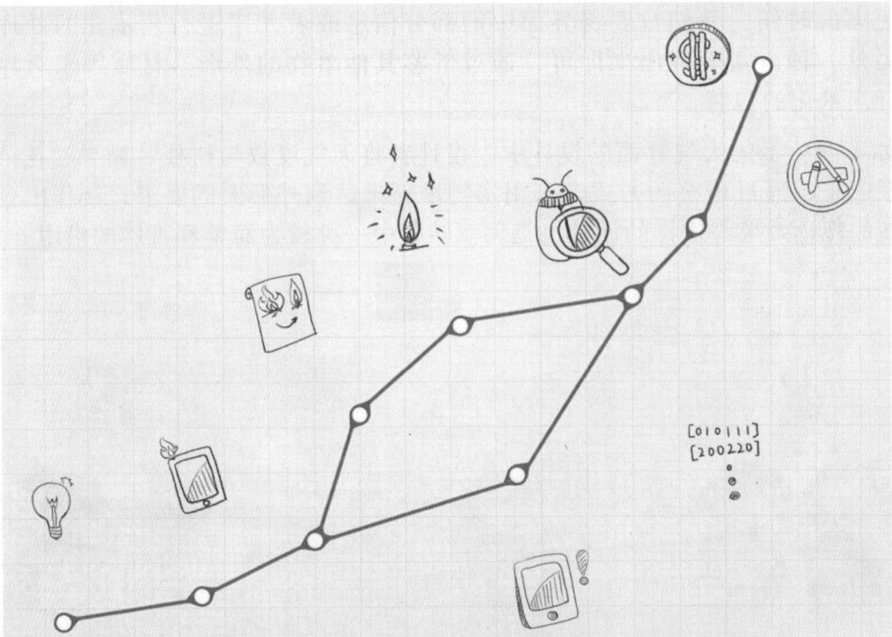


在移动UI视觉设计中，包含四个基本的步骤：首先根据受众群的喜好、特点等来构思界面的风格；接着对界面进行造型设计，规划出界面的布局，设计出界面组件；紧接着对界面的色彩进行定位；最后将设计的组件组合在单个界面中，形成完整的视觉效果，具体如下图所示。

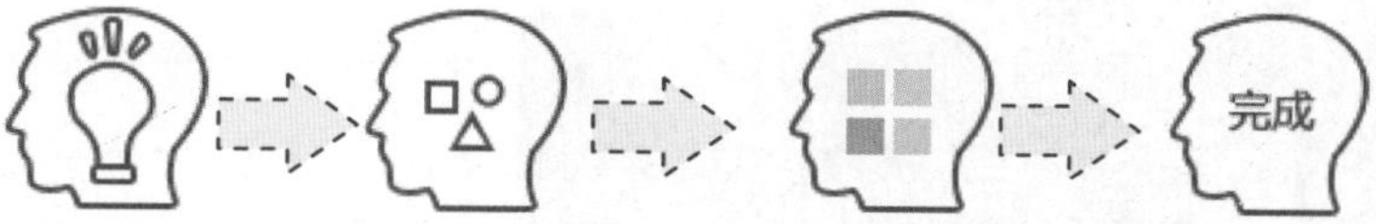


在移动UI视觉设计的第一个环节中，设计师会对该程序的目标使用人群进行分析，同时结合该程序的特点和市场定位，构思出界面的风格。这是设计的第一步，也是最关键的一步，它将影响着接下来的设计和创作。

例如，为新闻网站设计App，我们首先会认为新闻所报道的内容都是事实，也就代表着具有一定的权威性，因此，在定义界面风格的时候，要以严肃、理智、权威作为首选的界面风格，如下图所示。确定界面风格之后，接下来第二个环节就可以进行设计造型了，设计造型包含多项内容，一个是界面布局的规划，一个是界面元素外观的定义，还有就是界面组件材质的选择等，这些都包含在这个环节中。

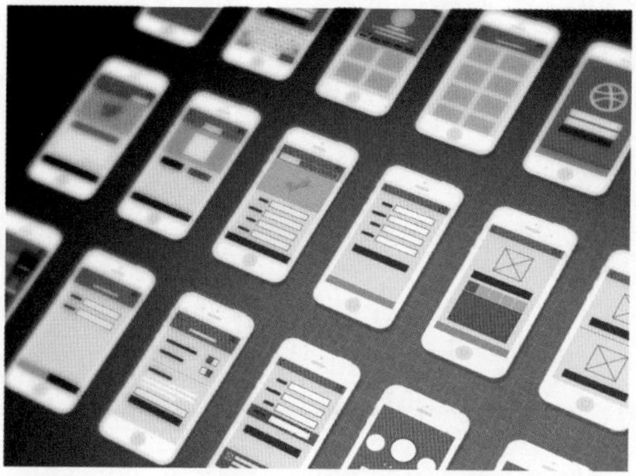

界面布局的规划

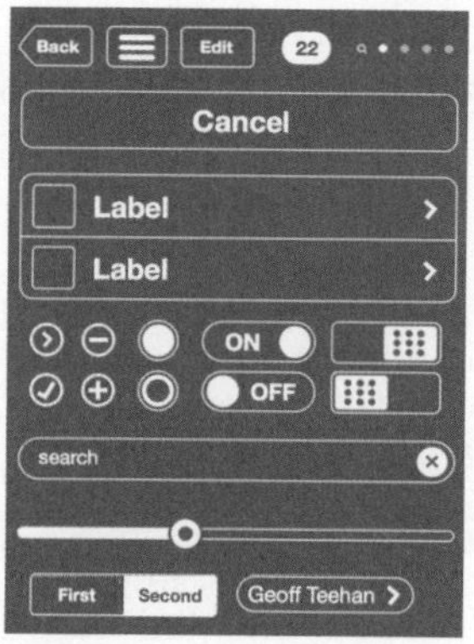


界面组件外观的定义

第三个环节就是颜色定义环节。进入这个环节之后，我们就可以在脑海中臆想出界面的大致效果了。色彩定位是在移动UI的视觉设计中运用色彩表现界面的美感，使消费者从界面及其外观的色彩上辨认出产品的特点，因为色彩能够给人美的感受，也能使人产生美好的感情，还可以寄托人们美好的理想与期望。

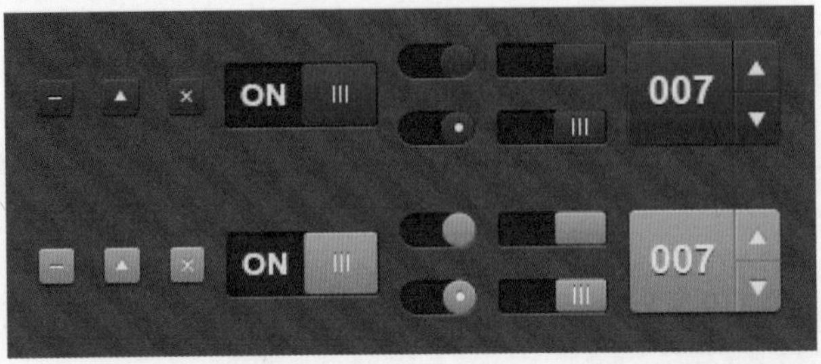


色彩可以传达意念，表达一定的含义，使消费者能够准确地区分出企业产品与其他产品的不同，从而达到识别的效果，可见红色和绿色所传递的情感是完全不同的

在移动UI视觉设计的最后一个环节中，就是将确定的界面元素组合在一个界面中。在这个环节中设计师充当的角色相当于“搬运工”，对界面元素中的文本、数量等进行调整，组合成不同的界面，完成整个设计。必要的时候还可能根据特殊的界面内容重新创作出与整体风格相同的其他界面元素。

# Part 2

# PS在移动UI设计中的常用功能简介

想要呈现出精彩的、完美的移动UI界面效果，那么就需要在图像处理软件Photoshop中将脑海里浮现的灵感和创意制作出来。利用Photoshop我们可以绘制出逼真的按钮、扁平化的图标、半透明的界面效果等，这些视觉效果的实现都是依靠若干个工具和命令的使用来完成的。在本章中对Photoshop在移动UI设计中常用的功能进行简单介绍，包括绘图工具的使用、图层样式的运用、蒙版的编辑和文字的添加，让读者在后续的创作中能够更加得心应手，设计出令人惊叹的作品。

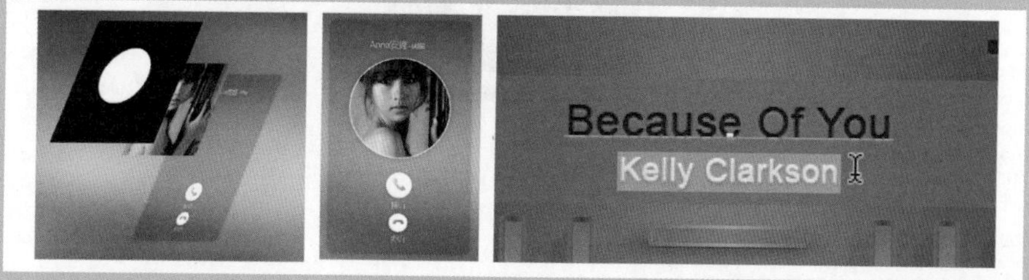

# 2.1 绘图工具的介绍

在绘制移动UI界面中的单个元素时，最先需要使用的工具就是Photoshop中的绘图工具。这些绘图工具可以将元素的外观进行展示，以路径的方式控制其边缘和形状。

## 2.1.1 规则形状的绘制

Photoshop中包含了多种绘制路径和形状的工具，当需要绘制一些标准的、规则的形状时，可以使用“矩形工具”“圆角矩形工具”“多边形工具”“椭圆工具”和“直线工具”来完成操作。这些工具都具有三种不同的绘图模式，为了便于UI界面元素的编辑和应用，通常会使用“形状”模式进行制作，接下来就对这些规则形状的绘制工具进行简单介绍。

矩形工具：可以使用该工具绘制出长方形或者正方形的图形效果。在使用“矩形工具”绘制的过程中，只需要单击并拖曳鼠标，就可以绘制任意大小的矩形。如果要绘制正方形，可以按住Shift键的同时进行操作

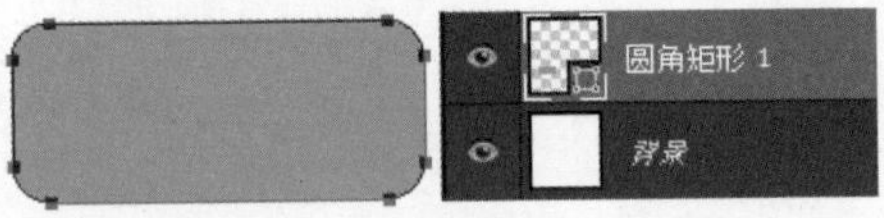


圆角矩形工具：该工具可以绘制出带有一定弧度的圆角方形，利用其选项栏中的“半径”选项来控制圆角的弧度。在进行UI设计的过程中，常常会使用“圆角矩形工具”来绘制一个按钮、图标和滑块轨迹等

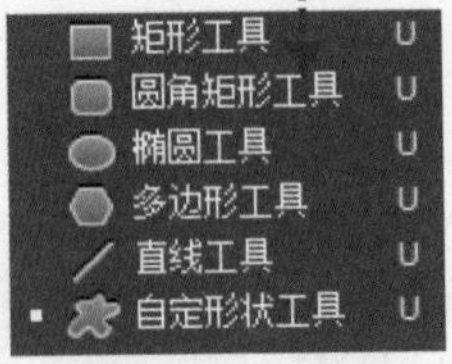

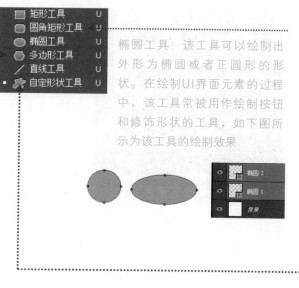

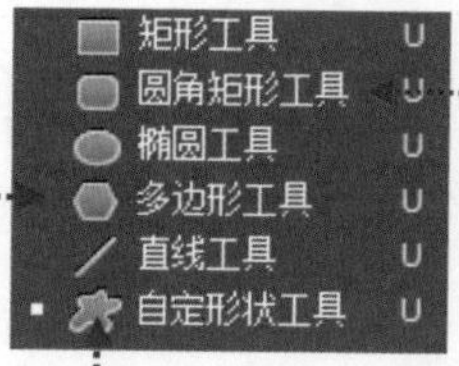


多边形工具：该工具可以绘制出多边的图形，还可以对图形的边数和凹陷程度进行设置。在“多边形工具”的绘制中，可以利用“边”选项对多边形的边数进行控制，在画面中创建不同的多边形或星形效果，如下图所示为该工具绘制的多边形和星形效果及相关设置

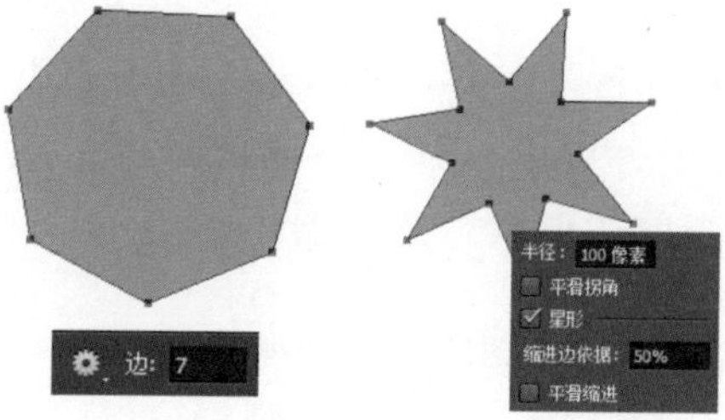


椭圆工具：该工具可以绘制出外形为椭圆或者正圆形的形状。在绘制UI界面元素的过程中，该工具常被用作绘制按钮和修饰形状的工具，如下图所示为该工具的绘制效果

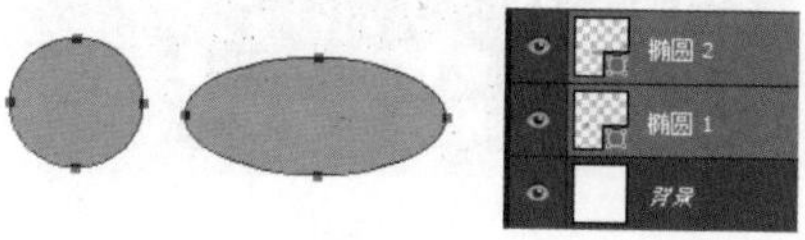


直线工具：该工具用于创建直线、虚线或者带有箭头样式的线段，如下图所示为该工具绘制的线段和虚线效果

## 2.1.2 自定义形状的绘制

“自定义形状工具”可以绘制出丰富的图形形状，在Photoshop中提供了较多的预设形状供用户使用，同时还可以创建具有个性的图形形状，具有很高的自由度。选择工具箱中的“自定义形状工具”，可以看到如下图所示的工具选项栏。

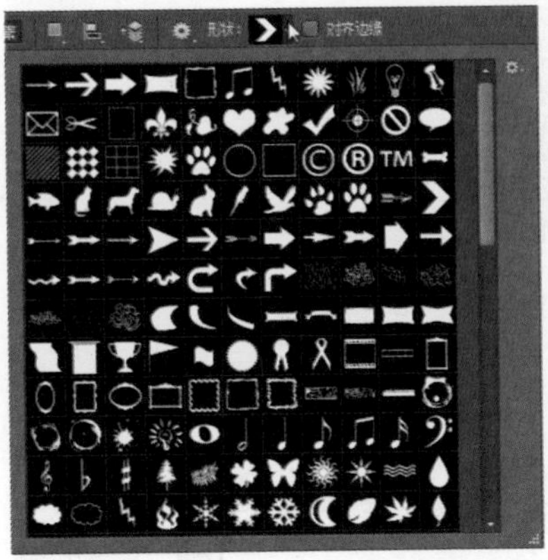


“自定形状工具”最大的特点就是在该工具的选项栏中有一个“形状”选择器，它主要用于选择需要绘制的图形形状。

如果选择“形状”选择器扩展菜单中的“全部”命令，可以将Photoshop中所有的预设形状载入“形状”选择器中，如左图所示为“形状”选择器展开的效果。我们可以看到其中包含的预设形状多种多样，有的可以直接应用到UI界面设计中，而有的可以作为蓝本进行修改来获得新的形状，能够大大提高编辑的效率。

单击“形状”选项后面的三角形按钮，可以打开“形状”选择器；单击右上角的设置按钮，在菜单中选择“载入形状...”命令，可以打开如下图所示的“载入”对话框，在其中可以选择所需的形状载入到当前“形状”选择器中。

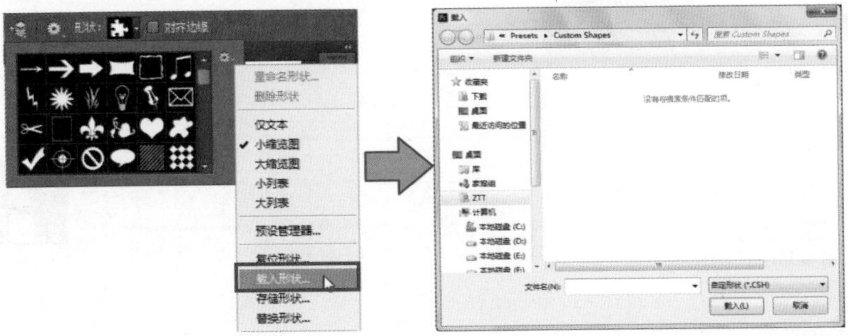


当在“形状”选择器中添加形状后，由于形状的数量较多，选择需要的形状会花费过多的时间，此时可以在扩展菜单中选择“复位形状”命令，将“形状”选择器中的形状显示为默认的预设形状，再根据需要载入合适的形状即可。在进行UI界面制作的过程中，经常会使用“自定义形状工具”中的预设形状来使用或者加工，让形状的编辑更加快捷。

提示：在进行移动UI设计的过程中，加载自定义形状可以提高绘制的效率，那么如何将自定形状文件进行正确的应用呢？只需进入Photoshop的安装目录中，打开Required文件夹，接着进入“预设”文件夹，最后进入“自定义形状”文件夹，把需要使用的形状图案的文件复制粘贴到这个“自定义形状”文件夹中即可。

## 2.1.3 绘制任意所需的形状

想要绘制出任意所需的形状，那就只有使用万能的“钢笔工具”来完成了。“钢笔工具”可以绘制出任意形状的路径，也可以对原有的路径进行更改。

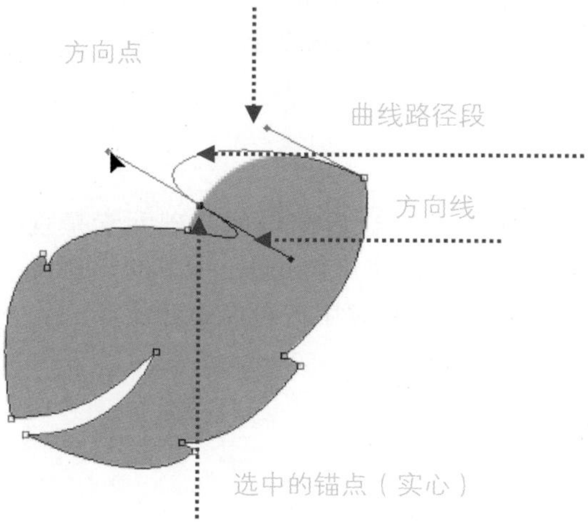


在绘制任意形状时，我们可以使用“钢笔工具”创建称作“路径”的线条。路径由一个或多个直线或曲线线段组成，每个线段的起点和终点由锚点标记。路径可以是闭合的，也可以是开放的，并具有不同的端点。通过拖动路径的锚点、方向点或路径段本身，就可以改变路径的形状。

如左图所示可以看到，路径中包含了曲线路径段、选中的锚点、未选中的锚点、方向线、方向点等，通过这些元素进行组合，就形成了完整的路径效果。

在使用“钢笔工具”的过程中，使用该工具在图像窗口中单击，即可添加一个锚点，如下左图所示。当在另外一个位置单击并拖曳鼠标时，会出现一个曲线段，同时在新添加的锚点的两侧显示出该锚点的方向线，如下中图所示。按住Alt键的同时单击并拖曳方向线，可以对该曲线段的弧度进行调整，如下右图所示。

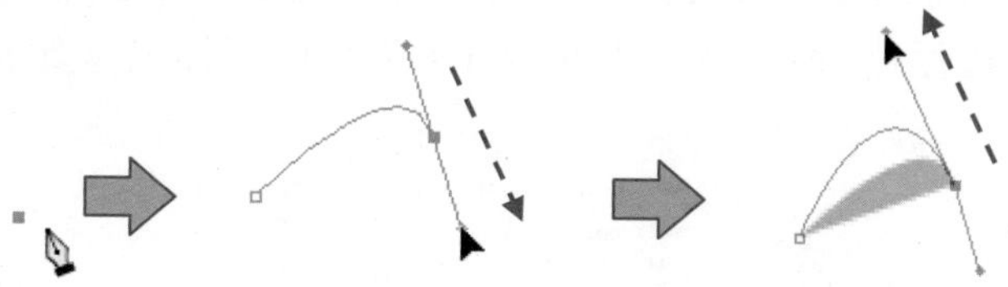

重复添加锚点和调节方向线的操作，完成所需路径的绘制后，将“钢笔工具”停留在第一个锚点上时，鼠标指针显示为钢笔形状加圆圈，如下左图所示。单击即可闭合路径，如果单击后继续拖曳鼠标，可以对闭合点位置的锚点的方向线进行调节，如下右图所示。

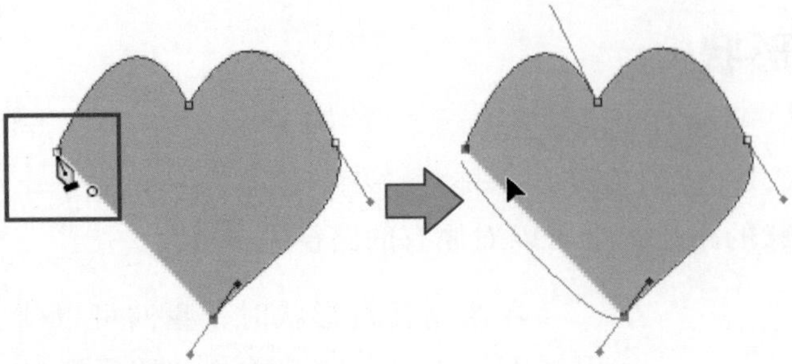

**提示：** 在使用Photoshop中的“钢笔工具”进行移动UI界面制作的过程中，需要把握好路径中方向线和方向点的位置，由此来让绘制的形状更加精确。

# 2.2 图层样式的运用

在进行移动UI设计的过程中，为了让界面中的基础元素呈现出立体化、多样化的视觉效果，常常会使用Photoshop中的图层样式对其进行修饰，接下来就对图层样式的应用进行简单介绍。

## 2.2.1 增强立体感的图层样式

在10种不同的图层样式中，有4种图层样式可以增强移动UI设计元素的立体感，分别为“斜面和浮雕”“内阴影”“光泽”和“投影”，接下来就对这4种样式进行单独介绍。

### 斜面和浮雕

“斜面和浮雕”包括内斜面、外斜面、浮雕、枕形浮雕和描边浮雕表现形式，在众多的图层样式中，是设置最为复杂的一个。“斜面和浮雕”样式分为“结构”和“阴影”两个部分，我们可以从菜单中选择外斜面、内斜面、浮雕效果、枕状浮雕和描边浮雕5种类型，如下图所示为该图层样式设置前后的效果及相关的选项展示。

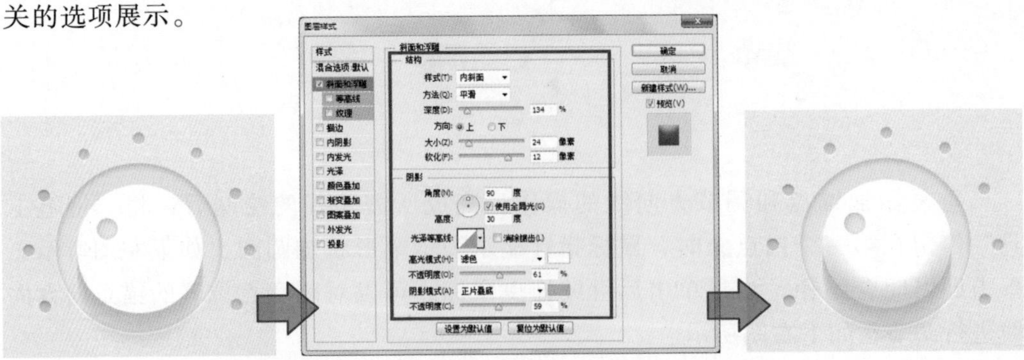

“斜面和浮雕”图层样式的下方可以看到“等高线”和“纹理”两个复选框，如下图所示。利用这些设置选项可以对移动UI设计中的图形对象进行高光和阴影的自由组成，使得编辑的效果更具立体感。

“等高线”用于控制浮雕的外形并定义应用范围；“纹理”可以选择叠加到对象上的纹理，并调整纹理的缩放大小和应用深度。

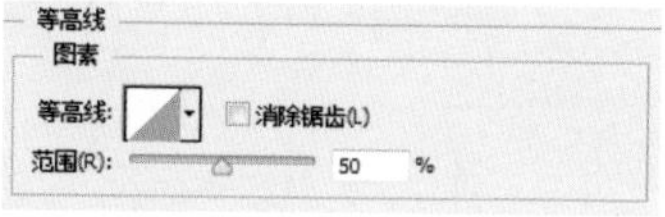


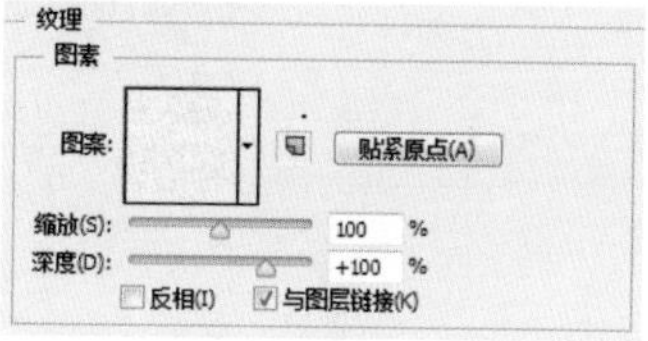


## 内阴影

“内阴影”图层样式会在紧靠图层内容的边缘内添加阴影，使图层具有凹陷外观。“内阴影”图层样式的很多选项和“投影”图层样式是一样的。“投影”图层样式可以理解为一个光源照射平面对象的效果，而“内阴影”图层样式可以理解为光源照射球体的效果。

在设计某些移动UI基本元素的过程中，为了模拟出凹陷的视觉效果，通常会使用“内阴影”图层样式进行修饰，如右图所示为运用“内阴影”样式前后的对比效果和相关设置。

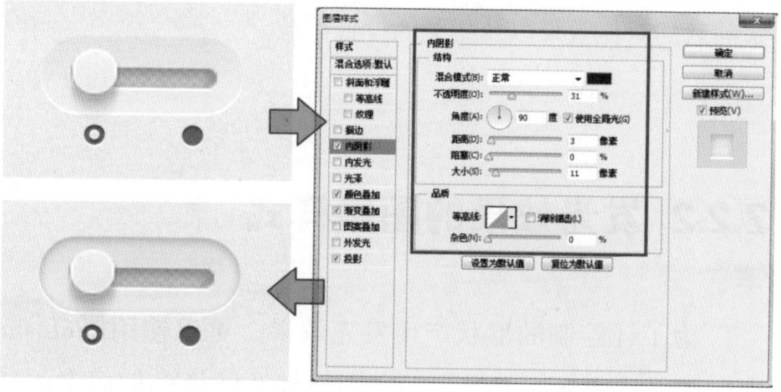

## 光泽

“光泽”图层样式的应用很难准确把握，微小的设置差别会导致截然不同的效果。“光泽”也可以理解为“绸缎”，用来在图层的上方添加一个波浪形，或者绸缎状的效果；也可以将“光泽”效果理解为光线照射下的反光度比较高的波浪形表面，比如水面所显示出来的效果。如下图所示为使用“光泽”样式前后的效果及相关的设置。

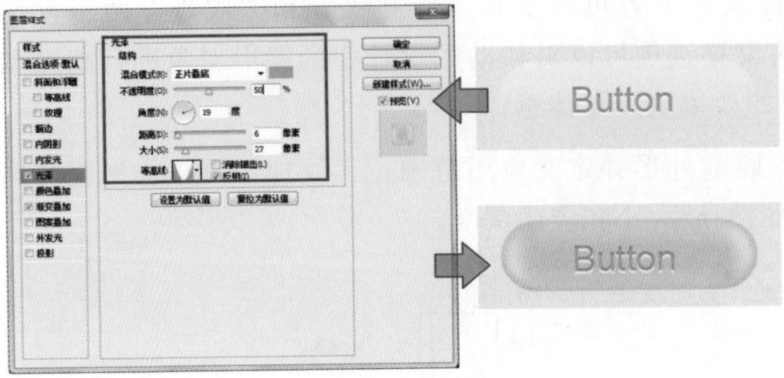


提示：“光泽”图层样式应用后的效果会和图层中对象的形状产生直接的关系；图层中对象的轮廓不同，应用之后产生的效果也会完全不同。

投影

“投影”图层样式会在图像的下方出现一个和图层中图像的内容相同的“影子”，这个影子有一定的偏移量，在默认情况下会向右下角偏移。

如右图所示为添加“投影”图层样式前后的对比效果以及相关的设置参数。

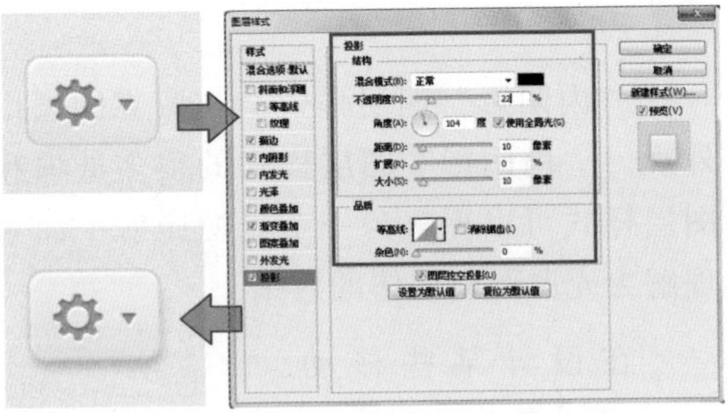

## 2.2.2 发光效果的图层样式

为了让绘制的形状产生发光效果，可以使用Photoshop中的“内发光”和“外发光”图层样式来进行操作，它们能够让图像外侧或者内部产生自然的发光效果。

内发光

“内发光”样式可以让应用对象的上方多出一个“虚拟”的层，这个层由半透明的颜色填充，沿着下面层的边缘分布。“内发光”效果可以将其想象为一个内侧边缘安装有照明设备的隧道的截面，也可以理解为一个玻璃棒的横断面，而这个玻璃棒外围有一圈光源。

如下图所示为应用了“内发光”图层样式前后的对比效果以及相关设置。

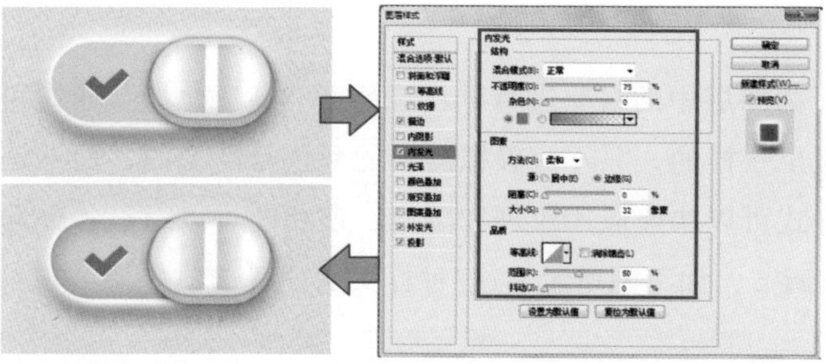

提示："方法"选项中的"精确"可以使光线的穿透力更强一些，"柔和"表现出的光线的穿透力则要弱一些。

外发光

利用"外发光"样式可以制作出从图像边缘向外发光的效果。打开"图层样式"对话框，在其中勾选"外发光"复选框，可以在右侧对应的选项组中看到设置选项，通过对各个选项的调整可以控制外发光应用的效果。如下图所示为应用"外发光"图层样式前后的对比效果及相关设置。

"结构"选项组用于设置外发光样式的颜色和光照强度等属性，"图素"选项组中的设置主要用于设置光芒的大小，"品质"选项组中的设置用于设置外发光效果的细节。

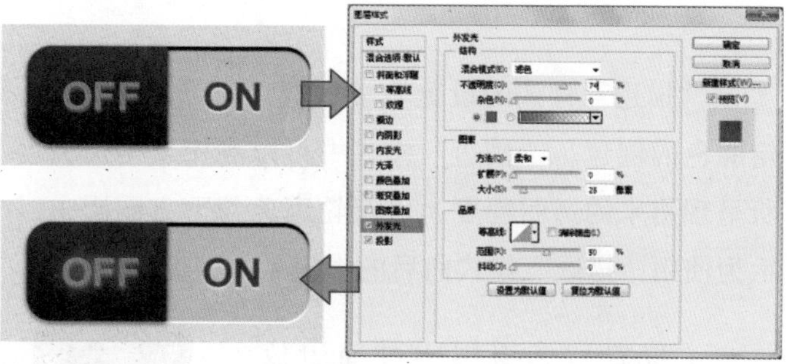


## 2.2.3 更改色彩的图层样式

为了让移动UI界面中的元素与整个界面的色彩搭配一致，符合美的设计原理，并且又能非常便利地进行更改和编辑，我们可以对元素应用更改颜色的图层样式。更改颜色的图层样式主要包括了"颜色叠加""渐变叠加""图案叠加"和"描边"图层样式，接下来就对这4种样式进行详细介绍。

颜色叠加/渐变叠加/图案叠加

“颜色叠加”样式相当于为图层中的对象进行重新着色；“渐变叠加”样式和“颜色叠加”样式的原理是完全一样的，只不过虚拟图层的颜色是渐变的，而不是单一的色块；“图案叠加”样式可以快速应用纹理和图案，该功能可以通过各种选项对纹理的多个属性进行细致调节，如下图所示为这3种样式的设置选项。

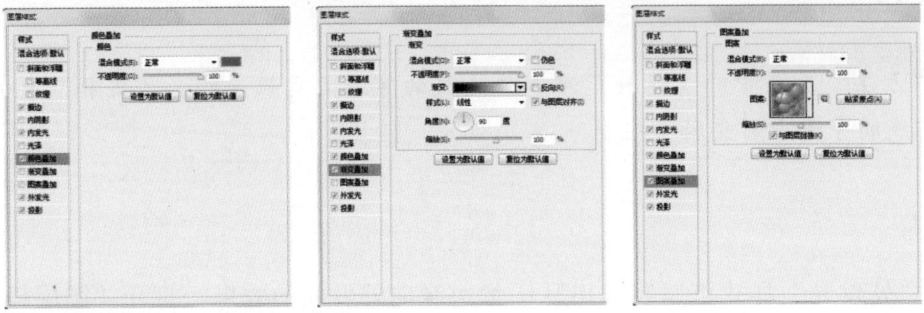

我们利用“颜色叠加”“渐变叠加”和“图案叠加”样式的子图层的优势，能够随时对图层中对象的颜色进行更改，这样使得在制作UI的过程中可以获得更大的编辑空间，可以有效地消除填色不当所造成的错误，让操作更灵活。

描边

“描边”样式的设置非常直观和简单，就是沿着图层中非透明对象的边缘进行轮廓色的创建。“描边”样式中可以利用“不透明度”和“混合模式”来控制描边所呈现出来的透明程度，以及轮廓色与下方图层中对象的混合叠加方式。如下图所示为使用“描边”样式前后的编辑效果及相关设置。

“位置”选项用于对描边位置进行控制，可以使用的选项包括“内部”“外部”和“居中”，不同的描边位置会对“大小”选项的设置产生影响。

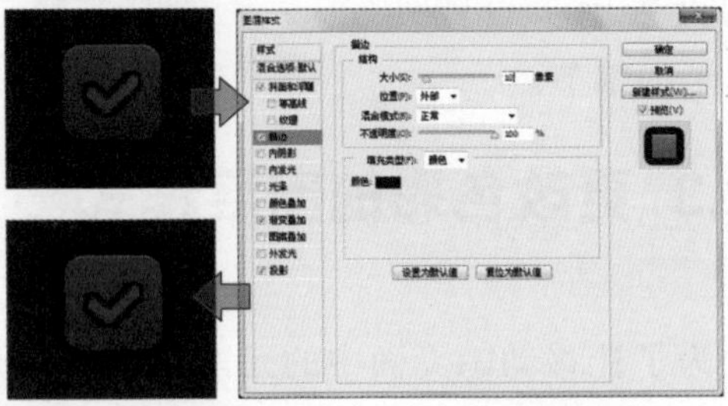

“填充类型”是“描边”样式中较为重要的设置选项，它有3种填充方式可供选择，分别是“颜色”“渐变”和“图案”，都是用来设定轮廓色填充方式的，每种填充方式下的设置选项都不相同。

# 2.3 蒙版的编辑

蒙版是遮挡在图像上的一块镜片，透过这块镜片可以看到图像的内容。利用各种蒙版可以快速完成图层之间的显示和隐藏，控制图层的编辑效果和程度，帮助移动UI设计的完成。

## 2.3.1 图层蒙版

蒙版是一种灰度图像，并且具有透明的特性。蒙版是将不同的灰度值转化为不同的透明度，并作用到该蒙版所在的图层中，遮盖图像中的部分区域。当蒙版的灰度加深时，被遮盖的区域会变得更加透明，通过这种方式不但不会对图像有一点破坏，而且还会起到保护源图像的作用，如下图所示为利用图层蒙版对UI界面中部分图像进行遮盖的效果，以及其功能原理图示。

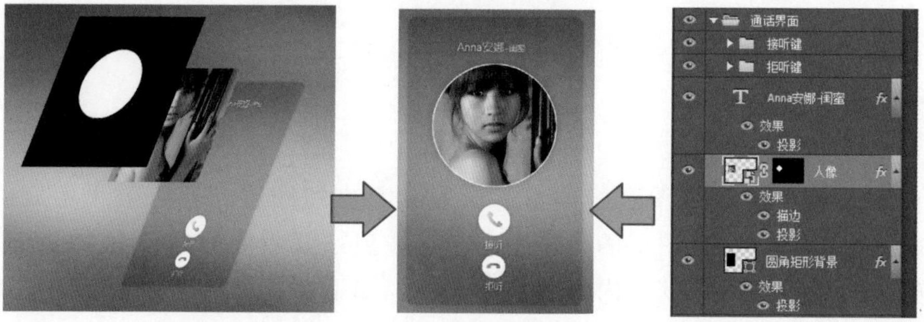


通过在“图层”面板中单击“添加图层蒙版”按钮或执行“图层 > 图层蒙版 > 显示全部”菜单命令，可以为当前选中的图层添加白色的图层蒙版。

创建图层蒙版后可以对蒙版进行编辑。在Photoshop中可以进入蒙版的编辑状态，利用多种创建选区工具、颜色工具和路径绘制工具等，对蒙版进行编辑。如果需要直接对蒙版里面的内容进行编辑，可以在按住Alt键的同时单击该蒙版的缩览图，即可选中蒙版，在图像窗口中将显示出该蒙版的内容，如下图所示。

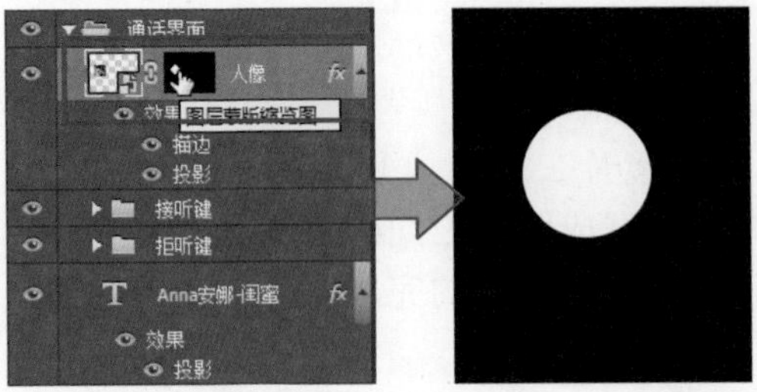


提示：删除蒙版可执行“图层＞图层蒙版＞删除”菜单命令，也可在蒙版的“属性”面板中直接单击“删除蒙版”按钮。

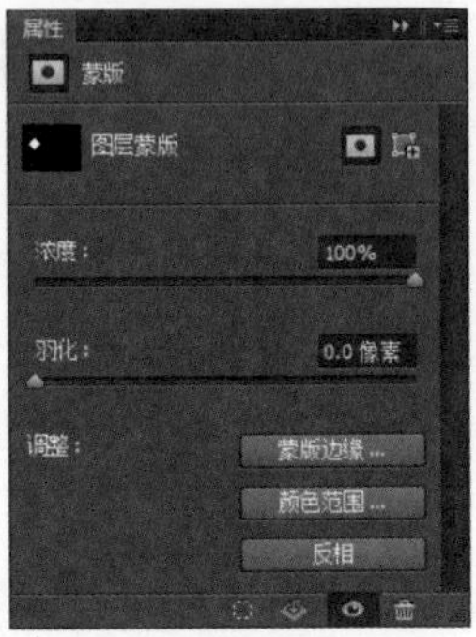


创建图层蒙版后，双击蒙版的缩览图，会打开如右图所示的蒙版的“属性”面板，在其中可以查看到蒙版的类型及相关的设置选项，可以对蒙版的边缘进行羽化，控制蒙版的整体浓度，对蒙版的边缘进行调整以及反相等操作。

单击“属性”面板右上角的扩展按钮，可以打开面板菜单，在其中可进行设置蒙版选项、添加到蒙版区域和关闭等操作。

## 2.3.2 剪贴蒙版

剪贴蒙版可使某个图层的内容来遮盖其上方的图层，遮盖效果由底部图层或基底图层决定。基底图层的非透明内容将在剪贴蒙版中剪贴它上方的图层的内容，剪贴图层中的所有其他内容将被遮盖掉。如下图所示为使用剪贴蒙版编辑的效果。

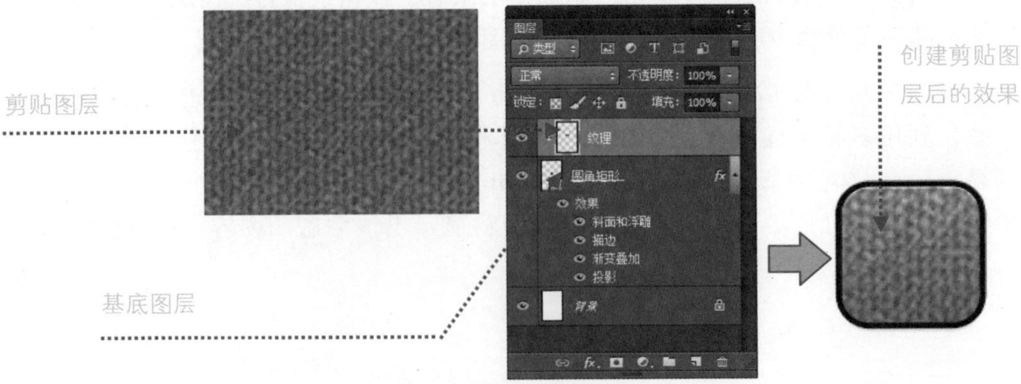

剪贴蒙版通过处于下方的图层形状来限制上方的图层的显示状态，形成一种剪贴画的画面效果。剪贴蒙版至少需要两个图层才能进行创建，位于下方的图层叫作基底图层，位于上方的图层叫作剪贴图层。基底图层只能有一个，而剪贴图层可以有若干个。

当创建剪贴蒙版之后，上方的剪贴图层缩览图将自动缩进，并且带有一个向下的箭头，基底图层的名称下面将出现一条下画线，如上图“图层”面板中所示。

提示：使用快捷键创建剪贴蒙版有两种方法：一种是选中图层，按下Ctrl+Alt+G快捷键，即可将当前选中的图层创建为剪贴蒙版；另一种是打开“图层”面板，按住Alt键的同时在两个图层之间单击，即可创建剪贴蒙版。

当不需要使用创建的剪贴蒙版时，可以通过Photoshop中的释放剪贴蒙版功能，将基底图层和剪贴图层进行恢复，使其显示出最初的画面效果。

要释放剪贴蒙版，只需选中任意一个剪贴图层，执行“图层 > 释放剪贴蒙版”菜单命令，即可释放剪贴蒙版，如下图所示为释放剪贴蒙版前后“图层”面板中的显示效果。

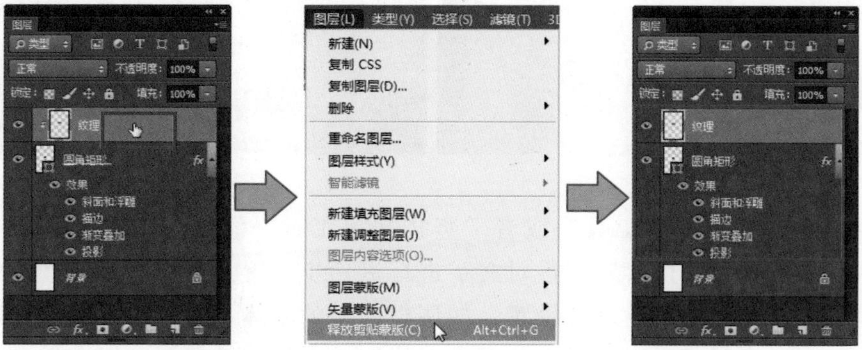

# 2.4 文字的添加

在用Photoshop制作移动UI界面的过程中，为了准确地表达出各个设计元素的功能，常常会在界面中添加必要的文字信息，接下来就对文字的添加操作进行讲解。

## 2.4.1 文字的添加与设置

在Photoshop中可以添加两种类型的文字，一种是点文字，一种是区域文字。点文字就是使用“横排文字工具”或者“竖排文字工具”在图像窗口中单击，输入所需的文字即可；而区域文字就是使用“横排文字工具”或者“竖排文字工具”在图像窗口中单击并进行拖曳，创建出文本框，在文本框中输入所需的文字内容。如下图所示为选中点文字和区域文字中文本内容的显示效果。

在使用“横排文字工具”或者“竖排文字工具”添加所需的文字之后，可以利用“字符”和“段落”面板对文字进行进一步设置。其中“字符”面板能够更好地对文字的不同属性进行设置，如调整文字的字体、大小、样式、间距以及颜色等，也可以通过对文字基线的调整，修饰文字排列效果；“段落”面板用于段落文本的设置，当在图像中创建段落文本后，使用“段落”面板可以调整文本的对齐，也可以设置段落的左、右以及段首的缩进等。如下图所示为“字符”和“段落”面板。

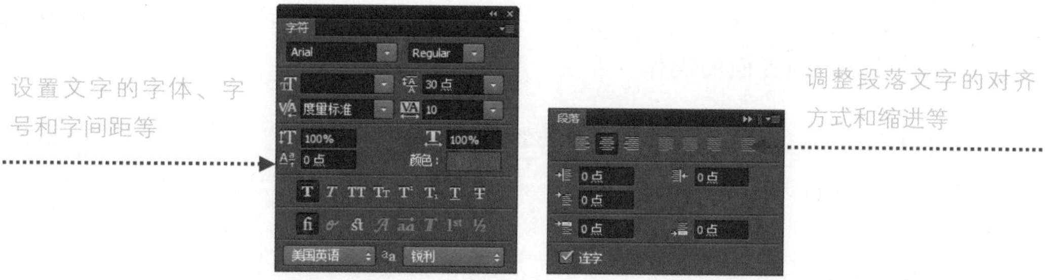


如果要对输入的部分文字进行单独的处理，可以使用“横排文字工具”或者“竖排文字工具”在文字上单击并进行拖曳，选中部分文字后进行单独设置，如下图所示。

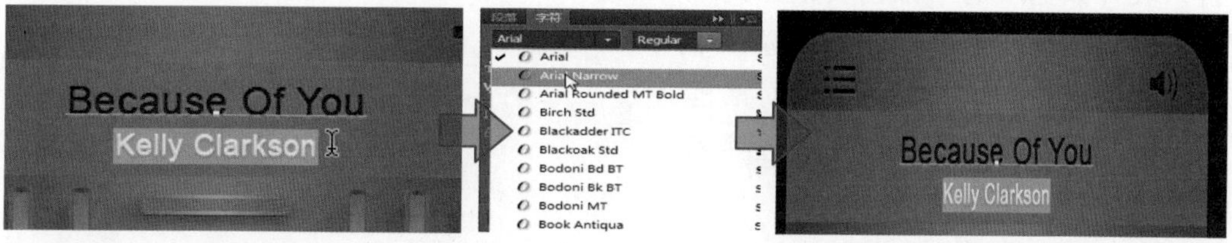


使用“横排文字工具”或“竖排文字工具”创建文字后，直接单击文字工具选项栏中的“更改文本取向”按钮，可以将横排文字转换为竖排文字，再次单击按钮，则会把竖排文字再转换为横排文字。或者执行“类型 > 文本排列方向”菜单命令，在其中选择文字的排列方式，也可以对文字的方向进行重新定义，如下图所示。

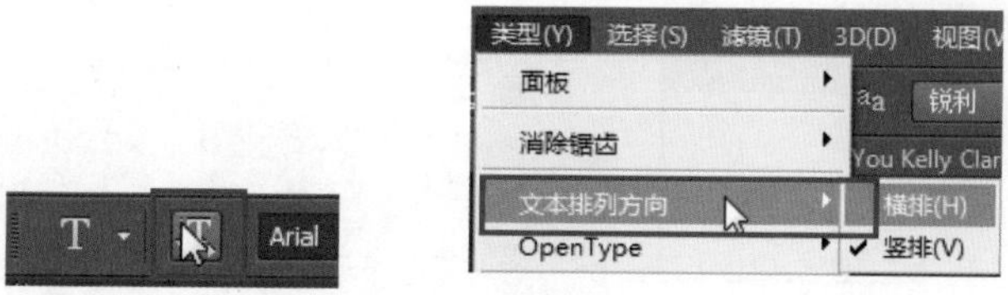


## 2.4.2 文字的高级编辑

在进行文字的编辑过程中，还可以对文字进行艺术化处理，让界面文字效果更绚丽，那就是对文字进行自由变形。通过“变形文字”对话框中的设置来让文字按照某种特殊的效果进行改变，这种改变是可以随时进行编辑、更改和取消的，非常利于移动UI界面的制作。

通过执行“类型 > 文字变形”菜单命令，可以打开如右图所示的“变形文字”对话框。在对话框中选择并设置变形选项，能够创建变形文字效果。

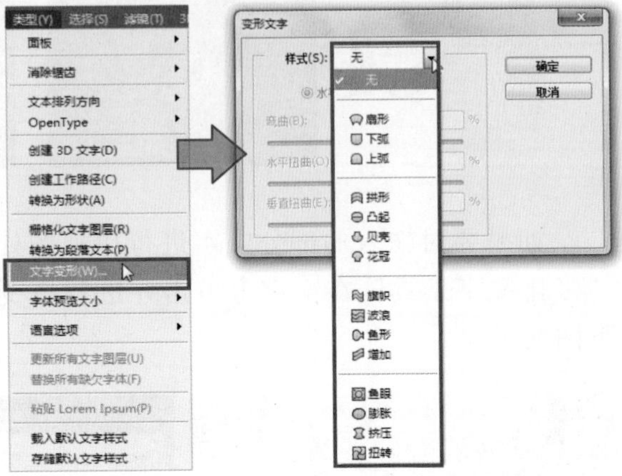


在打开的“变形文字”对话框中单击“样式”选项后面的三角形按钮，展开该选项的下拉列表，在其中可以看到多种变形的样式。选择其中一种样式进行应用，即可激活对话框中另外三个选项，通过这三个选项来控制变形的力度和方向。

除对文字进行变形外，为了让移动UI界面文字显示得更加清晰，还需要对文字的外观进行消除锯齿操作，以便使文字的笔画显示得更加完美。执行“类型 > 消除锯齿”菜单命令，可以看到该菜单命令下包含了“无”“锐利”“犀利”“浑厚”和“平滑”这几种显示效果。使用不同的效果应用到文字中，放大文字后可以看到文字边缘的效果。

使用Photoshop输入的文字仍然属于点阵图像，使用“消除锯齿”功能可以弥补文字边缘成像的缺憾，让文字中的撇、捺、弯钩等处的锯齿状缺陷抹平，边缘更加圆滑平整。如果不选择“消除锯齿”命令进行调整，边缘就很生硬。

# Part 3

# 移动UI界面中基本元素的制作

App应用程序的界面都是由多个不同的基本元素组成的，它们通过外形上的组合、色彩的搭配、材质和风格的统一，经过合理的布局来构成一个完整的界面效果。想要设计出优秀的App应用程序界面，基础元素的创作与制作是必不可少的。它不仅是组成整个界面效果的基础要素，也是构成界面的基本单位。在本章的内容中，我们将通过基础讲解搭配案例的形式，为读者介绍按钮、开关、进度条、搜索栏等多种移动UI界面中基本元素的制作规范、要点及技巧，为读者进行移动UI界面设计打下坚实的基础。

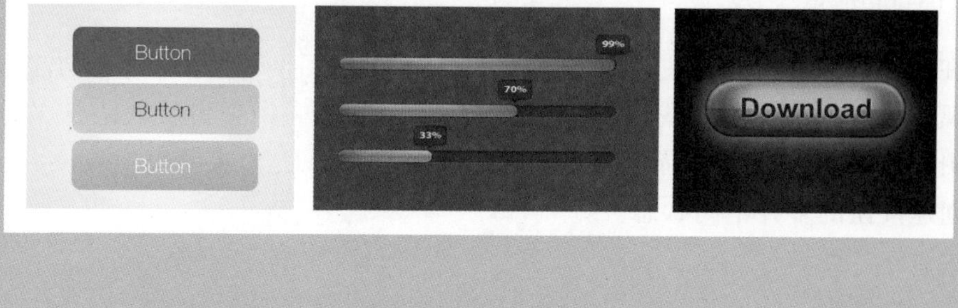

# 3.1 按钮

按钮是移动UI界面设计中不可或缺的基本控制部件，在各种App应用程序中都少不了按钮的参与，通过它可以完成很多的任务。因此，按钮的设计是最基本的，也是最重要的。

## 3.1.1 按钮设计的基础知识

在进行按钮设计之前，让我们先来了解一下按钮的表现形式和状态。按钮在移动UI界面中是启动某个功能，运行某个动作的触动点。常见的按钮外观包括了圆角矩形、矩形、圆形等。当然，有的应用程序为了表现其独特的、个性化的设计效果，也会设计出异形的按钮，如下图所示。

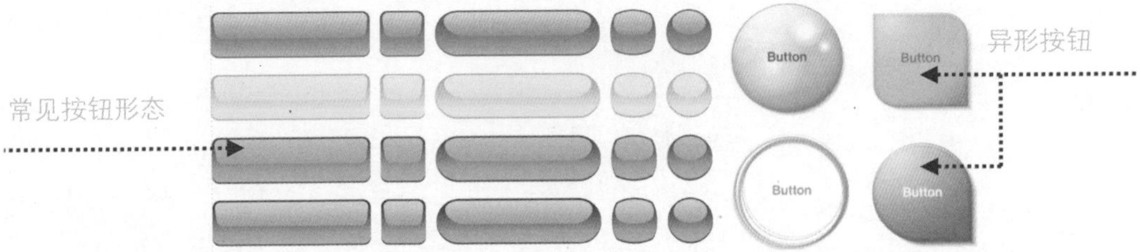


由于按钮是用户执行某项操作时所接触的对象，因此在操作中一定要有反馈，让用户明白发生了什么，这就要求按钮在设计中需要制作出几种不同的状态。按钮通常包含了5种不同的状态，如右图所示，它们分别表示用户在使用按钮过程中所呈现出来的不同显示效果。

在按钮的设计过程中，确保按钮外观不改变的前提下，我们可以通过阴影、渐变、发光等特效的编辑来创建按钮的多种不同状态。

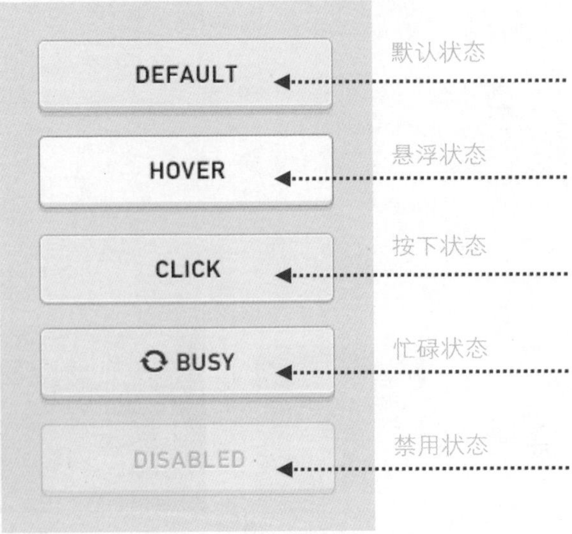

按钮的外形、色彩与整个界面的风格一致，且可以利用色彩对比度的高低来展示按钮的重要程度

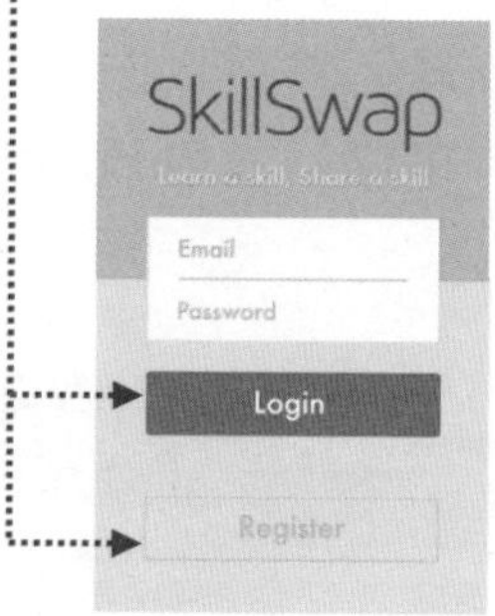


应用程序的界面中要强调的链接会以按钮的形式表现，尤其重要的按钮是促成用户完成页面功能的一个很重要的部分；所以对于其本身来讲，应该具有吸引眼球的效果，如左图所示。对于一个可以起到突出作用的按钮，首先其本身的颜色应该区别于它周边的环境色，因此它要有更亮而且更高对比度的颜色；其次按钮的设计可以多利用符号、图标，比如说箭头，这样的设计绝对要比文字的描述更直观；最后值得注意的是，按钮的设计要与整个界面的风格、材质相搭配，这样设计出来的按钮才符合实际的需要。

## 3.1.2 扁平化按钮的设计

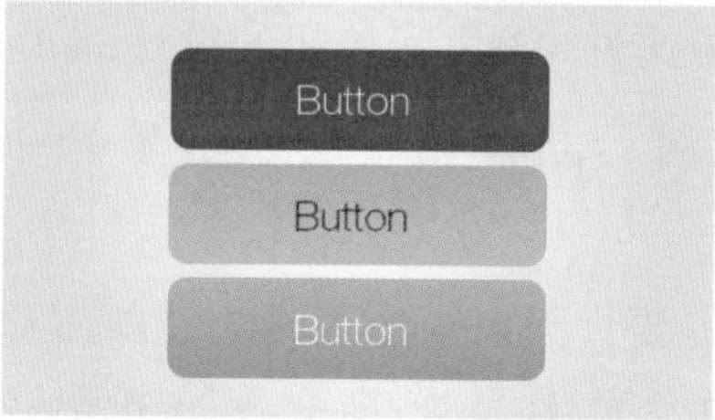


源文件：源文件\03\扁平化按钮的设计.psd

设计关键词：扁平化、渐变、iOS系统

软件功能提要：圆角矩形工具、“渐变叠加”图层样式、横排文字工具

**制作步骤详解**

Step 01：在Photoshop中创建一个新的文档，选择工具箱中的“圆角矩形工具”，在其选项栏中进行设置。接着在图像窗口中单击并拖曳鼠标，绘制一个圆角矩形。

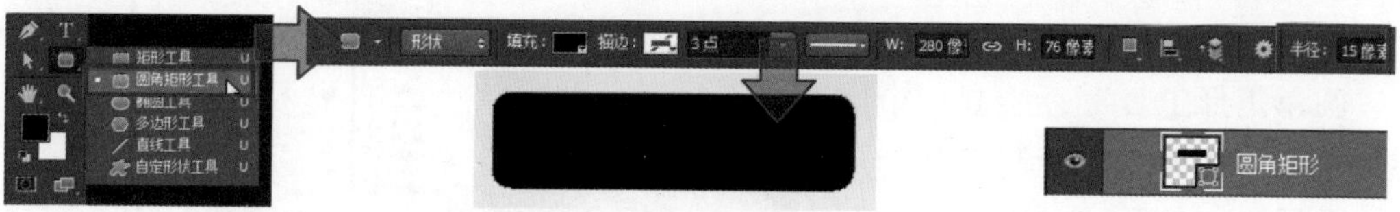


Step 02：双击绘制得到的形状图层，在打开的“图层样式”对话框中勾选“渐变叠加”复选框，在相应的选项卡中设置参数，并单击渐变色块，在“渐变”编辑器中对渐变色进行设置。

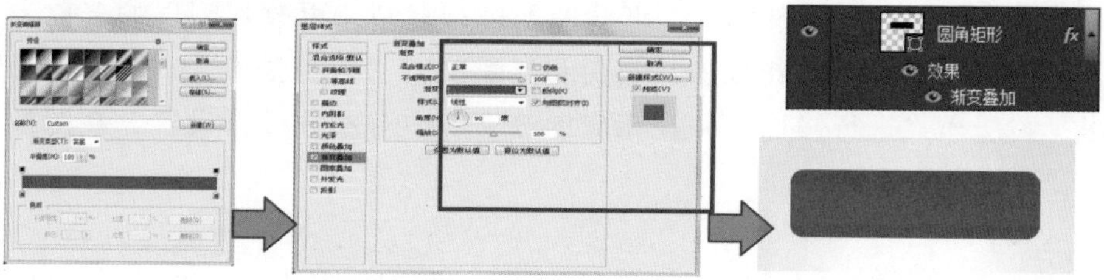

Step 03：选中工具箱中的“横排文字工具”，在按钮上单击，输入所需的文字，打开“字符”面板对文字的属性进行设置。

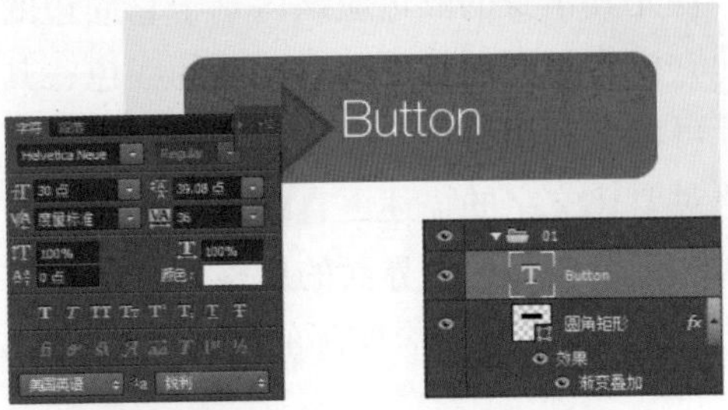


Step 04：对绘制的按钮进行复制，在“图层样式”对话框中对渐变叠加的设置进行更改，完成其余两个按钮的制作。

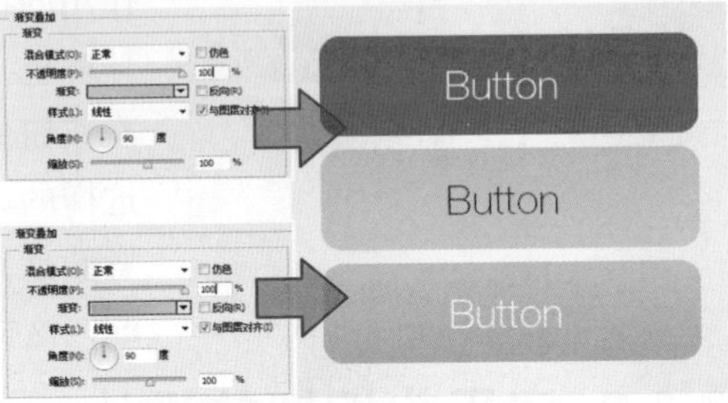


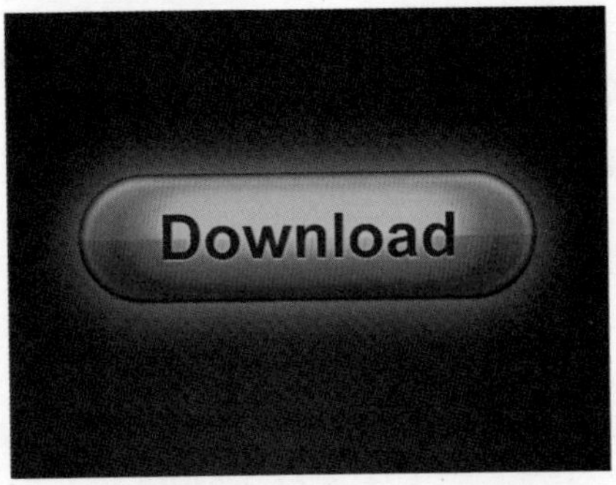


源文件：源文件\03\发光按钮的设计.psd

设计关键词：立体化、层次、发光、Android系统

软件功能提要：圆角矩形工具、“斜面和浮雕/内阴影/内发光/外发光/渐变叠加/投影”图层样式、横排文字工具

**制作步骤详解**

Step 01：在Photoshop中创建一个新的文档，选择工具箱中的“圆角矩形工具”，绘制一个圆角矩形。接着双击绘制得到的形状图层，在打开的“图层样式”对话框中为其应用“外发光”图层样式。

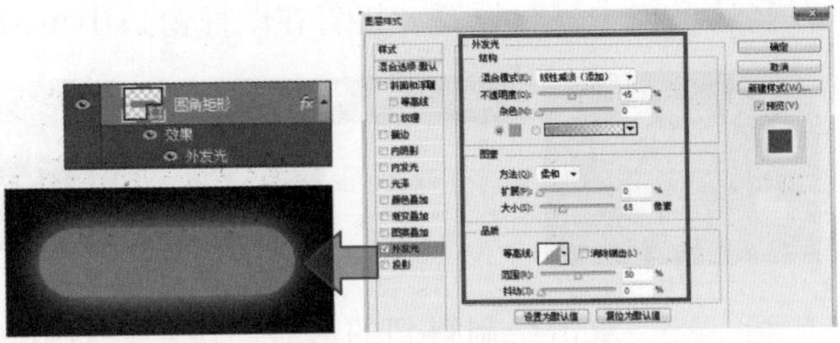

Step 02：对绘制的“圆角矩形”形状图层进行复制，更改其图层的名称为“背景”。清除图层样式，重新添加“斜面和浮雕”、“渐变叠加”、“内阴影”和“投影”图层样式进行修饰，并在相应的选项卡中对参数进行设置，在图像窗口中可以看到编辑的效果。

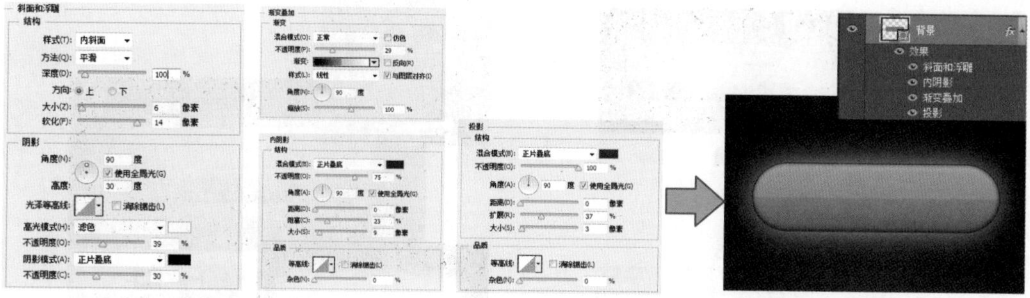

Step 03：绘制一个与“Step 02”中相同大小的圆角矩形，命名为“层次”，设置其“填充”选项的参数为0%，使用“内发光”和“内阴影”图层样式对形状进行修饰，并在相应的选项卡中设置参数。

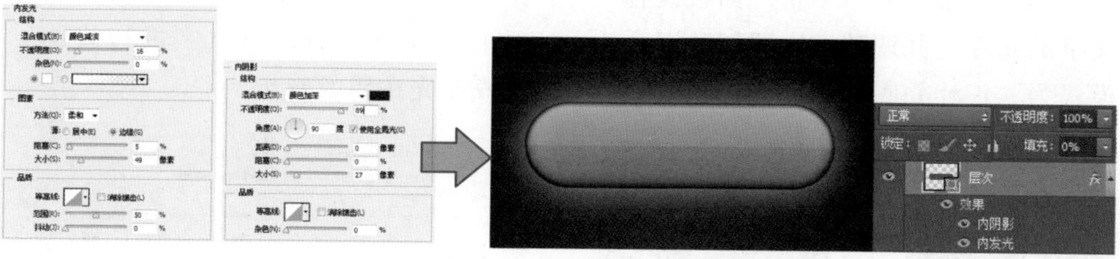

Step 04：再次绘制一个圆角矩形，设置其“填充”选项的参数为0%；接着使用“斜面和浮雕”“内发光”和“内阴影”图层样式对形状进行修饰，并在相应的选项卡中对参数进行设置，在图像窗口中可以看到编辑的效果。

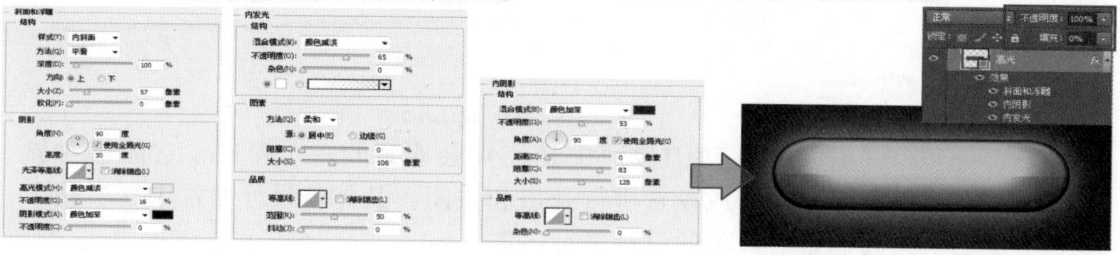

Step 05：按住Ctrl键单击“高光”图层的图层缩览图，将其载入选区。接着执行“选择＞修改＞羽化”菜单命令，在弹出的对话框中设置“羽化半径”为10像素。

Step 06：对选区进行羽化后，接着单击“图层”面板中的“添加图层蒙版”按钮，为该图层添加图层蒙版，对其显示进行控制，在图像窗口中可看到编辑的效果。

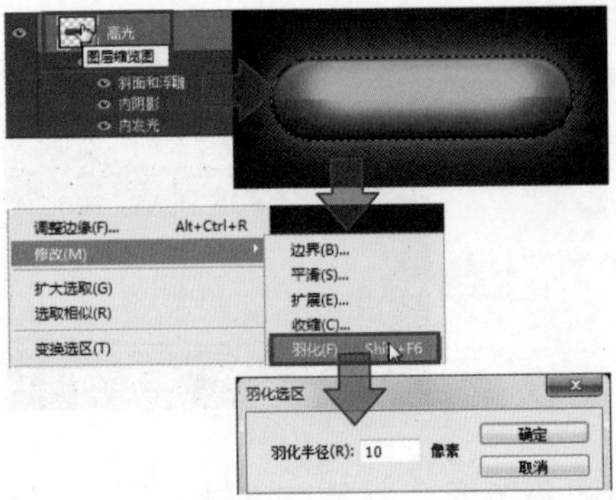


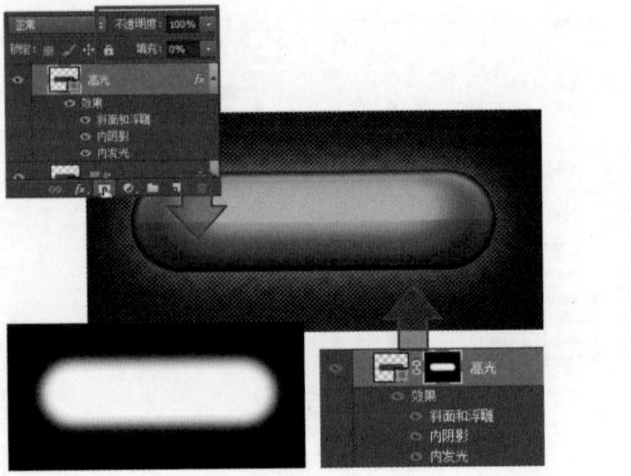

Step 07：选择工具箱中的“横排文字工具”，在按钮上单击并输入所需的文字。接着打开“字符”面板设置文字的属性，并调整文字图层的混合模式为“正片叠底”。

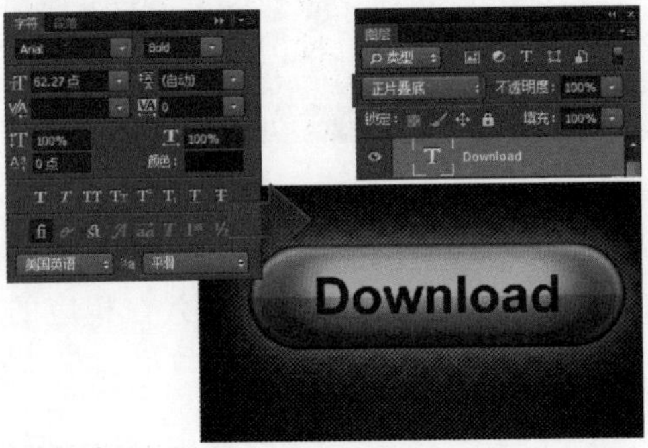


Step 08：双击文字图层，在打开的“图层样式”对话框中勾选“外发光”和“投影”复选框，在相应的选项卡中设置参数，对文字进行修饰，完成发光按钮的制作。

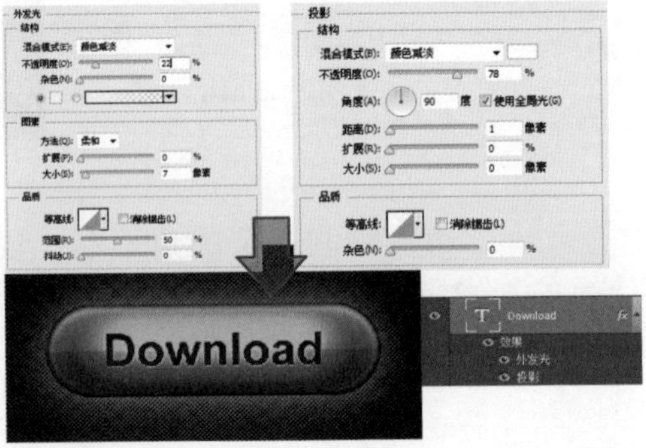


# 3.2 开关

开关在移动UI界面中是经常会遇到的一个控件，它能够对界面中某个功能或设置进行开启和关闭，其外观设计非常丰富。接下来我们就对开关的设计进行讲解。

## 3.2.1 开关设计的基础知识

开关允许用户选择选择项，移动UI界面设计中的开关一共有3种类型，即复选框、单选按钮和ON/OFF开关。

复选框开关允许用户从一组选项中选择多个，通过勾选的方式来对功能或设置的状态进行控制。如果需要在一个列表中出现多个开关设置，选择开关类型中的复选框开关是一种节省空间的好方式，如下图所示为复选框开关的设计效果。通过主动将复选框换成勾选标记，可以使去掉勾选的操作变得更加明确且令人满意。

第一行五个为勾选状态
第二行五个为未勾选状态

单选按钮开关只允许用户从一组选项中选择一个，如果用户认为需要看到所有可用的选项并排显示，那么最好选择使用单选按钮开关进行界面设计，这样更加节省空间。如下图所示为单选按钮开关的设计效果。

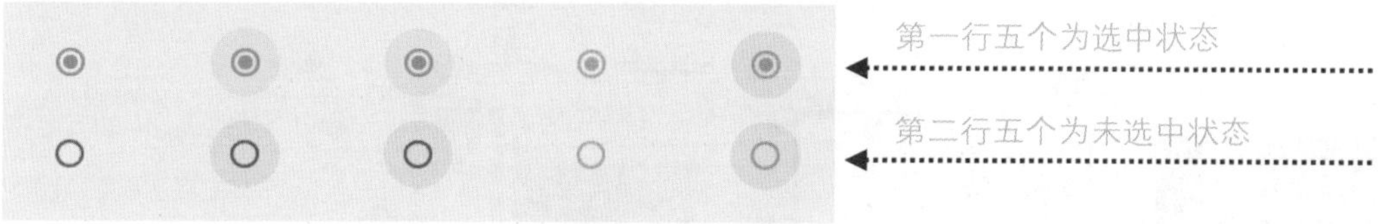
第一行五个为选中状态
第二行五个为未选中状态

如果只有一个开启和关闭的选择，则不要使用复选框开关，而应该使用ON/OFF开关比较合适。ON/OFF开关可以切换单一设置选择的状态，开关控制的选项以及它的状态，应该明确地展示出来并且与内部的标签相一致。开关通过动画来传达被聚焦和被按下的状态，如下图所示为ON/OFF开关的设计效果。

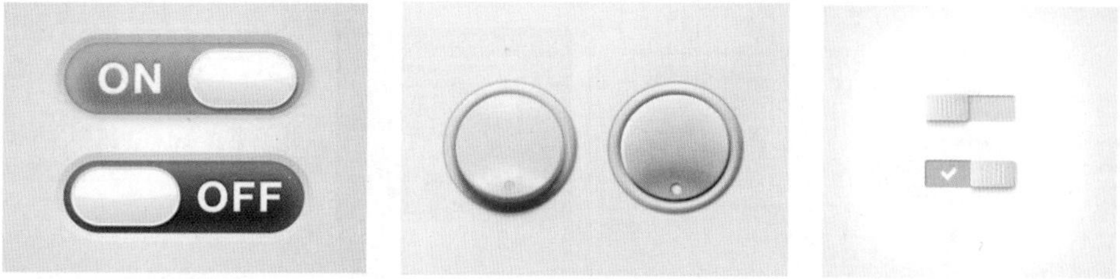
ON
OFF

开关的设计应当注意要同时设计至少两种状态，一个是开启，一个是关闭。某些移动UI界面的设计中，还会设计出开关的触碰状态，让界面的交互式体检更加完美，提升用户的操作兴趣。

## 3.2.2 简易色块开关的设计

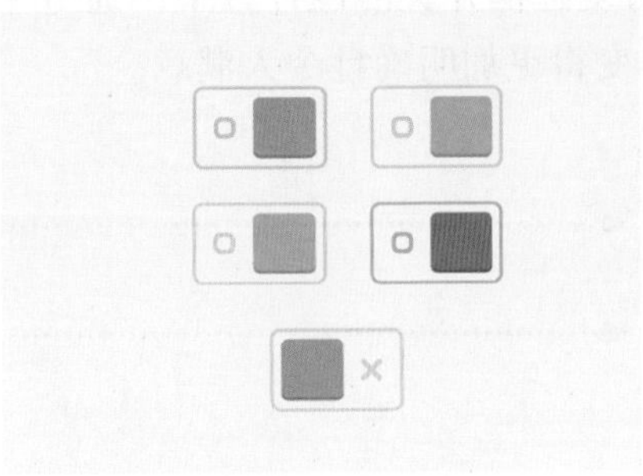

源文件：源文件\03\简易色块开关的设计.psd

设计关键词：扁平化、色块、线框、iOS系统

软件功能提要：圆角矩形工具、“描边”和“内阴影”图层样式

**制作步骤详解**

Step 01：在Photoshop中创建一个新的文档，选择工具箱中的“圆角矩形工具”，绘制一个圆角矩形，为其填充适当的颜色，使用“描边”图层样式对其进行修饰。

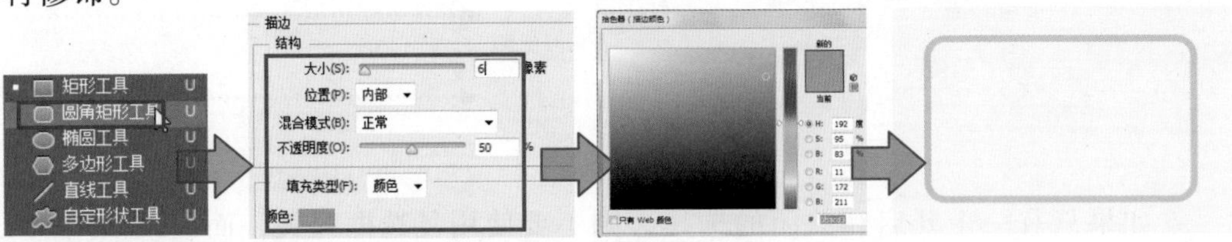


Step 02：使用“圆角矩形工具”绘制另外一个圆角矩形，作为开关按钮，使用“内阴影”图层样式对其进行修饰。

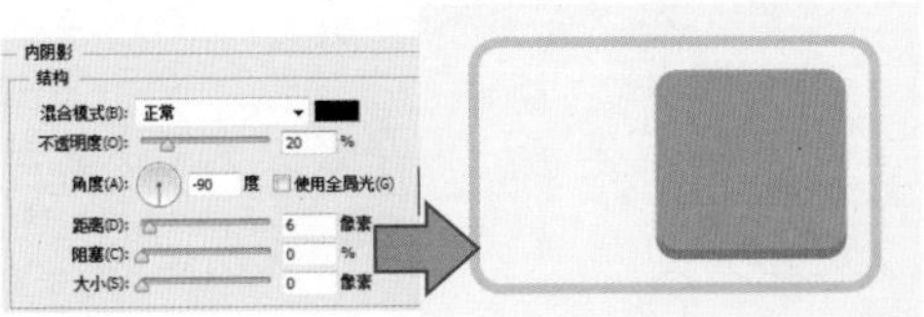


Step 03：使用“圆角矩形工具”绘制一个圆角矩形方框，作为开关的图标，填充适当的颜色，放在适当的位置。

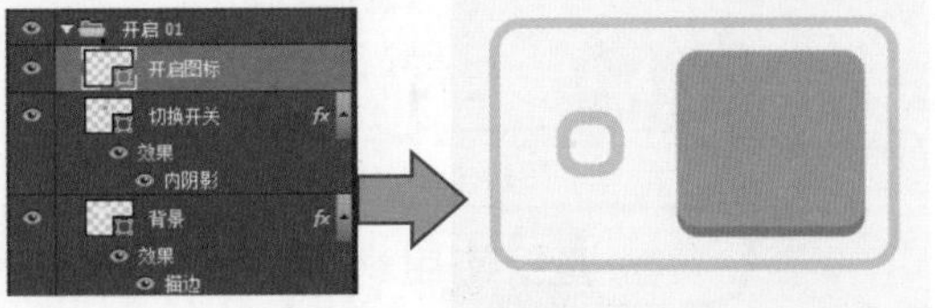


Step 04：参考前面的绘制方法，制作出关闭开关的效果，接着对绘制的开启按钮进行复制，修改其中绘制形状的颜色，制作出其余颜色开关的效果，并使用图层组对图层进行管理，在图像窗口中可以看到本例编辑的效果。

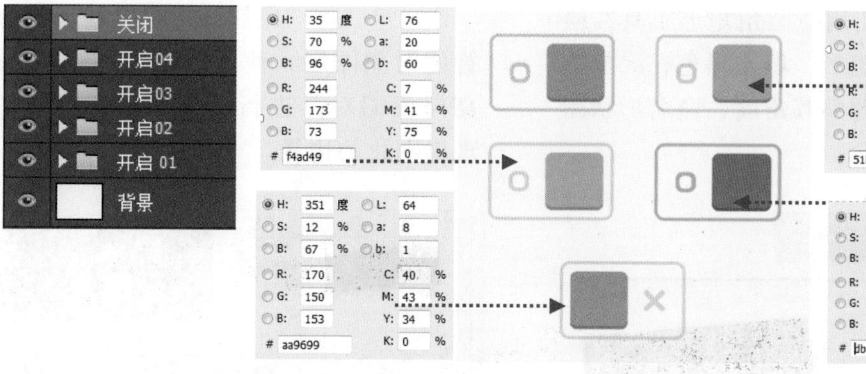


## 3.2.3 拟物化开关的设计

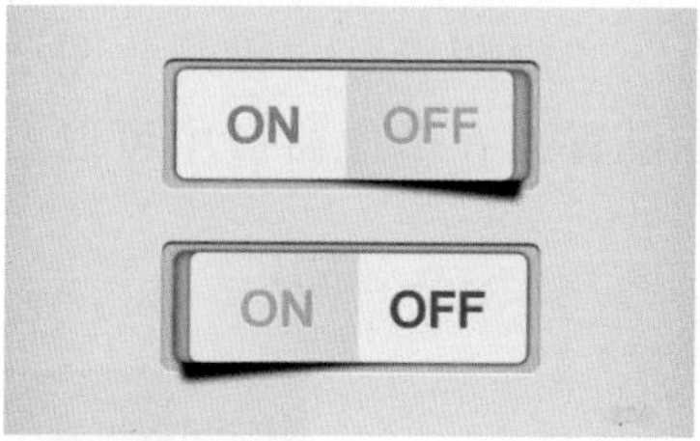


源文件：源文件\03\拟物化开关的设计.psd

设计关键词：立体、阴影、拟物化、Android系统

软件功能提要：圆角矩形工具、“高斯模糊”滤镜、“内阴影/描边/投影/渐变叠加”图层样式、横排文字工具

**制作步骤详解**

Step 01：在Photoshop中创建一个新的文档，选择工具箱中的“圆角矩形工具”，在其选项栏中进行设置，绘制一个圆角矩形，填充上适当的颜色，将得到的形状图层命名为“背景”。

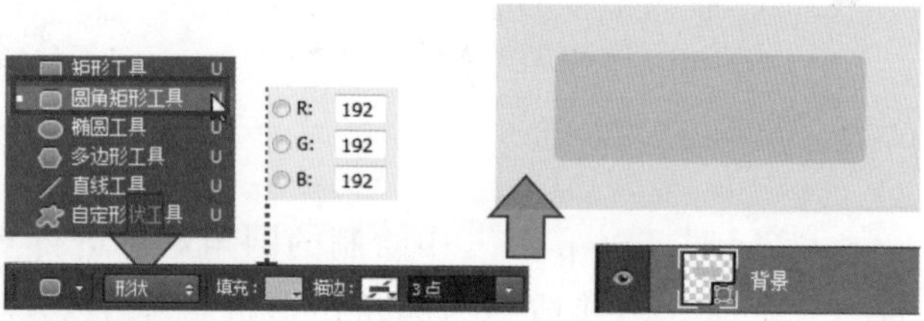


Step 02：双击“背景”图层，在打开的“图层样式”对话框中勾选“内阴影”和“投影”复选框，使用这两种图层样式对圆角矩形进行修饰，接着在相应的选项卡中对参数进行设置，在图像窗口中可以看到编辑后的效果。

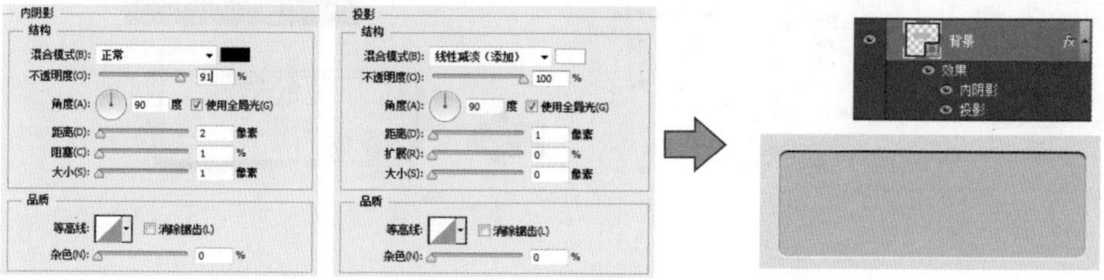

Step 03：使用“圆角矩形工具”绘制一个圆角矩形，填充黑色，无描边色，并适当调整其角度，命名形状图层为“阴影”。

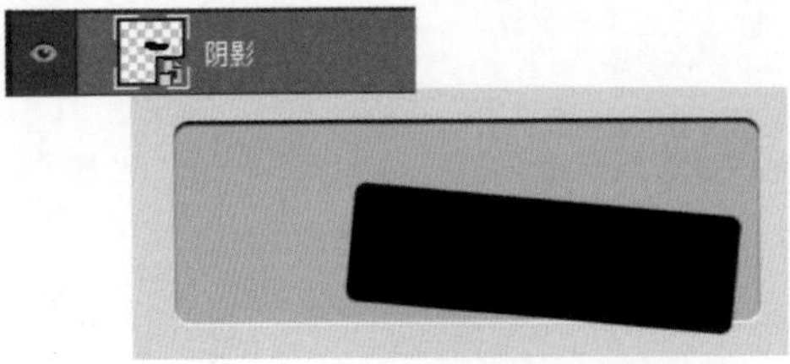


Step 04：将“阴影”形状图层转换为智能对象图层，使用半径为3.0像素的高斯模糊对其进行模糊处理，使其呈现出羽化的边缘。

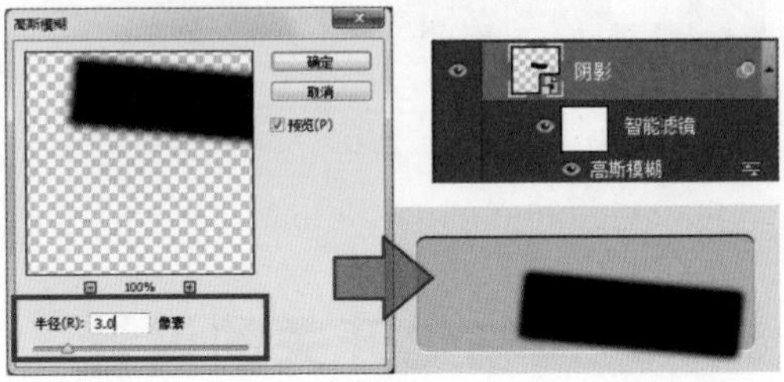


Step 05：使用“圆角矩形工具”绘制一个圆角矩形，适当调整其大小，放在合适的位置。将该形状图层命名为“层次”，使用“描边”“内阴影”“投影”图层样式对其进行修饰，并在相应的选项卡中对参数进行设置，在图像窗口中可以看到编辑的效果。

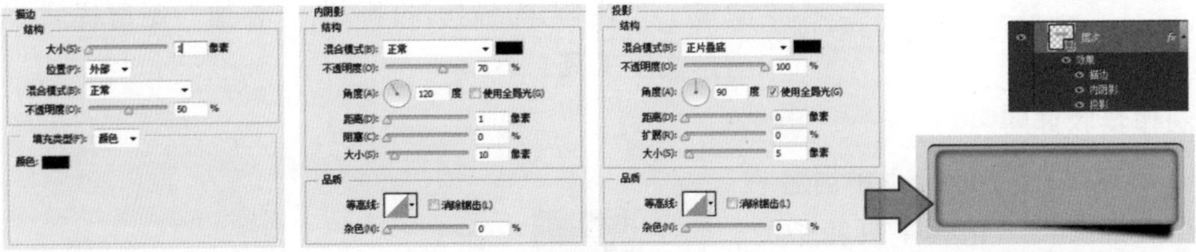

Step 06：对“Step 05”中绘制的圆角矩形进行复制，清除图层中的样式，将其命名为“表面”，并适当为圆角矩形进行缩小处理。接着使用“渐变叠加”和“投影”图层样式对其进行修饰，在相应的选项卡中对参数进行设置，在图像窗口中可以看到编辑的效果。

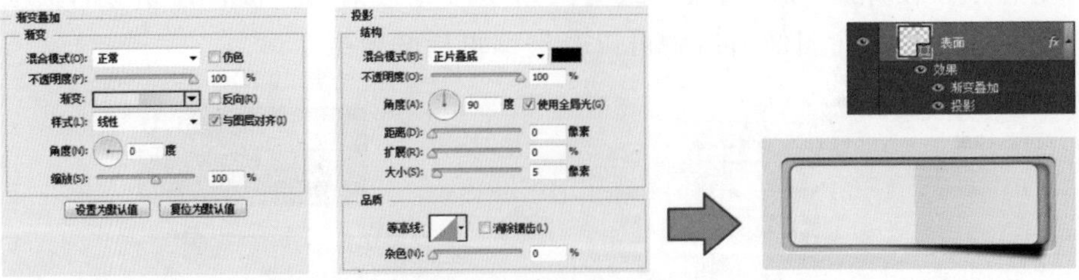

Step 07：选择工具箱中的“横排文字工具”，在适当的位置单击，输入ON。打开“字符”面板对文字的属性进行设置，并使用“投影”图层样式对文字进行修饰。

Step 08：使用“横排文字工具”输入OFF，打开“字符”面板对文字的属性进行设置，利用“投影”图层样式对文字进行修饰，完成开启按钮的制作。

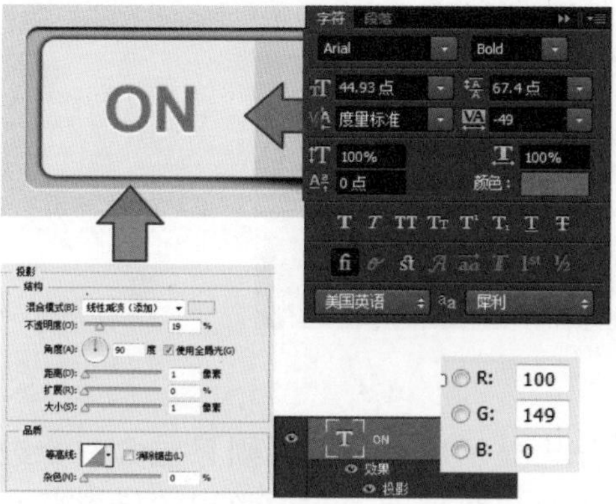


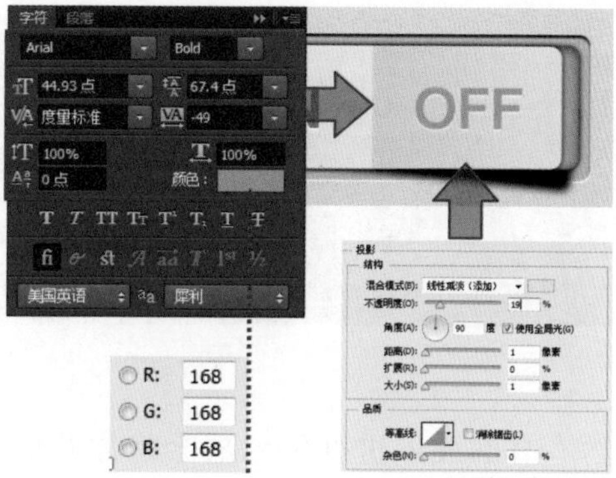


Step 09：参考前面绘制开启按钮的方法和设置，制作出关闭按钮的效果，在图像窗口中可以看到编辑后的结果。

## 3.3 进度条

进度条是用户在进入某个界面或者进入某个程序的过程中，App为了缓冲和加载信息时所显示出来的控件，它主要显示出当前加载的百分比，让用户掌握相关的数据和进度。

### 3.3.1 进度条设计的基础知识

在应用程序的操作中，在对于完成部分可以确定的情况下，使用确定的指示器能让用户对某个操作所需要的时间有个快速了解，这种指示器我们通常称之为进度条。

进度条显示的类型有两种，一种是线形进度指示器，一种是圆形进度指示器，可以使用其中任何一种来指示确定性和不确定性的操作。

线形进度指示器应始终从0%到100%显示，绝不能从高到低反着来。界面中使用一个进度指示器来指示整体的所需要等待的时间，当指示器达到100%时，它不会返回到0%再重新开始。如下图所示为线形进度指示器的设计效果。

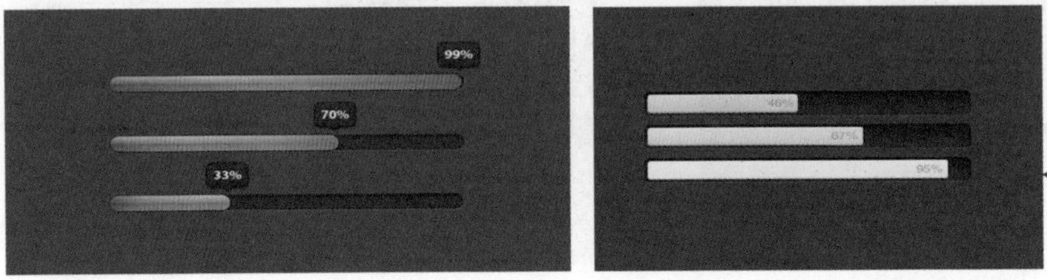


线形进度指示器

有的线形进度指示器会将加载信息的百分比显示出来，有的则只包含一个进度条，用户只能通过观察线形的长短来大致猜测加载进度。我们常用的播放器的播放进度条就是最常见的一种线形进度指示器。

圆形的进度指示器可以和一个有趣的图标或者刷新图标结合在一起使用，它的设计相比较线形进度指示器显得更加丰富。如下图所示为圆形进度指示器的设计效果。

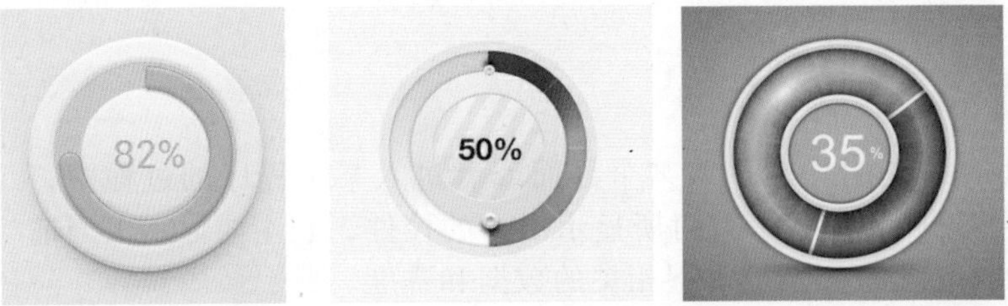


圆形进度指示器

当用户进入页面加载时而在小小的等待中，美丽的界面设计能给用户带来一瞬间的惊叹，让用户再也不觉得等待是漫长的。精致的细节，往往最能考验设计师的技术，但同时也是最能打动人心的关键。如下图所示的进度条在设计中不但创意十足，而且细节和质感都非常完美。

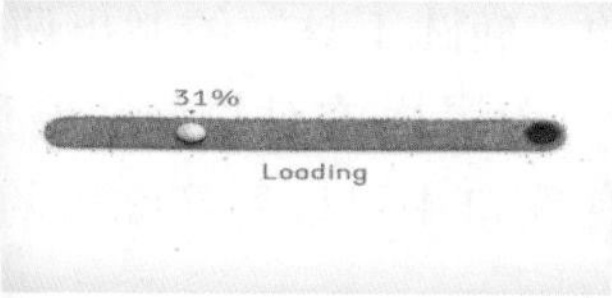


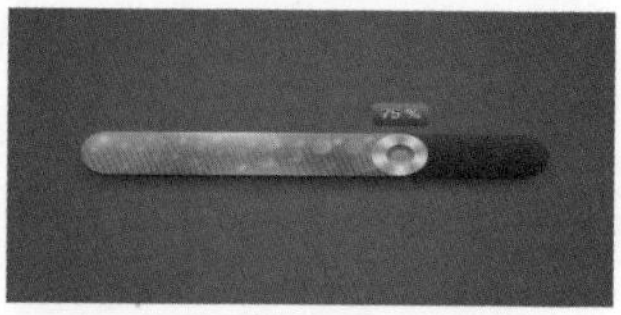

## 3.3.2 扁平化进度条的设计

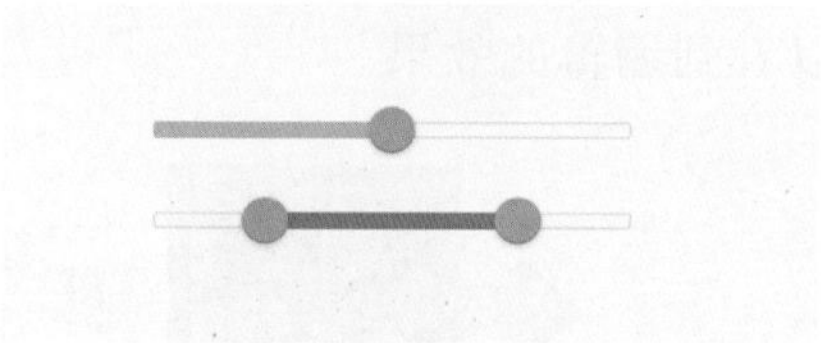

源文件：源文件\03\扁平化进度条的设计.psd

设计关键词：扁平化、色块、iOS系统

软件功能提要：圆角矩形工具、“描边/内阴影/投影”图层样式、椭圆工具

**制作步骤详解**

Step 01：在Photoshop中创建一个新的文档，将其“背景”图层填充适当的颜色。接着使用“圆角矩形工具”绘制出所需形状，作为进度条的背景，并使用“描边”样式对其进行修饰。

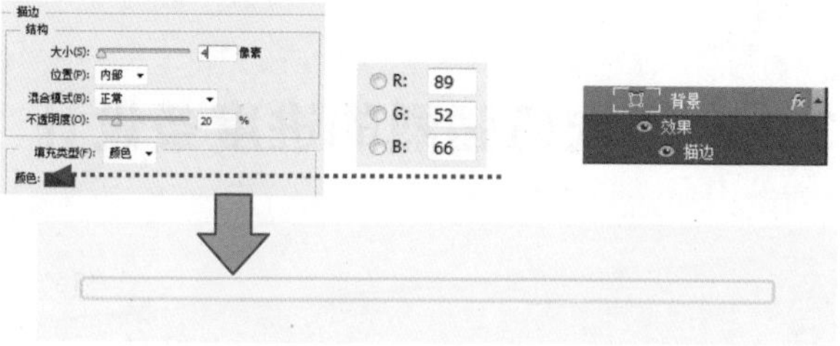


Step 02：使用“圆角矩形工具”绘制出所需的形状，填充R219、G85、B101的颜色，无描边色，放在适当的位置，在图像窗口中可以看到编辑的效果。

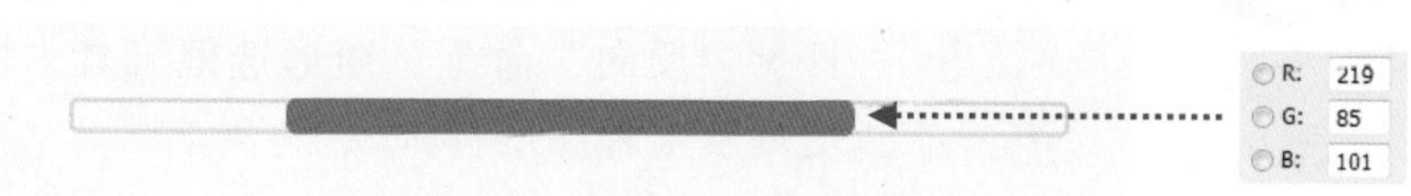

Step 03：使用工具箱中的“椭圆工具”绘制出两个圆形，放在适当的位置。接着使用“内阴影”和“投影”图层样式对绘制的圆形进行修饰，并在相应的选项卡中对参数进行设置，在图像窗口中可以看到编辑的效果。

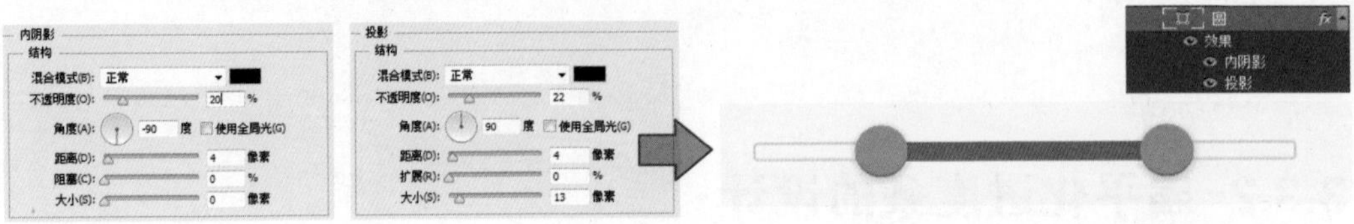


Step 04：参考前面的绘制方法和相关的设置，绘制出单向进度滑块的形状，更改其滑块进度形状的颜色为黄色，在图像窗口中可以看到编辑的效果。

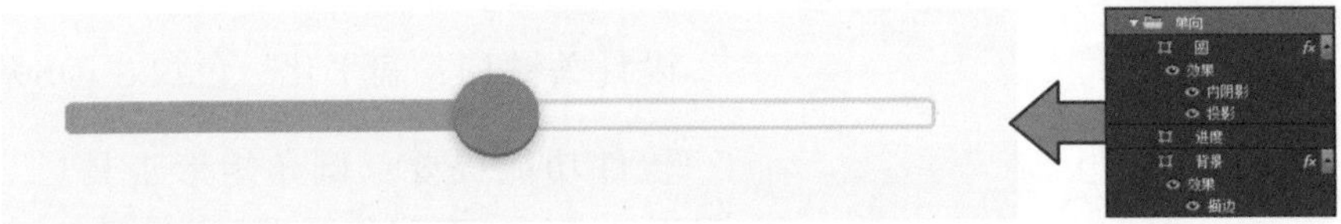


## 3.3.3 层次感强烈的进度条设计

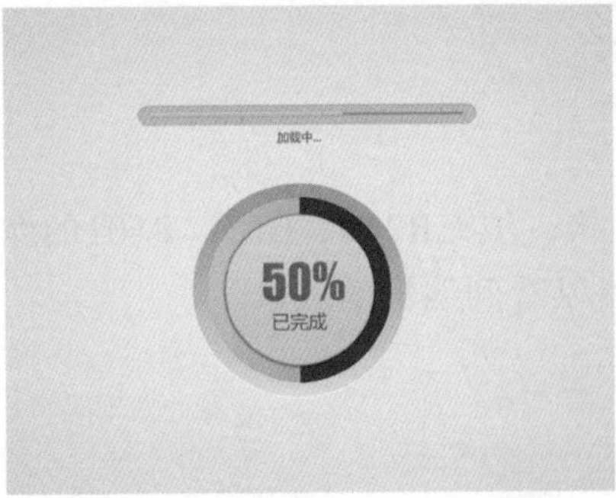


源文件：源文件\03\层次感强烈的进度条设计.psd

设计关键词：立体化、层次、渐变、内阴影、Android系统

软件功能提要：椭圆工具、自定义形状工具、“反向”命令、矩形选框工具、横排文字工具及多种图层样式

**制作步骤详解**

Step 01：在Photoshop中创建一个新的文档，选择工具箱中的“椭圆工具”，绘制出一个正圆形。填充适当的颜色，无描边色，作为圆形进度指示器的背景。

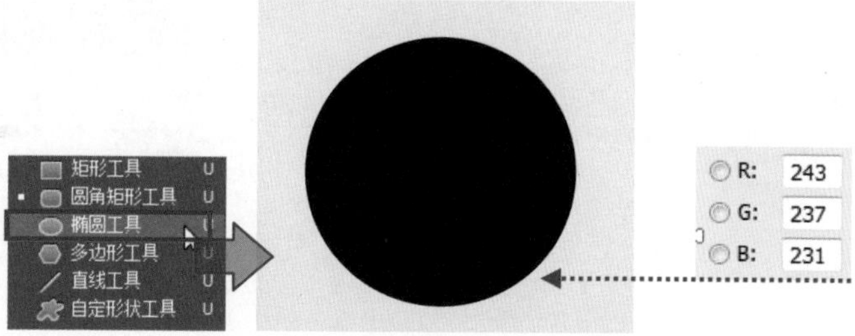


Step 02：双击绘制得到的形状图层，在打开的“图层样式”对话框中勾选“外发光”、“投影”和“渐变叠加”复选框，在相应的选项卡中对各个选项的参数进行设置，在图像窗口中可以看到编辑后的效果。

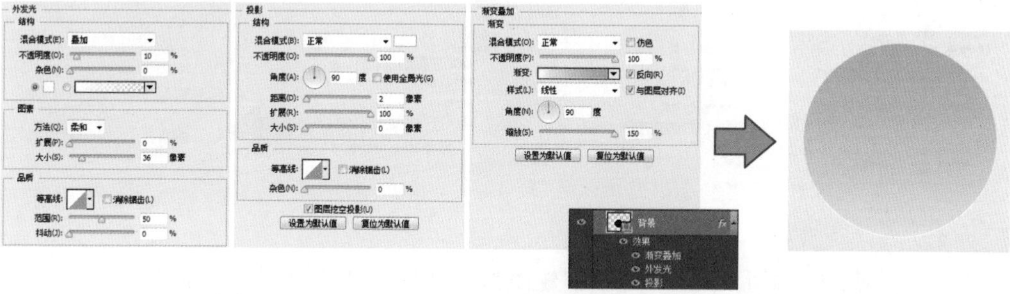


Step 03：选择“自定形状工具”，选择其中所需的形状，绘制后删除多余的路径，得到圆环形状，并在“图层”面板中设置该形状图层的“填充”选项的参数为0%，将其放在适当的位置，在图像窗口中可以看到编辑的效果。

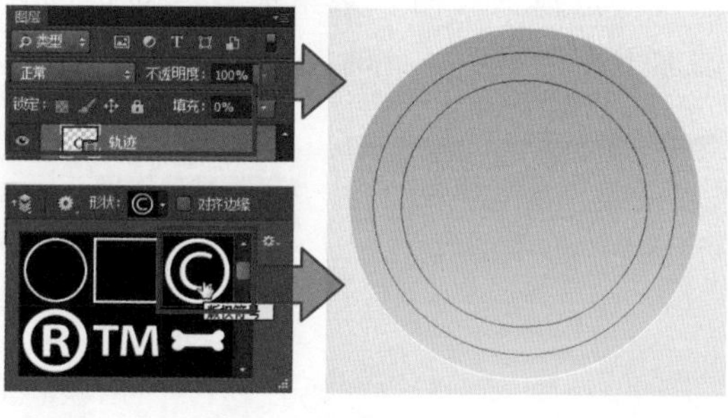


Step 04：双击绘制得到的“轨迹”形状图层，在打开的“图层样式”对话框中勾选“颜色叠加”、“图案叠加”和“内阴影”复选框，在相应的选项卡中对各个选项的参数进行设置，在图像窗口中可以看到编辑的效果。

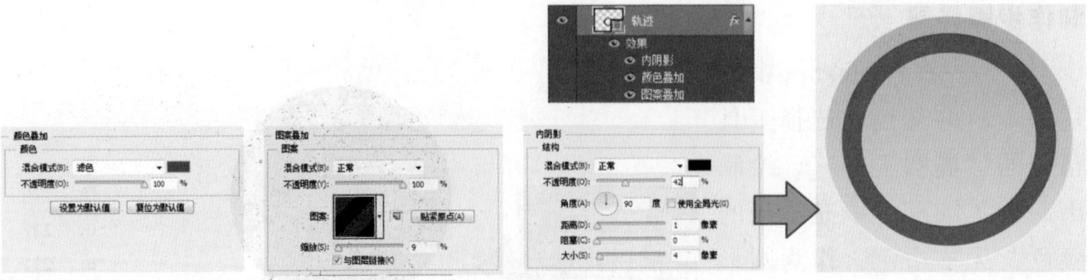


Step 05：对绘制的“轨迹”形状图层进行复制，清除图层中的图层样式，将其图层命名为“进度”。使用“内阴影”“描边”“渐变叠加”图层样式对其进行修饰，并在相应的选项卡中对各个选项的参数进行设置，使其呈现出渐变的效果。

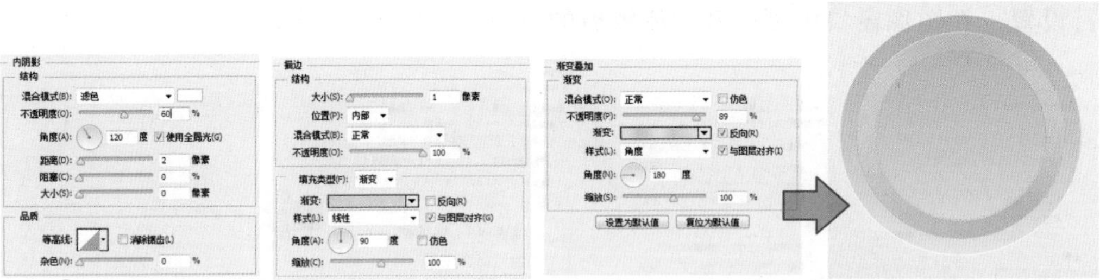

Step 06：使用“矩形选框工具”创建矩形的选区，将右侧的彩色圆环选中。接着执行“选择 > 反向”菜单命令，对选区进行反向处理。接着为“进度”形状图层添加上图层蒙版，此时图像窗口中的彩色圆环只显示出左侧的图像。

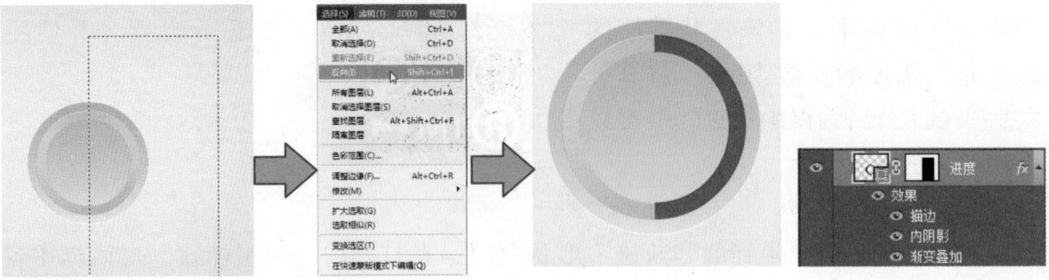

Step 07：选择工具箱中的“椭圆工具”，按住Shift键的同时单击并拖曳鼠标，绘制出一个正圆形。填充上黑色，无描边色，将其放在彩色圆环的内部，在图像窗口中可以看到编辑的效果。

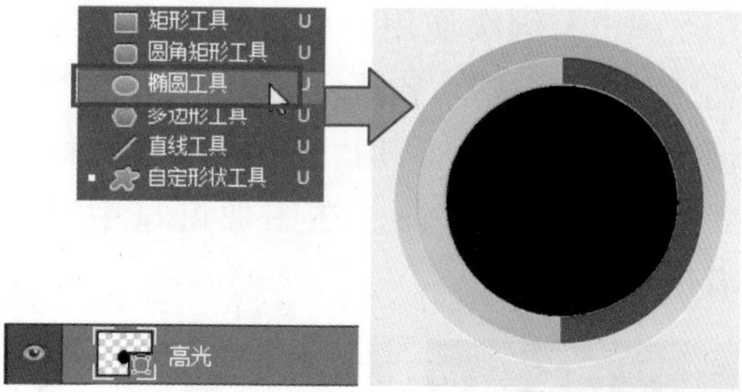


Step 08：双击绘制得到的“高光”形状图层，在打开的“图层样式”对话框中勾选“斜面和浮雕”“外发光”“投影”和“渐变叠加”复选框，并在相应的选项卡中对参数进行设置，在图像窗口中可以看到编辑后的效果。

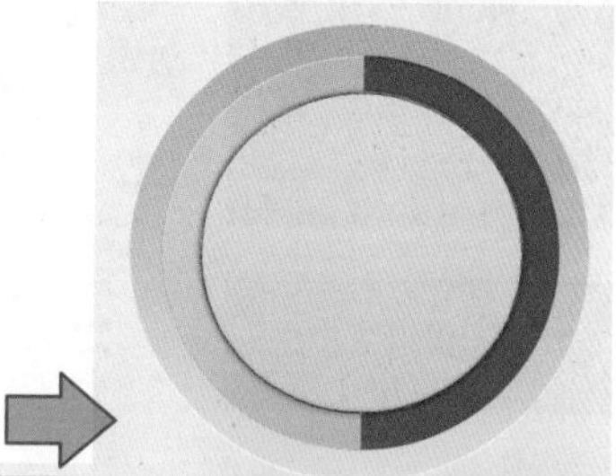

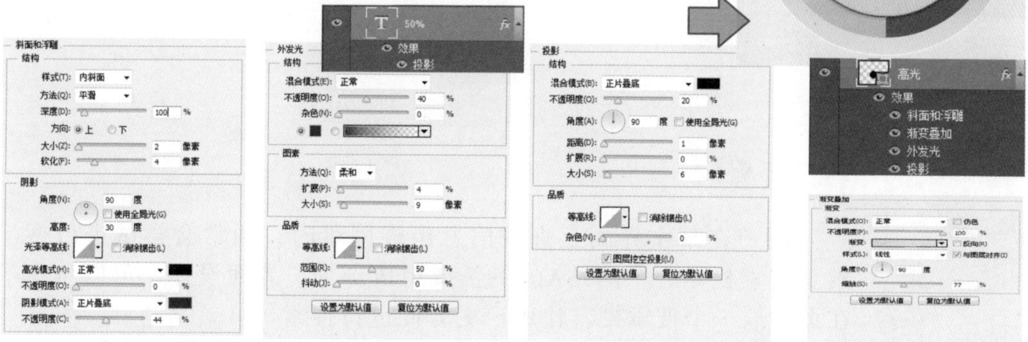


Step 09：选择工具箱中的“横排文字工具”，在适当的位置单击，输入“50%”字样。接着打开“字符”面板对文字的字体、字号和颜色等进行设置，并使用“投影”图层样式对文字进行修饰，在相应的选项卡中对参数进行设置，在图像窗口中可以看到编辑的效果。

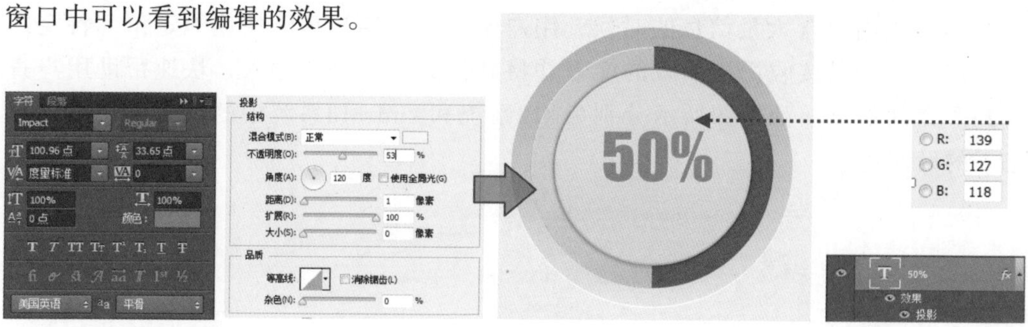

Step 10：继续使用“横排文字工具”输入“已完成”字样，打开“字符”面板设置参数，利用“投影”图层样式对文字进行修饰，在图像窗口中可看见编辑效果。

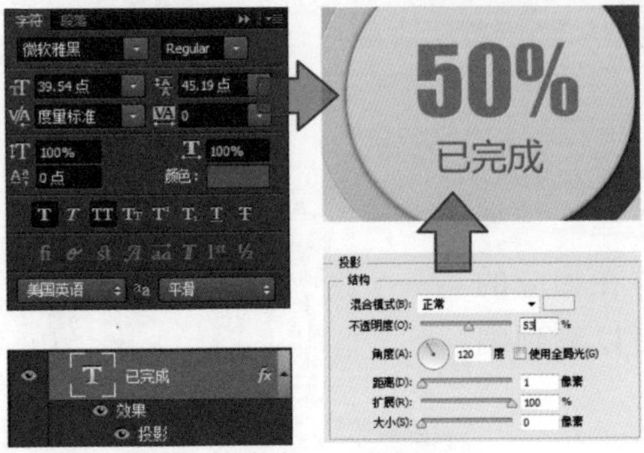


Step 11：参考圆形进度指示器的编辑效果，制作出线性指示器的效果。或者通过复制和粘贴图层样式的方式对部分形状进行修饰，提高制作的效率，在图像窗口中可以看到编辑结果。

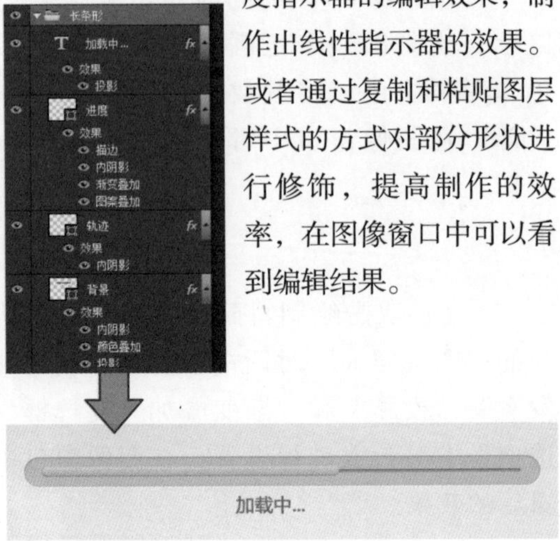


# 3.4 搜索栏

用户在某个界面上查找信息出现困难时，通常会尝试进行搜索。搜索栏是一个网站App的重要组成部分，界面设计中可以考虑在页脚放一个搜索栏，让用户更方便进行搜索。

## 3.4.1 搜索栏设计的基础知识

当应用内包含大量信息的时候，用户希望能够通过搜索快速地定位到特定内容，搜索栏可以接收用户输入的文本并将其作为一次搜索输入，快速帮助用户查找到所需的信息。如下图所示分别为iOS系统和Android系统中的搜索栏在默认状态下的设计效果。

当搜索文本框获得焦点的时候，搜索框展开以显示历史搜索建议，选择任意建议提交搜索，如下左图所示。当用户开始输入查询，搜索建议转换为自动补全，如下右图所示。

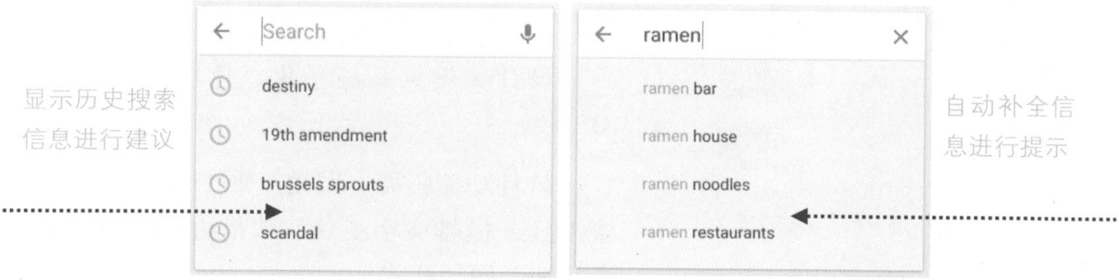


默认状态下的搜索栏通常由一个文本框加上一个搜索按钮组成，如下图所示。但是我们在对搜索栏进行设计时，还要考虑到其搜索工作状态下的图标和文本框的不同显示效果。

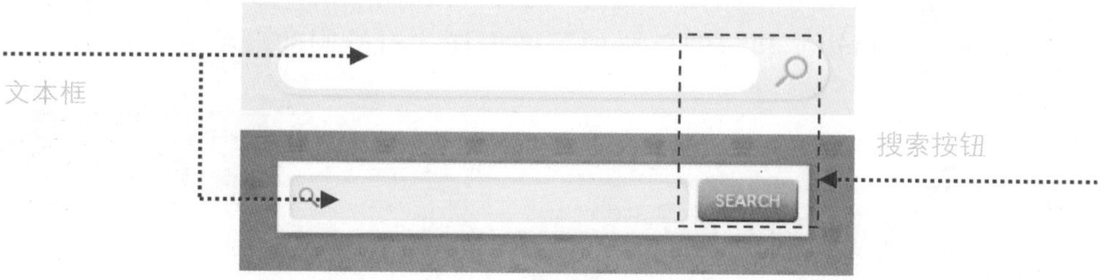


随着App应用程序的不断开发和发展，搜索栏的交互和设计越来越别出心裁。那些交互和细节优化不仅仅是为了吸引用户的眼球，更多时候是在培养用户对搜索栏的使用。如下图所示的搜索栏设计让我们一起来细细品味一下，它们从字体、颜色、阴影、梯度等不同角度做了改变，对以后的设计也非常有帮助。

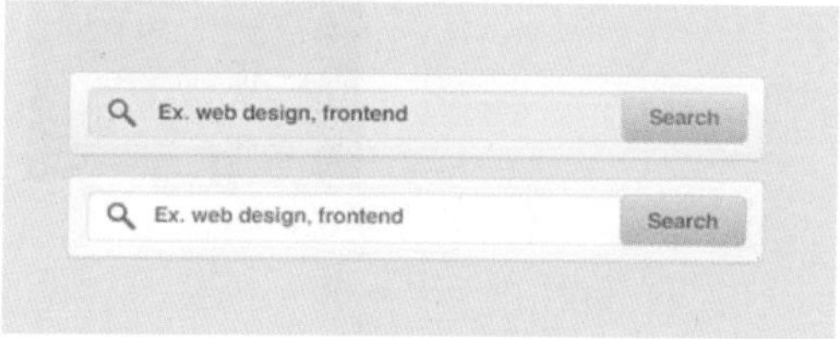

## 3.4.2 扁平化搜索栏的设计

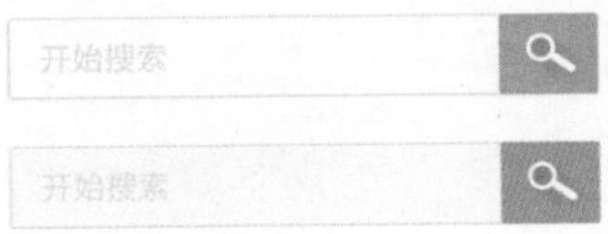


源文件：源文件\03\扁平化搜索栏的设计.psd

设计关键词：扁平化、色块、长阴影、iOS系统

软件功能提要：圆角矩形工具、自定义形状工具、横排文字工具、“描边/颜色叠加/渐变叠加”图层样式

**制作步骤详解**

Step 01：在Photoshop中创建一个新的文档，选择工具箱中的“圆角矩形工具”，绘制一个圆角矩形。填充适当的颜色，将该图层的“填充”选项的参数设置为30%。使用“描边”和“颜色叠加”图层样式对绘制的形状进行修饰，作为搜索栏的输入框。

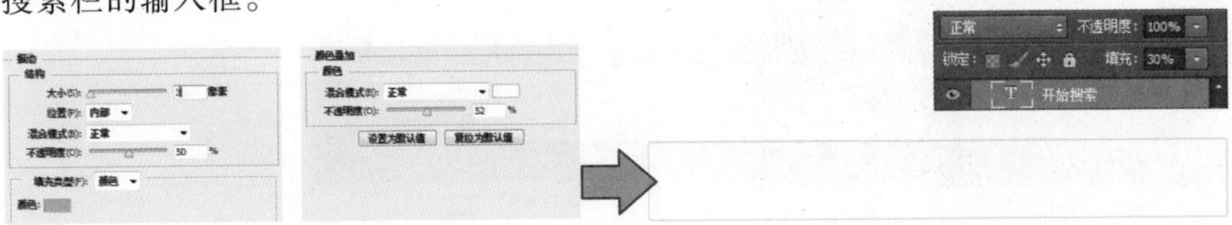


Step 02：选择工具箱中的“横排文字工具”，在适当的位置单击，输入所需的文字。打开“字符”面板设置文字的属性，调整文字图层的“填充”选项的参数为65%。

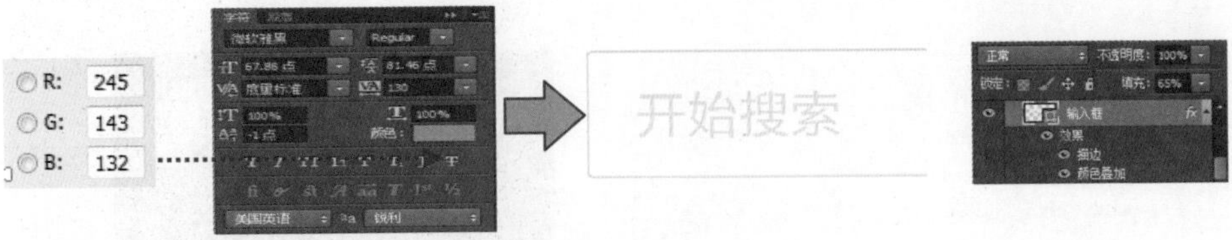

Step 03：选择“圆角矩形工具”绘制出按钮，接着利用“自定形状工具”绘制放大镜图标，对按钮进行修饰。

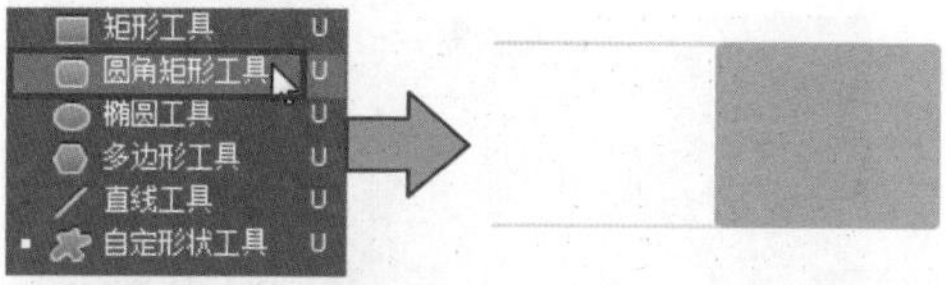


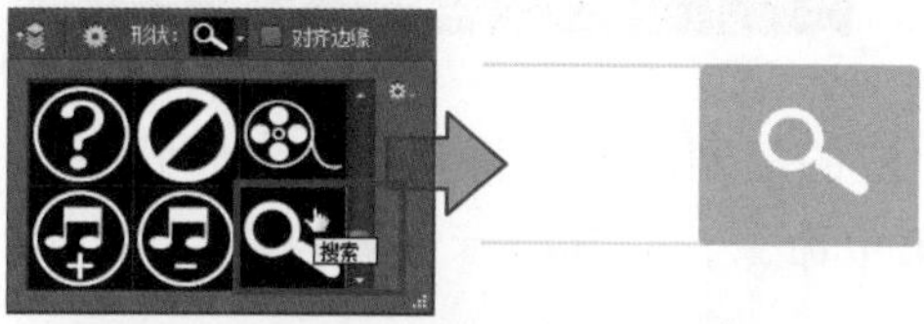


Step 04：使用“钢笔工具”绘制出阴影的形状，调整图层的顺序，使用“渐变叠加”图层样式对其进行修饰，完成本例的制作。

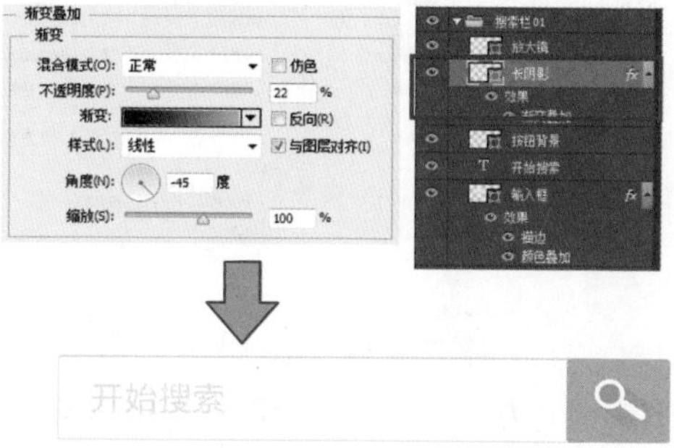

素　材：素材\03\01.jpg

源文件：源文件\03\皮纹质感的搜索栏设计.psd

设计关键词：皮纹、立体、发光、Android系统

软件功能提要：圆角矩形工具、剪贴蒙版、画笔工具、色阶、多种图层样式

**制作步骤详解**

Step 01：在Photoshop中创建一个新的文档，将素材\03\01.jpg中的文件添加到图像窗口中。适当调整其大小，将其铺满整个画布，在图像窗口中可以看到编辑的效果。

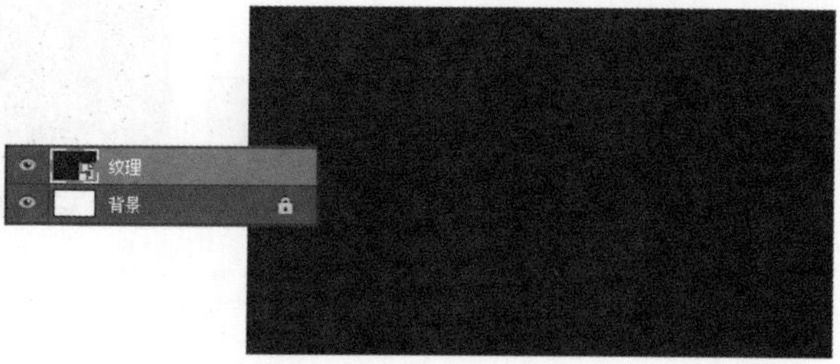

Step 02：选择“圆角矩形工具”绘制一个圆角矩形，设置该图层的混合模式为“变暗”。接着使用“内阴影”和“投影”图层样式对其进行修饰，在相应的选项卡中对各个选项的参数进行设置，在图像窗口中可以看到编辑的效果。

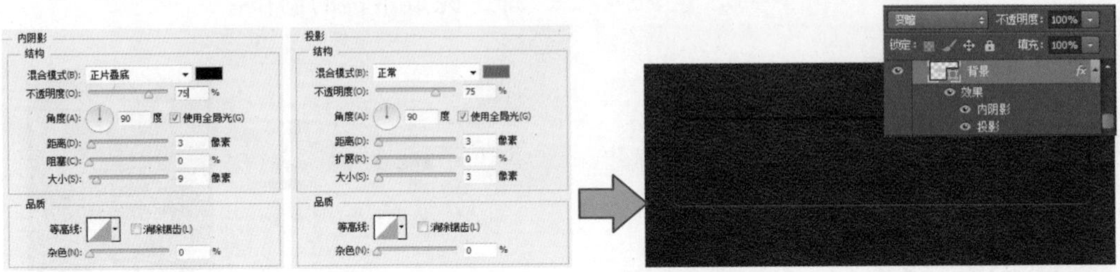

Step 03：对“纹理”图层进行复制，得到相应的复制图层。将其拖曳到“背景”图层的上方，执行“图层 > 创建剪贴蒙版”菜单命令，对其显示进行控制。

Step 04：选择工具箱中的“画笔工具”，在其选项栏中设置参数，新建图层，命名为“光”。使用“画笔工具”在适当的位置涂抹，绘制按钮下方的光线。

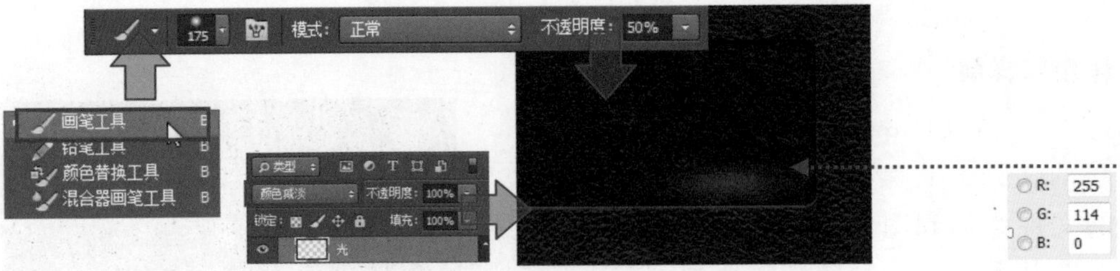

Step 05：选择工具箱中的“圆角矩形工具”，为其填充白色，无描边色，将其放在适当的位置，设置其“不透明度”选项的参数为60%，在图像窗口中可以看到编辑的效果。

Step 06：双击绘制得到的“输入栏”形状图层，在打开的“图层样式”对话框中勾选“内阴影”“渐变叠加”和“投影”复选框，使用这3个图层样式对其进行修饰，并在相应的选项卡中对参数进行设置，在图像窗口中可以看到编辑的结果。

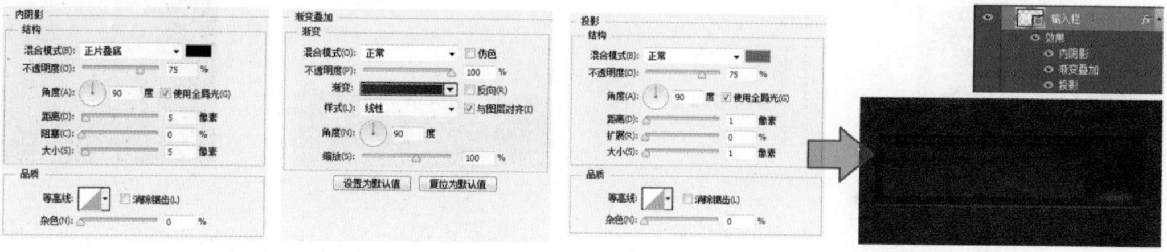

Step 07：使用“圆角矩形工具”绘制出按钮的形状，设置其“填充”选项的参数为0%，将该形状图层命名为“按钮”。接着双击该图层，在打开的“图层样式”对话框中勾选“斜面和浮雕”“内发光”“描边”和“渐变叠加”复选框，使用这4个图层样式对按钮进行修饰。

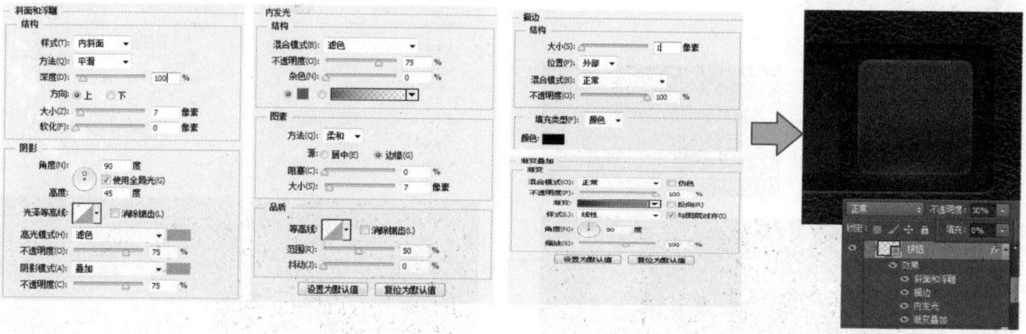

Step 08：选择工具箱中的“自定形状工具”，选择所需的形状进行绘制。将图层命名为“放大镜”，并设置该图层的混合模式为“颜色减淡”。

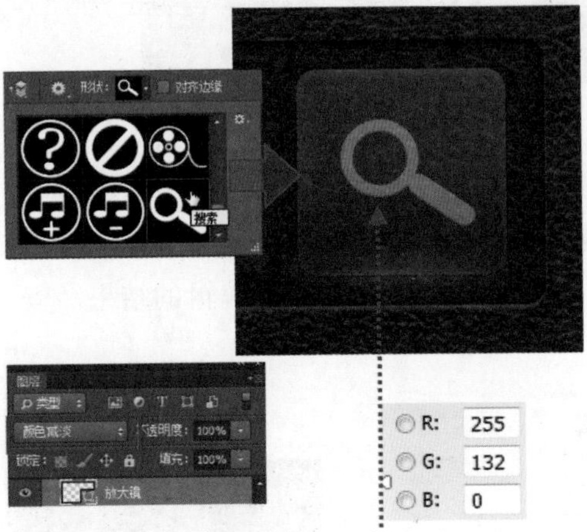


Step 09：用鼠标双击“放大镜”形状图层，在打开的“图层样式”对话框中勾选“外发光”复选框，并在相应的选项卡中设置参数，在图像窗口中可以看到编辑的效果。

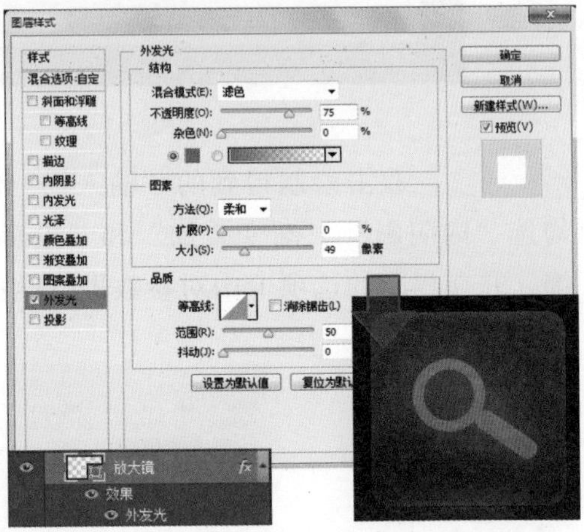


Step 10：选择“横排文字工具”输入“开始搜索”字样，打开“字符”面板对文字的属性进行设置，并设置“不透明度”选项的参数为30%。

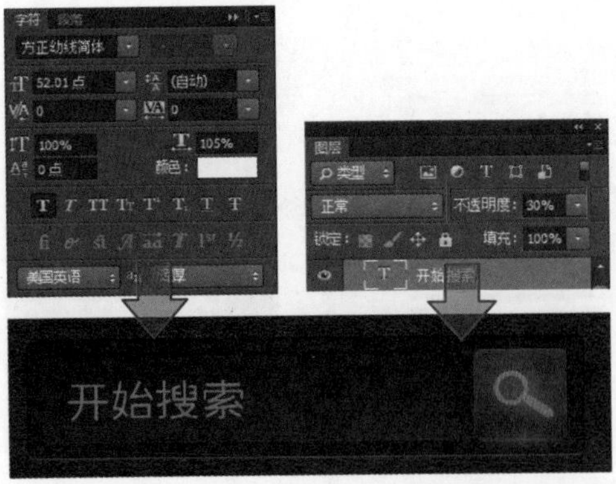


Step 11：使用“投影”和“渐变叠加”图层样式对输入的文字进行修饰，并在相应的选项卡中对参数进行设置，在图像窗口中可以看到编辑的效果。

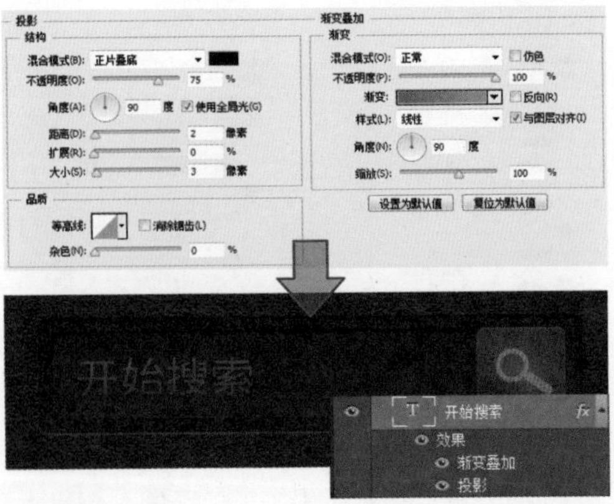

Step 12：创建色阶调整图层，在打开的“属性”面板中设置RGB选项下的色阶值分别为21、1.30、219，对整个画面的亮度和层次进行调整，在图像窗口中可以看到本例最终的编辑效果。

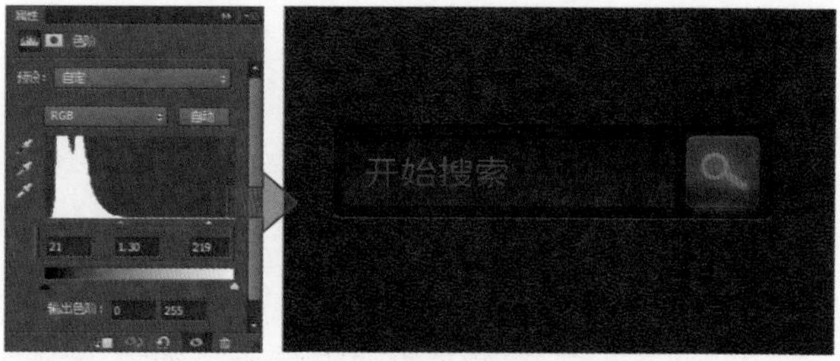


# 3.5 列表框

列表作为一个单一的连续元素可以垂直排列的方式显示多行条目。在移动UI的界面设计中，列表框通常用于数据、信息的展示与选择，接下来我们就对列表框的设计和制作进行讲解。

## 3.5.1 列表框设计的基础知识

列表最适合应用于显示同类的数据类型或者数据类型组，比如图片和文本。使用列表的目标是区分多个类型的数据或单一类型的数据特性，使得用户理解起来更加简单。如下图所示为列表框的基本格式和相关组成部分。

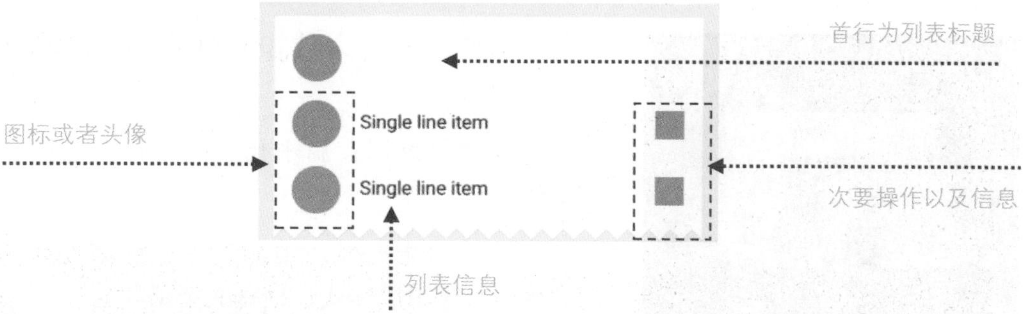


根据上图所示的列表框所包含的信息及框架，不同的信息内容可以得到如下图所示的设计效果，可见列表框中的信息表现得非常的丰富。

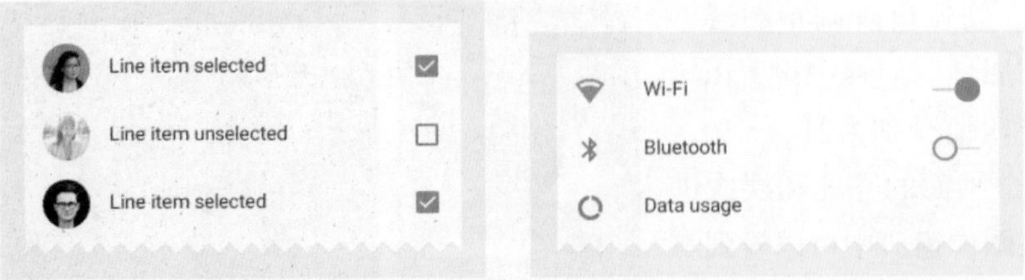


在包含两三行文字的列表框中，每个瓦片中第一行文字为标题文字，其余文字为说明文字。文本字数可以在同一列表的不同瓦片间有所改变，如下图所示可以看到不同行数文字的颜色和字号变化。

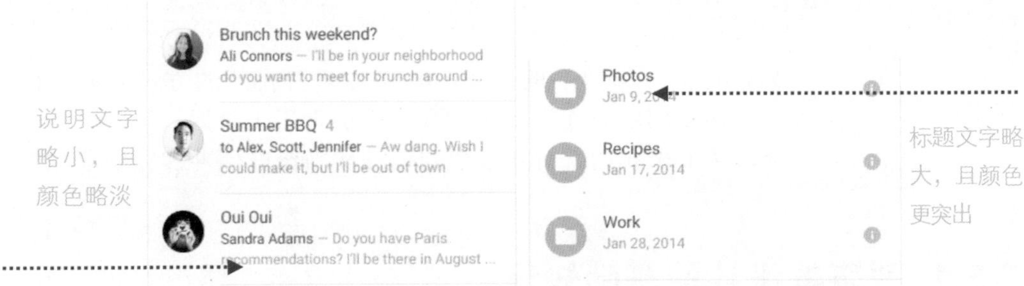


在设计列表框的过程中，还要注意每行信息之间的间距。不论是标题文字与图标之间的距离，还是文字与边框之间的距离，在不同的操作系统中都会有不同的要求和规范。

## 3.5.2 简易列表框的设计

源文件：源文件\03\简易列表框的设计.psd

设计关键词：扁平化、线性化、色块、iOS系统

软件功能提要：矩形工具、钢笔工具、“内阴影”图层样式、横排文字工具

**制作步骤详解**

Step 01：在Photoshop中创建一个新的文档，将“背景”图层填充适当的颜色。选择工具箱中的“矩形工具”绘制出所需的形状，分别为其填充适当的颜色，并使用“内阴影”图层样式对其进行修饰，在图像窗口中可以看到编辑的效果。

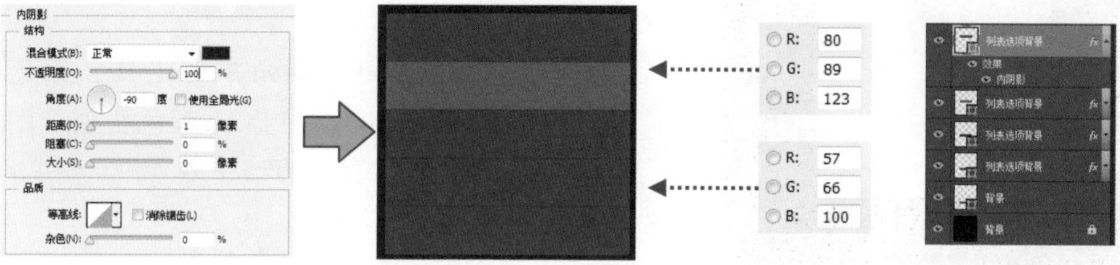


Step 02：绘制出所需的形状，填充R17、G168、B171的颜色，无描边色，在图像窗口中可以看到编辑的效果。

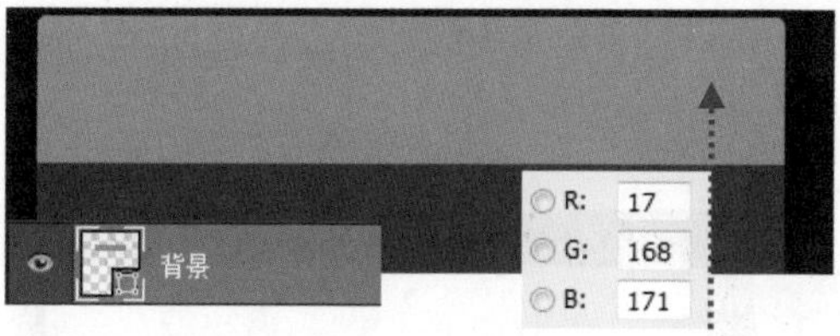


Step 03：使用“钢笔工具”绘制出所需的图标形状，分别填充适当的颜色，并将其按照相同的距离进行排列。

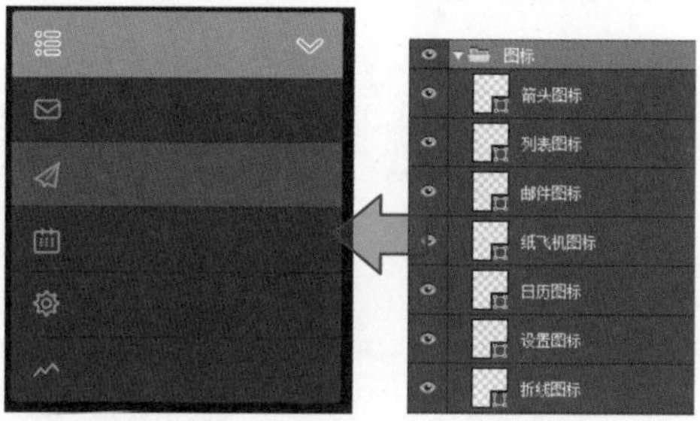


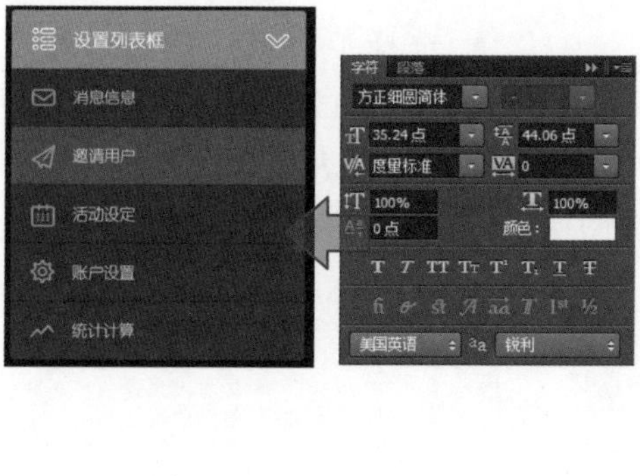


Step 04：选择工具箱中的“横排文字工具”，在适当的位置单击，输入所需的文字，打开“字符”面板对文字的属性进行设置，在图像窗口中可以看到编辑的效果。

## 3.5.3 立体化列表框的设计

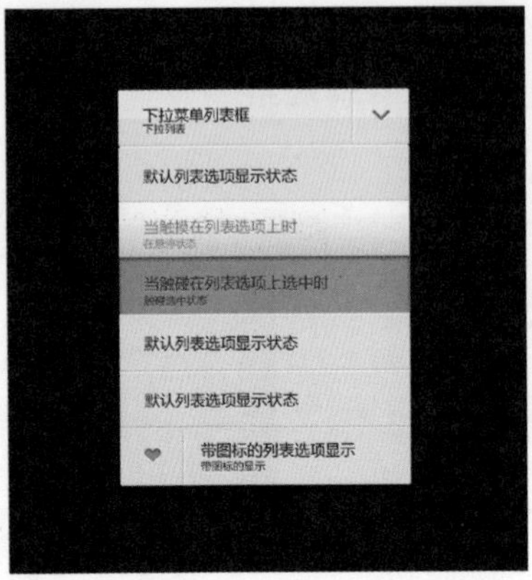


源文件：源文件\03\立体化列表框的设计.psd

设计关键词：立体化、层次、内阴影、Android系统

软件功能提要：圆角矩形工具、钢笔工具、“内阴影/投影/渐变叠加/颜色叠加”图层样式、横排文字工具、直线工具

**制作步骤详解**

Step 01：在Photoshop中创建一个新的文档，将“背景”图层填充黑色。接着选择“横排文字工具”绘制出所需的形状，利用“内阴影”和“投影”图层样式对其进行修饰，并在相应的选项卡中对参数进行设置。

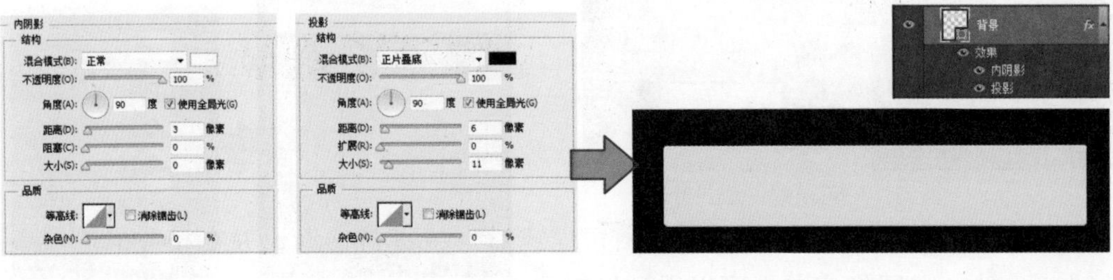


Step 02：绘制出所需的形状，作为高光，填充白色，无描边色，将其“填充”选项的参数设置为50%，在图像窗口中可以看到编辑的效果。

Step 03：选择工具箱中的“直线工具”，绘制出所需的线条，分别填充适当的颜色，放在列表标题的右侧位置，在图像窗口中可以看到编辑的效果。

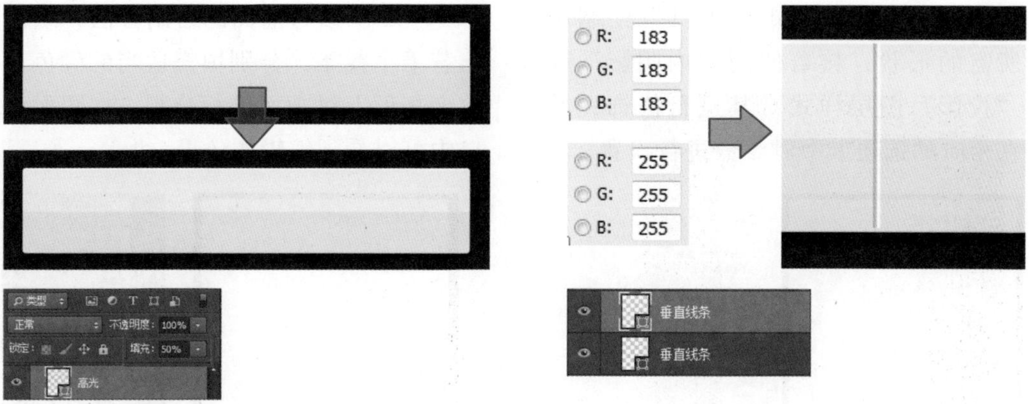


Step 04：选择工具箱中的“横排文字工具”，在适当的位置单击，输入所需的文字，接着打开“字符”面板对文字的属性进行设置，并使用“投影”图层样式对文字进行修饰，在相应的选项卡中对参数进行设置，在图像窗口中可以看到编辑的效果。

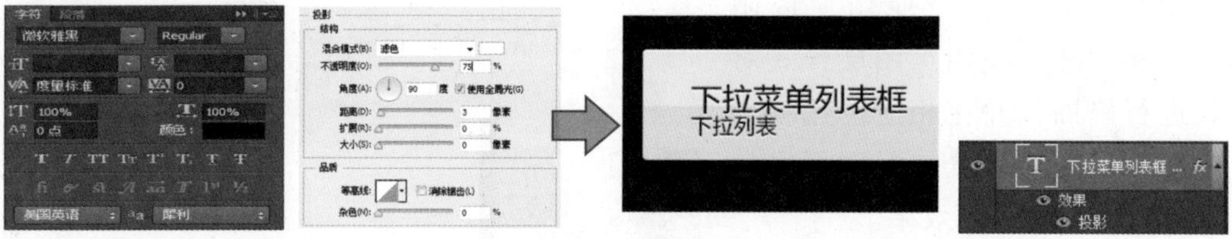


Step 05：使用“钢笔工具”绘制出所需的箭头，放在适当的位置。接着使用“内阴影”“投影”和“颜色叠加”图层样式对形状进行修饰，并在相应的选项卡中进行设置，在图像窗口中可以看到编辑的效果。

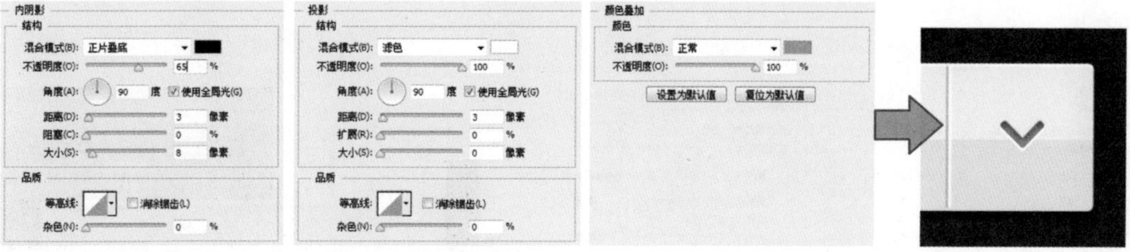

Step 06：使用“矩形工具”绘制出所需的形状，接着使用“内阴影”和“投影”图层样式对其进行修饰，并在相应的选项卡中对参数进行设置。

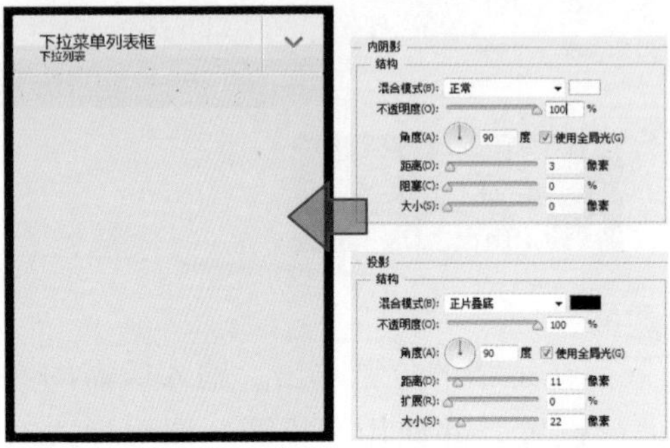


Step 07：参考前面的绘制方法，绘制出若干个线条，分别填充适当的颜色，放在矩形上对画面进行分割，在图像窗口中可以看到编辑的效果。

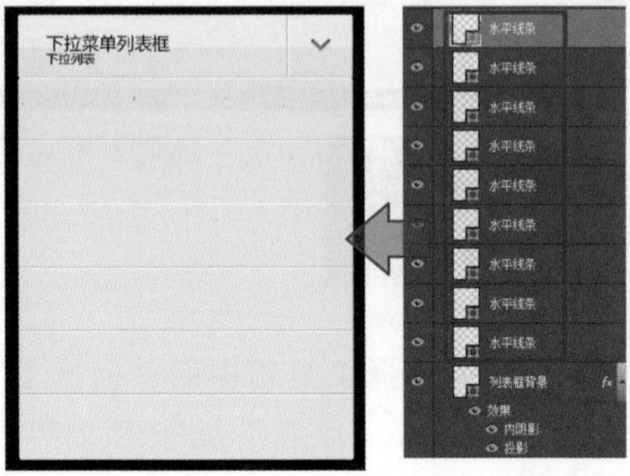


Step 08：使用“矩形工具”绘制出所需的矩形，使用“内阴影”和“渐变叠加”图层样式对其进行修饰，并在相应的选项卡中对参数进行设置，在图像窗口中可以看到编辑的效果。

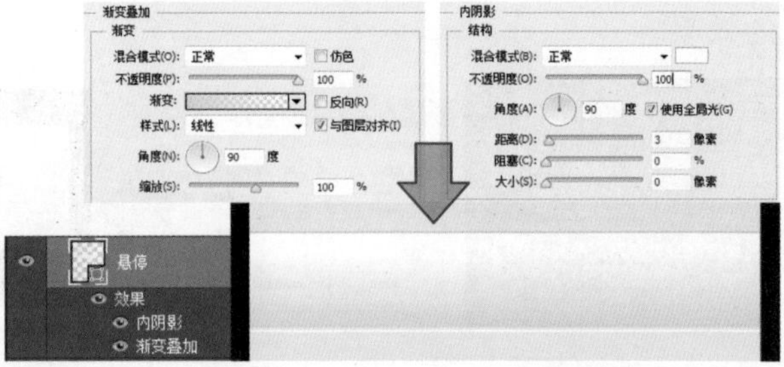


Step 09：使用“矩形工具”绘制出另外一个矩形，填充适当的颜色，无描边色。接着双击该形状图层，在打开的“图层样式”对话框中勾选“内阴影”和“投影”复选框，在相应的选项卡中对参数进行设置，在图像窗口中可以看到编辑的效果。

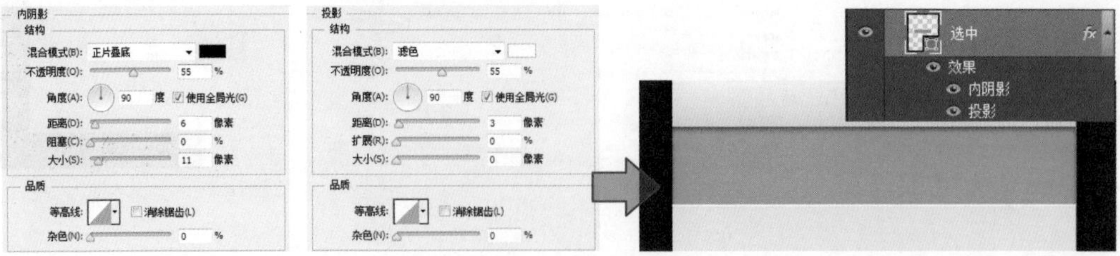

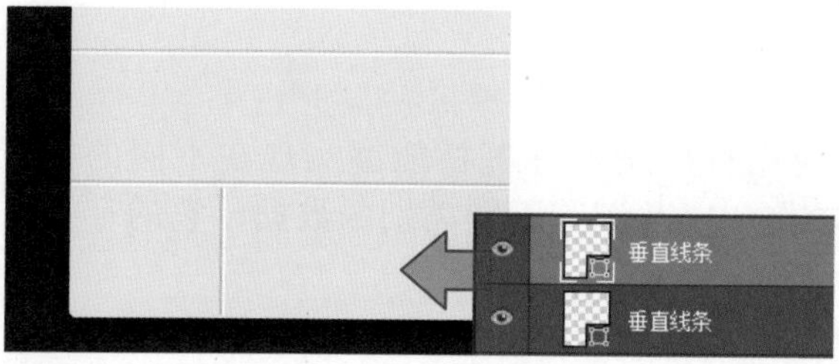


Step 10：对前面绘制的垂直方向的线条进行复制，将其放在画面的左下角位置，在图像窗口中可以看到编辑后的效果。

Step 11：选择工具箱中的“横排文字工具”，在适当的位置单击，输入文字。打开“字符”面板设置文字的属性，利用“投影”样式对文字进行修饰。

Step 12：继续使用“横排文字工具”输入所需的文字，使用与“Step 11”相同的设置对文字进行修饰，更改文字的颜色为黑色，将文字放在适当的位置，在图像窗口中可以看到编辑的效果。

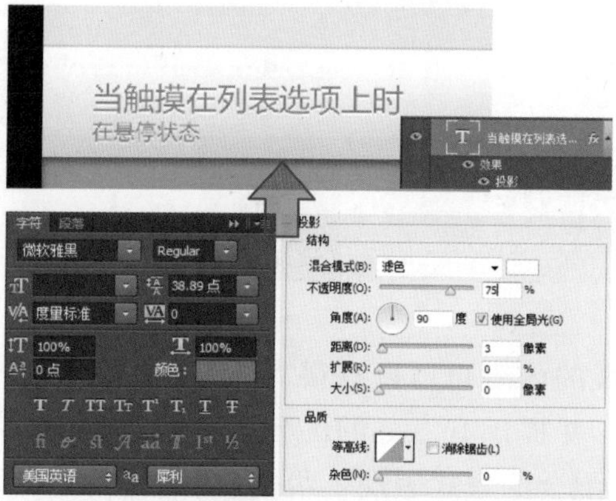


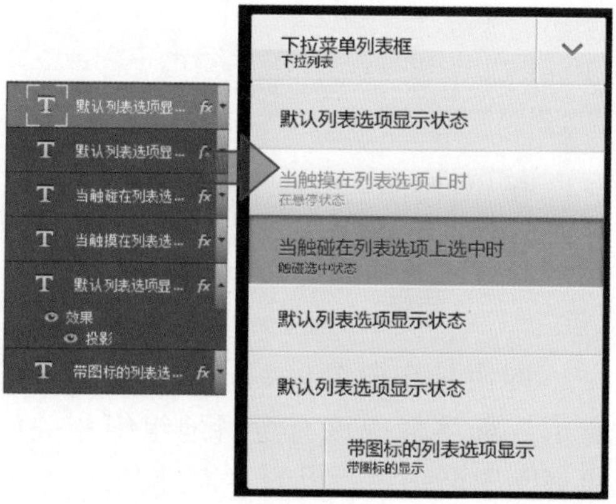


Step 13：绘制出心形的形状，将其放在适当的位置。使用“内阴影”、“颜色叠加”和“投影”图层样式对其进行修饰，并在相应的选项卡中对参数进行设置，完成本例的制作。

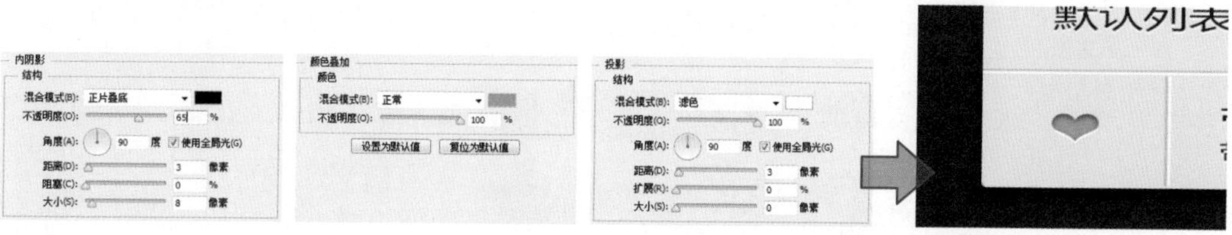

# 3.6 标签栏

在一个移动设备的应用程序中，标签栏能够实现在不同的视图或者功能之间的切换操作，以及浏览不同类别的数据，它的存在让界面信息更加的规范和系统。

## 3.6.1 标签栏设计的基础知识

使用标签栏可以将大量关联的数据或者选项划分成更易理解的分组，能够在不需要切换出当前上下文的情况下，有效地进行内容导航和内容组织，如下图所示为标签栏的实际应用效果。

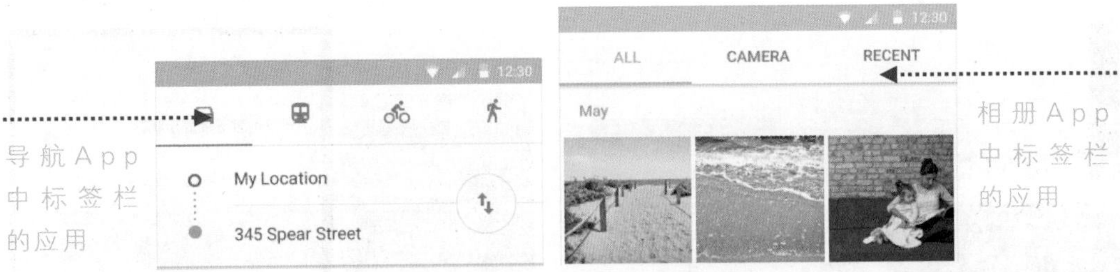


即使是在两个标签之间，标签栏中呈现的内容也可以有很大的差别，如下图所示。标签栏应该有逻辑地组织相关内容，并提供有意义的区分，也可以是图标或者文字的组合，并且在必要的时候会使用混合的方式表现一些提示信息。

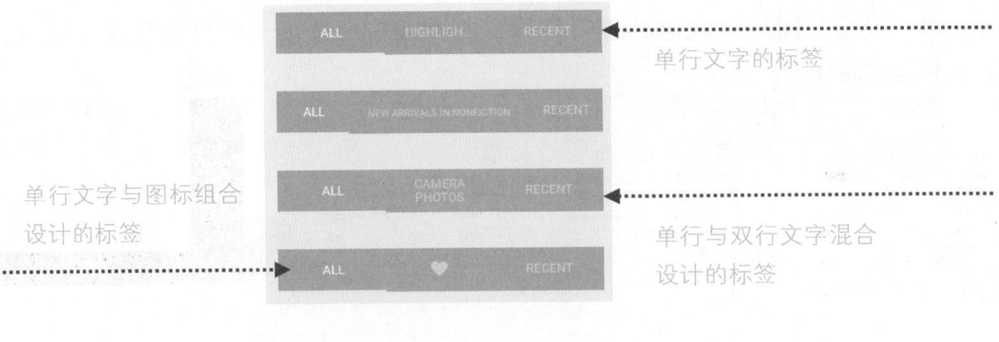

根据平台和使用环境，标签栏的内容可以表现为固定的或者是滑动的。固定的标签栏最适合用于快速相互切换的标签。视图的宽度限制了标签的最大数量。在固定的标签栏中每个标签宽度相等，直接通过单击标签或者在内容区域中左右滑动来在固定的标签视图之间进行导航，如下左图所示。

滑动的标签栏用于显示标签的子集，可以包含更长的标签和更多的标签数量，最适合用于触摸操作的浏览环境。通过点击标签，在标签栏上左右滑动，或者在内容区域中左右滑动，可在滚动的标签间进行导航，如下右图所示。

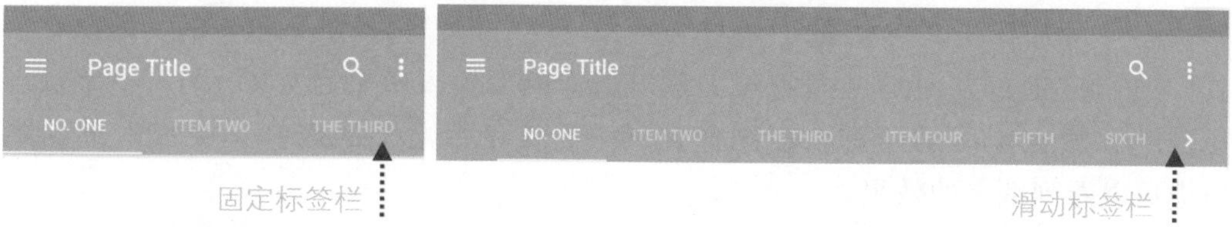


## 3.6.2 线性化标签栏设计

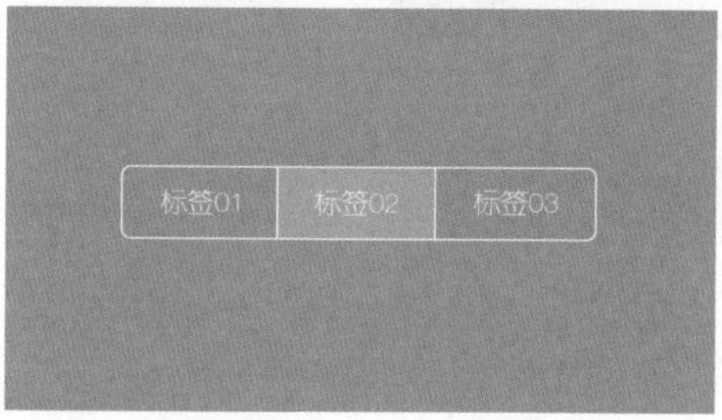


源文件：源文件\03\线性化标签栏设计.psd

设计关键词：扁平化、线性、iOS系统

软件功能提要：圆角矩形工具、“描边/颜色叠加”图层样式、横排文字工具

**制作步骤详解**

Step 01：在Photoshop中创建一个新的文档，将其“背景”图层填充适当的颜色。选择工具箱中的“圆角矩形工具”，接着在图像窗口中单击并拖曳鼠标，绘制一个圆角矩形，使用“描边”图层样式对其进行修饰。

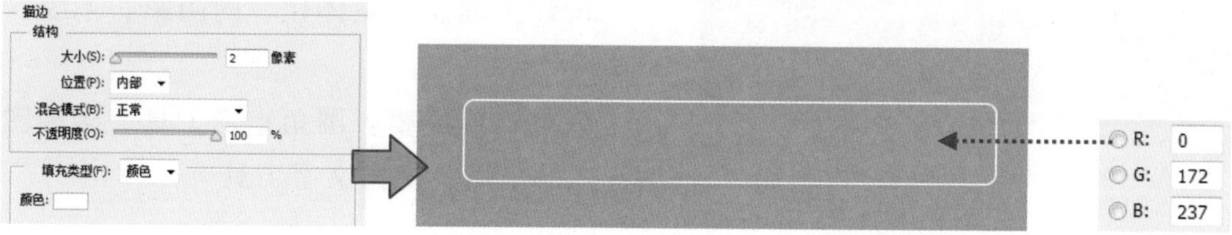

Step 02：选择工具箱中的“矩形工具”绘制出一个矩形，接着设置其“填充”选项的参数为0%，利用“颜色叠加”图层样式对其进行修饰，在图像窗口中可以看到编辑的效果。

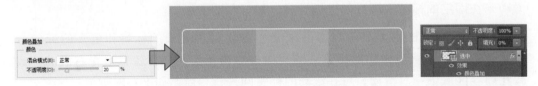


Step 03：选择工具箱中的“直线工具”绘制出垂直方向的两条直线，填充白色，放在矩形的两侧，在图像窗口中可以看到编辑的效果。

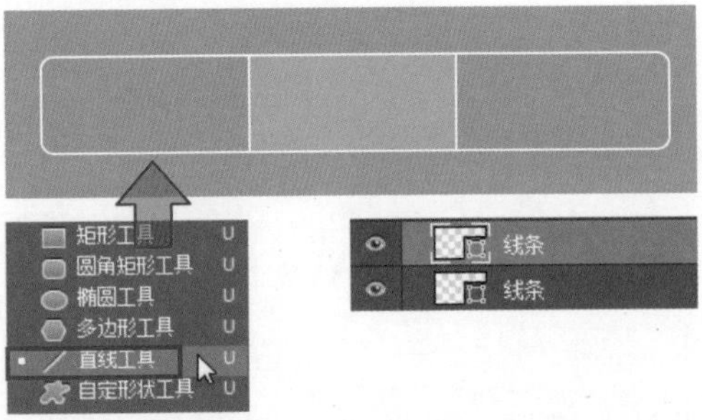


Step 04：选择工具箱中的“横排文字工具”输入所需的文字，打开“字符”面板设置文字的属性，完成本例的制作。

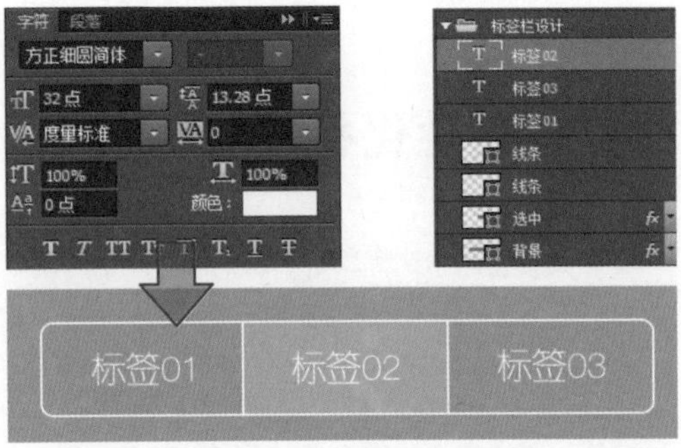


## 3.6.3 木纹质感的标签栏设计

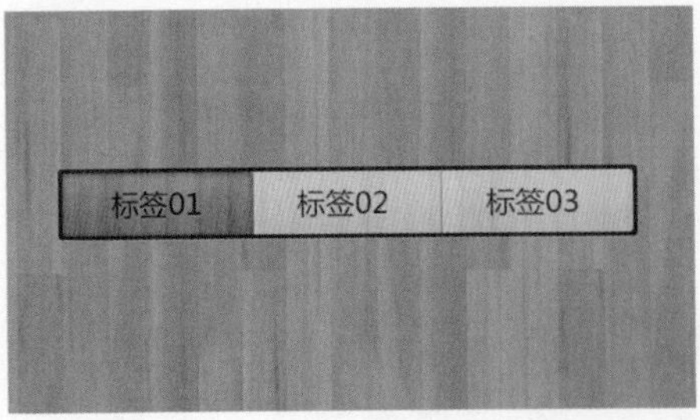


素　材：素材\03\02.jpg

源文件：源文件\03\木纹质感的标签栏设计.psd

设计关键词：立体化、内阴影、木纹、Android系统

软件功能提要：圆角矩形工具、多种图层样式的应用、横排文字工具

**制作步骤详解**

Step 01：运行Photoshop应用程序，创建一个新的文档，将素材\03\02.jpg添加到图像窗口中，适当调整其大小，使其铺满整个画布，最后将素材与“背景”图层合并在一起。

Step 02：选择工具箱中的“圆角矩形工具”，在其选项栏中进行设置，绘制出一个黑色的矩形，设置其混合模式为“柔光”，接着使用“投影”和“颜色叠加”图层样式对其进行修饰，并在相应的选项卡中设置参数，在图像窗口中可以看到编辑的效果。

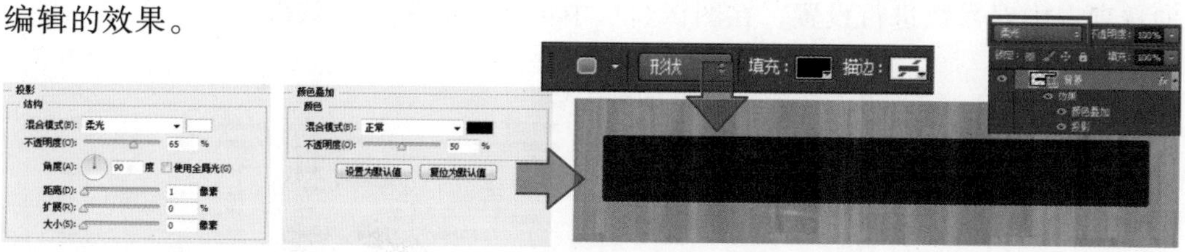

Step 03：选择“圆角矩形工具”绘制出所需的形状，将其命名为“按钮”，使用“内阴影”“渐变叠加”“图案叠加”和“投影”图层样式对其进行修饰，并在相应的选项卡中对参数进行设置，在图像窗口中可以看到编辑的效果。

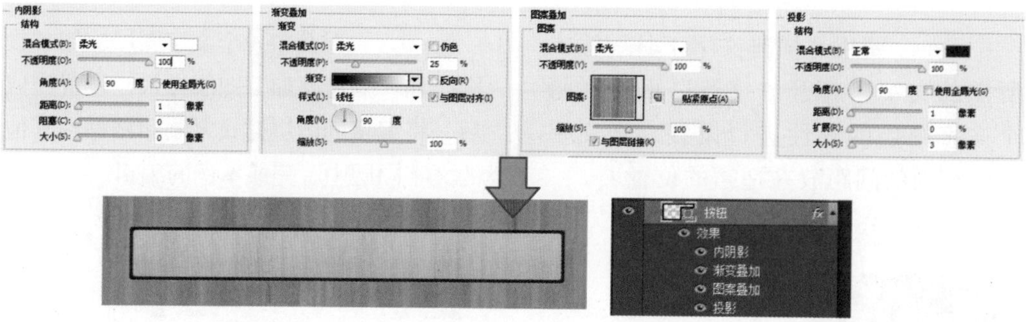


Step 04：使用“直线工具”绘制出所需的线条，对标签栏进行分割，设置其“填充”选项的参数为5%，接着使用“投影”和“颜色叠加”图层样式对绘制的线条进行修饰，并在相应的选项卡中对参数进行设置，在图像窗口中可以看到编辑的效果。

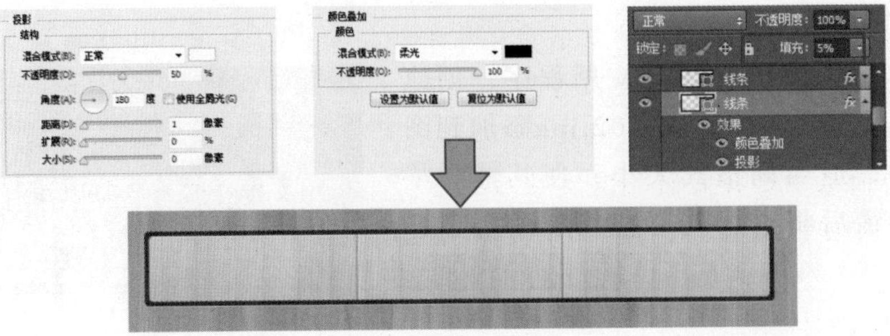


Step 05：使用“圆角矩形工具”绘制出所需的按下状态的形状，接着使用“内阴影”“渐变叠加”“图案叠加”和“投影”图层样式修饰绘制的形状，并在相应的选项卡中对参数进行设置，在图像窗口中可以看到编辑的效果。

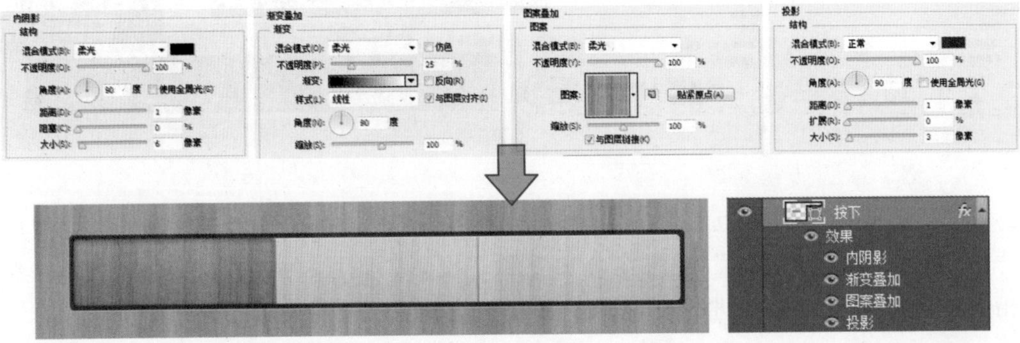


Step 06：使用“横排文字工具”输入所需的文字，打开“字符”面板对每个文字图层的属性进行设置，把文字按照相同的间距放在适当的位置上。

Step 07：对其中一个文字图层应用“投影”和“颜色叠加”图层样式，设置完成后，将编辑的图层样式复制和粘贴到其他的文字图层中，完成本例的编辑。

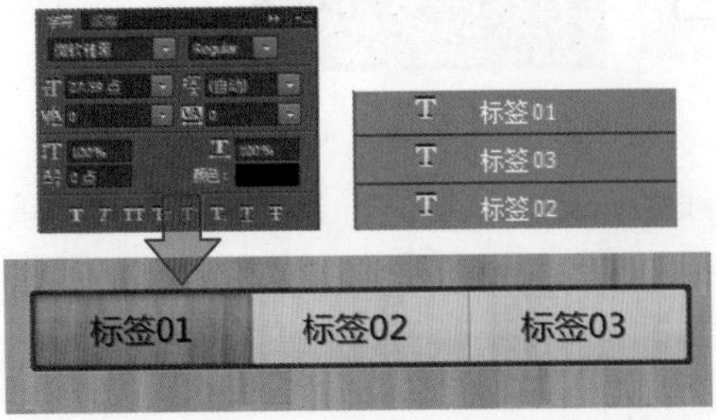


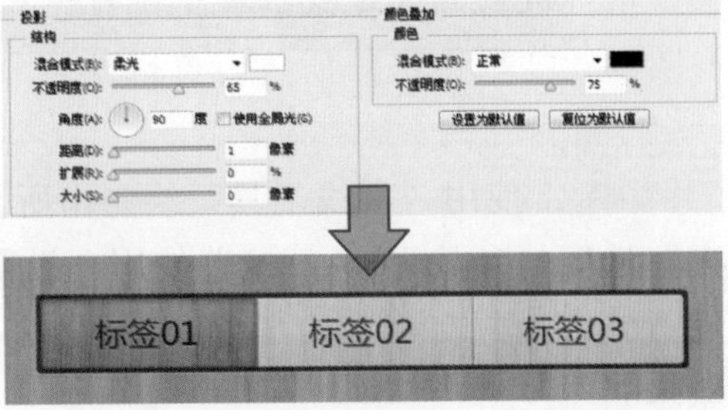

提示：在“图层”面板中对多个图层应用相同的图层样式，复制和粘贴图层样式是对多个图层应用相同效果的便捷方法。首先从“图层”面板中，选择包含要复制的图层样式，执行“图层>图层样式>复制图层样式”菜单命令，接着从“图层”面板中选择目标图层，然后执行“图层>图层样式>粘贴图层样式”菜单命令，即可将复制的图层样式粘贴到目标图层上。

## 3.7 图标栏

图标栏是一个从屏幕底部边缘向上滑出的一个面板，使用这种方式向用户呈现一组功能，它为移动界面呈现了简单、清晰、无需额外解释的一组操作。

### 3.7.1 图标栏设计的基础知识

图标栏特别适合有三个或者三个以上的操作，需要提供给用户选择并且不需要对操作有额外解释的情景。图标栏可以是列表样式的也可以是宫格样式的，宫格布局可以增加视觉的清晰度，如下图所示为不同App中图标栏的设计效果。

使用图标栏可以展示和其他App相关的操作，比如作为进入其他App的入口。在一个标准的列表样式的底部图标栏中，每一个操作应该有一句描述和一个对齐的图标。如果需要的话，也可以使用分隔符对这些操作进行逻辑分组，也可以为分组添加标题或者副标题。

图标栏在样式表现上也比较灵活，根据信息内容的需要，有的图标栏在界面的两侧，有的图标栏在界面底部且行数在两行以上，具体如下图所示。

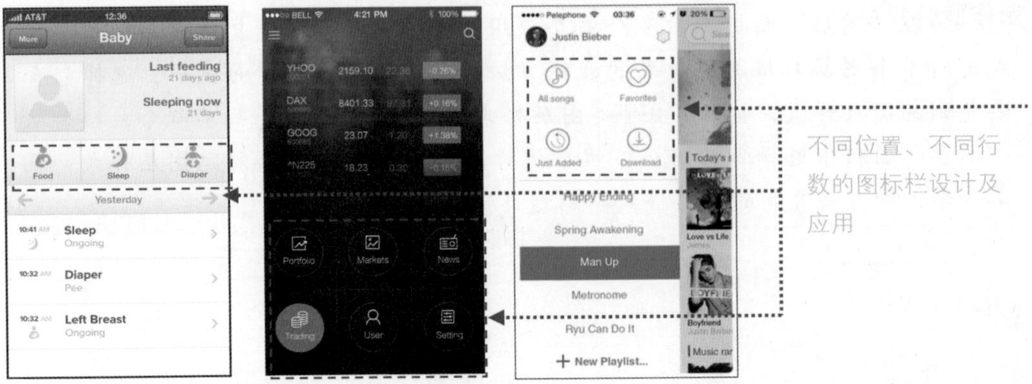


在设计图标栏的过程中，有的图标栏中只使用具有很强指示作用的图标对信息进行表现，而有的使用图标加文字的方式进行表现，如下图所示。不管使用哪种方式，图标栏中的图标都要与实际操作功能相符，并且整个图标栏的文字和图标风格要保持一致。

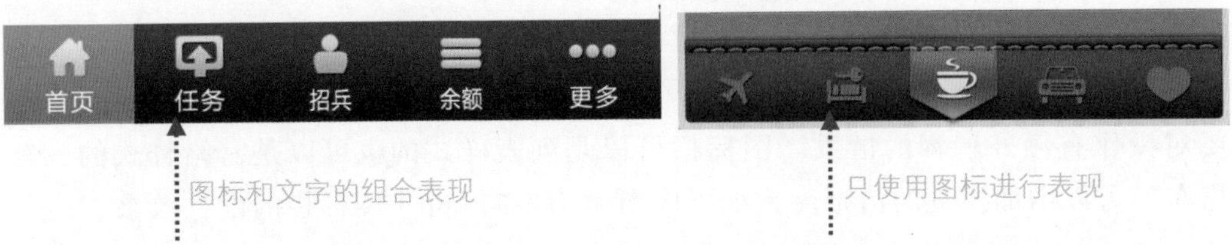


## 3.7.2 线性化图标栏设计

源文件：源文件\03\线性化图标栏设计.psd

设计关键词：扁平化、线性化、iOS系统

软件功能提要：圆角矩形工具、渐变填充、“投影”图层样式、对齐、钢笔工具

## 制作步骤详解

Step 01：在Photoshop中创建一个新的文档，执行“图层 > 新建填充图层 > 渐变”菜单命令，创建渐变填充图层，在打开的“渐变填充”对话框中对参数进行设置，在图像窗口中可以看到编辑的效果。

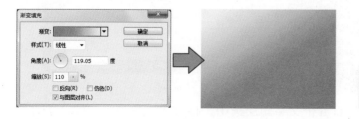

Step 02：选择工具箱中的“圆角矩形工具”，绘制出一个白色的圆角矩形，无描边色，接着双击该图层，在打开的“图层样式”对话框中勾选“投影”复选框，在相应的选项卡中对参数进行设置，在图像窗口中可以看到编辑的效果。

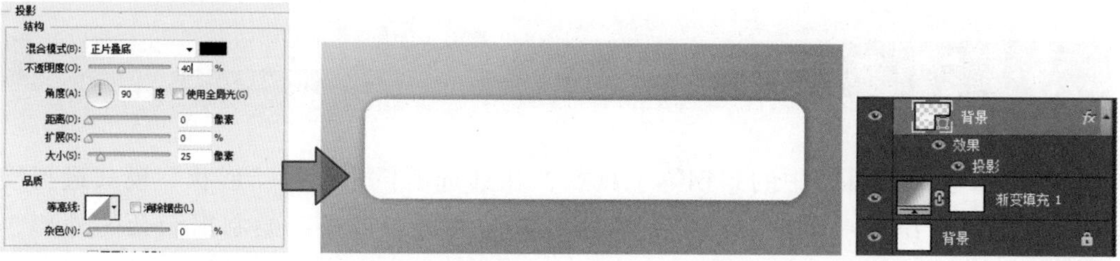


Step 03：使用“矩形工具”绘制出所需的形状，填充R165、G110、B37的颜色，无描边色，接着在“图层”面板中将其“填充”选项的参数设置为20%，降低其显示的不透明度，在图像窗口中可以看到编辑的效果。

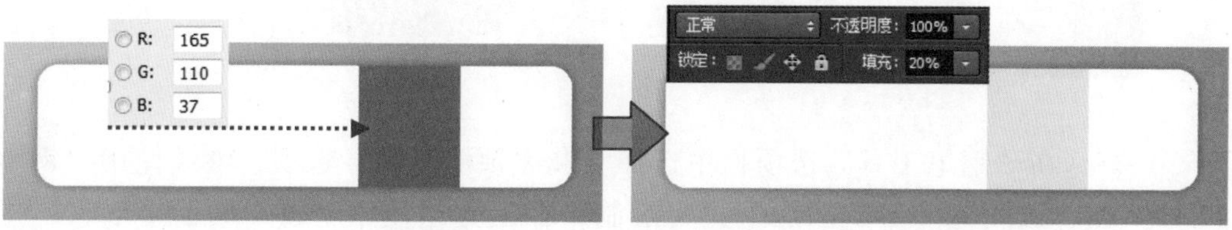

Step 04：选择工具箱中的“横排文字工具”，在适当的位置单击，分别输入五个不同的词组，得到五个文字图层，打开“字符”面板对文字的字体、字号和颜色进行设置，在图像窗口中可以看到编辑的效果。

Step 05：使用“移动工具”将五个文字图层选中，接着单击选项栏中的“垂直居中对齐”按钮，再单击选项栏中的“水平居中分布”按钮，对文字的排列和分布进行调整，在图像窗口中可以看到编辑的效果。

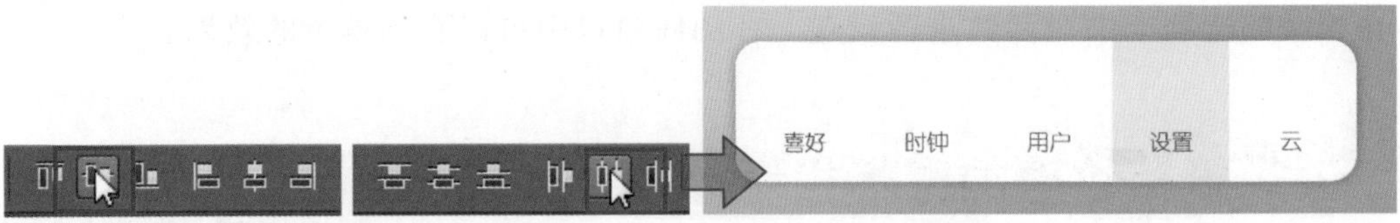


Step 06：选择工具箱中的“钢笔工具”，在其选项栏中选择“形状”模式进行绘制，接着单击添加一个锚点，拖曳鼠标对方向线进行调整，绘制出云朵的外形，填充R165、G110、B37的颜色，无描边色，在图像窗口中可以看到绘制的效果。

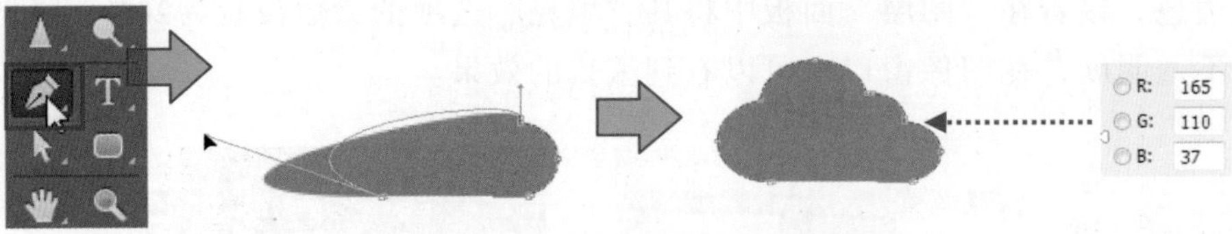


Step 07：在“钢笔工具”选项栏中选择“减去顶层形状”选项，继续使用“钢笔工具”在“云图标”形状图层上进行绘制，在上方绘制一个较小的云朵形状，得到一个等宽度的云朵边框形状，在图像窗口中可以看到绘制的效果。

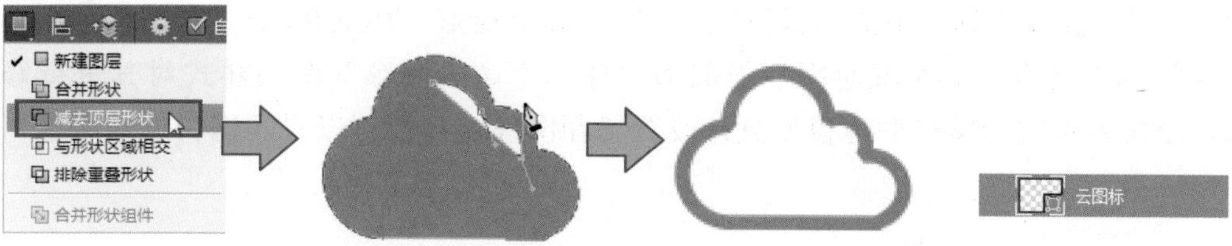


Step 08：参考Step 06和Step 07的绘制方法，通过形状的相减来绘制出其他的线性图标效果，分别为其填充上适当的颜色，按照所需的位置进行排列，在图像窗口中可以看到制作的结果。

## 3.7.3 纸箱纹理的图标栏设计

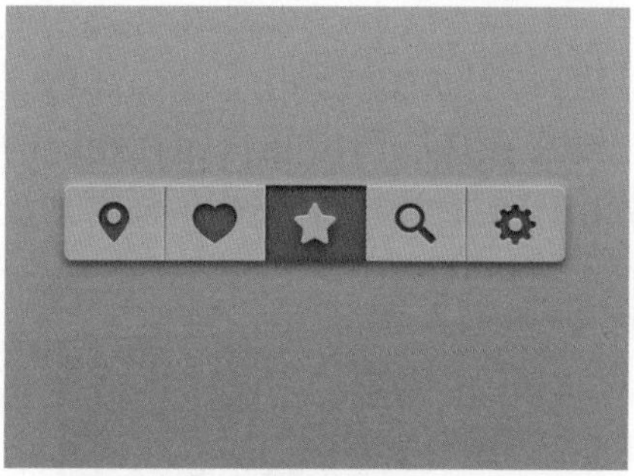

素　材：素材\03\03.jpg

源文件：源文件\03\纸箱纹理的图标栏设计.psd

设计关键词：立体化、阴影、纸箱、Android系统

软件功能提要：圆角矩形工具、多种图层样式、自定形状工具、钢笔工具

**制作步骤详解**

Step 01：在Photoshop中创建一个新的文档，将素材\03\03.jpg素材添加到图像窗口中，适当调整其大小，使其铺满整个画布，最后将素材与“背景”图层合并在一起，在图像窗口中可以看到编辑的结果。

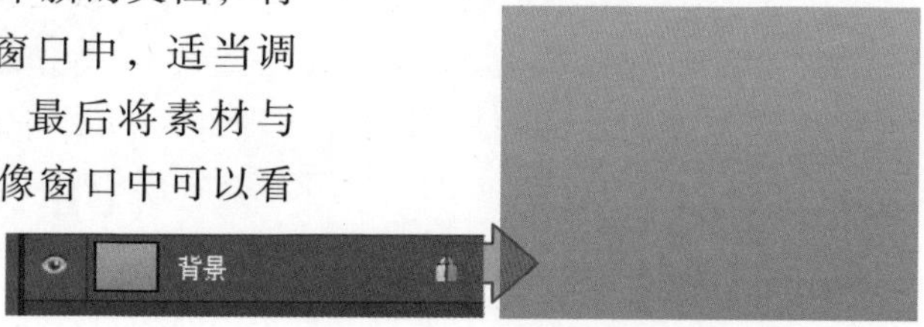

Step 02：使用“圆角矩形工具”绘制一个圆角矩形，填充R199、G157、B106的颜色，无描边色，接着使用“斜面和浮雕”、“内阴影”图层样式对其进行修饰，并在相应的选项卡中对参数进行设置，在图像窗口中可以看到编辑的效果。

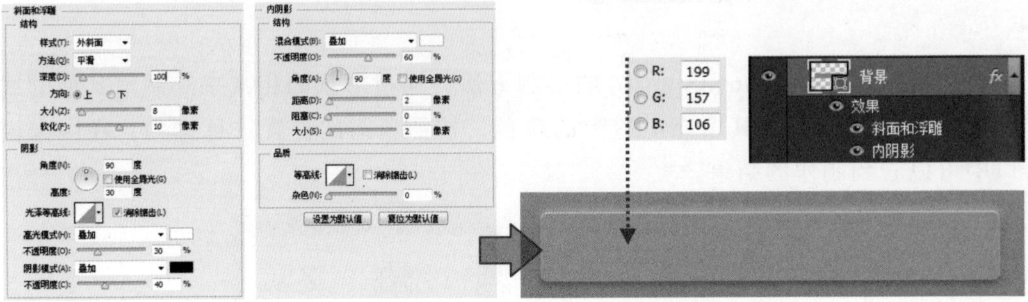


Step 03：继续使用图层样式对圆角矩形进行修饰，添加“光泽”图层样式，在相应的选项卡中设置参数，在图像窗口中可以看到添加“光泽”图层样式后的编辑效果。

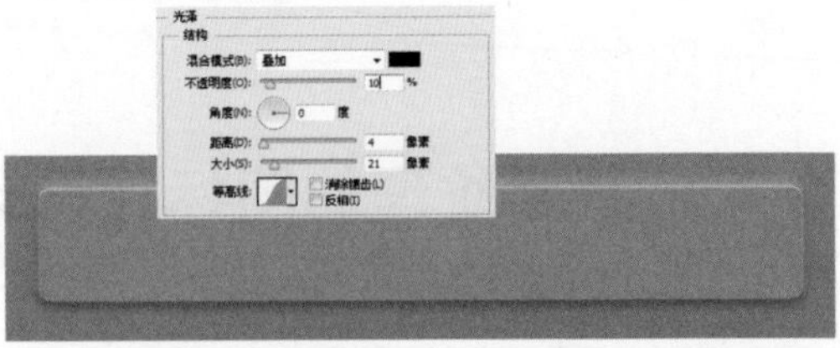

Step 04：为“背景”形状图层添加“投影”和“渐变叠加”图层样式，在相应的选项卡中对参数进行设置，此时圆角矩形已经应用上了五个不同的图层样式，在图像窗口中可以看到编辑后的效果。

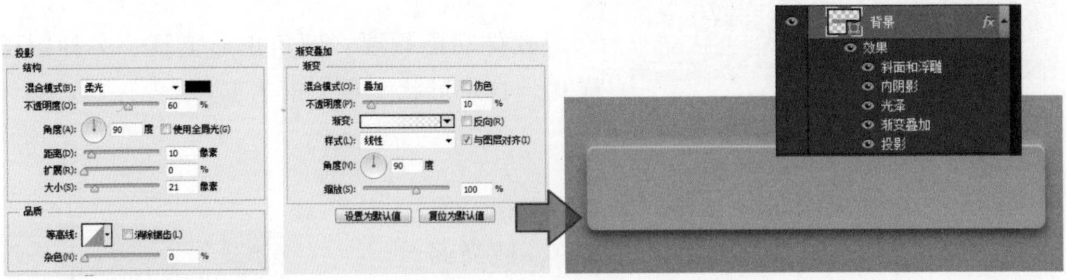

Step 05：使用“直线工具”绘制出所需的线条，设置其“填充”选项的参数为80%，接着使用“投影”和“渐变叠加”图层样式对绘制的线条进行修饰，并在相应的选项卡中设置参数，在图像窗口中可以看到编辑的效果。

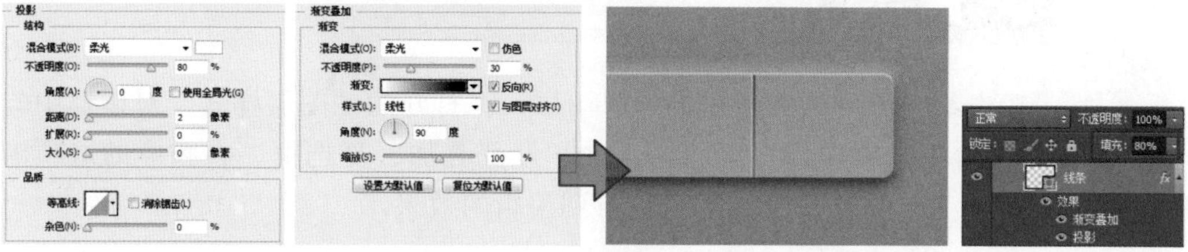

Step 06：对编辑完成的“线条”形状图层进行复制，接着调整每个线条的位置，对圆角矩形进行分割，在图像窗口中可以看到编辑的效果。

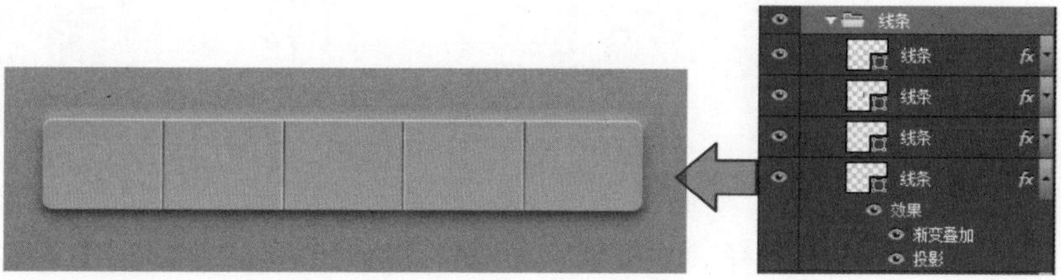

Step 07：使用“矩形工具”绘制出矩形，放在适当的位置，设置其“填充”选项的参数为80%，使用“内发光”、“内阴影”和“渐变叠加”图层样式对其进行修饰，并在相应的选项卡中设置参数，将其作为选中状态的背景，在图像窗口中可以看到编辑的效果。

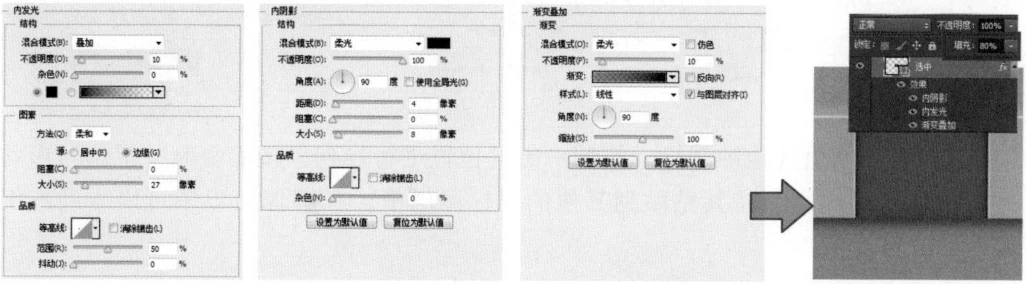

Step 08：选择工具箱中的“自定形状工具”，选择其选项栏中的“五角星”形状进行绘制，并使用“钢笔工具”对形状进行细微调整，填充适当的颜色，无描边色。

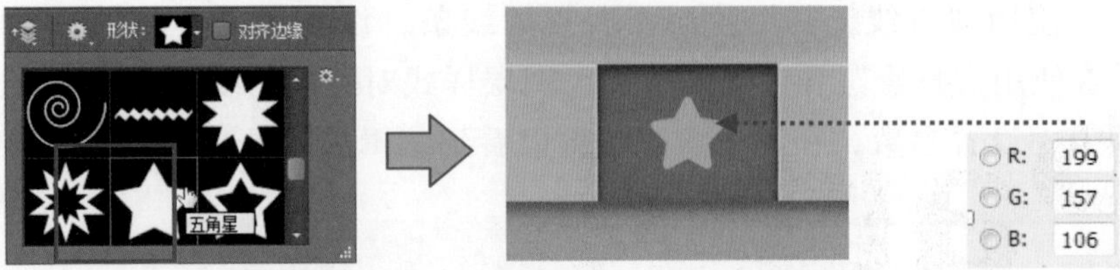


Step 09：双击绘制得到的五角星的形状图层，在打开的“图层样式”对话框中勾选“斜面和浮雕”“内阴影”“投影”和“渐变叠加”复选框，在相应的选项卡中对参数进行设置，在图像窗口中可以看到编辑的效果。

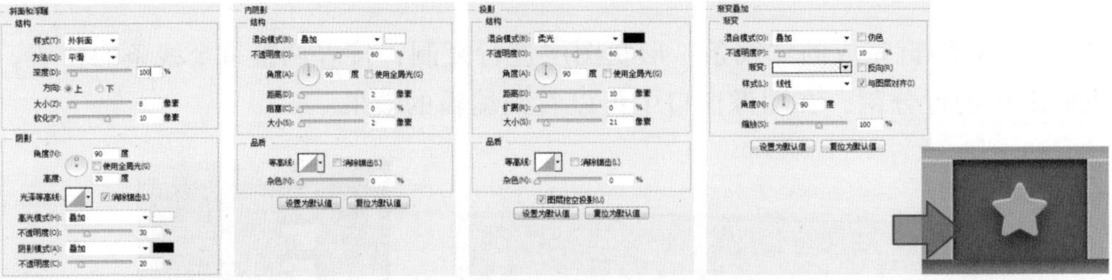

Step 10：使用“钢笔工具”绘制出定位图标，接着使用“内发光”“投影”“内阴影”和“渐变叠加”图层样式对其进行修饰，并在相应的选项卡中对各个选项的参数进行设置，最后将图标放在适当的位置，在图像窗口中可以看到编辑的效果。

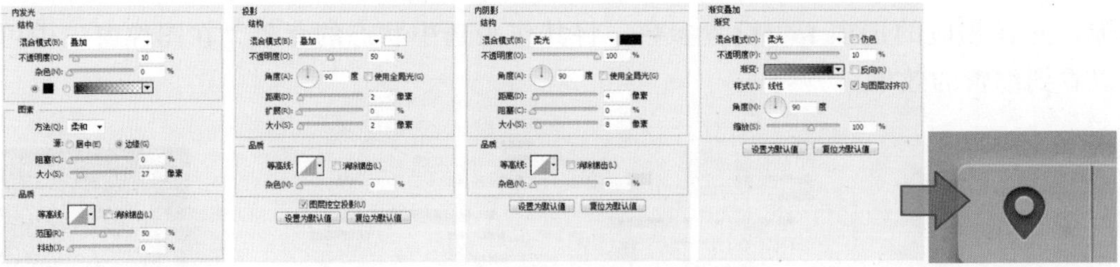

Step 11：绘制出其他的图标，按照一定的位置进行排列，接着复制“定位”形状图层中的图层样式，将其粘贴到其他的图标图层中，在图像窗口中可以看到本例最终的编辑效果。

# Part 4

# iOS系统及其组件的设计

iOS是由苹果公司开发的手持设备操作系统，该系统使用了扁平化的设计理念来进行创作，通过鲜艳的色彩、极细的字体、直观的界面元素来为用户提供层次鲜明、重点突出的信息。在本章的内容中我们将先对iOS系统的发展和特点进行讲解，接着介绍iOS系统中基础控件的设计规范，最后通过两个实训案例来带领读者掌握iOS系统扁平化设计风格的制作方法和技巧，接下来就让我们一起进入iOS系统的世界吧。

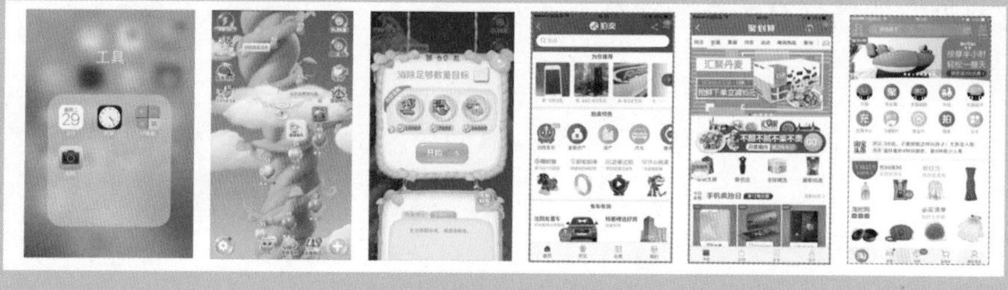

# 4.1 iOS系统设计特点

iOS系统呈现出无比自然、极为实用的用户体验，让用户在初见时倍感惊喜，又在不知不觉间深感不可或缺，在进行iOS系统的App界面设计之前，让我们一起来了解一下iOS系统的一些特点。接下来本节将对该系统的特点进行详细地讲解。

## 4.1.1 充分利用整个屏幕

充分利用整个屏幕就是尽量减少视觉修饰和拟物化设计的使用。iOS系统中的天气应用程序就是充分利用整个屏幕的最好例子，如右图所示。漂亮的天气图片充满全屏，呈现出用户所在地当前天气情况的信息，同时也留出空间呈现了每个时段的气温数据。

UI界面中的边框、渐变和阴影有时会让UI元素显得很厚重，甚至有的会抢了所要表现信息的风头。应该以要表现的信息内容为核心，让UI成为内容的支撑。

## 4.1.2 使用半透明底板

半透明底板的设计可以帮助用户看到更多可用的内容，并可以起到短暂的提示作用。半透明的控件只让它遮挡住的地方变得模糊——看上去像蒙着一层米纸一样，它并没有遮挡屏幕剩余的部分。

通过半透明的界面元素来暗示背后的内容，这样的设计在iOS系统中早已开始使用，如右图所示。

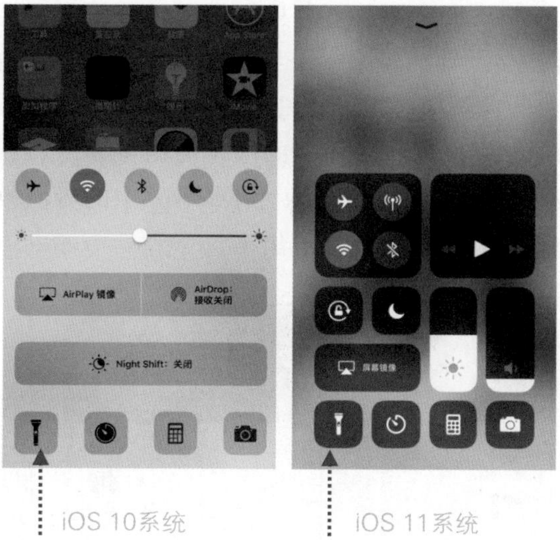


iOS 10系统　　iOS 11系统

## 4.1.3 信息的清晰呈现

信息的清晰呈现，也就是保证清晰度，以确保应用中的信息内容始终是核心。它可以通过几种方式来实现，一种是利用合理的留白，一种是颜色的简化，还有一种是用深度来体现层次，这三种方式都可以让最重要的内容和功能清晰，易于交互。

留白可以传达一种平静和安宁的视觉感受，留白让重要内容和功能显得更加醒目，它可以使一个应用看起来更加聚焦和高效，如下图所示为iOS系统中的界面效果，可以看到界面中使用了大量的留白来突出重要的信息内容。

留白

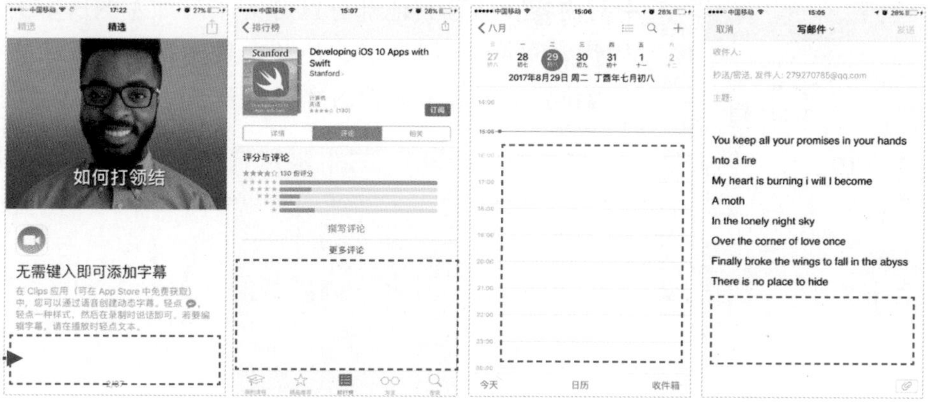

iOS系统中，通常只会使用一种颜色来让重要区域的信息更加醒目，并巧妙地表示交互性，带来一个统一的视觉主题。这样的设计让无论在深色或浅色背景上的信息内容看起来都干净、纯粹。在iOS系统中，默认为橙红色主题，在不同的应用程序App中，都应用相同的颜色突出主要内容，让清晰呈现这个特点得以最大程度地发挥出来。如下图所示为不同App中的界面效果，我们可以看到其中彩色部分的信息都非常清晰地显示了出来。

iOS系统经常在不同的层级上展现内容，用以表达分组和位置，并帮助用户了解在屏幕上对象之间的关系，遇到这样的情况，我们可以通过利用深度来体现层次，那就是通过使用一个在主屏幕上方的半透明背景浮层来区分文件夹和其余部分的内容。

通过在主屏幕之上浮现一个半透明背景，来将文件夹中的内容和屏幕其他部分区分开来。如左图所示的App应用程序以不同的层级展示，使其在悬浮的半透明背景中表达分组和位置，与屏幕其他内容区分开来。

悬浮的半透明背景让其中的信息更突出

# 4.2 iOS系统设计的规范

在对iOS系统的界面进行设计之前，让我们一起来了解该系统设计中所需要遵循的一些规范，接下来本小节将以iOS系统的设计规范为标准来进行讲解。

## 4.2.1 设计原则

在移动UI的界面设计中，无论对任何类型、任何内容的App应用程序进行创作，都需要遵循一些标准的原则，在这个原则范围内创作出来的作品，才能够符合这个系统的特点，才能正常地进行应用。接下来我们就对iOS系统的设计原则进行讲解，具体如下。

### 1. 美学完整性

美学完整性不单单是在平面设计中进行应用，也不只是用来衡量App应用程序的艺术表现或风格特征，而是指App应用程序的界面与操作是否与其功能相互一致。

用户在使用App应用程序之初，很大程度上会被App应用程序的界面和某些操作所影响，一款清晰并一致地传达出其目的和特点的App应用程序，会让用户对其产生信任。然而，如果界面使用了杂乱无章、充满干扰的UI组件，用户可能会对这个App应用程序的可靠性和信赖度产生怀疑。

如下图所示在iOS系统中的界面设计效果中，不论是股市应用中的折线图，还是短信语音界面中的音频声波，它们都是美学完整性的具体表现，让界面中的元素与当前操作或者功能的表现相互一致。

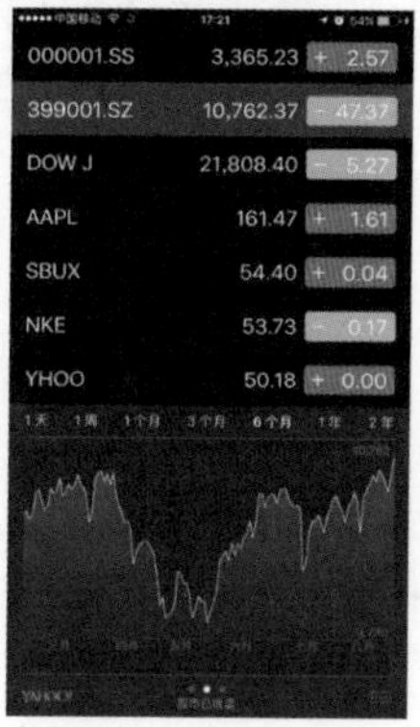


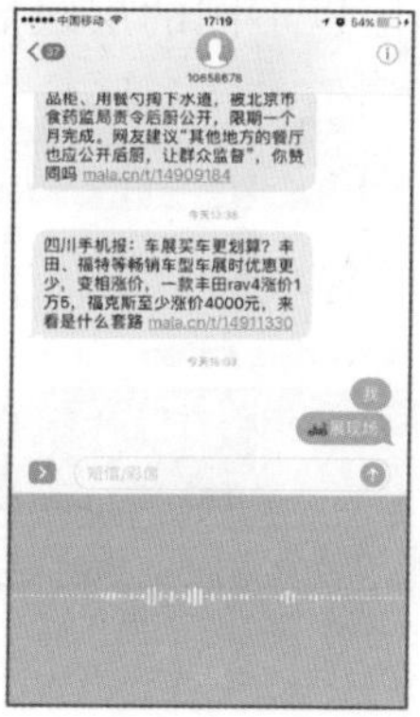

另一方面，对于游戏App应用程序而言，很多用户都会期望一个充满乐趣、让人兴奋和期待探索的迷人界面效果，那么移动UI界面设计中的艺术化表现将显得更加重要。用户不希望在游戏中完成一个严肃或枯燥的任务，他们期望游戏的界面和操作能够和它的目的相一致，如右图所示，这款游戏将界面元素与当前操作完美结合，能够带给使用者更好的游戏体验。

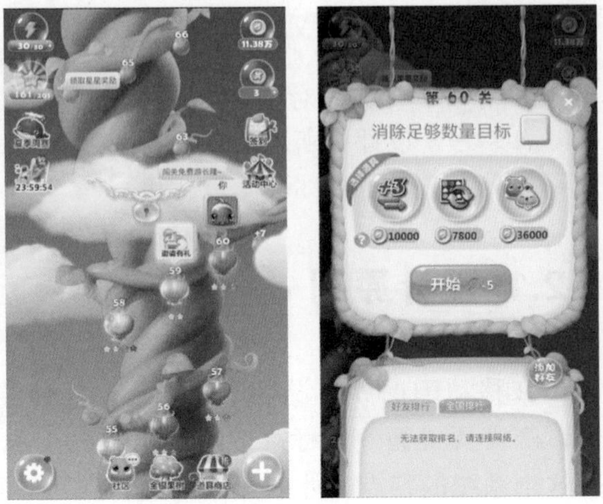


## 2．布局的一致性

布局的一致性可以让用户将App应用程序中的某部分界面的经验和技巧复用到其他地方，或者从一个界面复用到另一个界面中。布局一致性的App应用程序不是对其他App的简单复制，也不是风格上的一成不变，相反它关注用户所习惯的方式和标准，并提供一个具有内在一致性的体验。布局的一致性要求设计者重点把握好界面中的组成控件，合理地对其进行规划和构图。

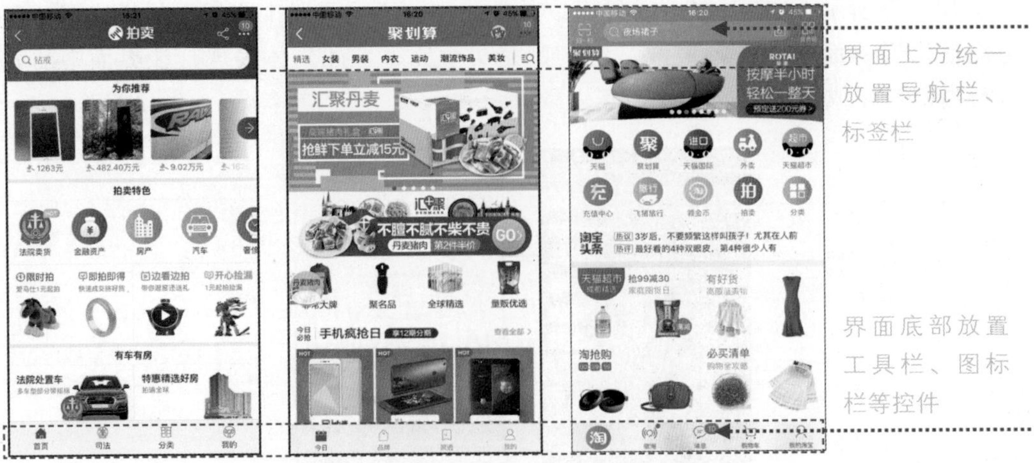

**3. 及时的反馈**

及时的反馈可以让用户知道系统已经收到他们的操作行为，并向其呈现操作结果，让用户了解自己的任务进程。我们在设计每个移动UI界面元素的过程中，都要考虑这个元素的多种不同状态的显示效果，尽量通过色彩、高度、边框等简单的方式来呈现出一定的变化，如下图所示为用户单击某个按钮时所显示出来的不同状态。

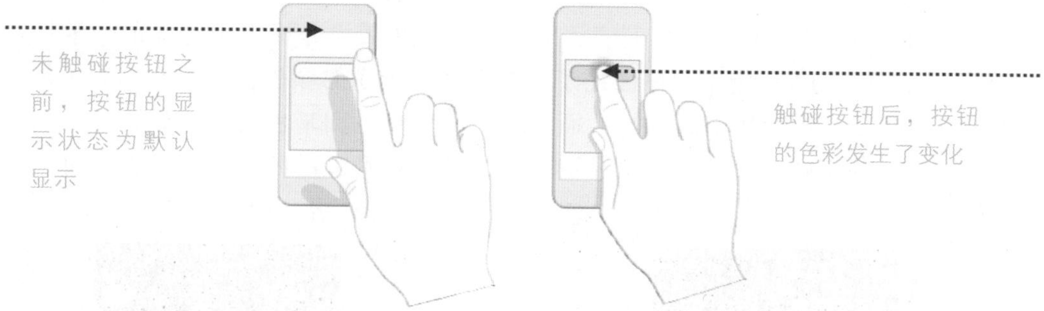


iOS系统内置的App应用程序在响应用户的每一个操作行为时都提供了可感知的反馈。当用户点击列表项和控件时，它们会被短暂的高亮。而那些会持续超过几秒钟的操作，对应的控件则会显示已完成的进度。

未触碰按钮之前，按钮的显示状态为默认显示
触碰按钮后，按钮的色彩发生了变化

精致的动画效果和声音都可以提供反馈效果，帮助用户了解其行为的结果，但是本书是基于视觉设计而言的，因此如果想要设计出来的界面能够给用户一些反馈，不同状态下的控件效果设计就显得非常的必要了，如下图所示的扁平化的输入框，设计师为其设计了四种不同的状态，以满足不同交互情况下的使用，让设计的作品更加的实用，符合及时反馈这一基本的设计原则。

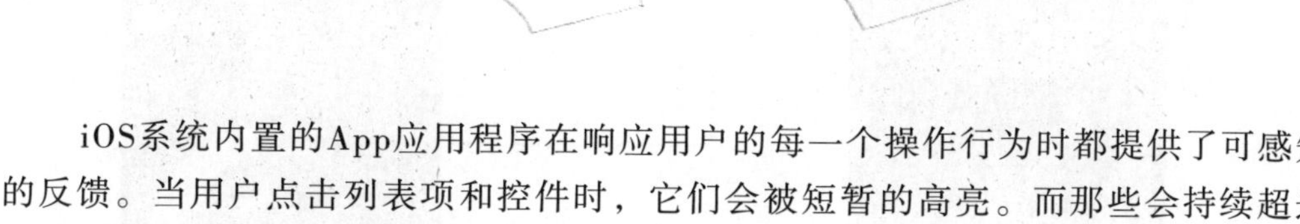

## 4.2.2 色彩和字体

移动UI界面是由一个个的控件组成的，这些控件又是由一个个的形状和文字来进行表现的，而表现形状和文字最基础、最直观的就是色彩，接下来我们就对iOS系统中的色彩和文字的使用规范进行讲解。

### 1. 色彩

在iOS系统中，色彩有助于暗示交互性、传达活力并提供视觉上的一致性。iOS系统中内置的App应用程序使用了一系列纯粹干净的颜色，使得它们无论是单独，还是整体看起来都非常醒目，而且还包含了亮色和暗色两种背景，如下图所示为红色在亮色和暗色背景中的显示效果，可以看到关键的信息都可以通过色彩的对比突显出来。

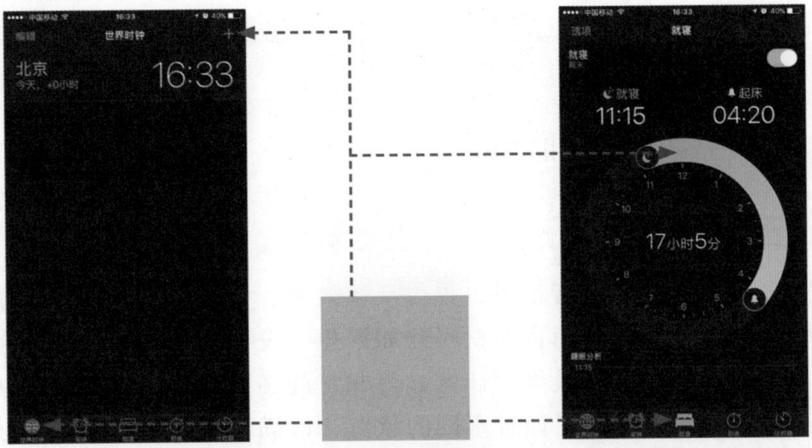


iOS系统中的色彩鲜艳、纯度高，主要的颜色包括紫色、粉红、绿色、橙色、红色、紫罗兰、蓝色、淡蓝色以及黄色等，主要的系统色彩如下图所示。

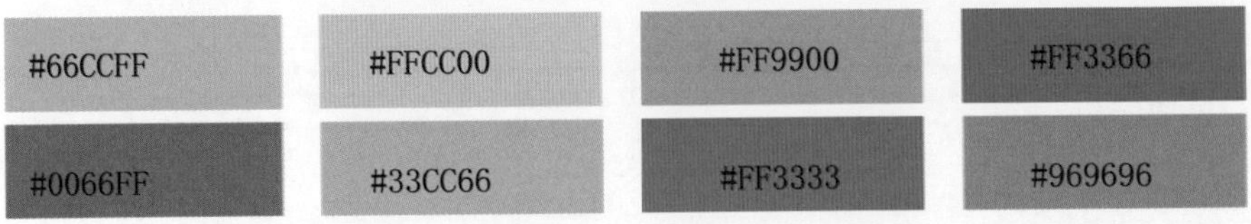


iOS系统中色彩对比鲜明，多为纯色，而创作出来的界面效果更为简洁、舒服，视觉更加清晰，色彩更纯净。根据标准色彩的应用，衍生出一系列的渐变色，如下图所示，这些渐变色被广泛地应用到了图标设计中。

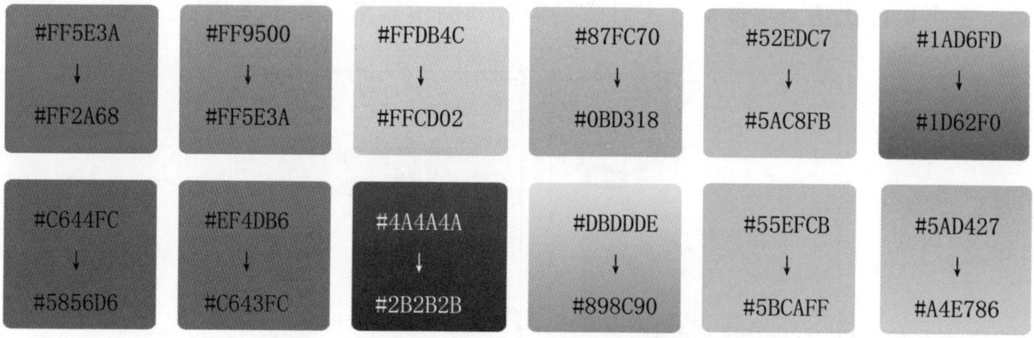


iOS系统的图标在进行配色的过程中，同样严格按照标准色彩中的渐变色来进行搭配，如下图所示。我们可以看到每个图标的背景颜色都使用了标准色进行线性渐变来填充图标，形成了一种统一的视觉风格，通过鲜艳的色彩来提升图标的辨识度。

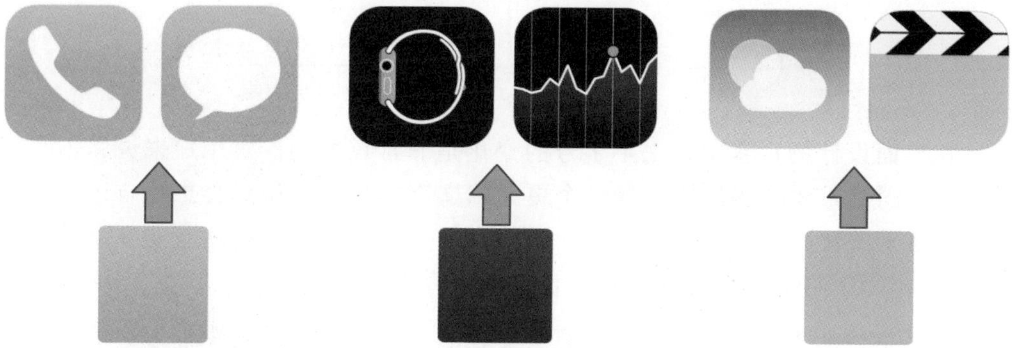

在设计iOS系统的界面时，要遵循用色的规范，如果要创建多种自定义颜色，请确保它们在一起会协调。例如，如果使用粉色对App应用程序的风格来进行设计，那应当创建一系列相配的粉色来用在整个App应用程序的界面之中。

**2. 字体**

在移动设备中，文字的安排是由网格系统处理的，但字体本身也对视觉印象和使用经验的影响非常大，不可不注意。随着iOS系统的升级，iOS 10系统中使用San Francisco字体，代替掉原来的Helvetica Neue字体，相比较iOS 10系统之前版本的字体，San Francisco字体看上去要华丽一些，不仅清晰度和易读性更高，而且支持符号的整体居中，如下左图所示。而iOS 10系统的默认中文字体为PingFangSC(苹方)，相对于之前版中使用的仅包含2个字重的黑体，它拥有6个字重，字形更加优美，更能满足了日常的设计和阅读需求，如下图所示。

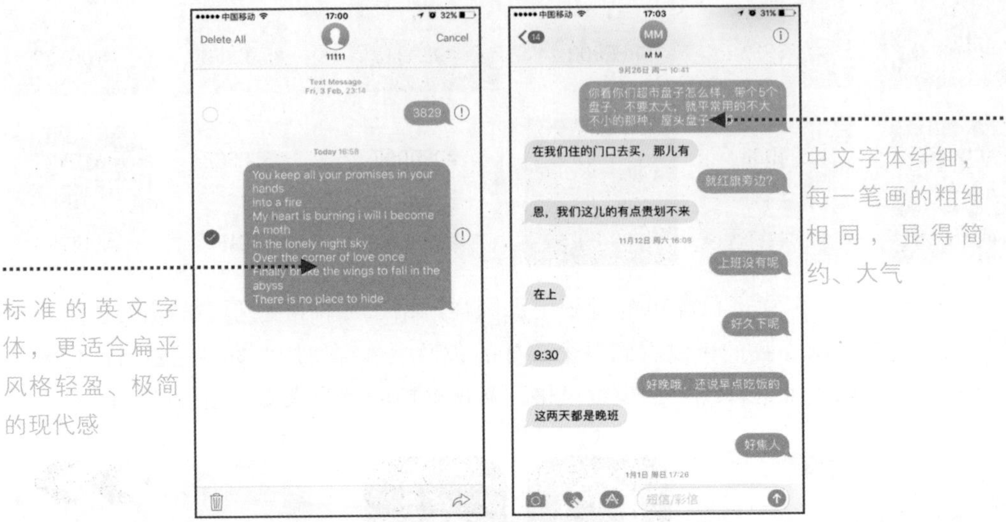


在界面设计的过程中，文字字号的变化是非常重要的。对用户来说，不是所有内容都同等重要。当用户选择一个更大的文字字号时，用户会想让自己所在意的内容易于阅读，一般并不希望页面中的每一个字一样大。这就需要在字体的应用过程中，使用不同的字号来对不同信息的内容进行表现。

除了字号的正确把握，还要注意文字色彩、行间距、字间距等方面的问题。过小的文字和过密的字间距，会让用户的阅读和使用体验大打折扣，降低了用户了解的兴趣。而对文字的段落进行合理设计，适当地增大行间距和字间距，增大字体的字号，会让界面中大量的信息更加容易阅读。如下图所示分别为相同字号情况下，不同行间距的文字排列效果，两者相互对比，我们可以很清晰地感受到其不同之处，很明显，前者更容易被用户接受。

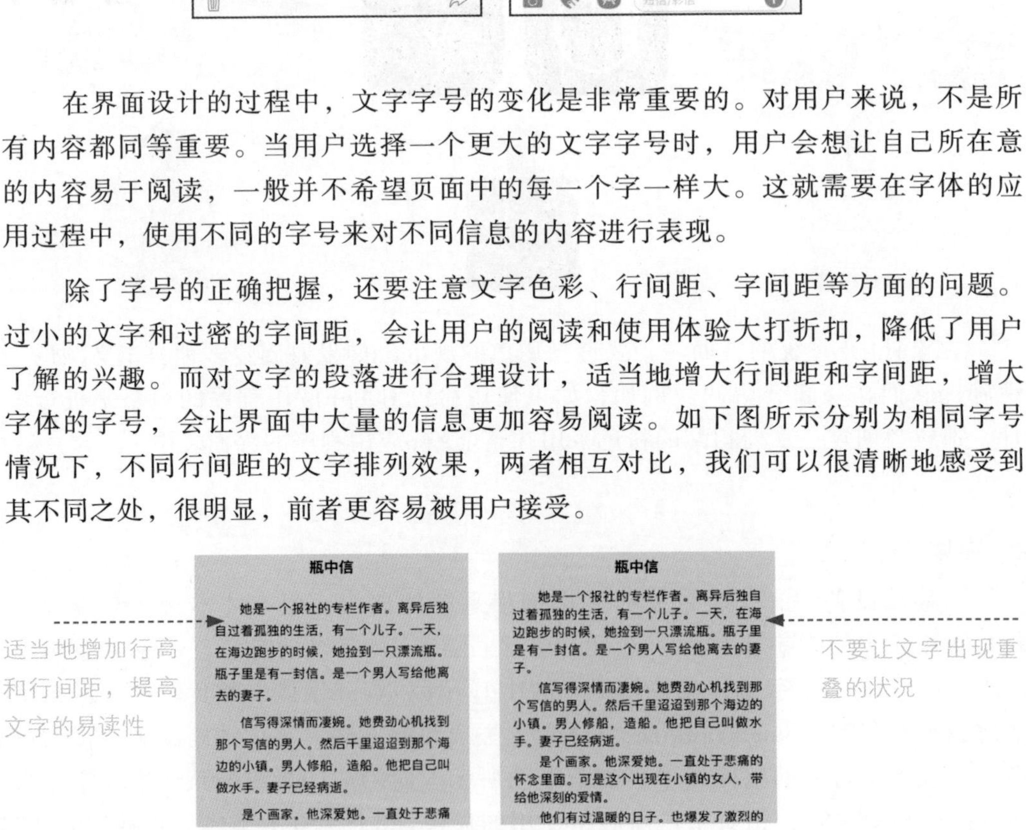

通常设计App应用程序界面的过程中，只使用一种字体，几种不同的字体混搭会让应用程序的界面呈现出杂乱无章的效果，加重用户视觉上的负担。

相反，可以使用一种字体以及仅仅几个样式和字号，根据不同的语义用途定义不同的文本区域，例如正文或标题，就能够让App界面中的信息层次分明。如下图所示为iOS系统中内置App应用程序的界面，可以看到其中使用的所有字体都是同一种字体。

## 4.2.3 图标的设计

iOS系统图标应用了圆角设计，它的圆角采用x^3+y^3=a 的三次曲线绘制完成，如下左图所示，如果觉得绘制起来麻烦，也可以使用现成的iOS系统图标模板来进行创作，如下右图所示。

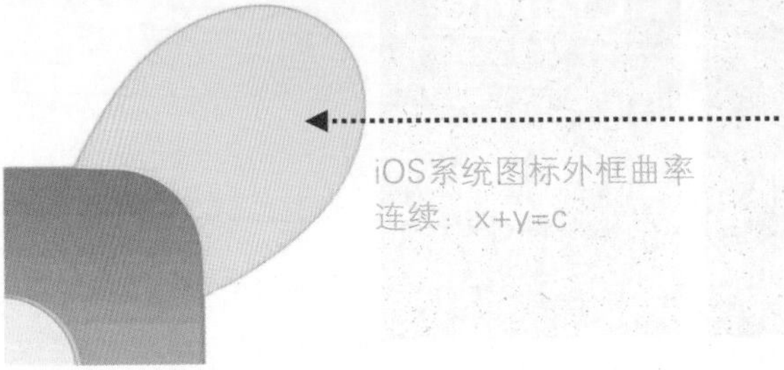

随着iOS系统的升级，App应用程序图标的尺寸也会之发生一些细微的变化。一个App应用程序想要完成一个完整的设计，要生成十几种不同大小的App图标，如下表所示为需要设计图标的尺寸。

| 图标类型 | 概述 | 标准尺寸（以像素为单位），广义的屏幕精度 | | |
|---|---|---|---|---|
| | | 低精度(ldpi) | 中精度(mdpi) | 高精度(hdpi) |
| 启动图标 | 应用程序在设备的主界面和启动窗口的图形表现 | 36px × 36px | 48px × 48px | 72px × 72px |
| 菜单图标 | 当用户按菜单按钮时放置于选项菜单中展示给用户的图形元素 | 36px × 36px | 48px × 48px | 72 × 72px |
| 状态栏图标 | 用于应用程序在状态栏中的通知 | 12px(w) × 19h px(h) | 16px(w) × 25px(h) | 24px(w) × 38px(h) |
| Tab图标 | 表示在一个多选项卡界面的各个选项的图形元素 | 24px × 24px | 32px × 32px | 48px × 48px |
| 对话框图标 | 在弹出框中显示，增加互动性 | 24px × 24px | 32px × 32px | 48px × 48px |
| 列表视图图标 | 用图形表示列表项，比如说设置这个程序 | 24px × 24px | 32px × 32px | 48px × 48px |

iOS系统中的图标基本分为苹果应用商店下使用图标、应用程序主屏幕图标、Spotlight搜索结果图标、工具栏和导航栏图标、设置图标和标签栏图标等。图标是App应用程序功能的高度集中表现的结果，因此图标的设计除了要表现出作用，还要在遵循设计原则的基础上，适当地添加设计师的创意，这样设计出来的图标才会获得用户的认同，接下来我们就对iOS系统中图标设计的五个原则进行简单讲解。

**1.辨识度高的隐喻**

用户首先注意到的一点便是图标通常尺寸都很小，因此图标设计的关键就在于简单地勾勒出App应用程序的整体概念。通常的做法就是，使用一种或两种辨识度较高、能代表概念的物体，然后再用优秀的色彩和流畅的形状来塑造美感。除此之外，图标的隐喻性也要强，图标应该是一种能够有所代表的符号，具有一种标识性。

如下图所示的相机图标和通话图标，都是与现实生活中所接触到的事物相互关联的，让用户能够清楚、准确地了解其用途，避免由于对图标所表达的意思因理解错误而造成操作失误的情况。

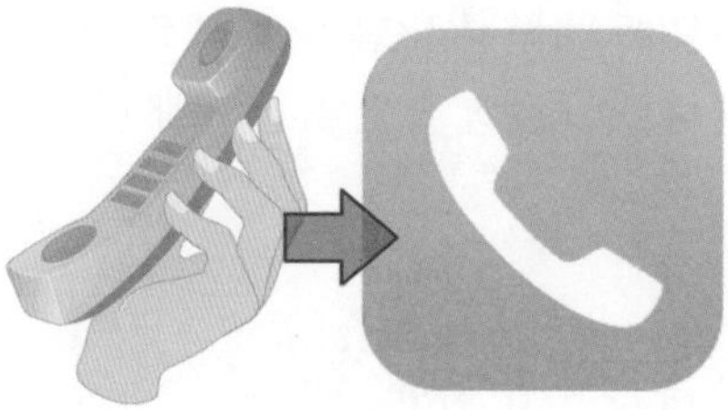

**2. 鲜活用色**

根据iOS系统的标准用色可以看出，iOS系统所呈现出来的色彩非常鲜艳，这就导致了图标的配色也应当遵循这个原则，在设计中尝试打造鲜明的对照感。而iOS系统也是因明亮的边界、清晰的线条、大胆的色彩而著称的，明亮的色彩能带来一种活力感和趣味性，柔和、细腻的色彩却无法做到这一点。

如下图所示的图标中，虽然其图标上的形状色彩都为白色，显得单一，但是其圆角矩形的背景却使用了非常鲜活的色彩进行搭配，给人醒目、直观的感觉。

**3. 使用栅格线**

在进行iOS系统的图标设计时，使用了当下流行的iOS系统的栅格线，能够让我们在进行设计的过程中有效地对图标中的布局进行分块，并且能够构建界面中图标的整体感。

采用栅格线方式进行设计的图标越多，在界面中就能更好地彼此匹配，界面中图标的整体感就越强。但是不应该太限制自我，必要的时候，如果你觉得打破栅格线，设计会更出彩，那也可以尝试一下。

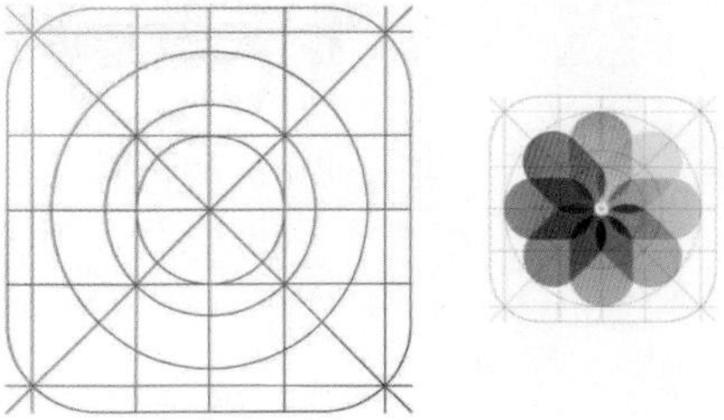

在iOS系统图标的栅格线中，对图标的边缘、中心点、对角线等位置进行了定位，设计时只需根据辅助线进行规划和创作，即可按照规范制作出合格的图标。

**4. 适度添加深度感**

iOS系统的视觉风格可以看成一种扁平化设计，但它不是一种单一的扁平。若想要自己的设计与众不同，必须设计得与众不同。比如在设计图标的过程中加入一点投影，加入一点渐变也无妨，进行多种尝试，也许某一种尝试的效果能够达到预期所想。

Mirror图标非常具有深度感，效果比纯扁平设计更具魅力，那是因为在图标设计中通过渐变、层次色块的堆叠增强了图表的立体感和深度感

**5. 一致的视觉风格**

仔细观察iOS系统中苹果应用商店套件的图标，可以发现它们的风格非常统一，很明显都是一个系列的图标，如下图所示。设计成套图标和设计一款图标，要考虑的东西不尽相同，设计成套图标还要考虑一致性。

我们在进行图标设计的过程中，要刻意培养自己的这种整体感，即便接收到的任务是设计一款图标，也可以在设计的同时，思考这款图标的同类型图标应该怎样设计，通过这种假想来锻炼自己的设计思维。

但是，将图标的感觉设计为一种类型、同种风格，并不意味着拘泥于一种形式，因为线条粗细不必完全相同、颜色也不必完全一致，但要保证整体风格一定要和谐、匹配。白色符号搭配色彩渐变，这种方法最简单，或者在白色背景上使用多彩、透明的图标，也可以轻松地打造出一整套风格统一的图标。通过一致性设计，能够增加同一系列应用、图标的联系感。

# 4.3 iOS系统界面设计实训

前面我们对iOS系统中的设计规范、界面特点、设计原则等基础进行了讲解，接下来通过两个案例来对具体的图标及界面设计的方法和技巧进行讲解，以巩固所学知识，具体如下。

## 4.3.1 扁平化图标的设计

源文件：源文件\04\扁平化图标的设计.psd

设计关键词：扁平化、渐变、色块、iOS系统

软件功能提要：圆角矩形工具、矩形工具、椭圆工具、钢笔工具、自定形状工具、“渐变叠加/描边/内阴影/投影”图层样式等

**设计思维解析**

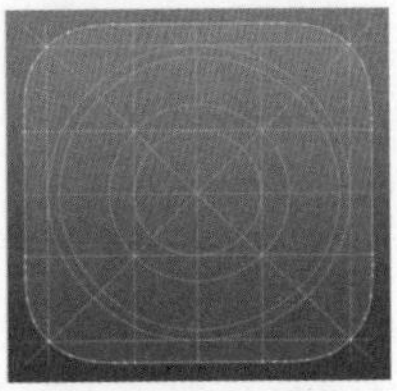

遵循iOS系统图标外观的设计规范

融入现实中实物场景或者对实物进行联想和简化

利用色块堆砌、渐变填充等方式完成图标的制作

**设计要点展示**

线性渐变背景：
使用线性渐变对图标的背景进行填充，符合 iOS 系统图标设计规范

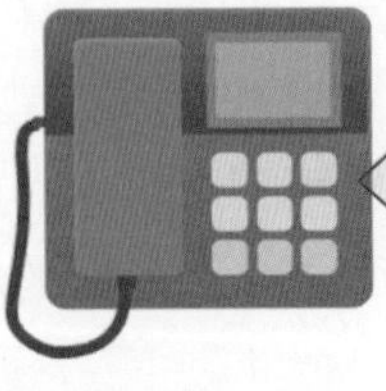

色块的堆砌：
利用纯色、渐变色块堆砌的方式绘制图标，打造出扁平化的设计风格

## 制作步骤详解

Step 01：在Photoshop中创建一个新的文档，使用“圆角矩形工具”绘制所需的形状，接着在其选项栏中对形状的颜色进行设置，在图像窗口中可以看到绘制结果。

Step 02：使用“矩形工具”绘制一个矩形，接着利用形状相减的方式绘制一个圆形，得到一个拱形，填充所需的线性渐变色，放在画面适当的位置。

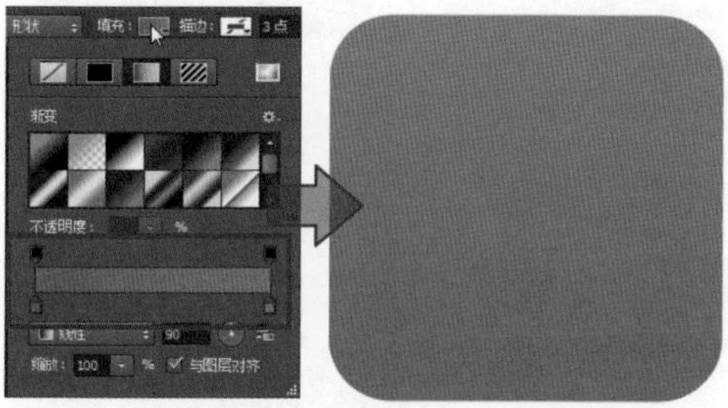

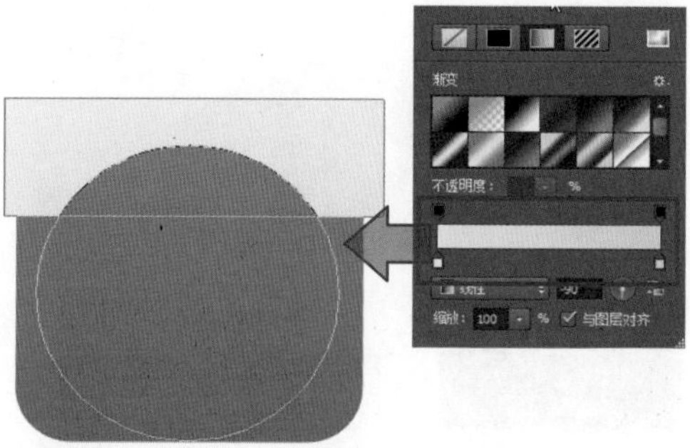

Step 03：选中绘制的“拱形”形状图层，执行“图层 > 创建剪贴蒙版”菜单命令，通过创建剪贴图层来对拱形形状的显示范围进行控制，在图像窗口中可以看到编辑的效果，在“图层”面板中可以看到编辑的剪贴图层效果。

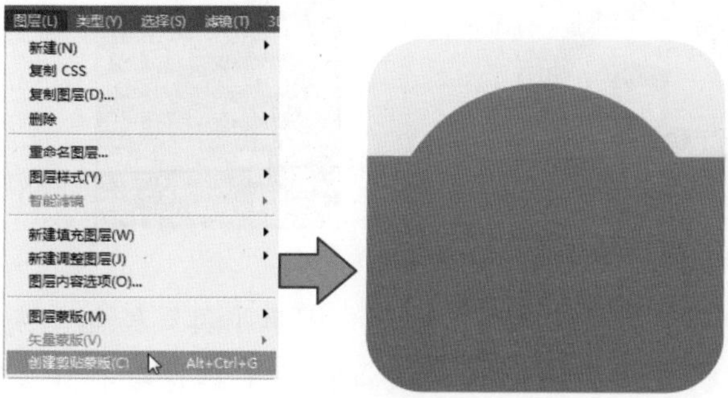


提示：在图层上右击，在弹出的菜单中选择“创建剪贴蒙版”命令，也可以创建剪贴蒙版。

Step 04：选中工具箱中的“椭圆工具”，绘制出所需的圆形，分别填充适当的颜色，放在图标上方的左右两侧，在图像窗口中可以看到绘制的结果。

Step 05：使用“椭圆工具”绘制一个圆形，适当调整其大小，放在合适的位置，使用“渐变叠加”和“描边”图层样式对绘制的形状进行修饰。

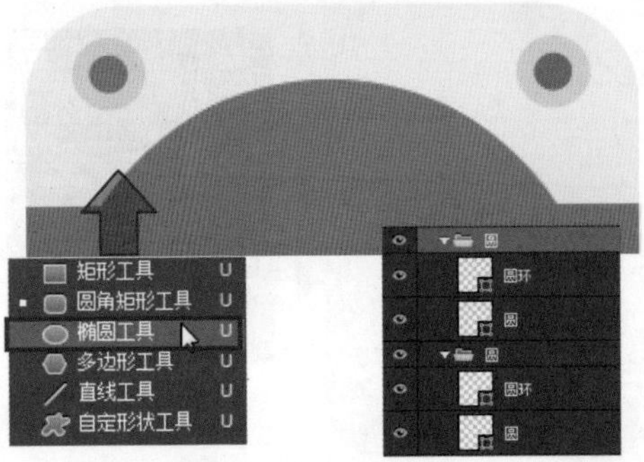


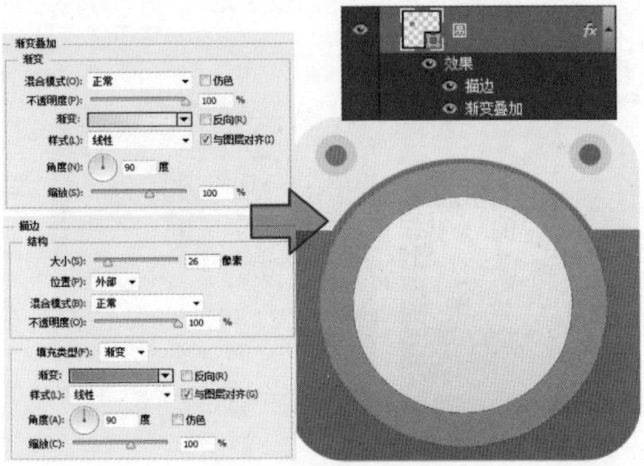


Step 06：绘制一个半圆形，填充白色，放在适当的位置，接着绘制一个音符的形状，填充适当的颜色，无描边色，在图像窗口中可以看到绘制的音乐图标效果。

Step 07：使用“圆角矩形工具”绘制所需的形状，接着在其选项栏中对形状的颜色进行设置，将其作为图标的背景，在图像窗口中可以看到绘制结果。

Step 08：使用“钢笔工具”绘制出所需的形状，接着在该工具选项栏中对该形状的颜色进行设置，在图像窗口中可以看到绘制的结果。

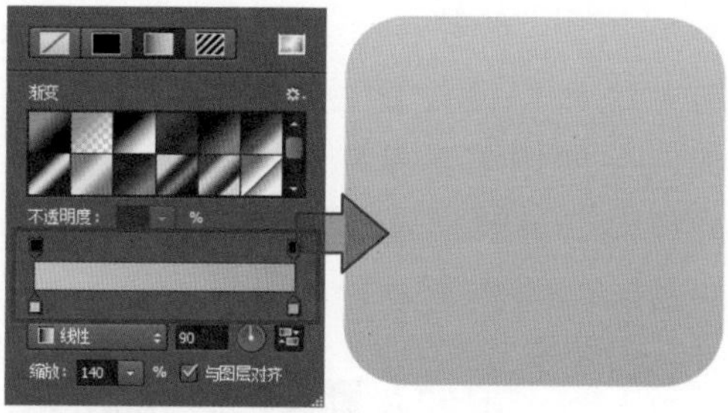


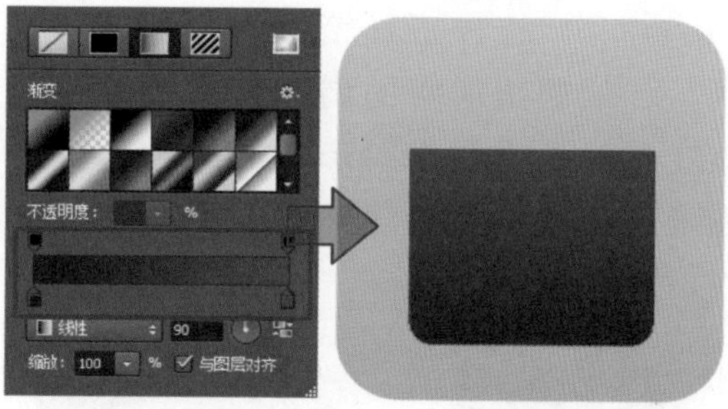


Step 09：对Step 08中绘制的形状进行复制，在“钢笔工具”的选项栏中对该形状的颜色进行重新设置，并适当调整其大小，放在合适的位置。

Step 10：选择工具箱中的“自定形状工具”，在其选项栏中选择“三角形”形状进行绘制，为其填充白色，无描边色，最后适当调整三角形的角度、大小和位置。

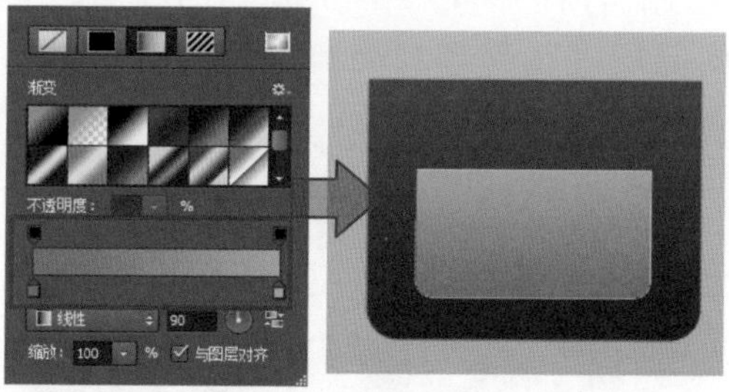


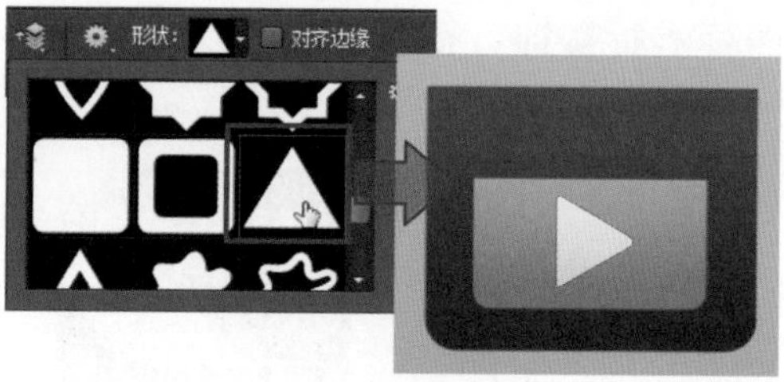


Step 11：选择工具箱中的“矩形工具”，在其选项栏中对绘制形状的颜色进行设置，接着在适当的位置单击并拖曳鼠标，绘制矩形，在图像窗口中可以看到绘制的结果。

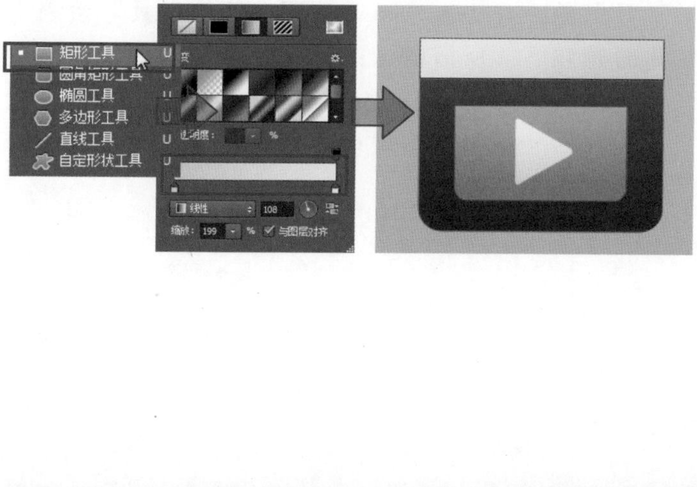

Step 12：选择工具箱中的“钢笔工具”，绘制出所需的斜线条，接着在该工具的选项栏中对形状的颜色进行设置，将绘制的斜线条放在矩形的上方。

Step 13：参考Step 11和Step 12的绘制方法和相关设置，绘制另外一组形状，并使用剪贴蒙版对形状的显示进行控制，在图像窗口中可以看到编辑的效果。

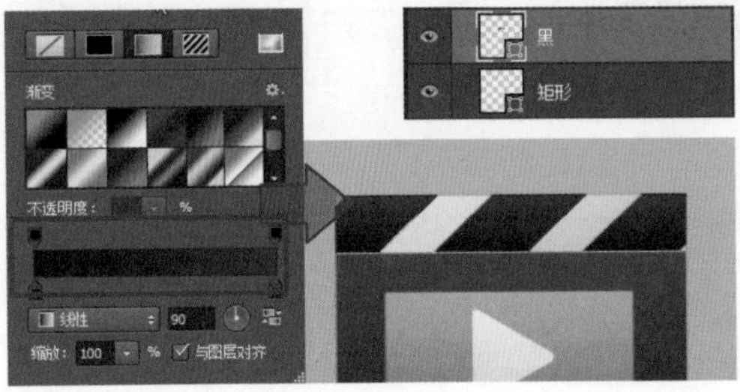


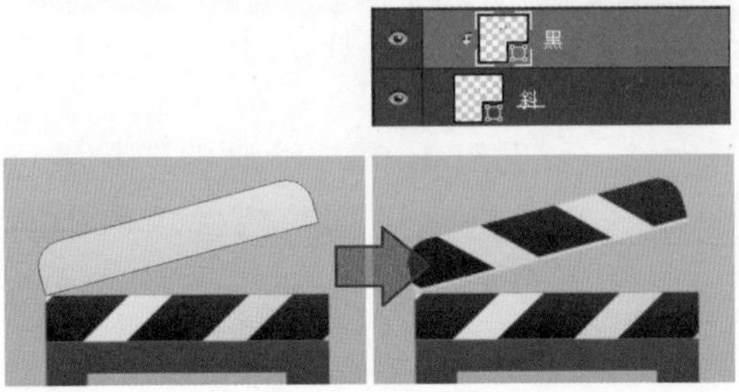


Step 14：选择工具箱中的“椭圆工具”，绘制所需的圆形，填充适当的颜色，对图标进行修饰，接着创建图层组，对绘制的图层进行管理和分类，完成视频图标的制作。

Step 15：使用“圆角矩形工具”绘制出所需的形状，在该工具的选项栏中设置填充的颜色，作为云图标的背景。

Step 16：使用“钢笔工具”绘制出所需的云朵形状，填充白色，无描边色，接着使用“渐变叠加”和“投影”图层样式对绘制的云朵形状进行修饰。

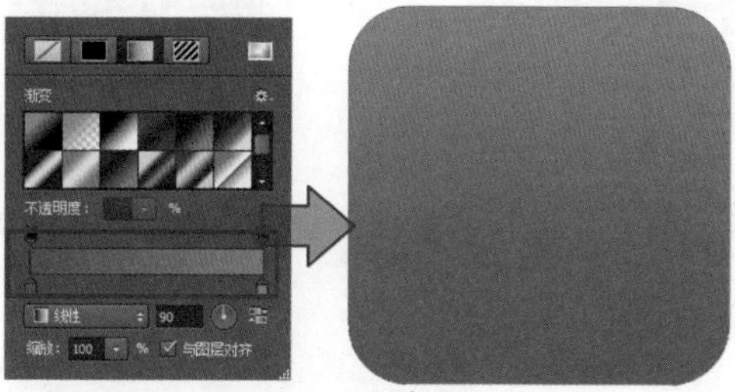

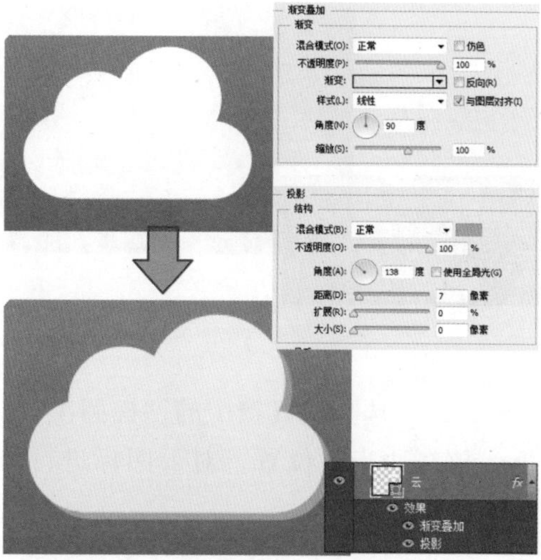

**提示：**“投影”图层样式中的“扩展”选项用来设置阴影的大小，其值越大，阴影的边缘显得越模糊，具体的效果会和“大小”选项相关，“扩展”的参数值的影响范围仅仅在“大小”所限定的像素范围内。

Step 17：使用“椭圆工具”绘制一个正圆形，为其填充白色，无描边色，接着使用“内阴影”图层样式对绘制的形状进行修饰，并在“图层”面板中设置图层的“填充”选项的参数为0%，在图像窗口中可以看到绘制的结果。

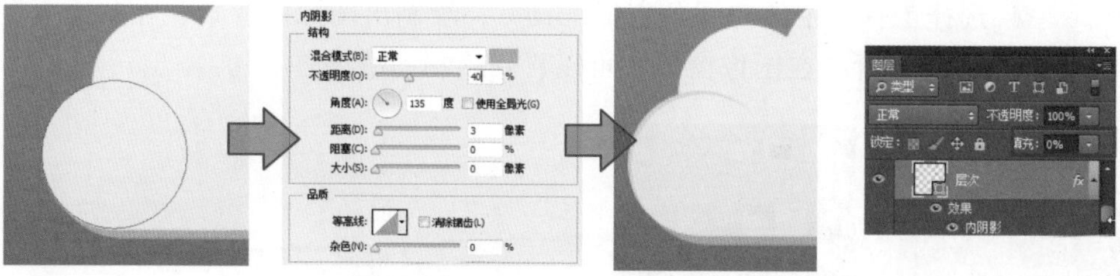

Step 18：参考Step 17的编辑方法和设置，绘制出另外一个圆形，填充白色，无描边色，使用“内阴影”图层样式对其进行修饰。

Step 19：使用“钢笔工具”绘制出所需的箭头形状，接着为其填充所需的渐变色，再对箭头形状进行复制，放在适当的位置，在图像窗口中可以看到编辑的效果。

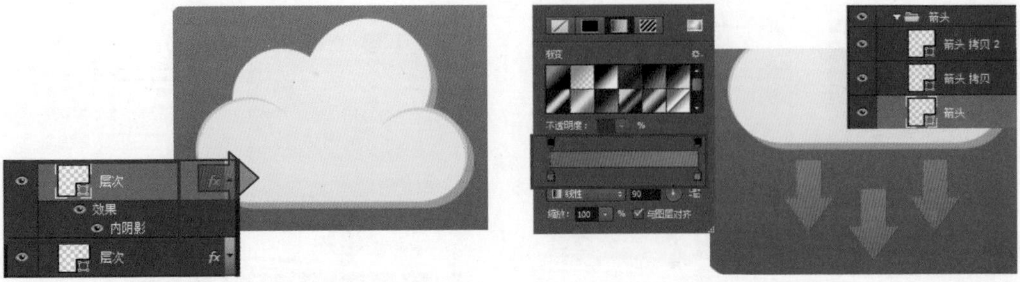


Step 20：选择工具箱中的“椭圆工具”，绘制出所需的圆形，填充白色，无描边色，放在适当的位置，对云图标进行修饰，在图像窗口中可以看到该图标绘制的结果。

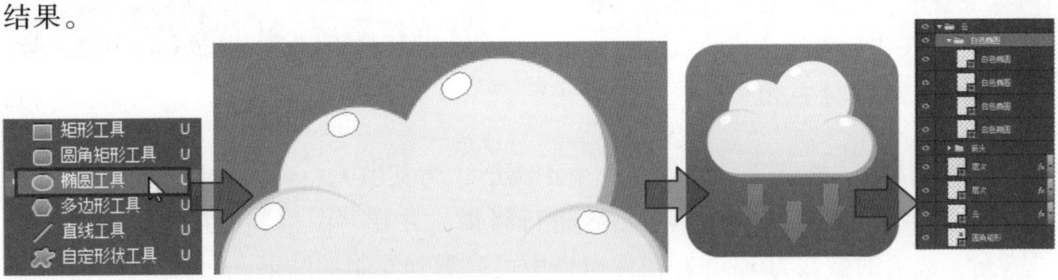


Step 21：选择工具箱中的“圆角矩形工具”，绘制出图标的背景，在其选项栏中对其填充色进行设置，在图像窗口中可以看到绘制的结果。

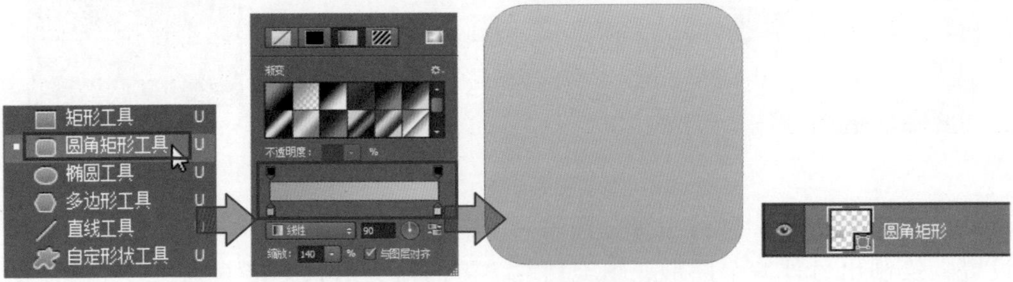


Step 22：选择工具箱中的“钢笔工具”绘制出所需的齿轮形状，在该工具的选项栏中对形状的填充色进行设置，接着使用“内阴影”图层样式对绘制的形状进行修饰，并在相应的选项卡中对参数进行设置。

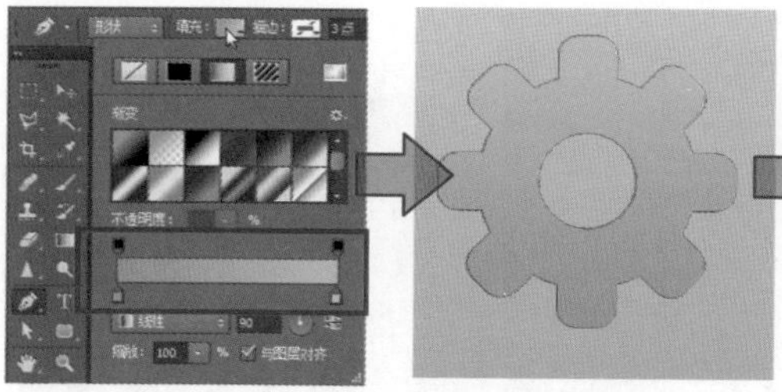

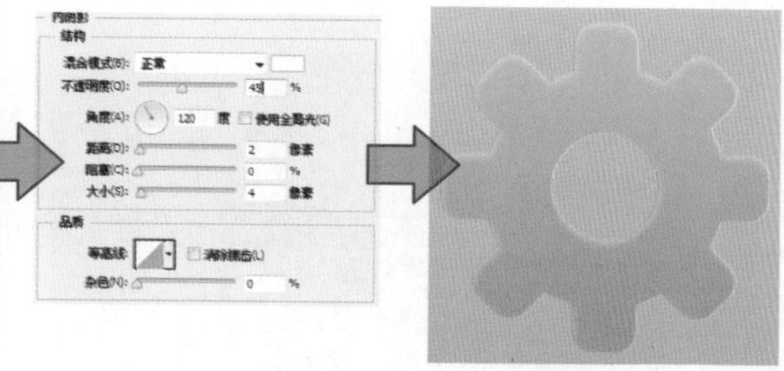

Step 23：使用“椭圆工具”绘制出圆形，利用形状相减的绘图模式制作出圆环的形状，接着为其设置所需的填充色，放在图标上适当的位置。

Step 24：对前面绘制的齿轮形状和圆环形状进行复制，更改复制后形状的颜色和大小，放在适当的位置，完成设置图标的制作，在图像窗口中可看到绘制的结果。

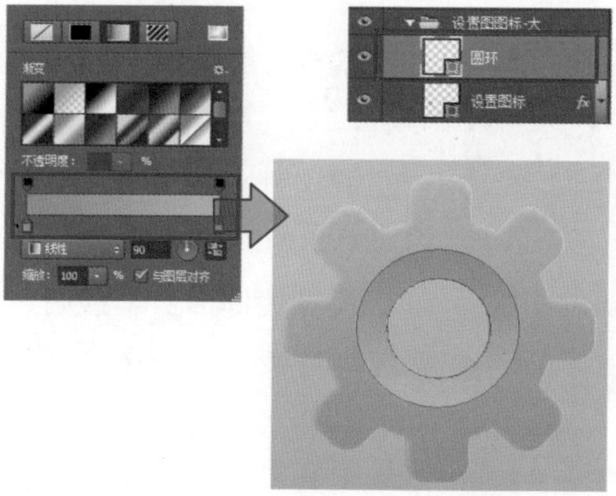

Step 25：利用软件中的形状工具绘制出拨号图标的形状，为其分别填充适当的颜色，再利用图层样式进行修饰，在图像窗口中可以看到拨号图标的制作效果。

Step 26：参考前面的图标绘制的方法和设置，绘制出联系人图标的效果，为绘制的形状分别填充适当的颜色，在图像窗口中可以看到绘制的效果。

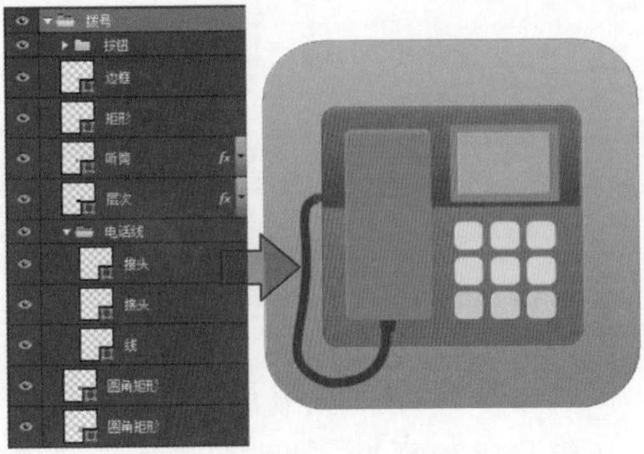

## 4.3.2 半透明效果的界面设计

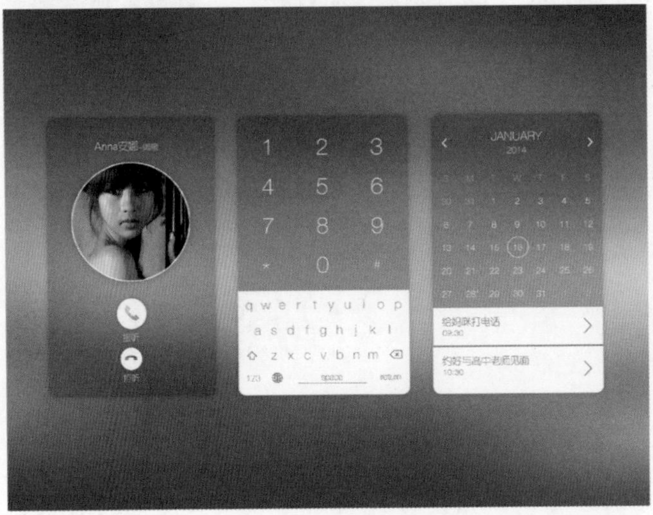


素材：素材\04\01.jpg、02.jpg

源文件：源文件\04\半透明效果的界面设计.psd

设计关键词：半透明、线性化、扁平化、iOS系统

软件功能提要：圆角矩形工具、“不透明度”选项、图层蒙版、钢笔工具、“描边/投影”图层样式

**设计思维解析**

iOS系统中的规范设计，通过半透明的界面元素来暗示背后的内容

半透明的界面类似于毛玻璃的透视效果，可以隐约可见下方内容，营造出一种意境

通过降低图层的不透明度，以及使用溶图作为背景的方式来打造出半透明的毛玻璃透视效果

**设计要点展示**

扁平化图标：利用渐变色对图标进行修饰，符合iOS系统的设计规范

纤细的字体：遵循iOS系统的字体应用规范，利用色彩突出标题文字的信息

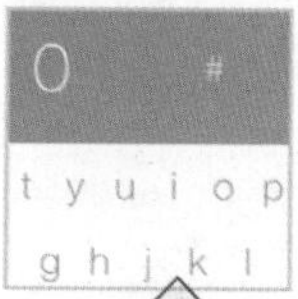


纵深感：通过半透明与白底界面的结合应用，传达出界面的活力，使界面更容易被理解

**制作步骤详解**

Step 01：在Photoshop中创建一个新的文档，将素材\04\01.jpg添加到文件中，适当调整其大小，使其铺满整个画布。

Step 02：选择工具箱中的“圆角矩形工具”，绘制一个黑色的圆角矩形，设置其“不透明度”选项的参数为20%，作为界面的背景。

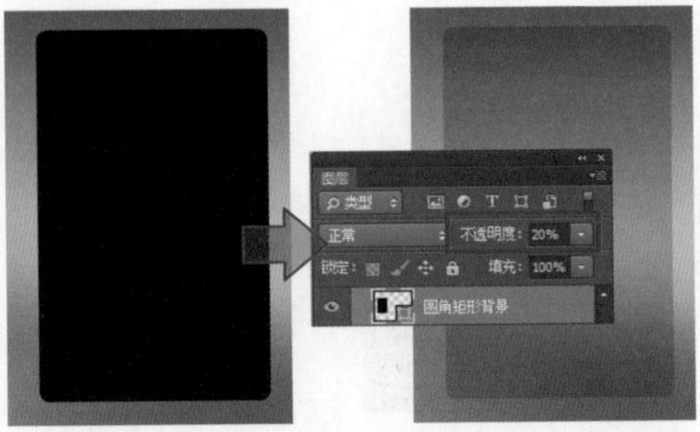


Step 03：双击绘制得到的形状图层，在打开的“图层样式”对话框中勾选“投影”复选框，为其应用投影效果，并在相应的选项卡中设置参数。

Step 04：将素材\04\02.jpg添加到图像窗口中，适当调整其大小，使用“椭圆选框工具”创建选区，接着添加图层蒙版，对图像的显示进行控制。

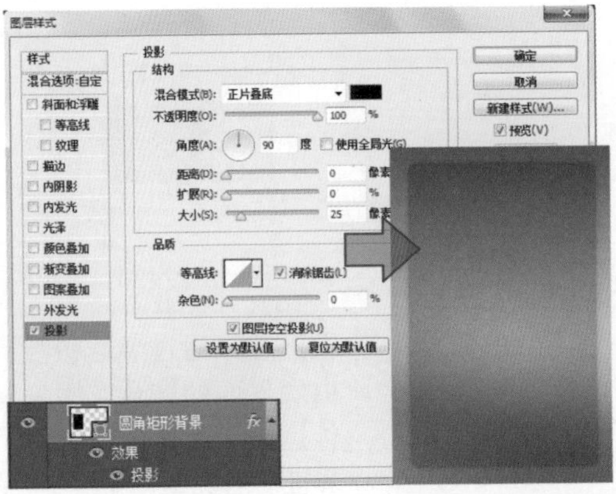

Step 05：双击“人像”图层，在打开的“图层样式”对话框中勾选“描边”和“投影”复选框，并在相应的选项卡中对各个选项的参数进行设置，为其应用白色的描边和阴影效果，在图像窗口中可以看到编辑后的结果。

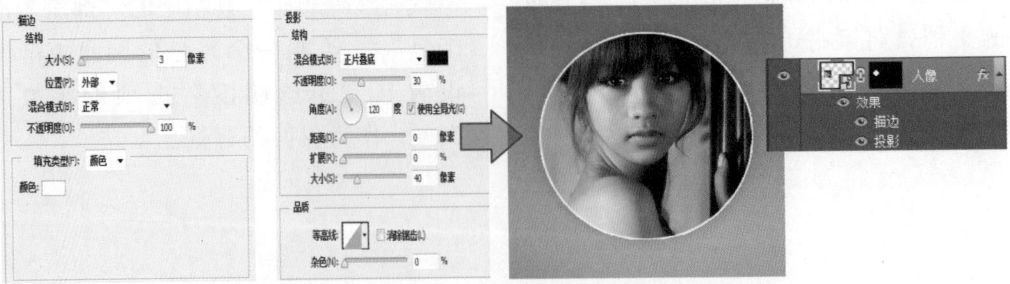

Step 06：选择工具箱中的“椭圆工具”，在适当的位置单击并进行拖曳，绘制一个正圆形，设置其填充色为白色，无描边色，使用“投影”图层样式对其进行修饰，并在相应的选项卡中对各个选项的参数进行设置，在图像窗口中可以看到编辑的效果。

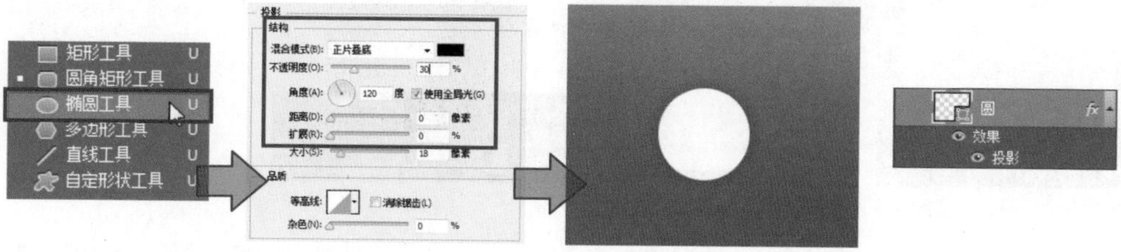


Step 07：选择工具箱中的“钢笔工具”，绘制出电话听筒的形状，接着双击绘制得到的“电话”形状图层，在打开的“图层样式”对话框中勾选“渐变叠加”复选框，使用渐变色对绘制的形状进行修饰，并在相应的选项卡中对参数进行设置，在图像窗口中可以看到编辑的效果。

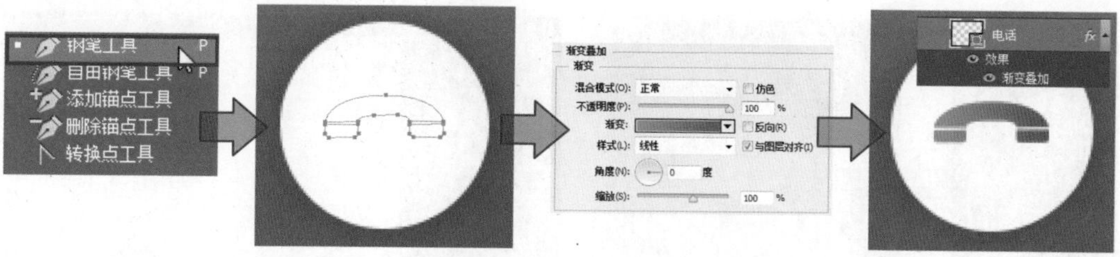


Step 08：对前面绘制的圆形和电话听筒形状进行复制，调整其大小和角度，对“渐变叠加”图层样式进行重新设置。

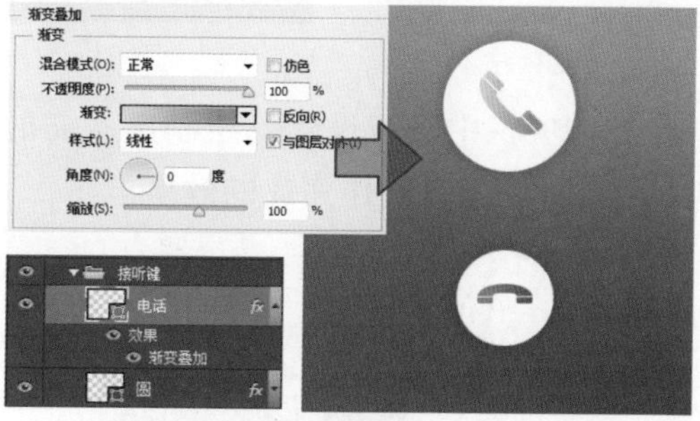


Step 09：使用“横排文字工具”输入所需的文字，打开“字符”面板进行设置，并添加“投影”图层样式进行修饰。

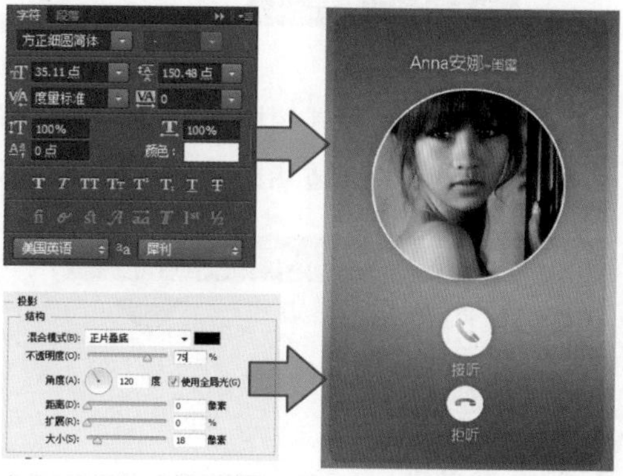

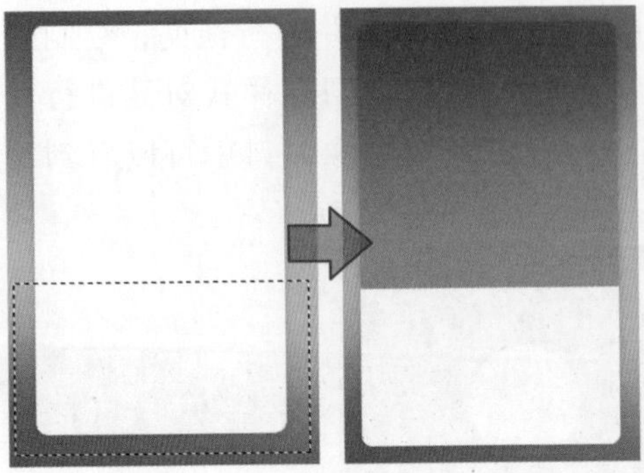

Step 10：对前面绘制的界面背景进行复制，开始第二个界面的绘制，将上方的圆角矩形填充白色，清除其图层样式，使用“矩形选框工具”创建选区，利用图层蒙版控制其显示。

Step 11：使用“横排文字工具”输入所需的数字，在打开的“字符”面板中设置文字的字体和字号，将文字按照一定的位置进行排列，并使用图层组对图层进行管理。

Step 12：继续使用“横排文字工具”输入键盘上所需的字母，在“字符”面板中设置文字的属性，按照所需的位置排列文字，同样使用图层组对图层进行管理。

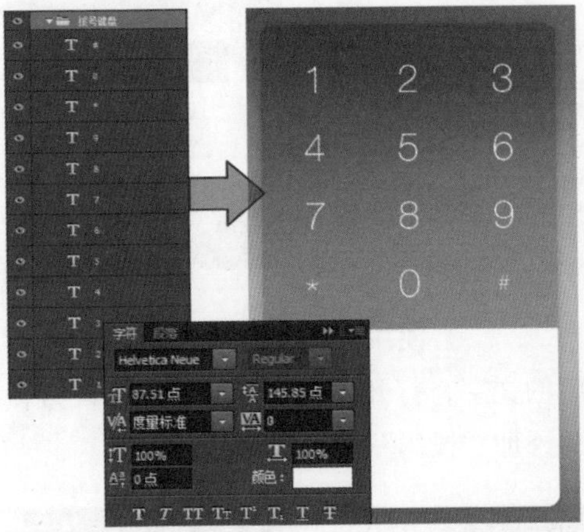


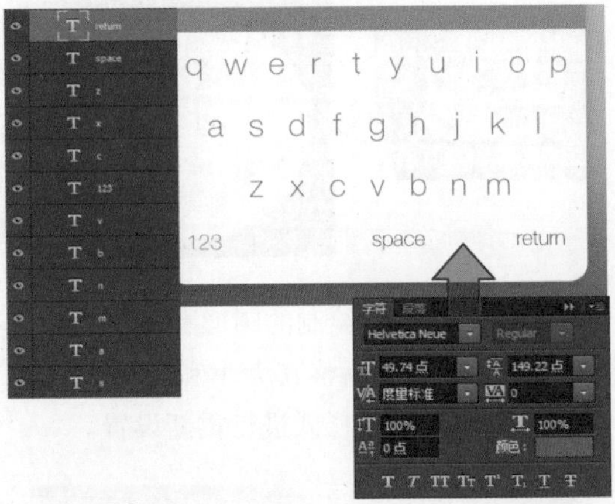


Step 13：选中工具箱中的“钢笔工具”，在其选项栏中进行设置，绘制出所需的图标，放在键盘上适当的位置，在图像窗口中可以看到键盘制作完成的效果。

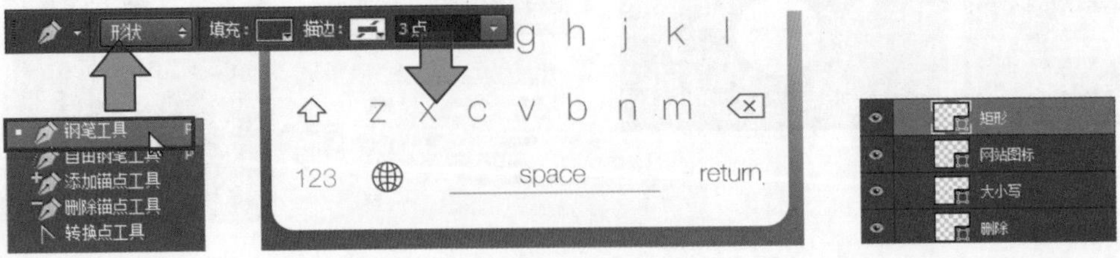

Step 14：对前面绘制的界面背景进行复制，开始日历界面的制作，接着使用“横排文字工具”输入所需的月份和年份，打开“字符”面板对文字的属性进行设置。

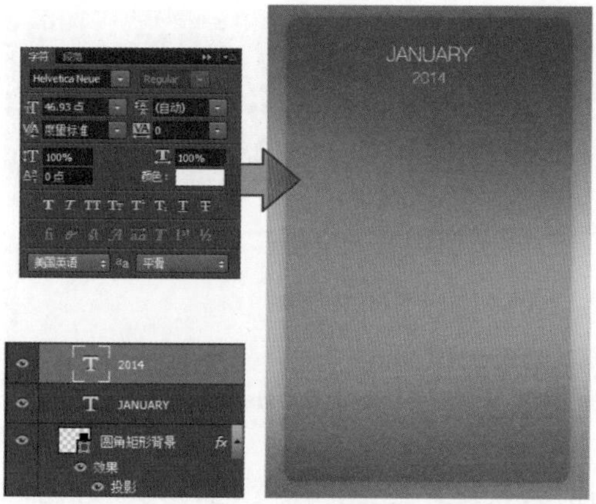


Step 15：使用“钢笔工具”绘制出所需的箭头，填充白色，无描边色，接着对箭头进行复制，进行镜像处理，放在文字的两侧，在图像窗口中可看到编辑的效果。

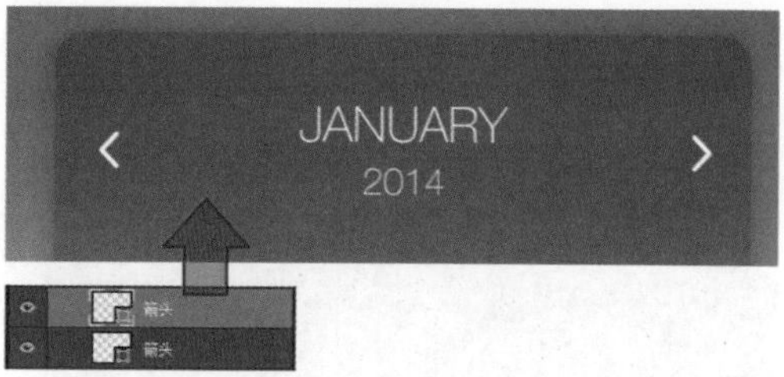


提示：执行“编辑 > 变换 > 水平翻转”菜单命令，可以对当前选中图层中的对象进行水平镜像处理。

Step 16：选择“横排文字工具”继续输入界面中所需的日期，调整文字的位置，打开“字符”面板对文字的颜色、字号、字体等进行设置。

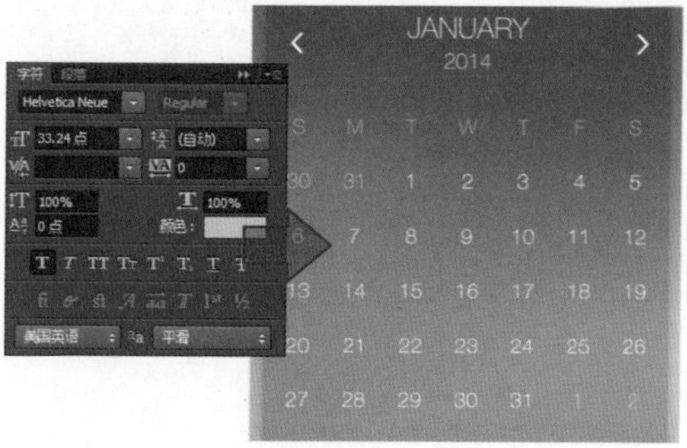


Step 17：使用“椭圆工具”绘制一个圆形，设置其“填充”选项的参数为0%，使用“描边”图层样式对其进行修饰，放在适当的位置上，在图像窗口中可以看到编辑的效果。

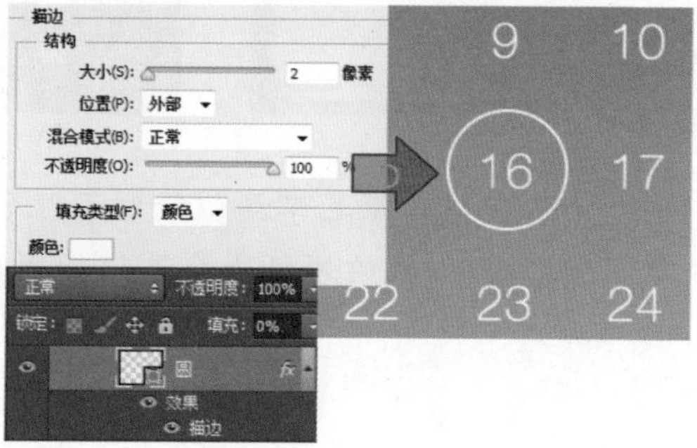

Step 18：使用“矩形工具”绘制出所需的矩形，填充白色，无描边色，接着利用“横排文字工具”输入所需的文字，打开“字符”面板设置文字属性。

Step 19：参考前面的编辑制作出另外一组备忘录信息，添加上格式、字号、字体相同的文字信息，在图像窗口中可以看到编辑的效果。

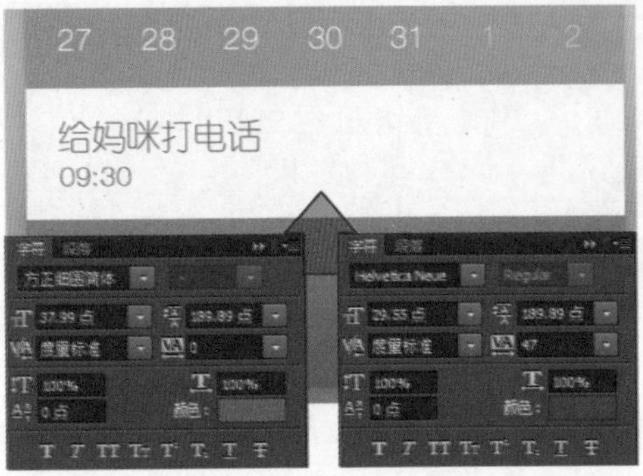


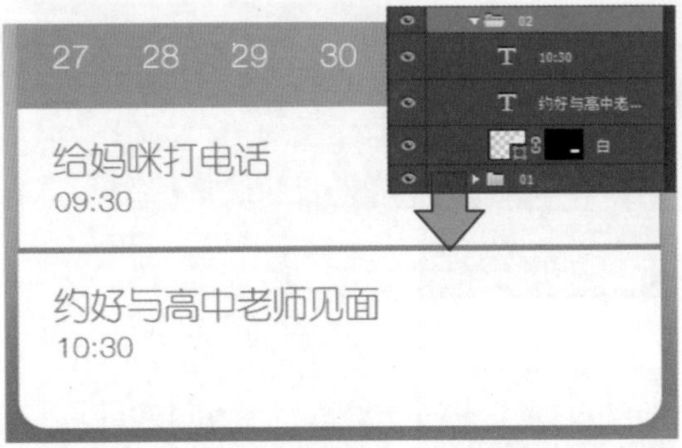


Step 20：使用“钢笔工具”绘制出所需的箭头，设置适当的填充色，无描边色，接着复制绘制的箭头，放在界面适当的位置，完成本案例的制作，在图像窗口中可以看到最终的编辑效果。

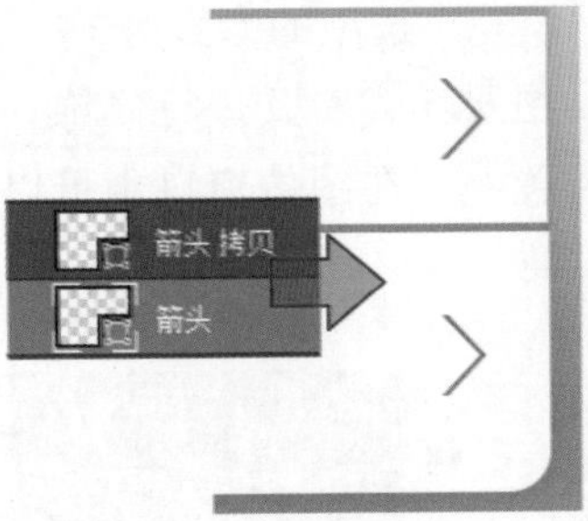

提示：在使用“钢笔工具”绘制形状的过程中，按住Shift键进行绘制，可以让路径按照45°倍数的倾斜角度进行折线移动，让绘制的箭头的两侧弯折角度更加的准确。

# Part 5

# Android系统及其组件的设计

Android一词的本义是指“机器人”，同时也是Google于2007年11月5日宣布的基于Linux平台的开源手机操作系统的名称，该平台由操作系统、中间件、用户界面和应用软件组成。Android系统是当今移动设备两大主流系统中应用最为广泛的一个操作系统，其界面中的元素不仅提取了部分iOS系统中的扁平化风格特征，而且在其基础上进行了创意性的拟物化设计，利用充满活力的色彩和层次感极强的元素来为用户带来更优质的操作体验。在本章中我们将对Android系统的发展史、设计规范和制作技巧等进行讲解，通过基础搭配案例的形式让读者快速地掌握该系统的设计要领。

# 5.1 Android系统的特点

Android系统是移动设备两大主流系统之一，它因为开放性、丰富的硬件和操作方便等特点，被广泛应用到多种类型的移动设备中。接下来我们就对该系统的特点进行讲解，具体如下。

Android一词的本义指“机器人”，是一种基于Linux平台的自由及开放源代码的操作系统，主要使用于移动设备，如智能手机和平板电脑，由Google公司和开放手机联盟领导等开发。

Android系统在界面的设计上，基本沿用了拟物化的仿真式设计。拟物设计就是追求模拟现实物品的造型和质感，通过叠加高光、纹理、材质、阴影等各种效果对实物进行再现，可适当程度变形和夸张，如下图所示分别为Android 2.0和Android 7.0版本中界面图标的设计，我们可以看到这些图标的外形层次感极强，与现实生活中的物品非常的相似。

Android 2.0版本，界面中图标的外观一致，采用拟物化进行设计

Android 7.0版本，界面中的图标外形各异，设计更为自由

由于Android系统的强大包容性，在为Android系统设计App应用程序界面的过程中，除了可以采用扁平化进行创作，还可以通过拟物化的设计来赋予界面更多的层次和特效，提升界面表现力，如下图所示为优秀的Android系统中界面设计的截图效果。我们可以看到这些界面中的UI元素都呈现出立体感和层次感，可见它们在制作过程中都添加了不同的阴影、材质、高光等设计元素，由此展示出较强的拟物化视觉效果。

Android进化到7.0版本的Nougat，拥有全新的扁平化设计、更现代的配色风格，如右图所示为Android 7.0版本的界面效果。

Android应用在多个层次上都是光鲜且具有美感的，过渡效果明确且迅速，布局和字体清晰且易于理解，应用图标具有艺术气息。它就像一把精致的工具，一个App应用程序应当努力结合美感、简洁以及魔幻般的易用性和强大的使用体验。

# 5.2 Android系统的设计规范

Android系统与iOS系统一样，在设计该系统的应用程序的界面时，也要遵循该系统的一些规范，接下来我们就对其度量单位、字体、颜色和图标的设计规范进行讲解，具体如下。

## 5.2.1 度量单位

移动设备之间除了屏幕尺寸不同，屏幕的像素密度也不尽相同。为了简化对不同的屏幕设计应用的复杂度，我们可以将不同的设备按照像素密度分类，分别是小于600dpi的移动设备和大于或等于600dpi的移动设备，如下图所示为不同移动设备在尺寸上的差距与对比。在Android系统中设计App的界面，需要注意把握好界面的设计尺寸，为不同的设备优化你的应用界面，为不同的像素密度提供不同的位图。

一般情况下，48dpi在设备上的物理大小是9mm，这刚好在触摸控件推荐的大小范围，也就是7～10mm内，这样的大小，用户用手指触摸起来也比较准确、容易。在Android系统中设计的元素都至少有48dpi的高度和宽度，就可以保证设计的元素在任何屏幕上显示时，都不会小于最低推荐值7mm的尺寸，并且能够在信息密度和界面元素的可操控性之间得到较好的平衡。如下图所示为Android系统中按钮、图标、边界和其他元素之间的距离设计标准。在设计和制作的过程中，要严格遵循这些规则，才能让完成的作品实现预期的效果。

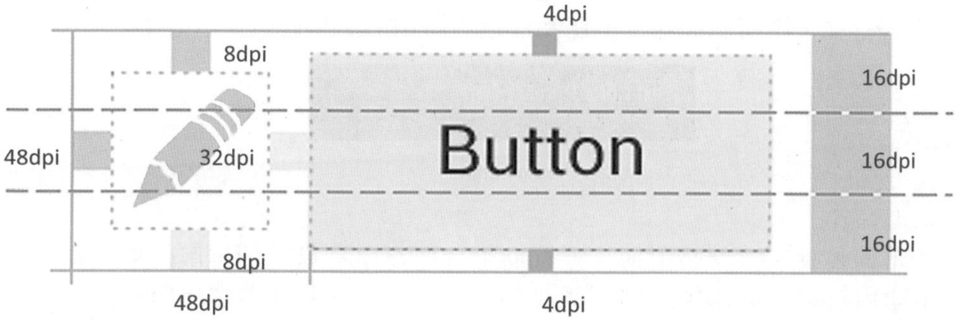

## 5.2.2 字体的使用标准

Android 系统的设计语言继承了许多传统排版设计概念，例如比例、留白、韵律和网格对齐。这些概念的成功运用，使得用户能够快速地理解屏幕上的信息。为了更好地支持这一设计语言，Android系统默认的英文字体为 Roboto字体，而中文字体则为思源黑体，英文名为Noto SansCJK。思源黑体不仅仅在字形上更易于在屏幕上阅读，并且拥有7个字重，能够充分满足了设计的需求，如下图所示。

当前的 TextView 控件默认支持极细、细、普通、粗等不同的字重，每种字重都有对应的斜体。另有 Roboto Condensed 这一字体可供选择，它也具有不同的字重和对应的斜体。

Android系统界面使用以下的色彩样式，text Color Primary和text Color Secondary，如下图所示为深色主题和浅色主题中的文字颜色显示效果。

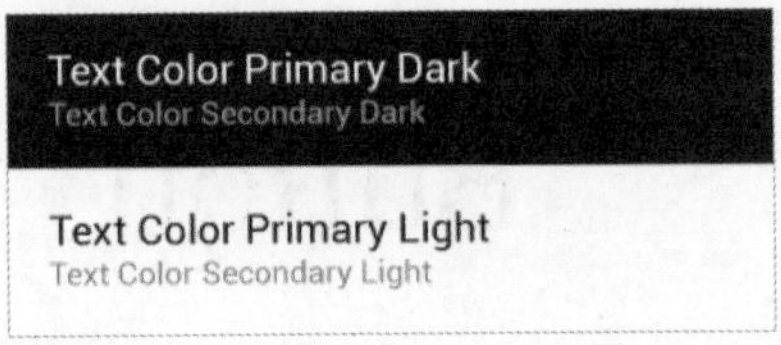


为不同控件引入字号上的反差有助于营造有序、易懂的排版效果，在同一个界面中使用过多不同的字号则会造成混乱，Android 系统规定使用有限的几种字号，如下图所示。

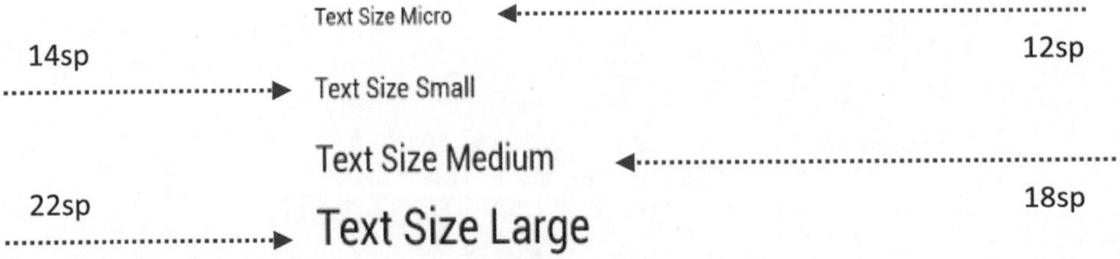

在设计Android系统应用程序的界面时，不论是文字的字体，还是字号的大小，都应该遵循该系统中的设计规范，此外，还要注意文字与每个单元格之间的边界距离。

如右图所示分别为中文和英文显示下的Android系统设置界面效果，可以看到它们的字体、边界距离、字号都严格按照规范来进行创作。

## 5.2.3 色彩的应用规范

最新版本的Android系统，其色彩从当代建筑、路标、人行横道以及运动场馆中获取灵感，由此引发出使用大胆的颜色表达激活色彩，并与单调乏味的周边环境形成鲜明的对比，强调使用大胆的阴影和高光，引出意想不到且充满活力的颜色，如下图所示。

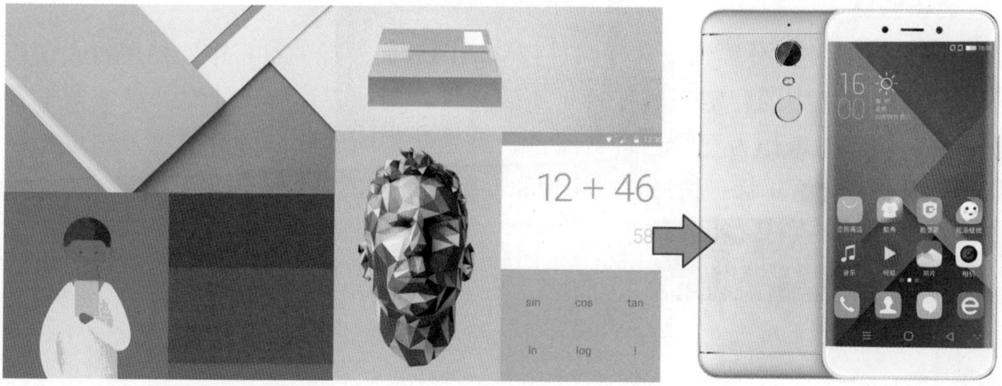


使用不同颜色是为了强调信息，选择合适你设计的颜色，并且提供不错的视觉对比效果。在Android系统中对界面元素的颜色也有一定的约束，如下图所示为Android系统中的色彩运用规范。

蓝色是Android系统的调色板中的标准颜色，为了让界面的颜色丰富起来，并且表现出界面元素之间的对比和层次，Android系统又专门为每一种颜色设定了相应的渐变色版本以供使用，如下图所示。

我们在对Android系统中的应用程序界面进行设计的过程中，要注意有关颜色的三个关键词。一个是大面积色块，一个是强调色，还有一个是界面主题色，接下来就对这三个关键词进行详细讲解。

**1.大面积色块**

Android系统十分鼓励设计师在进行移动UI界面设计的过程中，使用较大面积的色块来让界面中的特定区域变得更加的醒目。例如界面中的工具栏就非常适合使用纯色的色块来作为背景色进行配色，最好使用纯度较高的基础色，这也是应用程序的主要颜色。状态栏适合使用饱和度更深一些的基础色，如下图所示。

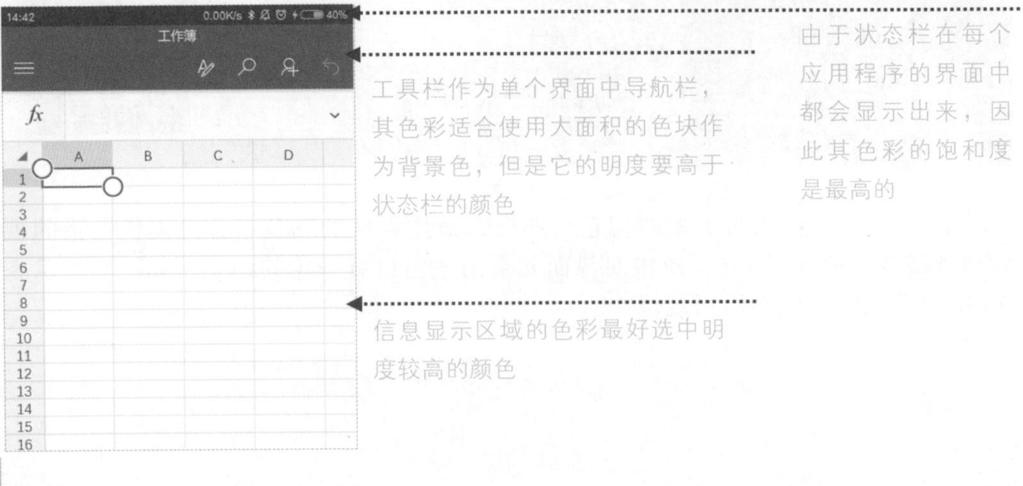

## 2.强调色

如果要突出某些特定的功能和信息，强调色的应用也是必不可少的。鲜艳的强调色用于主要操作按钮以及组件，如开关或滑片，左对齐的部分图标或章节标题也可以使用强调色，如下图所示。

## 3.界面主题色

对界面使用主题色是对应用程序提供一致性色调的方法。在设计界面的过程中，要对界面设定一个主题色，让整个应用程序的界面颜色围绕这个颜色展开，才能形成统一的视觉，如下图所示。

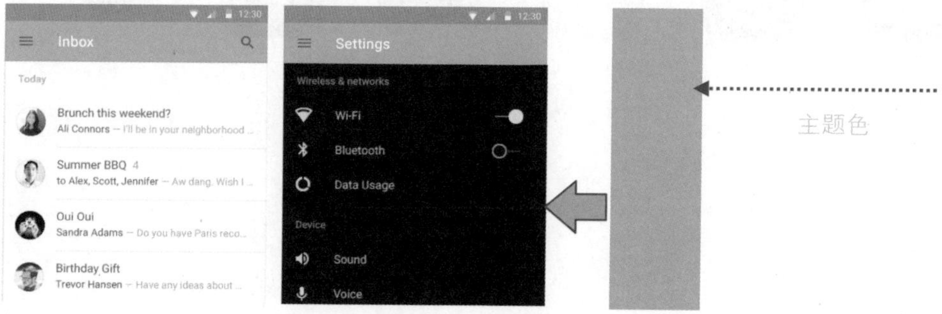

## 5.2.4 四种类型的图标

图标就是表示一个应用程序的功能和内容，并为操作、状态和应用提供第一印象的小幅图片。在为应用程序设计图标时，需要牢记设备是多种多样的，接下来我们就对Android系统中四种不同类型的图标进行讲解。

**1.启动图标**

启动图标在“主屏幕”和“所有应用”中代表应用程序的入口。因为用户可以设置“主屏幕”的壁纸，所以要确保启动图标在任何背景上都清晰可见，如下图所示为启动图标的显示位置。启动图标的设计要简洁友好，有潮流感，有时候也可以设计得古怪幽默一点。要把很多含义精简设计到一个很简化的图标上表达出来，当然要保证在这么小的尺寸下，图标的意义仍然是清晰易懂的。

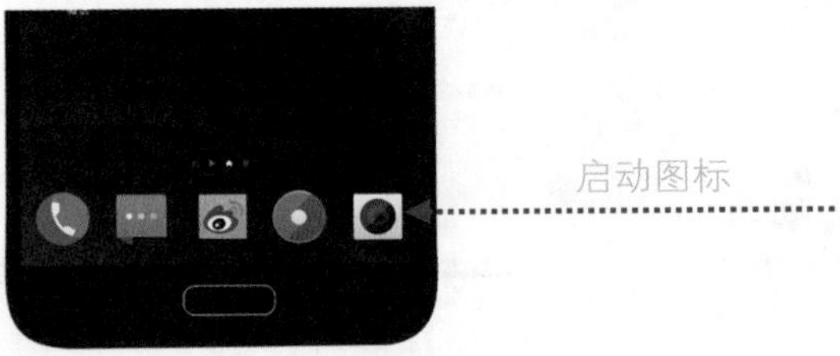


创建启动图标，应遵循Android系统总体风格，这个准则并不意味着限制你设计图标，而是强调用相同的方法在设备上分享的图标。移动设备上的启动图标大小必须是48dpi × 48dpi，在应用程序商店中显示的启动图标大小必须是512dpi × 512dpi。如下图所示为Android系统中基础应用的图标效果。

**2.操作栏图标**

操作栏图标是一个图像按钮，用来表示用户在应用程序中可以执行的重要操作。每一个图标都使用一个简单的隐喻来代表将要执行的操作，用户应当一目了然，如下图所示分别为Android系统中浅色主题和深色主题中操作栏图标的显示效果。

在浅色主题中，操作栏图标的颜色为#333333，可用60%的透明度，而深色主题中的图标颜色为 #FFFFFF，可用80%的透明度。

**3. 小图标和上下文图标**

在应用程序的主体区域中，使用小图标表示操作或者特定的状态。例如在Gmail应用中，每条信息都有一个星型图标用来标记“重要”，如下左图示所示。设计小图标时要注意其色彩的应用，如下右图所示，例如Gmail应用中，使用黄色的星形图标表示重要的信息。如果图标是可操作的，可以使用和背景色形成对比的颜色。

小图标大小应当是16dpi×16dpi，样式非常的中性、平面和简单，最好使用填充图标而不是细线条勾勒。使用简单的视觉效果，目的是让用户容易理解图标。

**4. 通知栏图标**

如果设计的App应用程序界面中会产生通知，给系统提供一个图标并显示在状态栏上，表示有一条新的通知，这样的图标就叫作通知栏图标，如下左图所示。通知栏图标使用简单的平面的图标，应当与应用程序的启动图标视觉上相似，如下右图所示。

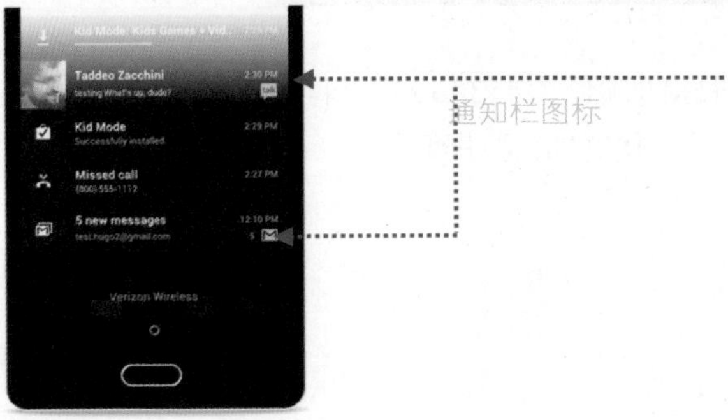

通知栏图标大小必须是24dpi×24dpi，颜色必须是白色，这样系统可以缩放和加深图标的显示。

## 5.3 六种标准的Widget规范

Android系统从1.5版本开始，设计出了Widget框架，它是该系统独有的特性之一，在iOS系统中都是不存在的，接下来我们就对Widget框架的设计规范和制作要领进行讲解。

### 5.3.1 Widget框架简介

Widget是在Android系统独有的特性之一，它可以让用户在主屏幕界面中及时了解应用程序显示的重要信息，如下图所示。Android系统本身已经自带了时钟、音乐播放器、相框和Google搜索4个Widget程序，不过这并不能阻止大家开发更加美观、功能更丰富的Widget版本。另外，微博、RSS订阅、股市信息、天气预报等Widget也都有流行的可能。

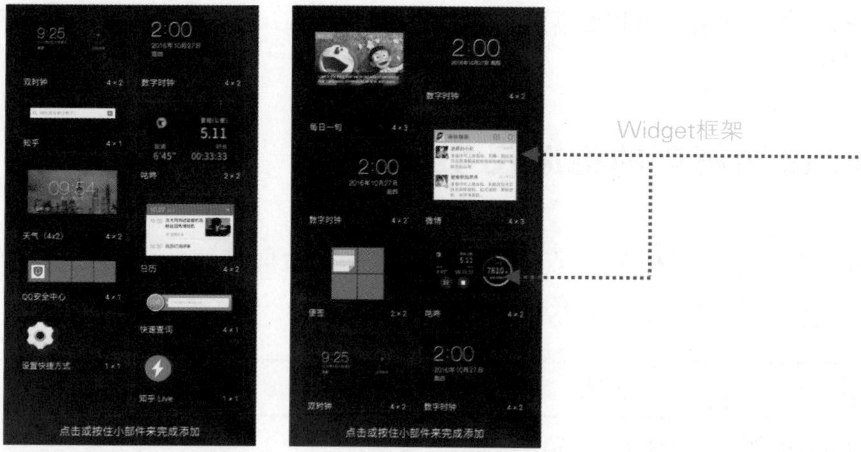


用户在主屏幕界面的空白区域长按，选择菜单的“小组件”选项，即可随意选取所需的部件并显示在主屏幕上。

标准的Android Widget主要有三个组成部分，一个限位框，一个框架，还有Widget的图形控件以及其他元素，如下图所示。设计周全的Widget会在限位框边缘和框架之间，以及框架内边缘与Widget的控件之间都保留一些内填充。Widget的外观被设计得与主屏幕的其他Widget相匹配。

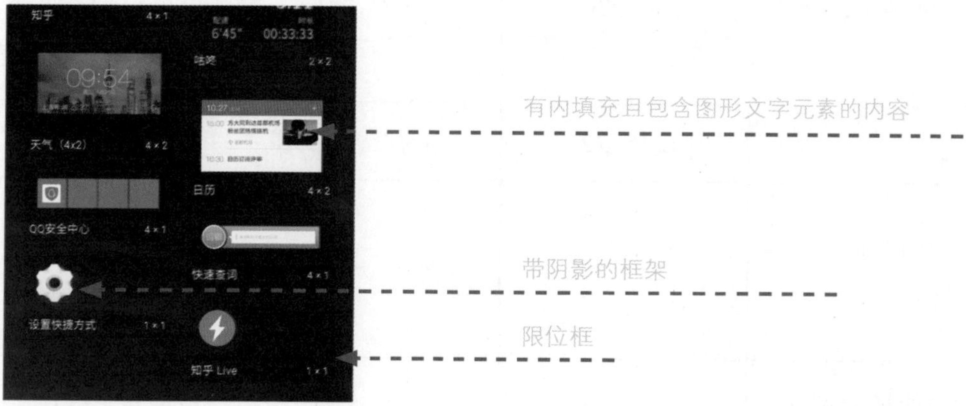

Widget框架一般都很小，在移动设备上嵌入非常方便，运行快速，并且形式多，可以以多种形式呈现出来，同时功能巨大，可以报告新闻、购物、列出最喜欢的乐队、展示最近看的视频等。另外，Widget框架更像一个属于每个人的魔方，任由用户聚合，用户可以根据自己喜好，将多个Widget随心所欲地组装到你的移动设备中。

## 5.3.2 Widget框架的标准尺寸

Android系统中有多种不同尺寸的Widget，基于主屏幕的4×4（纵向）或者4×4（横向）的网格单元，如下表格中列举了几种Widget框架的具体尺寸。

| Widget名称 | 像素 | 单元格 | 尺寸展示 |
| --- | --- | --- | --- |
| 4×1的Widget框架 | 320×100 | 4×1 |  |
| 3×3的Widget框架 | 240×300 | 3×3 |  |
| 2×2的Widget框架 | 160×200 | 2×2 | 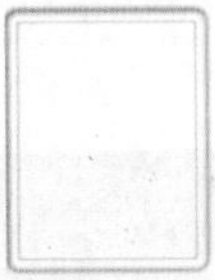 |
| 4×1的加长Widget框架 | 424×72 | 4×1 |  |
| 3×3的横向Widget框架 | 318×222 | 3×3 |  |
| 2×2的横向Widget框架 | 212×148 | 2×2 |  |

上面表格中前三种Widget框架为纵向，每个单元格为80px的宽度和100px的高度，后面三种Widget框架为横向，每个单元格的宽度为106px、高度为74px。

在设计Widget框架的过程中，每个Widget框架下方都会有阴影特效，它可以利用Photoshop中“投影”图层样式来完成。完成Widget框架的设计后，为了保证其阴影效果及半透明效果的呈现，在Photoshop中存储时，需要将Widget框架图片保存为PNG图片格式，在存储的设置中使用PNG-24格式和8位色调来完成。

## 5.3.3 4×1的Widget框架设计

素 材：素材\05\01.jpg

源文件：源文件\05\ 4×1的Widget框架设计.psd

设计关键词：层次、半透明、Android系统

软件功能提要：圆角矩形工具、多种图层样式、横排文字工具

### 制作步骤详解

Step 01：运行Photoshop应用程序，将素材\05\01.jpg素材在其中打开，接着使用“圆角矩形工具”绘制所需的形状，设置填充色为白色。

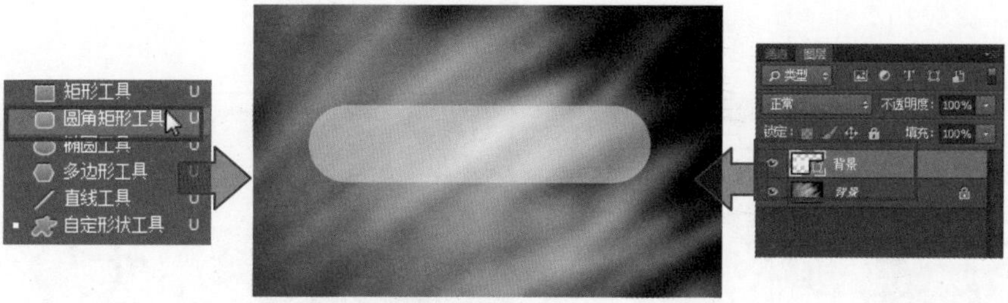

Step 02：使用“内阴影”“内发光”“投影”和“渐变叠加”图层样式对绘制的圆角矩形进行修饰，并在相应的选项卡中对参数进行设置，在图像窗口中可以看到编辑的结果。

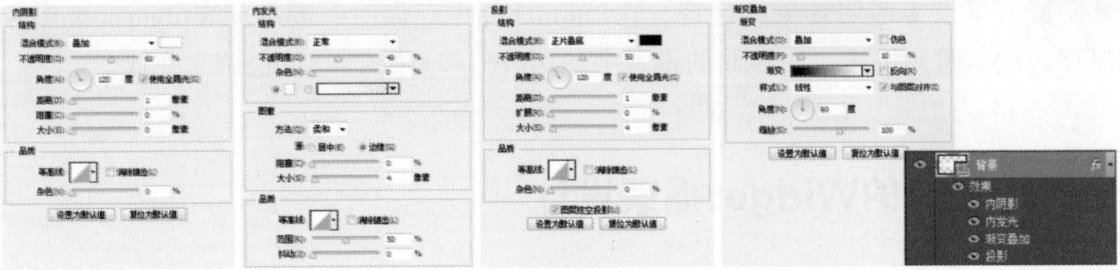


Step 03：使用“矩形工具”绘制出所需的线条，填充适当程度的灰色，接着将其“填充”选项的参数设置为30%，在图像窗口中可以看到绘制的结果。

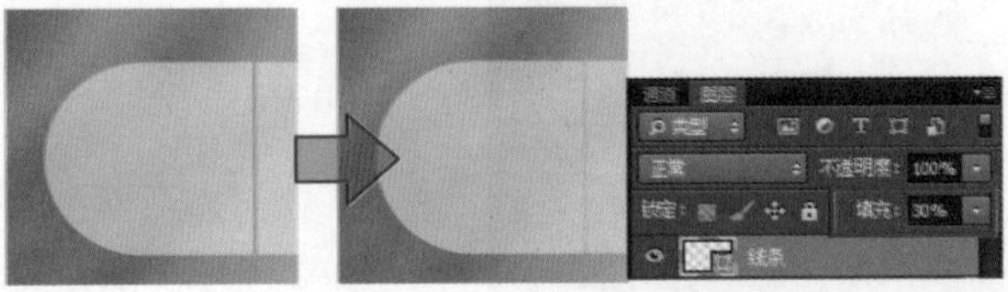


Step 04：使用“投影”图层样式对绘制的线条进行修饰，并在相应的选项卡中对参数进行设置。

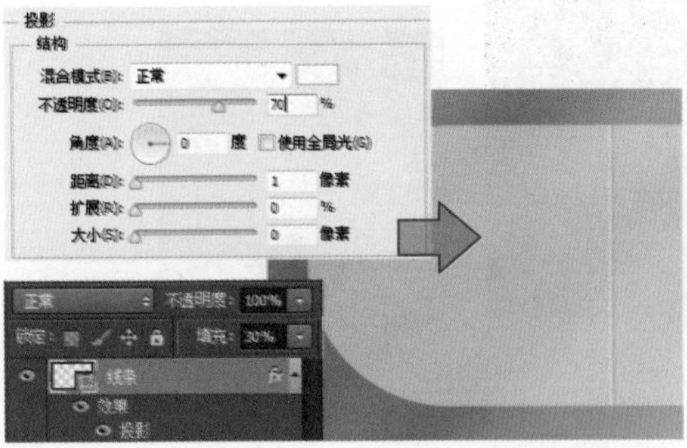


Step 05：选择工具箱中的“横排文字工具”，输入所需的文字，打开“字符”面板对文字的字体、字号和字间距进行设置。

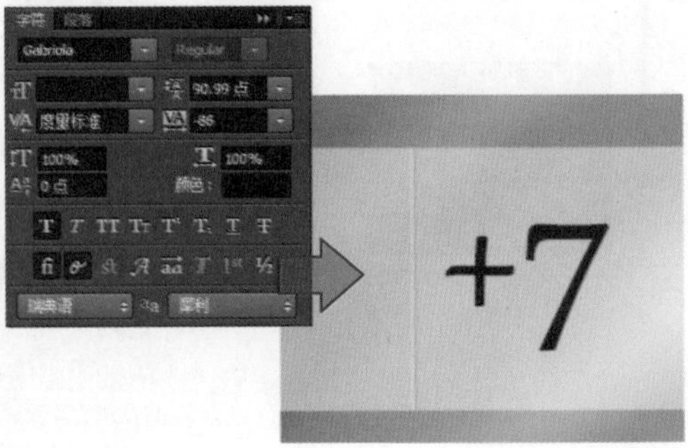

Step 06：双击创建的文字图层，在打开的“图层样式”对话框中勾选“斜面和浮雕”“内阴影”和“投影”复选框，使用这三个图层样式对文字进行修饰，并在相应的选项卡中设置参数，最后调整“填充”选项的参数为65%。

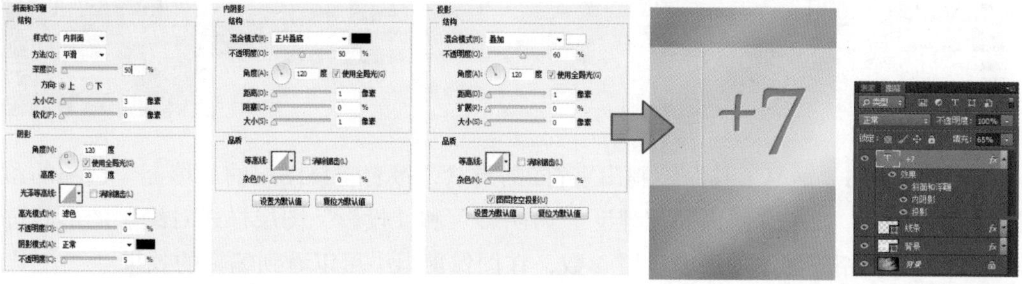

Step 07：选择工具箱中的“横排文字工具”，输入所需的文字，打开“字符”面板对文字的字体、字号和字间距进行设置。

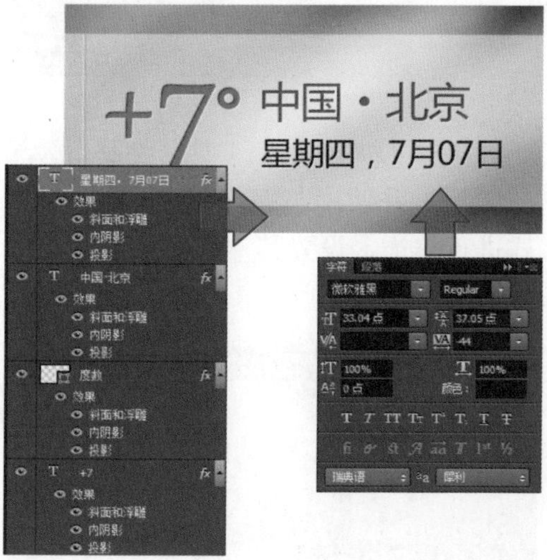


Step 08：使用“圆角矩形工具”绘制出一个圆角矩形，设置其“填充”选项的参数为30%，使用“内阴影”“渐变叠加”“投影”和“内发光”图层样式对绘制的圆角矩形进行修饰，并在相应的选项卡中设置参数，在图像窗口中可以看到绘制的结果。

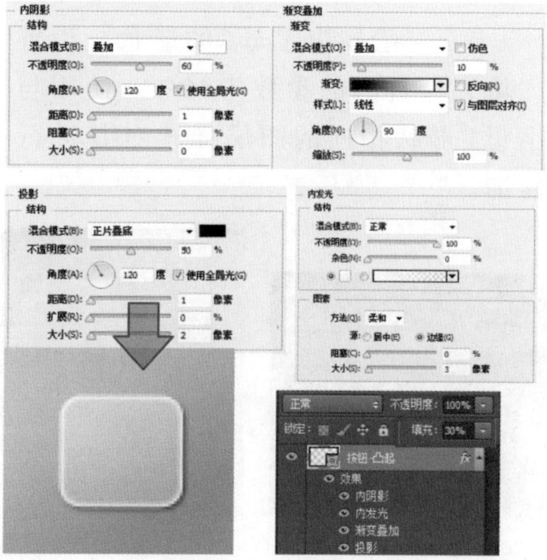

Step 09：使用“圆角矩形工具”绘制出另外一个圆角矩形，设置其“填充”选项的参数为15%，使用“斜面和浮雕”“内阴影”“外发光”和“投影”图层样式对绘制的圆角矩形进行修饰，并在相应的选项卡中设置参数，在图像窗口中可以看到绘制的结果。

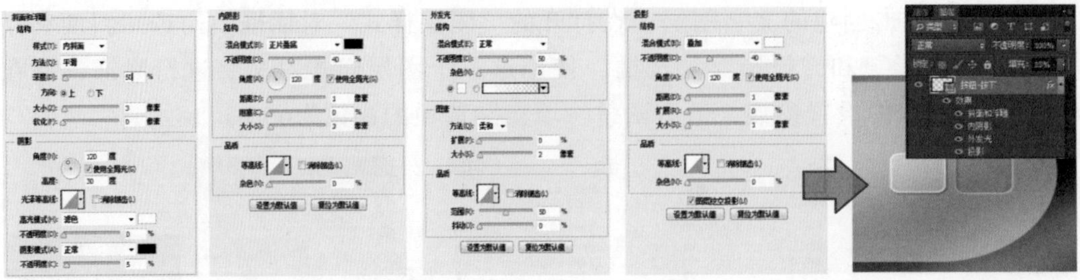

Step 10：使用“钢笔工具”绘制出字符F的形状，接着将该图层的“填充”选项的参数设置为80%，使用“斜面和浮雕”“内阴影”和“投影”图层样式对绘制的形状进行修饰，并在相应的选项卡中设置参数，在图像窗口中可以看到编辑的效果。

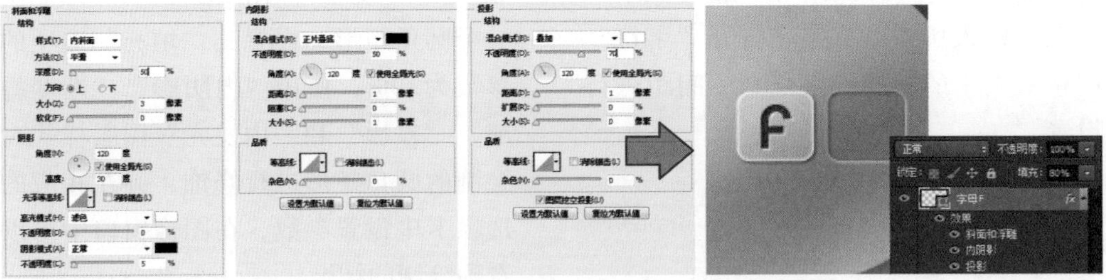


Step 11：绘制出字母C的形状，设置“填充”选项的参数为80%，使用与字母F形状相同的图层样式对其进行修饰。

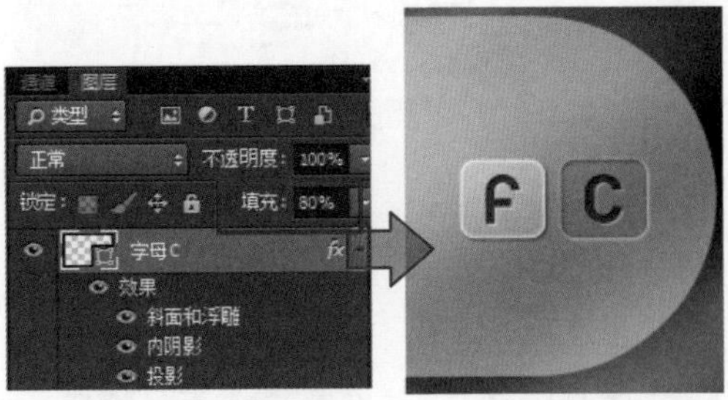


Step 12：使用“钢笔工具”绘制出天气的图标，并使用与字母F相同的图层样式进行修饰，设置其“填充”选项的参数为60%。

Step 13：创建图层组，对绘制的图层进行管理和分类，在图像窗口中可以看到本例最终的制作效果。

## 5.3.4 3×3的Widget框架设计

素　材：素材\05\02.jpg

源文件：源文件\05\ 3×3的Widget框架设计.psd

设计关键词：立体、渐变、阴影、Android系统

软件功能提要：矩形工具、钢笔工具、椭圆工具、横排文字工具，以及多种图层样式的应用

### 制作步骤详解

Step 01：在Photoshop中打开素材\05\02.jpg素材，接着使用“矩形工具”绘制出所需的形状，设置“不透明度”选项的参数为70%，使用“内发光”“内阴影”“投影”和“渐变叠加”图层样式对绘制的矩形进行修饰。

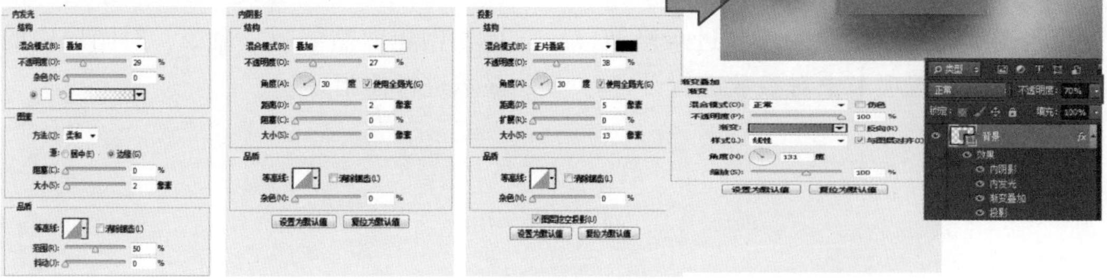

Step 02：使用“椭圆工具”绘制圆形，设置其“不透明度”选项的参数为45%，利用“内阴影”和“渐变叠加”图层样式对其进行修饰。

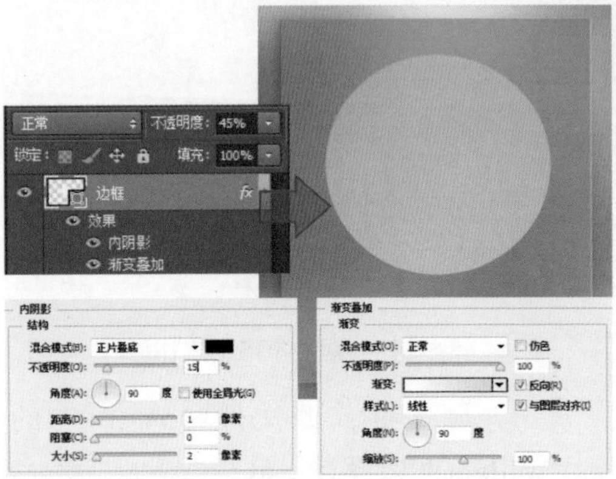


Step 03：再次绘制一个圆形，使用“内发光”和“内阴影”图层样式进行修饰，将其放在界面适当的位置。

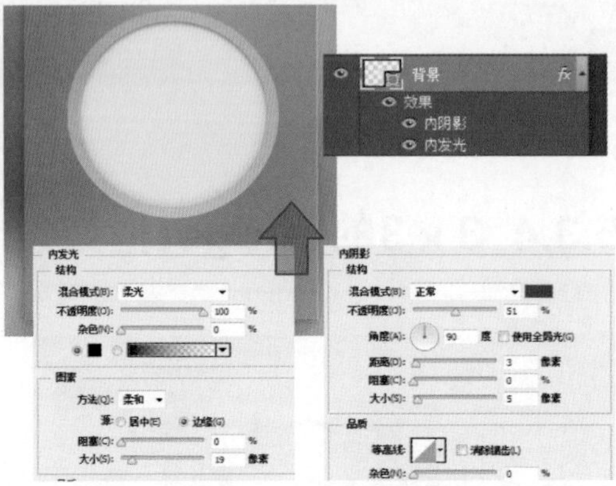


Step 04：使用“椭圆工具”绘制一个圆形，填充适当的颜色，接着使用“钢笔工具”，在其选项栏中选择“排除重叠形状”命令，绘制出所需的形状。

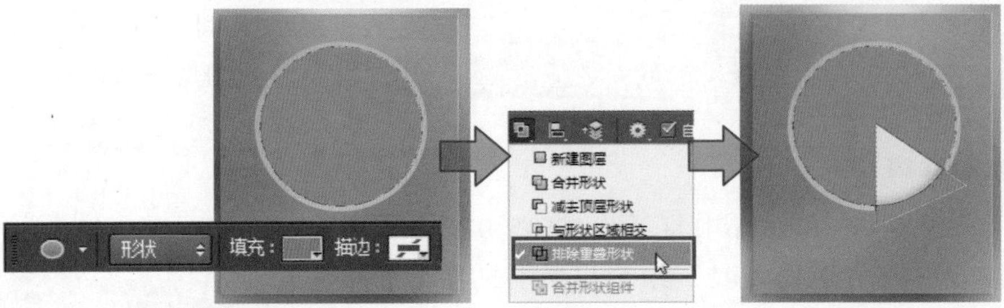


Step 05：使用“渐变叠加”和“描边”图层样式对绘制的形状进行修饰，并在相应的选项卡中对参数进行设置。

Step 06：选中“进度”图层，执行“图层 > 创建剪贴蒙版”命令，对图层中的显示进行控制。

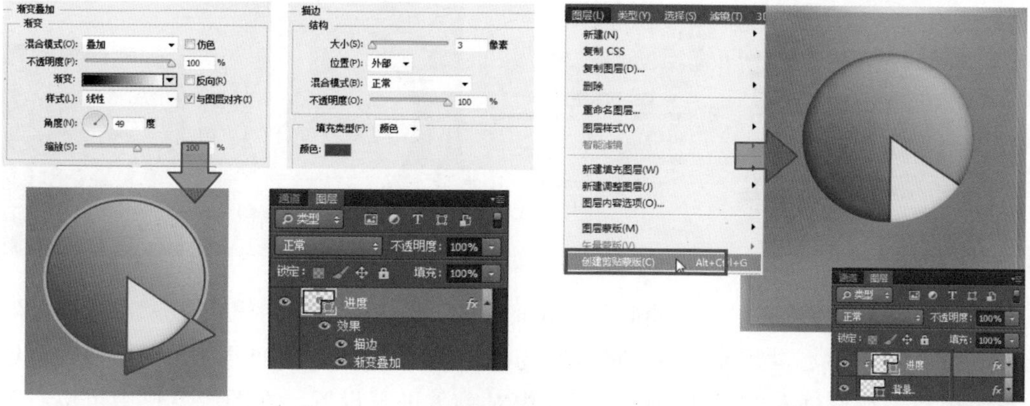


Step 07：使用“椭圆工具”绘制出所需的圆形，放在适当的位置，接着使用“图案叠加”“外发光”“斜面和浮雕”“内阴影”和“投影”图层样式对其进行修饰，并在相应的选项卡中对参数进行设置，在图像窗口中可以看到编辑后的效果。

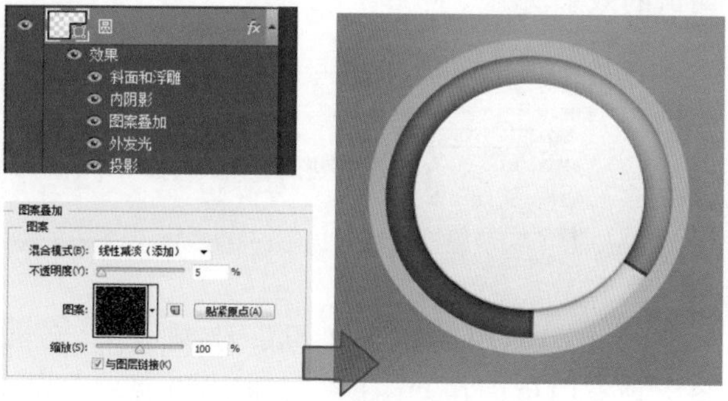


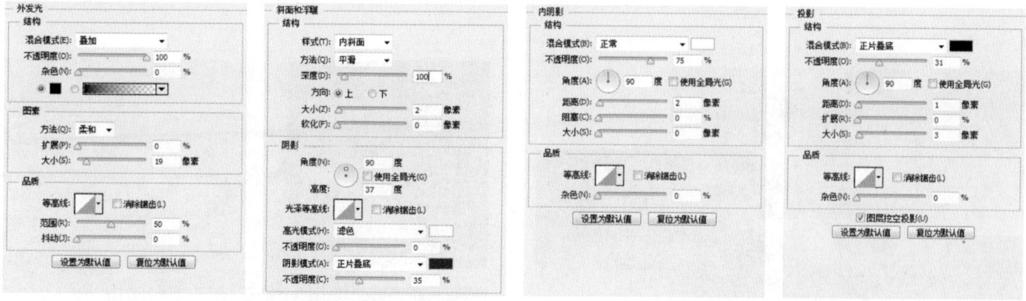


Step 08：使用“横排文字工具”输入所需的文字，接着打开“字符”面板对文字的字体、字号和字间距等进行设置，再使用“渐变叠加”图层样式对文字进行修饰，并在相应的选项卡中设置参数，在图像窗口中可以看到绘制的结果。

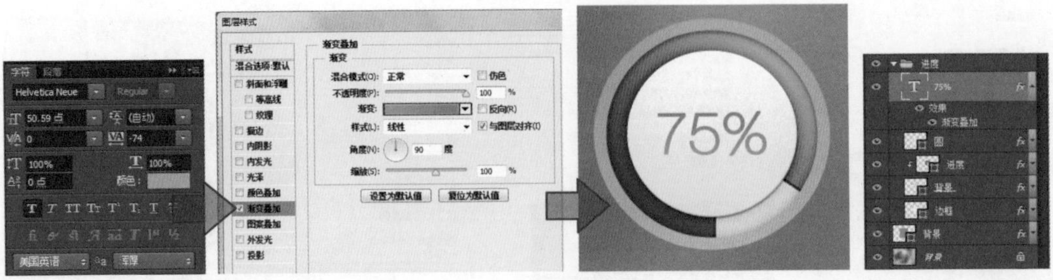


Step 09：使用“矩形工具”绘制一个矩形，在“图层”面板中设置其“不透明度”选项的参数为8%，“填充”选项的参数为0%，接着使用“渐变叠加”图层样式对绘制的矩形进行修饰，并在相应的选项卡中对参数进行设置，在图像窗口中可以看到编辑的效果。

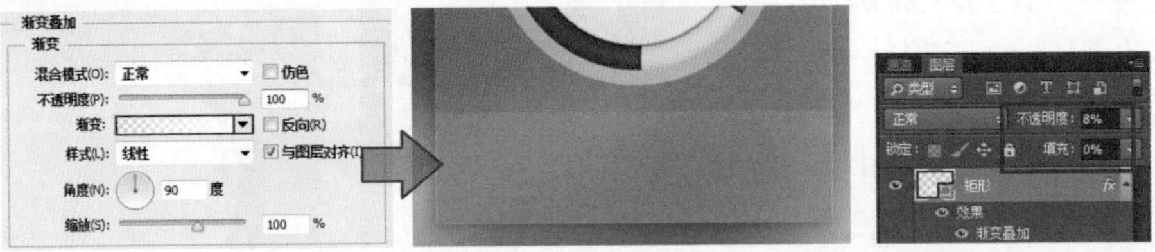

Step 10：使用“矩形工具”绘制线条，填充白色，在“图层”面板中设置“不透明度”选项的参数为15%。

Step 11：使用“横排文字工具”输入所需的文字，并绘制形状，完善界面的内容，将其放在适当的位置，全部填充白色。

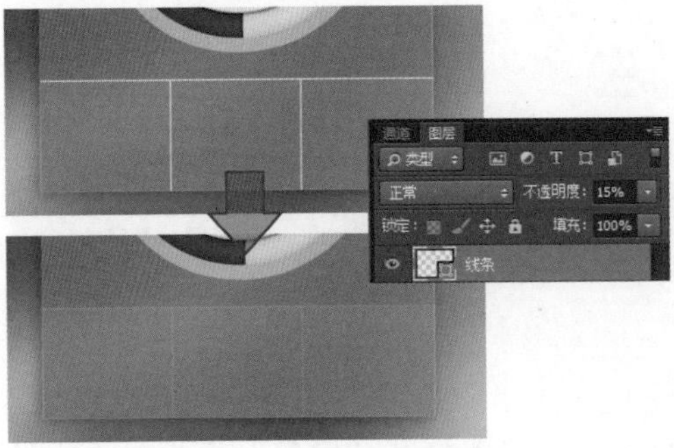

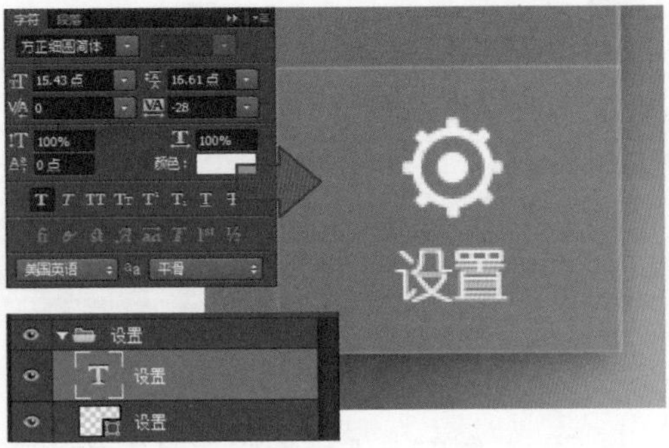

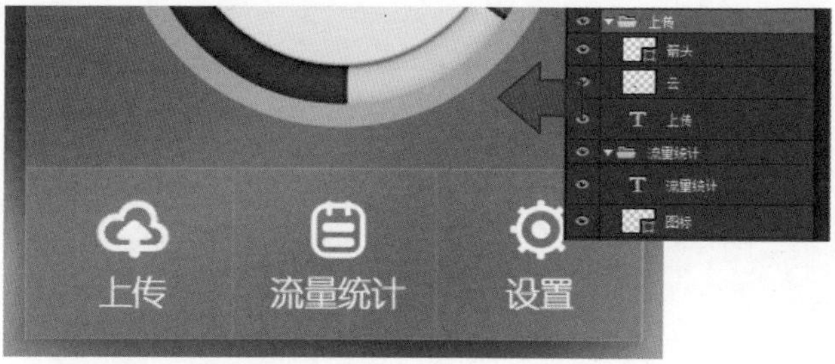


Step 12：使用“横排文字工具”添加其他的文字，并绘制出所需的形状作为图标，放在界面适当的位置，在图像窗口中可以看到本例最终的编辑效果。

## 5.3.5 2×2的Widget框架设计

素　材：素材\05\03.jpg

源文件：源文件\05\ 2×2的Widget框架设计.psd

设计关键词：线性、阴影、Android系统

软件功能提要：椭圆工具、矩形工具、横排文字工具、“内发光/内阴影/渐变叠加/投影”图层样式

### 制作步骤详解

Step 01：在Photoshop中将素材\05\03.jpg素材打开，接着使用“矩形工具”绘制一个矩形，设置其“不透明度”选项的参数为70%，利用“内发光”“内阴影”“渐变叠加”和“投影”图层样式对其进行修饰，并在相应的选项卡中设置参数。

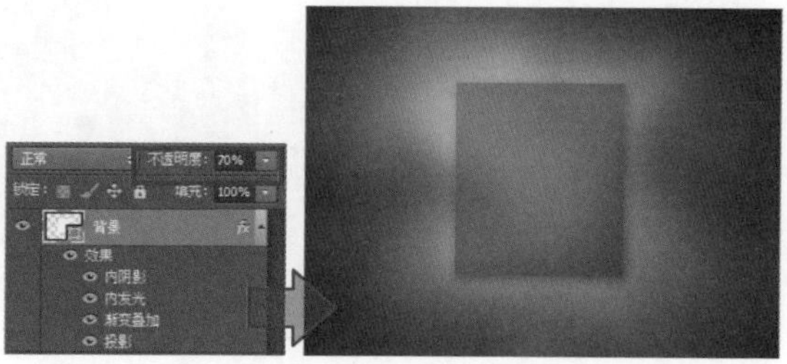

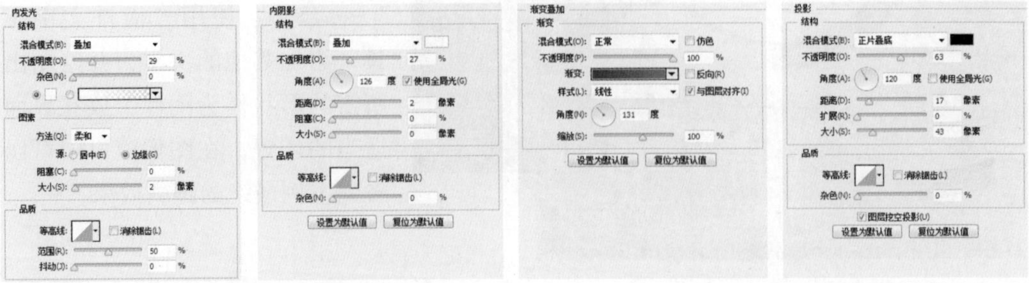


Step 02：使用“矩形工具”绘制一个矩形，填充黑色，无描边色，再设置该图层的“不透明度”选项参数为15%。

Step 03：选中工具箱中的“横排文字工具”，在适当位置上单击，输入所需的文字，打开“字符”面板对文字的属性进行设置。

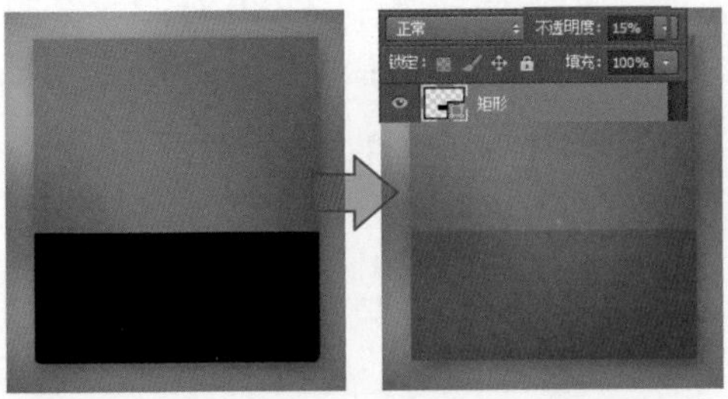


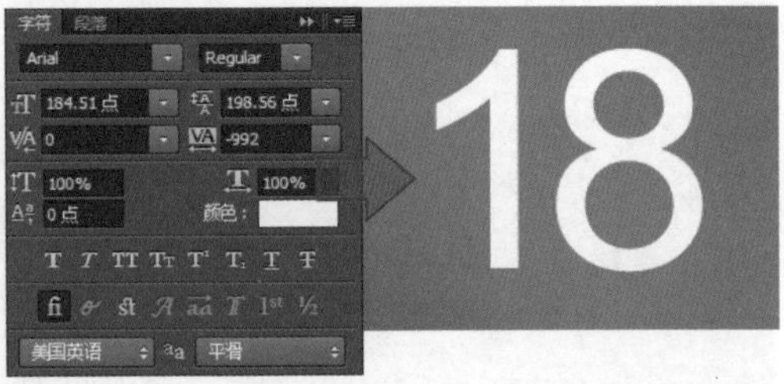


Step 04：使用“椭圆工具”绘制出需要的图标，接着为输入的文字和绘制的圆环应用相同的“投影”图层样式，并在相应的选项卡中设置参数，在图像窗口中可以看到编辑的效果。

Step 05：使用“横排文字工具”输入所需的文字，打开“字符“面板对文字的属性进行设置，接着利用“钢笔工具”绘制出天气的图标，填充白色，无描边色，最后使用相同设置的“投影”图层样式对天气图标和文字进行修饰，在图像窗口中可以看到编辑的效果。

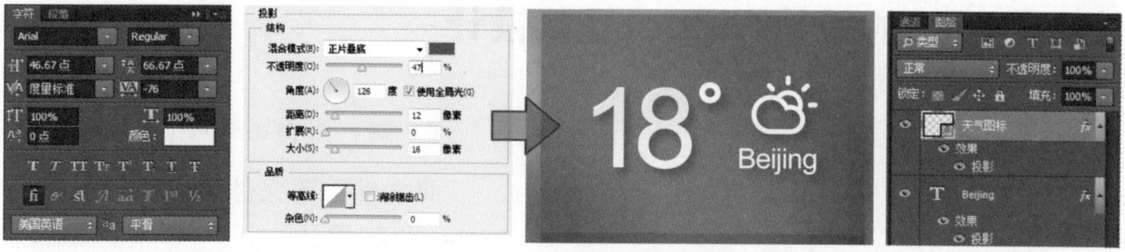


Step 06：使用“矩形工具”绘制三个矩形条，将其合并到一个形状图层中，命名为“线条”，设置线条填充色为白色，并调整图层混合模式为“叠加”，设置“不透明度”选项的参数为25%。

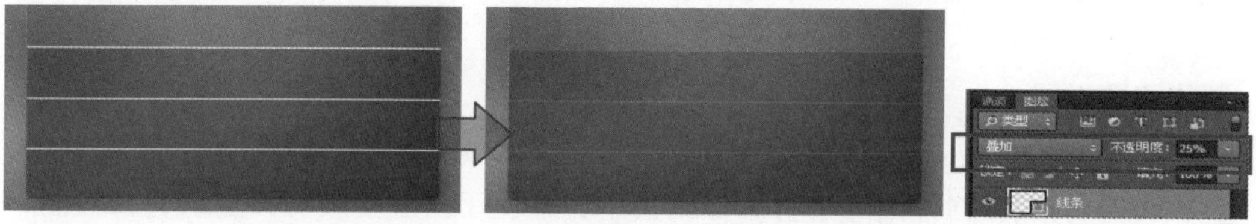

Step 07：使用“横排文字工具”输入文字，再绘制出天气图标，放在适当的位置，并利用“投影”图层样式进行修饰。

Step 08：参考Step 07的设置和制作方法，为界面添加上其余的信息，通过图层组对图层进行管理和分类，在图像窗口可以看到最终编辑效果。

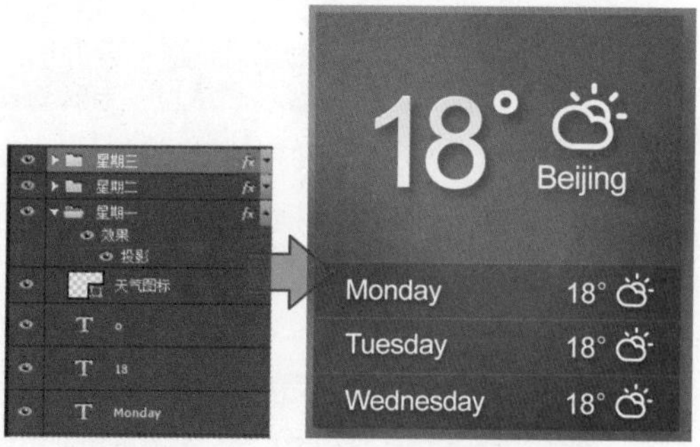

## 5.3.6 4×1的加长Widget框架设计

素　材：素材\05\04.jpg

源文件：源文件\05\ 4×1的加长Widget框架设计.psd

设计关键词：立体、层次、Android系统

软件功能提要：多种图层样式、钢笔工具、照片滤镜、色彩平衡

**制作步骤详解**

Step 01：在Photoshop中创建一个新的文档，将该文件的“背景”图层填充橘黄色，接着将素材\05\04.jpg素材添加到其中，并使用图层蒙版对其显示进行控制，再调整其“不透明度”选项的参数为70%，在图像窗口中可以看到编辑的效果。

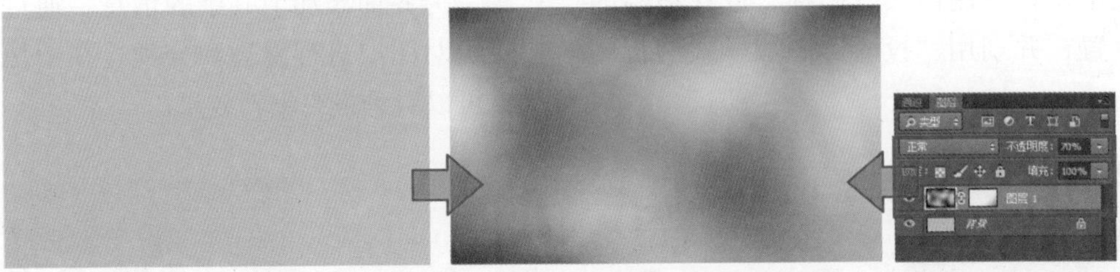

Step 02：创建照片滤镜调整图层，在打开的“属性”面板中选择“滤镜”下拉列表中的“加温滤镜（B5）”选项，设置“浓度”选项的参数为100%。

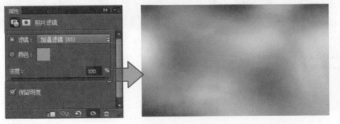

Step 03：使用“圆角矩形工具”绘制出所需的形状，接着调整“填充”选项的参数为0%，使用“渐变叠加”和“描边”图层样式对其进行修饰，并在相应选项卡中对参数进行设置。

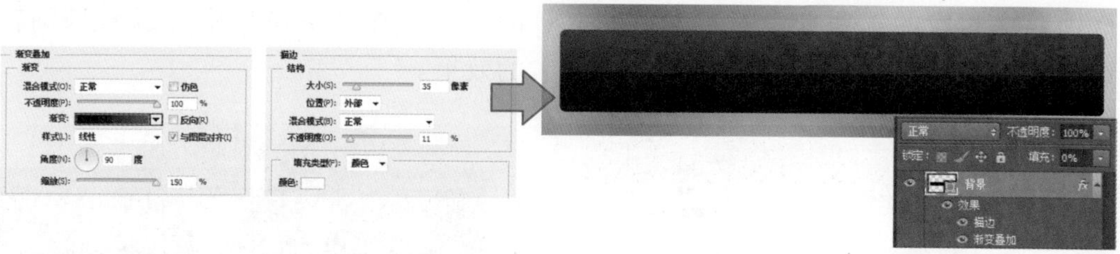

Step 04：使用“圆角矩形工具”绘制所需的形状，设置“填充”选项的参数为0%，利用“投影”和“颜色叠加”图层样式对其进行修饰，在图像窗口中可以看到编辑的效果。

Step 05：使用“圆角矩形工具”绘制出按钮的形状，接着使用“渐变叠加”、“斜面和浮雕”、“颜色叠加”图层样式对绘制的形状进行修饰。

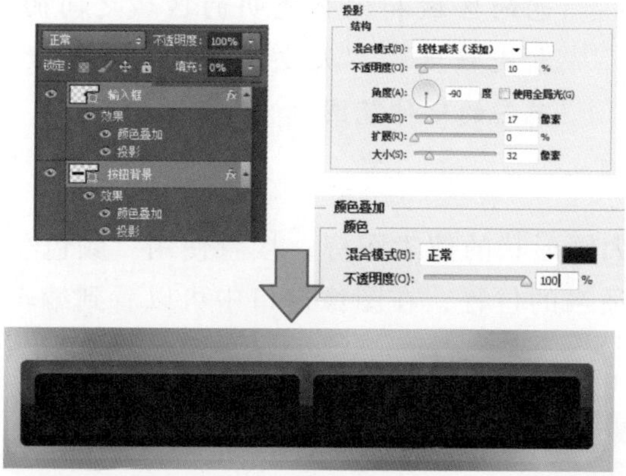

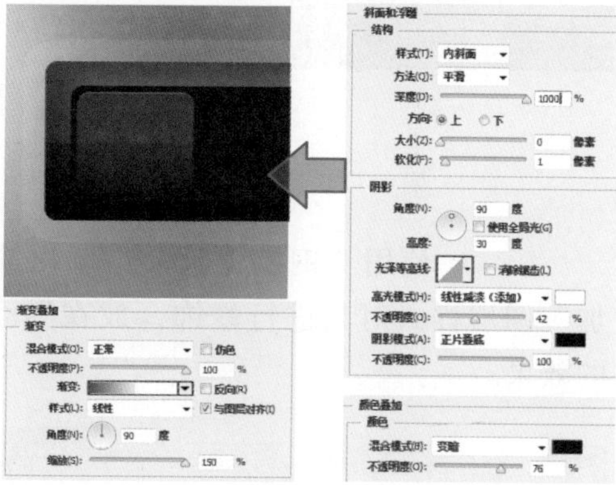

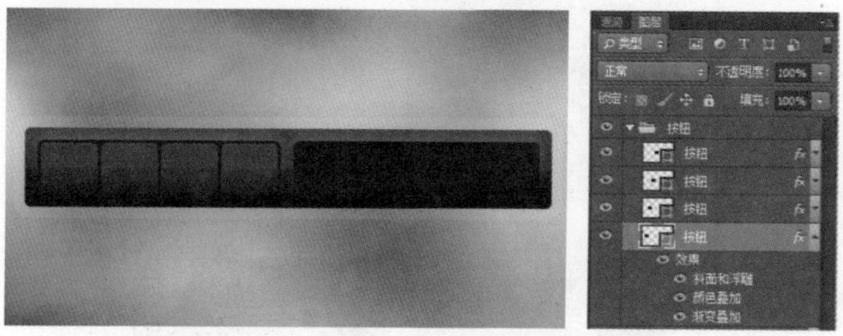

Step 06：对Step 05中绘制的按钮进行复制，适当调整图层中按钮的位置，接着创建图层组，命名为“按钮”，将“按钮”形状图层拖曳到其中，在图像窗口中可以看到编辑的效果。

Step 07：使用“钢笔工具”绘制出所需的循环图标，填充上适当的颜色，并使用“外发光”图层样式对其进行修饰，在相应的选项卡中对参数进行设置。

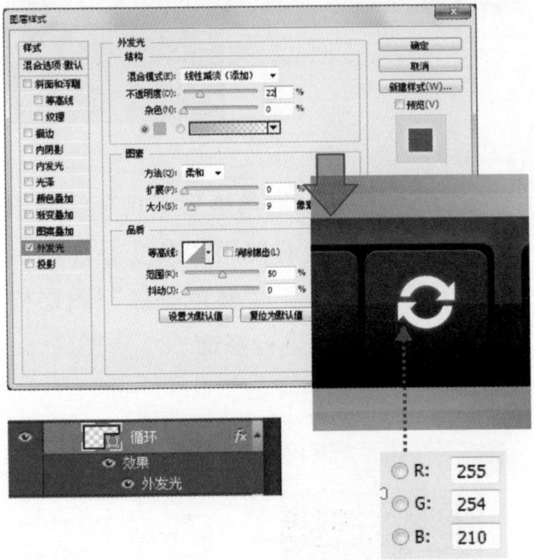


Step 08：参考Step 07中的制作方法和“外发光”图层样式的设置，制作出所需的其余图标，将其放在每个按钮的中间，在图像窗口中可以看到编辑的效果。

提示：“外发光”图层样式中的“扩展”选项用于设置光芒中有颜色的区域和完全透明的区域之间的渐变程度，“大小”选项用于设置光芒的延伸范围。

Step 09：使用“钢笔工具”绘制出放大镜形状的搜索图标，接着使用“颜色叠加”图层样式对其进行修饰，放在界面适当的位置，在图像窗口中可以看到编辑的效果。

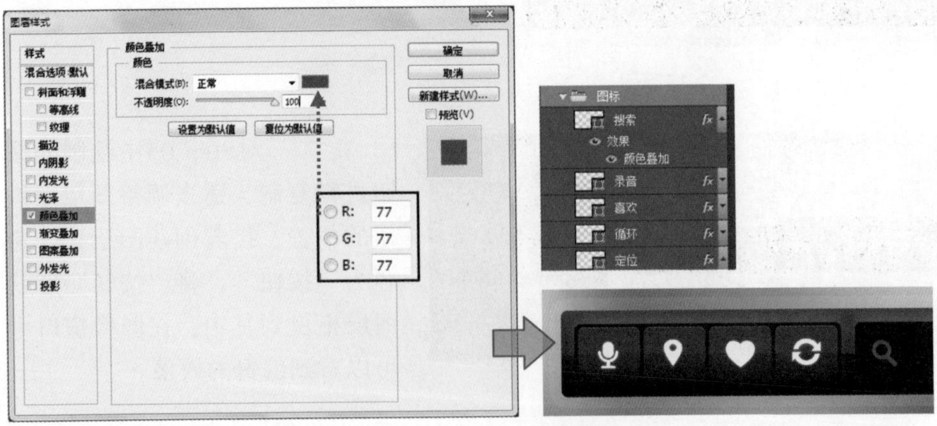

Step 10：创建色彩平衡调整图层，在打开的“属性”面板中设置“中间调”选项下的色阶值分别为-23、+25、+57，接着在“图层”面板中设置图层混合模式为“滤色”，在图像窗口中可以看到编辑的效果。

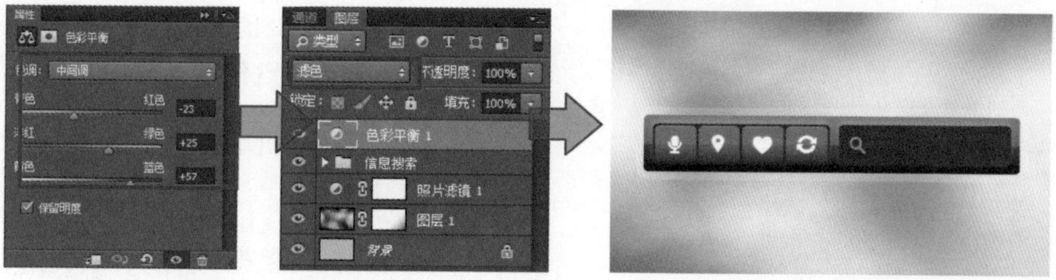


Step 11：使用“渐变工具”对“色彩平衡”调整图层的蒙版进行编辑，只对画面左上角位置应用效果，在图像窗口中可以看到编辑的结果。

Step 12：再次创建色彩平衡调整图层，在打开的“属性”面板中设置“中间调”选项下的色阶值分别为-18、+1、+78，在图像窗口中可以看到编辑的效果。

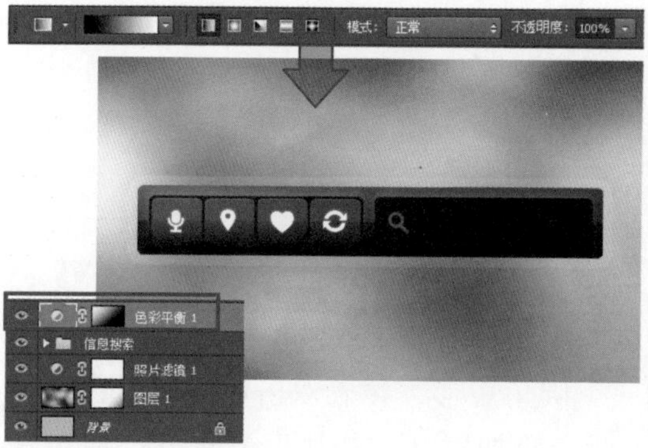

提示：“色彩平衡”能够单独对照片的高光、中间调或者阴影部分进行颜色更改，通过添加过渡色调的相反色来平衡画面的色彩。在设置“色彩平衡”的“属性”面板中的参数时，每一个滑块的两端都各自对应着一个暖色和一个冷色，向需要添加更多该颜色的方向移动滑块，就可以在画面中提高对应颜色的比例。

## 5.3.7 3×3的横向Widget框架设计

素　材：素材\05\05.jpg

源文件：源文件\05\ 3×3的横向Widget框架设计.psd

设计关键词：仿真、层次感、Android系统

软件功能提要：圆角矩形工具、画笔工具、自定形状工具、编辑图层蒙版、多种图层样式的应用

**制作步骤详解**

Step 01：在Photoshop中创建一个新的文档，双击前景色色块，在打开的“拾色器（前景色）”对话框中对颜色进行设置，最后按下Alt+Delete快捷键将前景色填充到背景中。

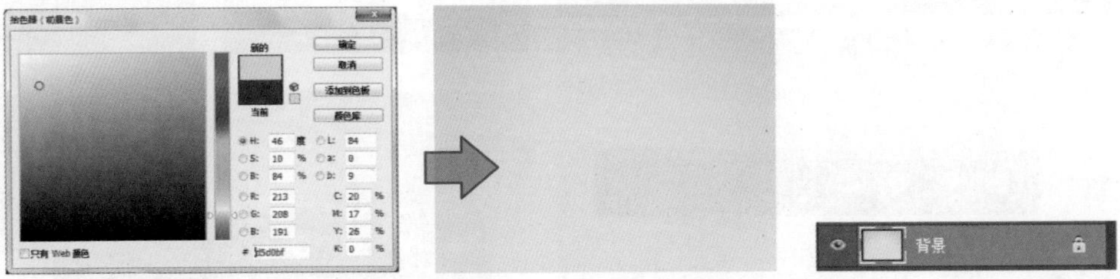

Step 02：选择“圆角矩形工具”，绘制一个圆角矩形，接着双击该图层，在打开的“图层样式”对话框中勾选“投影”“渐变叠加”和“描边”复选框，使用这三个图层样式对其进行修饰，在图像窗口中可以看到编辑的效果。

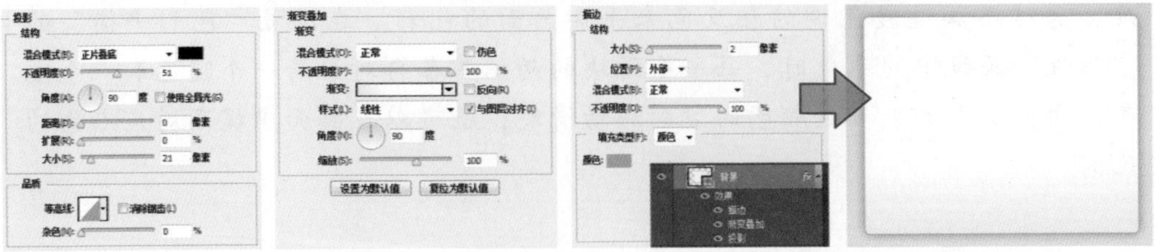

Step 03：选择工具箱中的“画笔工具”，在其选项栏中进行设置，并调整前景色为黑色，使用该工具在新建的“阴影”图层中进行绘制，并设置“不透明度”选项的参数为73%。

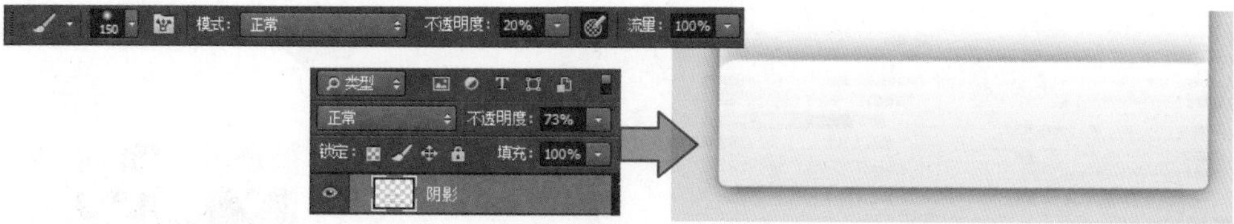


Step 04：绘制出所需的形状，使用“渐变叠加”图层样式对其进行修饰，并在相应的选项卡中对参数进行设置，在图像窗口中可以看到编辑的效果。

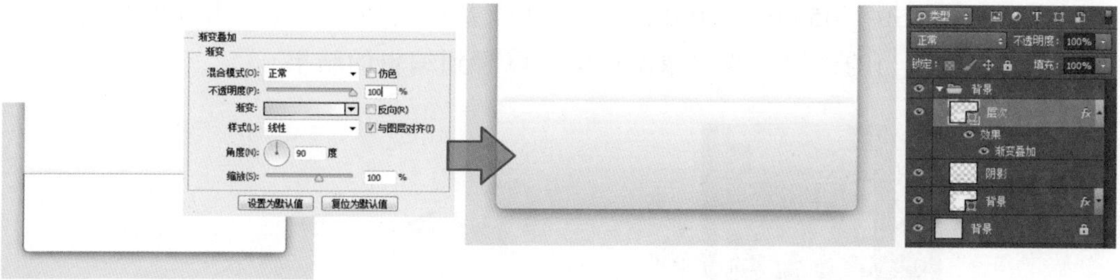


Step 05：使用“椭圆工具”绘制一个按钮的形状，接着使用“投影”“内阴影”和“渐变叠加”图层样式对绘制的圆形进行修饰，在相应的选项卡中设置参数，把按钮放在适当的位置，在图像窗口中可以看到编辑的效果。

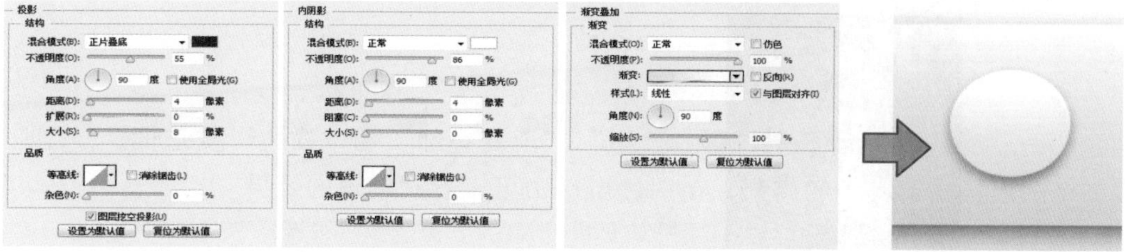

Step 06：选中工具箱中的“自定形状工具”，在其选项栏中选择“三角形”形状进行绘制，调整三角形的角度和大小，将其放在按钮上，并使用“投影”“渐变叠加”和“内阴影”图层样式对绘制的三角形进行修饰。

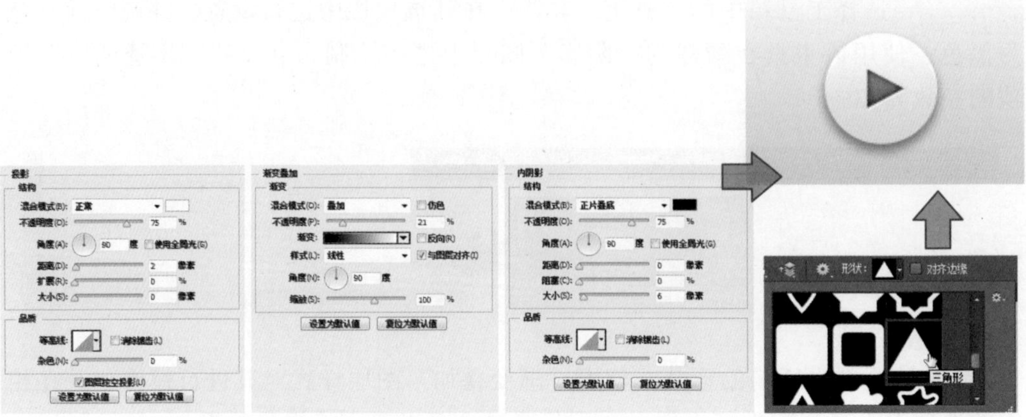


Step 07：参考Step 05和Step 06的操作方法以及绘制技巧，绘制出其他的按钮，将其各自放在适当的位置，在图像窗口中可以看到编辑的结果。

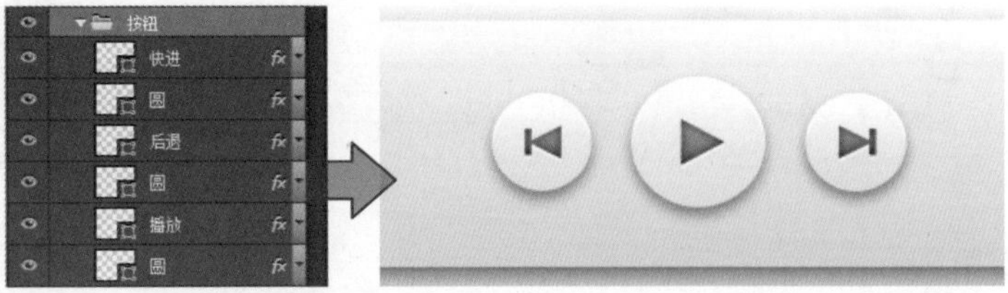


Step 08：使用“钢笔工具”绘制出所需的设置和音量图标，接着使用与三角形相同的图层样式对绘制的图标进行修饰，最后把图标放在按钮的两侧位置。

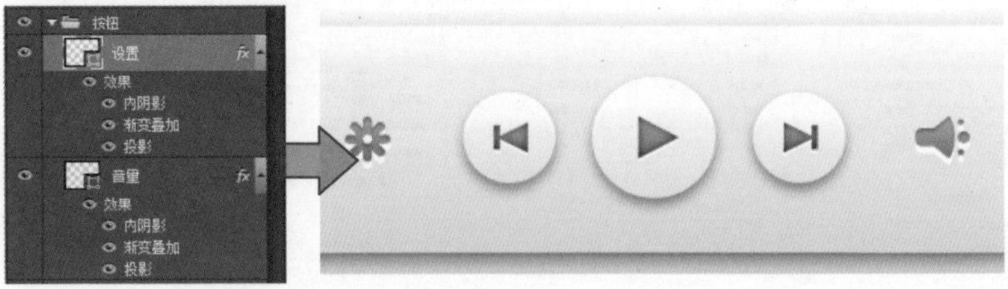


Step 09：绘制出所需的矩形，接着使用“渐变叠加”图层样式对其进行修饰，将矩形放在适当的位置上。

Step 10：使用“直线工具”绘制出所需的线条，利用“投影”图层样式对绘制的线条进行修饰，放在矩形的上下位置。

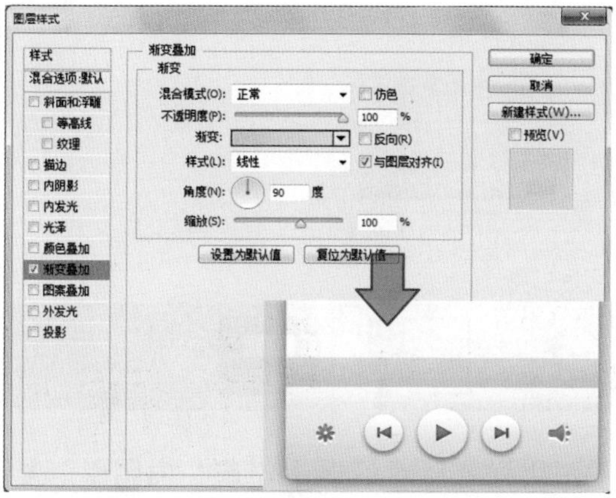

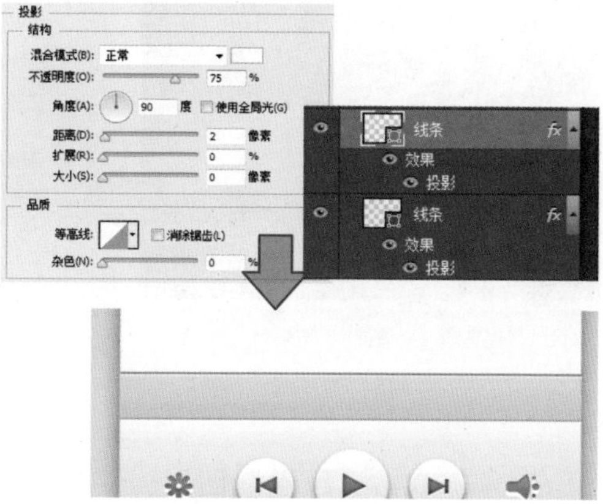

Step 11：使用“圆角矩形工具”绘制出播放器中所需的轨迹，利用“内阴影”“内发光”和“投影”图层样式对其进行修饰。

Step 12：绘制出滑块上的进度条，使用“描边”“内发光”和“渐变叠加”图层样式对绘制的形状进行修饰。

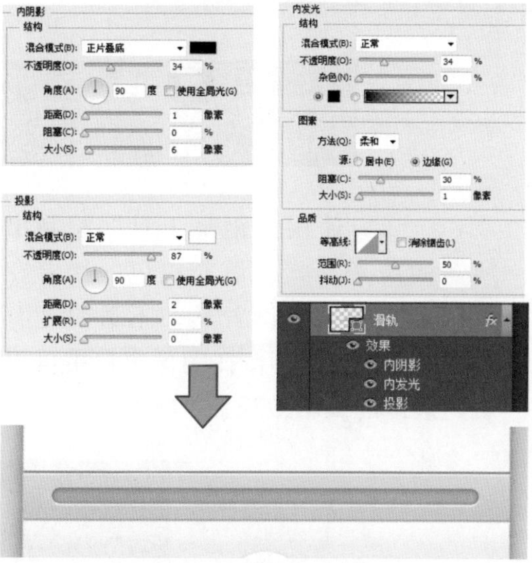

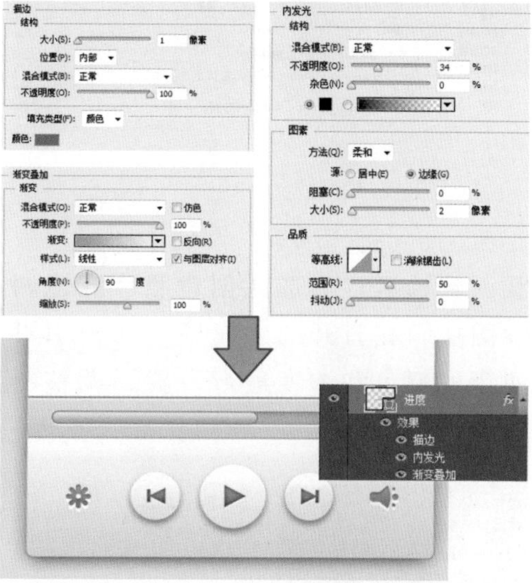

Step 13：将素材\05\05.jpg素材文件添加到图像窗口中，适当调整其大小，接着将Step 02中绘制的形状添加到选区中，再对选区进行删减，完成选区的创建后，使用图层蒙版对图像的显示进行控制，在图像窗口中可以看到编辑的效果。

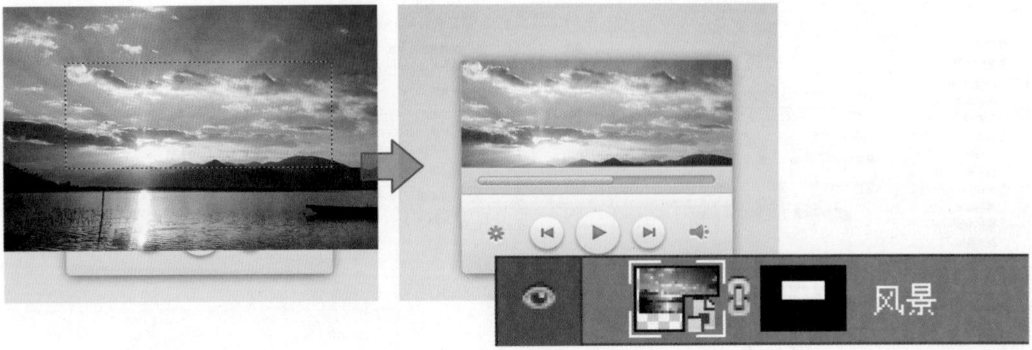


Step 14：双击“风景”图层，在打开的“图层样式”对话框中勾选“内阴影”复选框，并在相应的选项卡中设置参数，对该图层进行修饰。

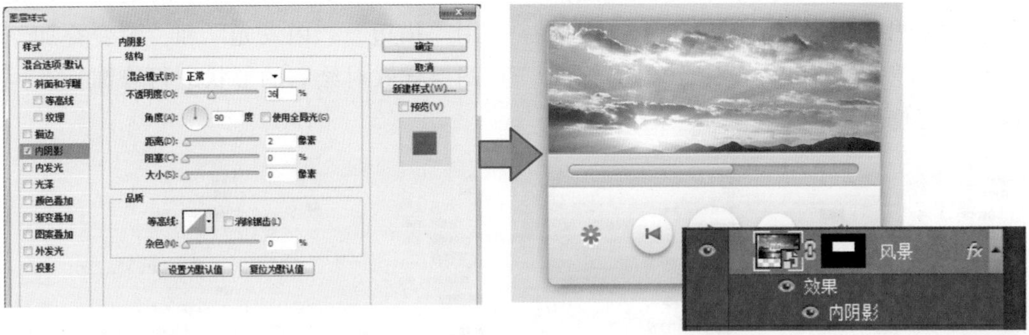


Step 15：将“风景”图层中图层蒙版载入到选区，为选区创建照片滤镜调整图层，在打开的“属性”面板中对滤镜的颜色和浓度进行设置，调整图像的颜色。

Step 16：使用“钢笔工具”绘制出所需的高光形状，填充白色，接着在“图层”面板中设置其“不透明度”选项的参数为22%，在图像窗口中可以看到最终的编辑效果。

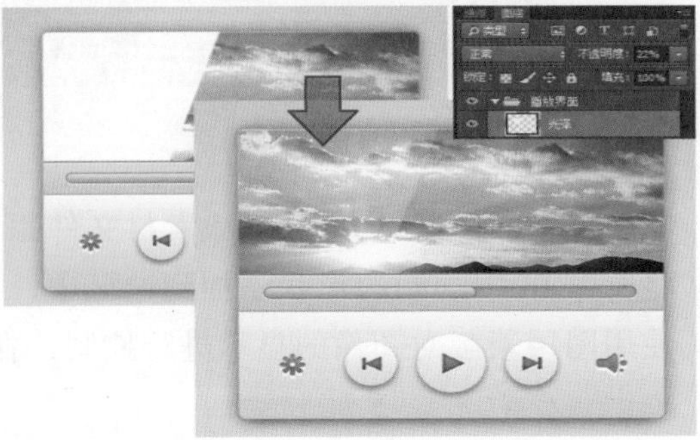

提示："图层"面板中的"不透明度"选项用于控制图层中整体的不透明度，包括"图层样式"和图层中像素的不透明度，参数越小，图像的内容显示越淡。

## 5.3.8 2×2的横向Widget框架设计

素　材：素材\05\06.jpg

源文件：源文件\05\ 2×2的横向Widget框架设计.psd

设计关键词：仿真、半透明、Android系统

软件功能提要：亮度/对比度、矩形工具、椭圆工具、剪贴蒙版、多种图层样式的应用

### 制作步骤详解

Step 01：在Photoshop中创建一个新的文档，将素材\05\06.jpg素材文件添加到其中，适当调整其大小，使其铺满整个画布，接着创建亮度/对比度调整图层，在打开的面板中设置"亮度"选项的参数为150，"对比度"选项的参数为-40，接着对该调整图层的蒙版进行编辑，提亮部分图像的亮度。

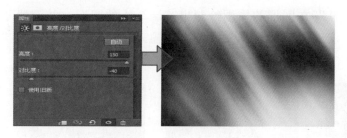

Step 02：选择工具箱中的“矩形工具”，绘制出所需的形状，接着设置该图层的“不透明度”选项的参数为70%，再使用“内发光”、“内阴影”、“渐变叠加”和“投影”图层样式对形状进行修饰，在相应的选项卡中对各个选项的参数进行设置，图像窗口中可看到编辑效果。

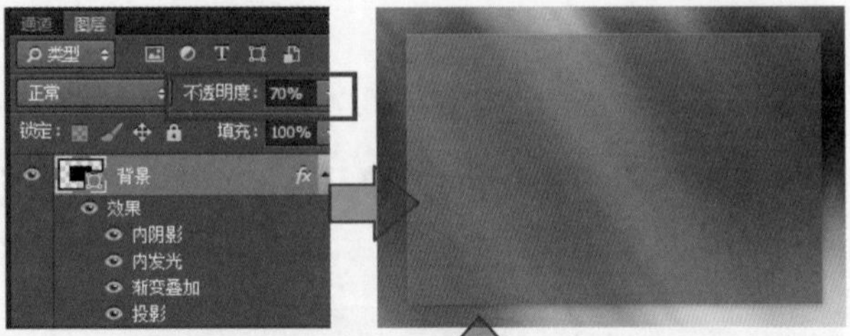


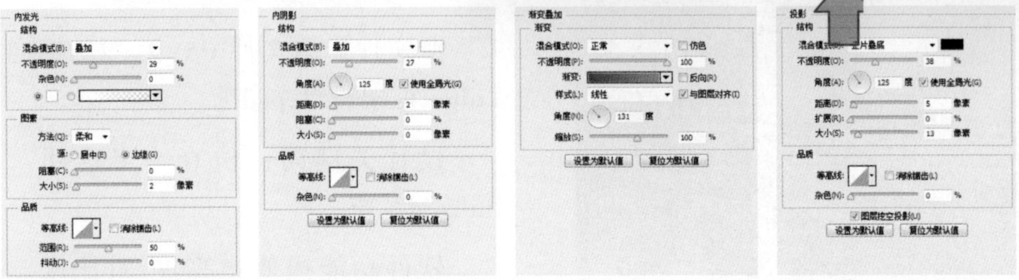

Step 03：使用“椭圆工具”绘制一个圆形，接着设置该图层的“不透明度”选项的参数为32%，利用“描边”和“渐变叠加”图层样式对圆形进行修饰，并在相应的选项卡中设置参数。

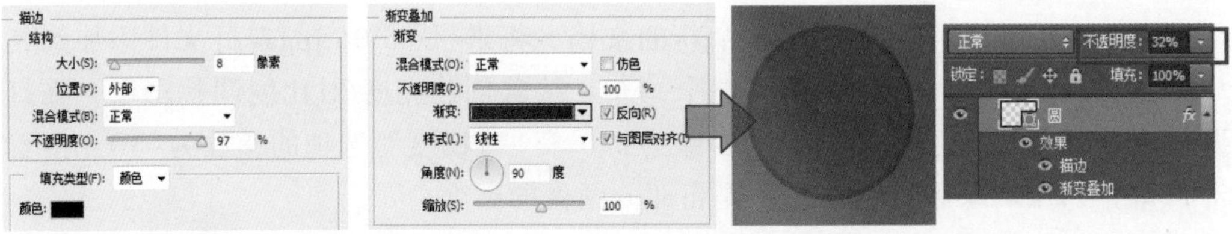


Step 04：使用“椭圆工具”在圆形的周围绘制出若干个小的圆形，并设置“填充”选项的参数为20%，接着使用“横排文字工具”输入所需的数字，打开“字符”面板对文字的属性进行设置。

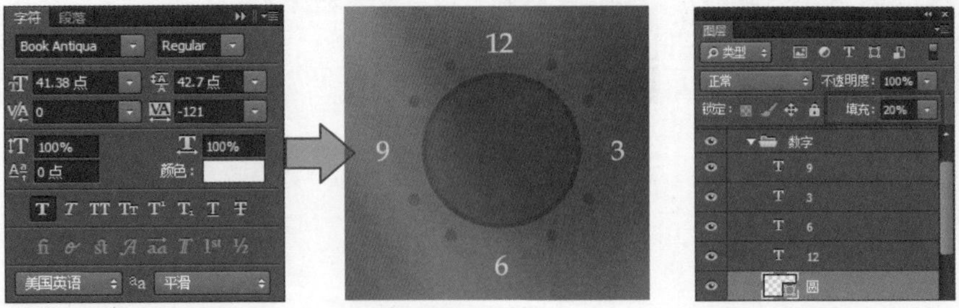

Step 05：双击创建的“数字”图层组，在打开的“图层样式”对话框中勾选“投影”复选框，在相应的选项卡中对参数进行设置，为图层组中的对象应用阴影效果。

Step 06：绘制出秒针的形状，填充适当的颜色，使用“投影”和“渐变叠加”图层样式对其进行修饰，在相应的选项卡中对参数进行设置。

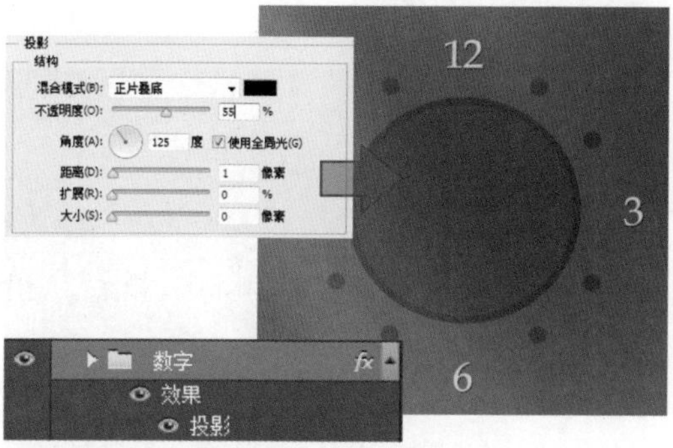


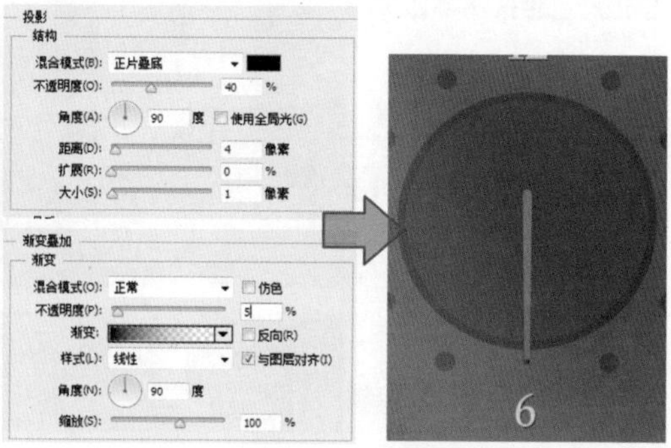


Step 07：绘制出时针的形状，填充适当的颜色，放在合适的位置，再使用“投影”图层样式对其进行修饰，在图像窗口中可以看到编辑后的效果。

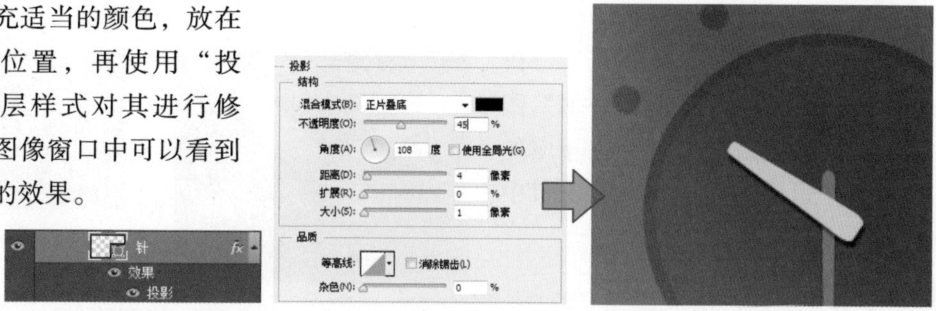


Step 08：双击创建的“数字”图层组，在打开的“图层样式”对话框中勾选“投影”复选框，在相应的选项卡中对参数进行设置，为图层组中的对象应用阴影效果。

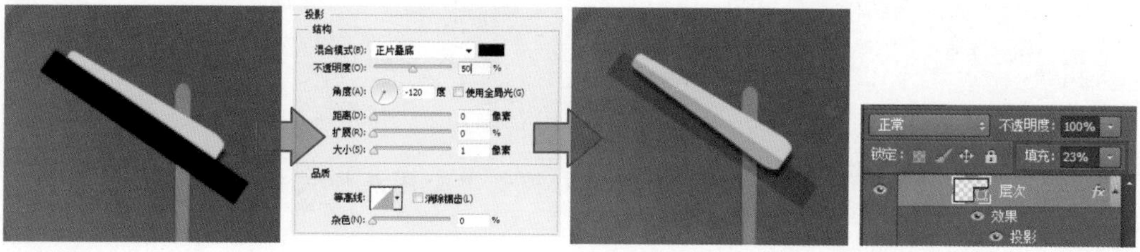

Step 09：选中“层次”图层，执行“图层 > 创建剪贴蒙版”菜单命令，创建剪贴蒙版，对矩形的显示进行控制，在图像窗口中可以看到时针编辑的效果。

Step 10：参考时针绘制的方式和编辑方法，绘制出分针的形状，将其放在合适的位置，在图像窗口中可以看到编辑的效果。

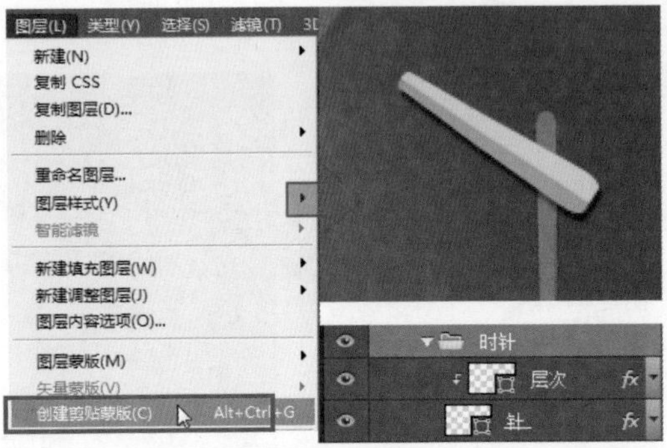

Step 11：使用“椭圆工具”绘制出所需的圆形，放在适当的位置，接着使用“描边”“外发光”“投影”“内阴影”和“渐变叠加”图层样式对其进行修饰，并在相应的选项卡中设置参数，在图像窗口中可以看到圆形编辑的效果。

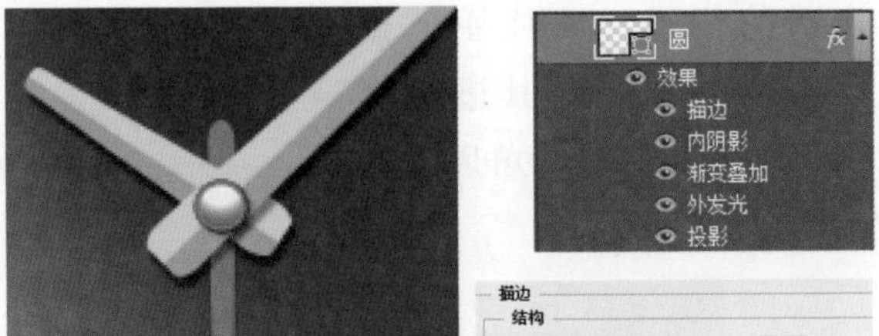


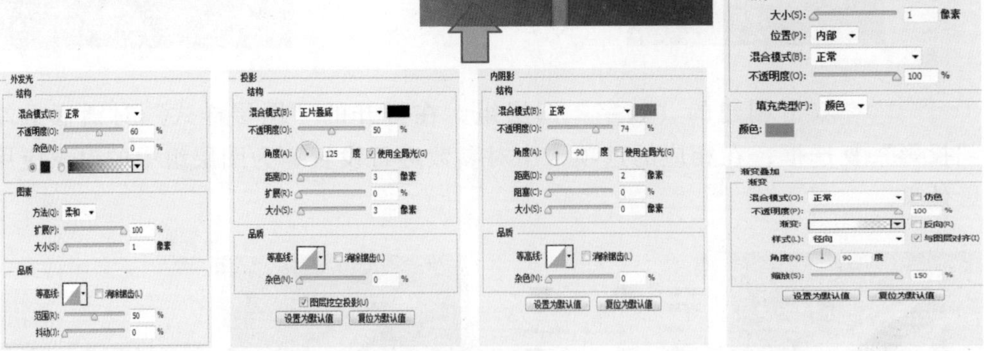

提示：“图层样式”前面的眼睛图标可以控制单个图层样式的显示和隐藏。

Step 12`：使用“圆角矩形工具”绘制一个圆角矩形，放在界面适当的位置，设置该图层的“填充”选项的参数为0%，接着双击该图层，在打开的“图层样式”对话框中为其添加“渐变叠加”图层样式，并在相应的选项卡中对各个参数进行设置。

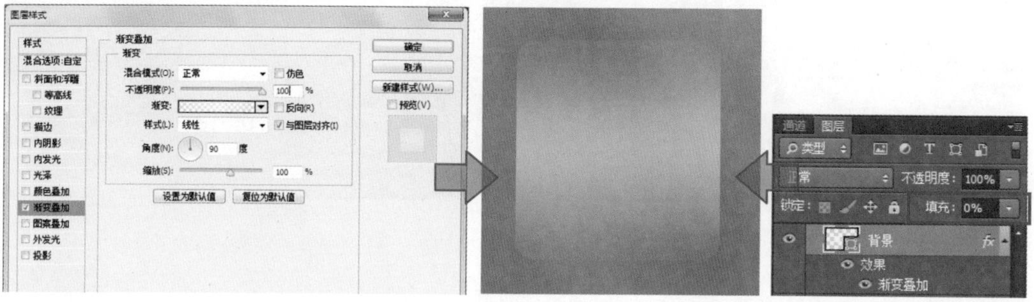

提示：“填充”选项只控制图层中图像的透明度，图层样式的效果不会受到参数变化影响。

Step 13：选择工具箱中的“横排文字工具”，输入所需的数字，打开“字符”面板对文字的字体、字号等属性进行设置，并调整文字图层的“填充”选项的参数为70%。

Step 14：为输入的文字应用“投影”图层样式，在相应的选项卡中对该图层样式中的参数进行设置，在图像窗口中可以看到文字编辑的效果。

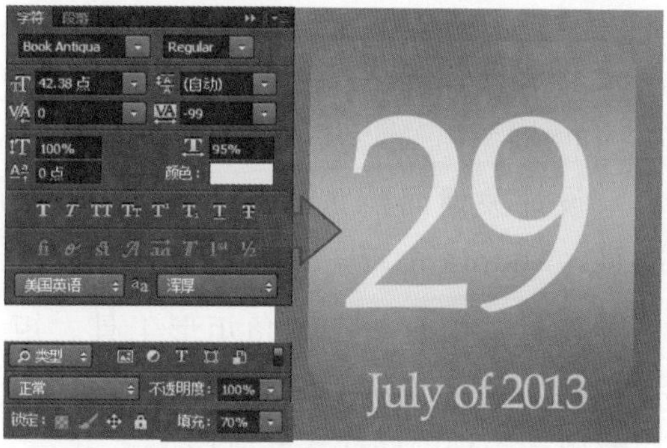


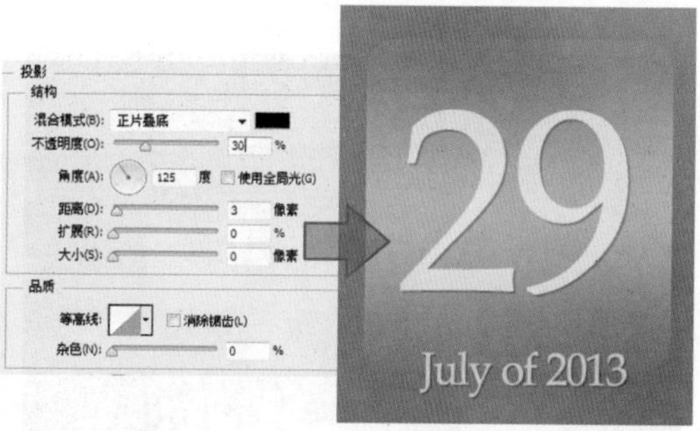


Step 15：选择工具箱中的“矩形工具”，在该工具的选项栏中进行设置，绘制出一个矩形条，接着创建图层组，命名为“日历”，将符合条件的图层拖曳到其中，对图层进行管理和分类，最后对绘制的对象进行细微调整，完成本案例的制作。

# 5.4 Android系统界面设计实训

前面我们对Android系统中的界面设计规范进行了讲解，并对其Widget框架的设计进行了单独介绍，接下来通过两个具体的案例，有针对性地讲解图标与界面的设计和制作技巧。

## 5.4.1 立体化的图标设计

源文件：源文件\05\立体化的图标设计.psd

设计关键词：立体化、仿真式、层次感、Android系统

软件功能提要：圆角矩形工具、矩形工具、钢笔工具、椭圆工具、编辑图层蒙版、多种图层样式的应用

## 设计思维解析

Android系统的图标设计规范中的阴影和相关设计标准

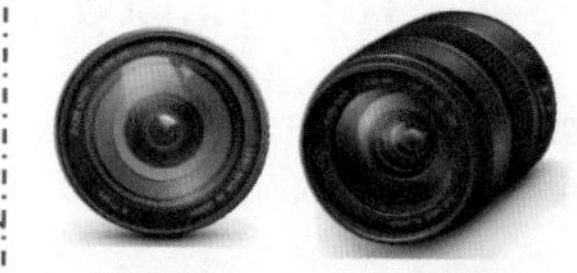

以仿真式设计为基调，模拟真实物品的外观进行创作

应用多重图层样式打造出层次清晰、外形逼真的图标效果

## 设计要点展示

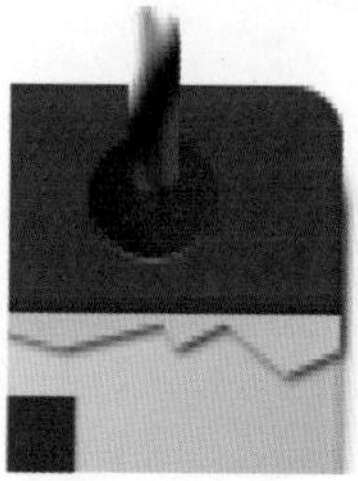

立体感：通过渐变、投影灯方式，让图标的层次丰富起来，呈现出立体的效果，其表现效果更加逼真

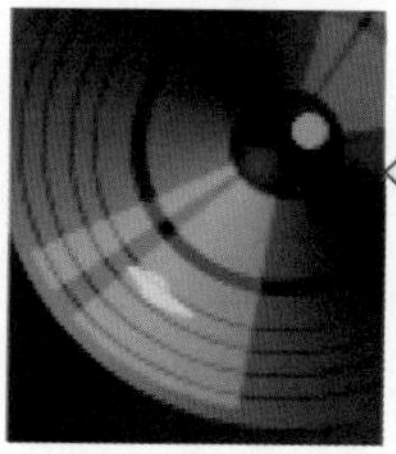

光泽感：通过半透明色块的叠加，让图标的表面表现出光线反射的光斑效果，显得更加逼真、真实

## 制作步骤详解

Step 01：在Photoshop中创建一个新的文档，使用“椭圆工具”绘制一个正圆形，利用“斜面和浮雕”“渐变叠加”和“投影”图层样式对其进行修饰，接着在相应的选项卡中设置参数，在图像窗口中可以看到编辑的效果。

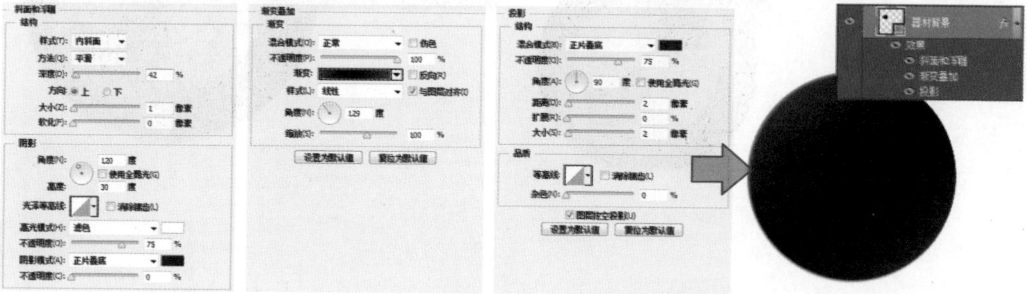

Step 02：使用“椭圆工具”绘制出另外一个圆形，在该工具的选项栏中对圆形的颜色进行设置，接着在“图层”面板中设置该图层的混合模式为“柔光”，在图像窗口中可以看到绘制的圆形呈现出自然的光泽效果。

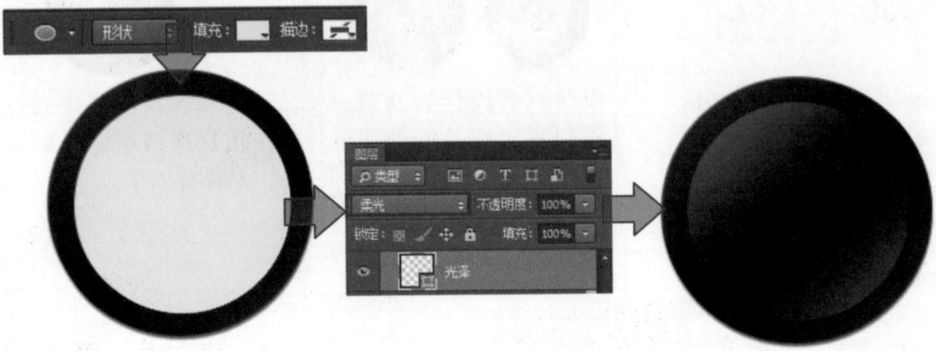


Step 03：使用“椭圆工具”绘制一个圆形，利用“渐变叠加”图层样式对绘制的圆形进行修饰，并在相应的选项卡中设置参数，在图像窗口中可以看到编辑的效果。

Step 04：使用“椭圆工具”绘制出所需的光圈形状，填充黑色，接着创建图层组，命名为“光圈”，将符合条件的图层拖曳到其中。

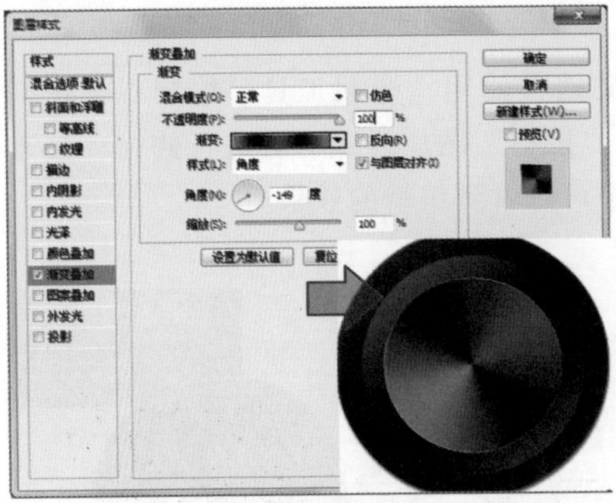


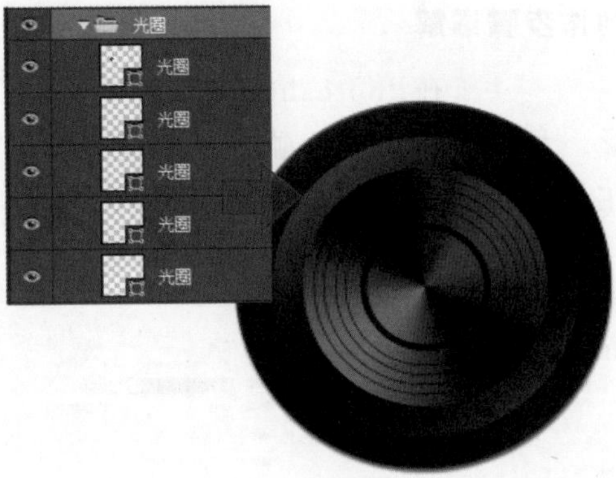

Step 05：使用“椭圆工具”绘制出一个圆形，利用“渐变叠加”图层样式对其进行修饰，并在相应的选项卡中设置参数，在图像窗口中可以看到编辑的效果。

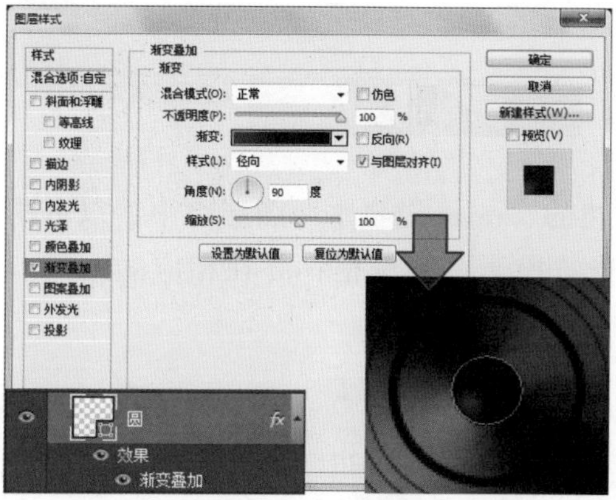


Step 06：使用“钢笔工具”和“椭圆工具”绘制出相机上的光，填充白色，无描边色，接着设置这些图层的“不透明度”选项的参数为30%，在图像窗口可以看到编辑的效果。

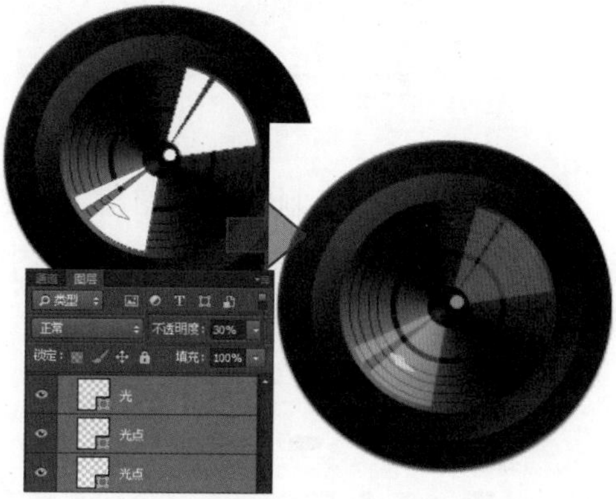


Step 07：使用“钢笔工具”绘制出所需的纸张的形状，接着使用“斜面和浮雕”“投影”和“渐变叠加”图层样式对其进行修饰，并在相应的选项卡中设置参数，在图像窗口中可以看到编辑的效果。

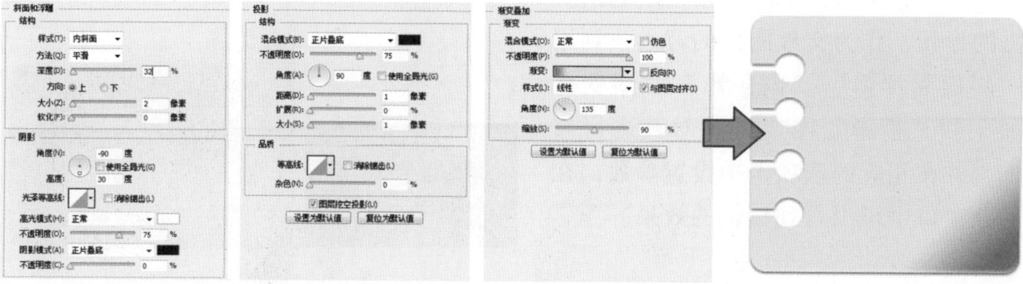

Step 08：对编辑后的纸张形状图层进行复制，适当调整复制后图层的位置，让两个页面错落排开，在图像窗口中可以看到编辑的效果。

Step 09：使用“矩形工具”绘制出所需的矩形条，接着为该图层添加上图层蒙版，对图层蒙版进行编辑，对矩形条的显示进行控制，在图像窗口可看到编辑效果。

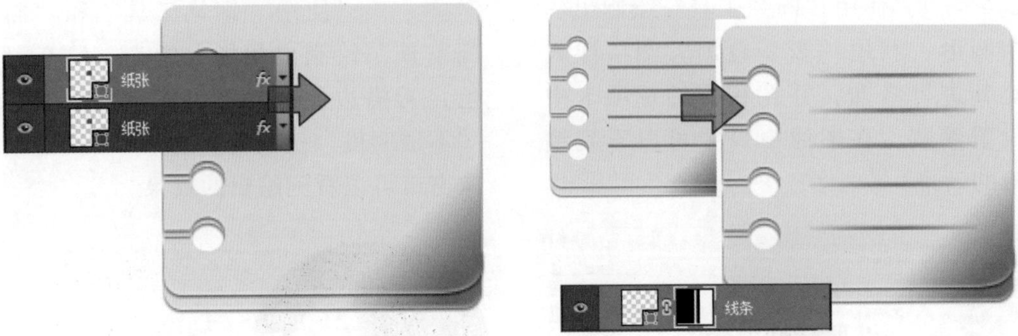


Step 10：将前面绘制的三个图层添加到创建的“text-记事本”图层组中，双击图层组，在打开的“图层样式”对话框中勾选“投影”复选框，并在相应的选项卡中设置参数。

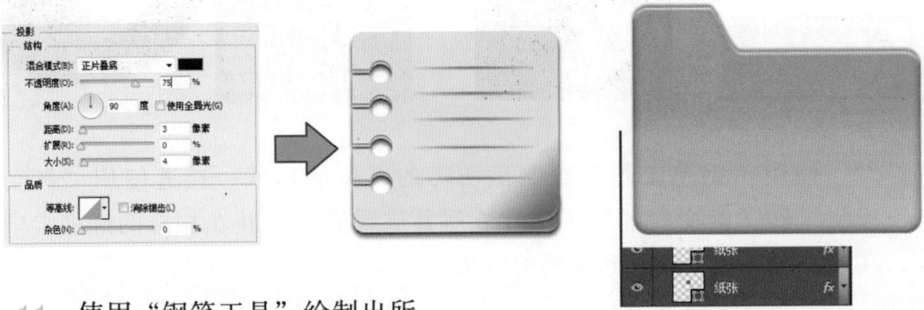


Step 11：使用“钢笔工具”绘制出所需的形状，作为文件图标的背景，利用“斜面和浮雕”“内阴影”“渐变叠加”和“投影”图层样式对其进行修饰，并在相应的选项卡中设置参数，在图像窗口中可以看到编辑的效果。

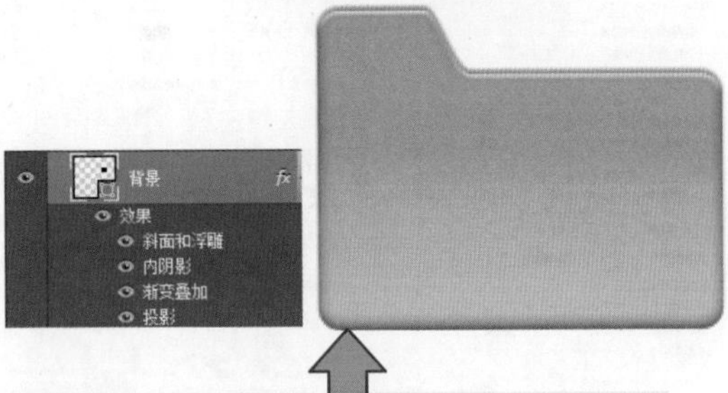


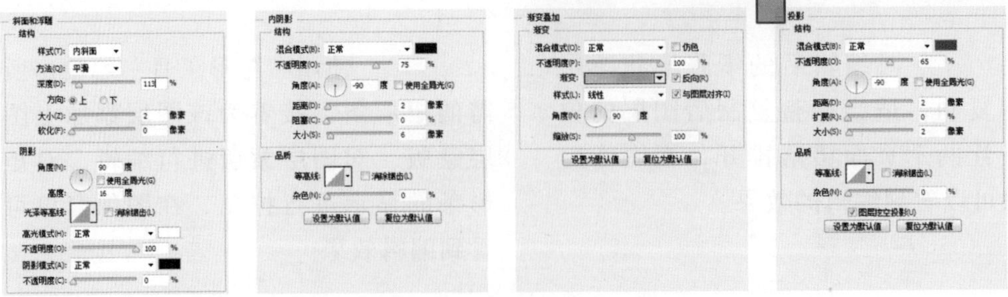

Step 12：选择工具箱中的“矩形工具”，在其选项栏中设置参数，接着绘制矩形，并使用“投影”图层样式对其进行修饰，最后适当调整其大小和位置。

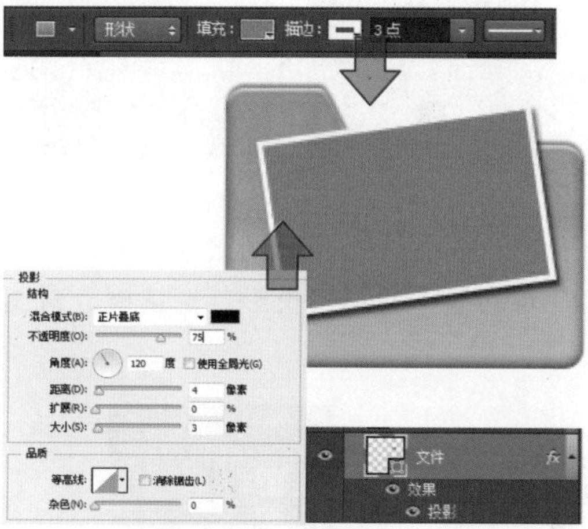


Step 13：参考Step 12中的制作方法，绘制出另外一个矩形，适当调整矩形的位置和大小，使用“投影”图层样式进行修饰，在图像窗口中可以看到编辑的效果。

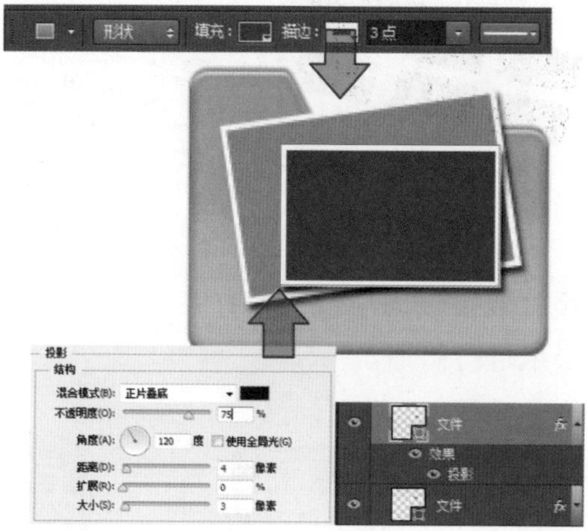


Step 14：使用“圆角矩形工具”绘制出所需的形状，接着使用“斜面和浮雕”“内阴影”“渐变叠加”和“投影”图层样式对其进行修饰，并在相应的选项卡中对各个选项的参数进行设置，在图像窗口中可以看到编辑的效果。

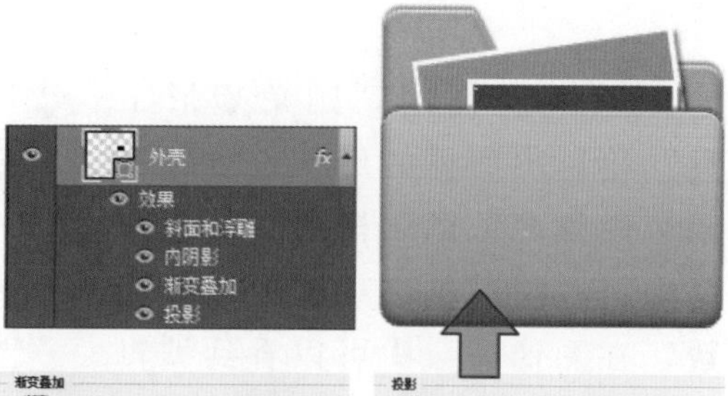


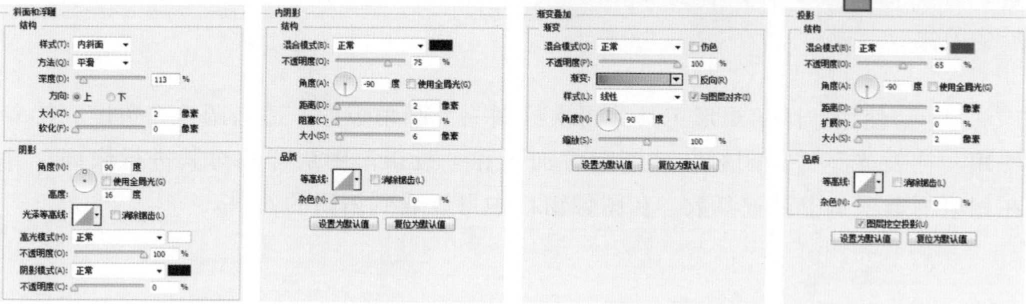

Step 15：使用“矩形工具”绘制出所需的矩形，接着适当调整其角度，再使用“渐变叠加”图层样式对矩形进行修饰，调整该图层的“不透明度”选项的参数为22%，设置“填充”选项的参数为0%，使用图层蒙版对其显示进行控制，在图像窗口中可以看到编辑的效果。

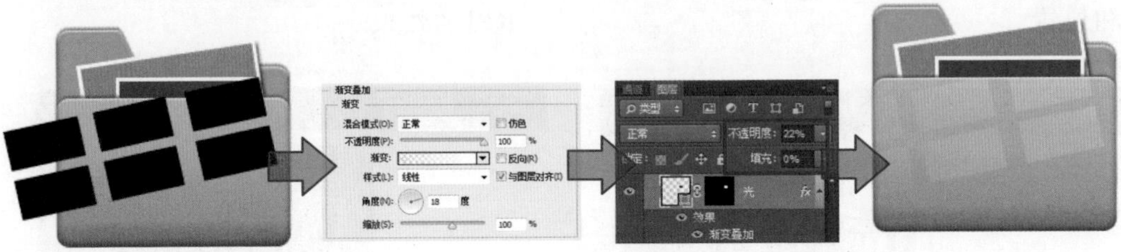


Step 16：创建图层组，命名为“files-文件”，将符合条件的图层拖曳到其中，接着双击该图层组，在打开的“图层样式”对话框中勾选“投影”复选框，对图层组进行修饰。

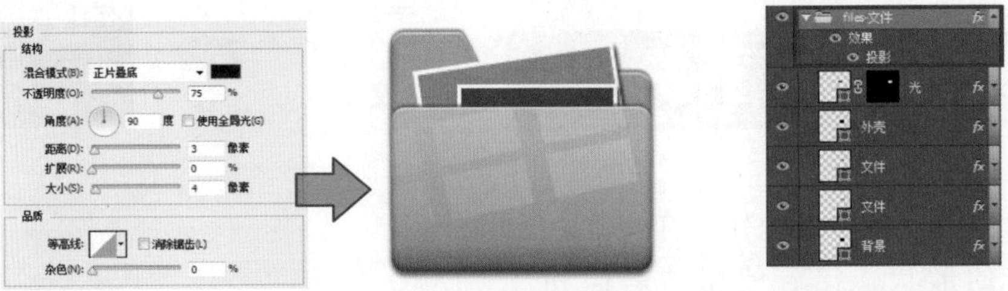


Step 17：使用“圆角矩形工具”绘制出所需的形状，接着使用“内发光”图层样式对其进行修饰，在相应的选项卡中设置参数，在图像窗口中可以看到编辑后的效果。

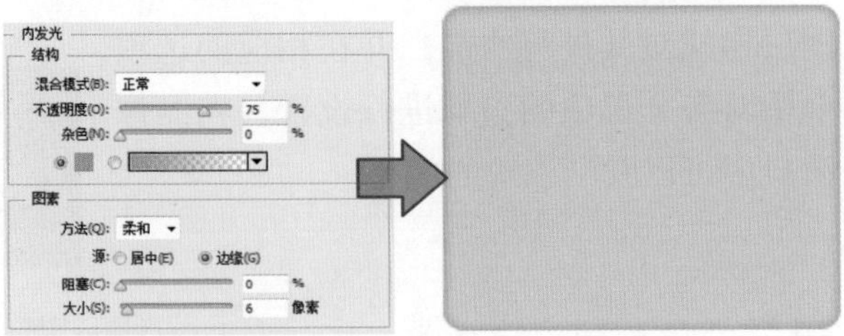


Step 18：使用“圆角矩形工具”再次绘制一个圆角矩形，适当调整其角度，接着使用“内发光”“内阴影”“渐变叠加”和“投影”图层样式对其进行修饰，并在相应的选项卡中设置参数，在图像窗口中可以看到编辑的效果。

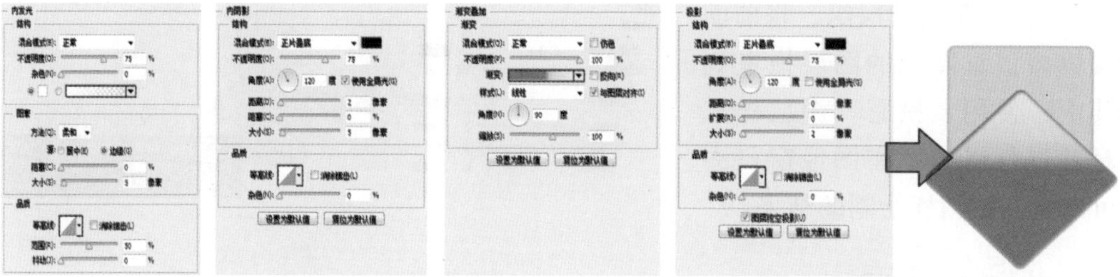

Step 19：将Step 17中的圆角矩形载入到选区中，以选区为标准，为Step 18中编辑的图层添加图层蒙版，控制图像的显示。

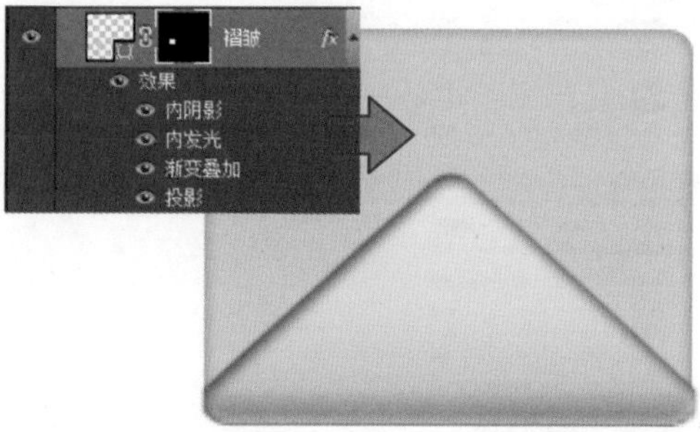


Step 20：再绘制一个圆角矩形，设置填充色为黑色，设置“不透明度”选项的参数为67%，使用图层蒙版控制其显示。

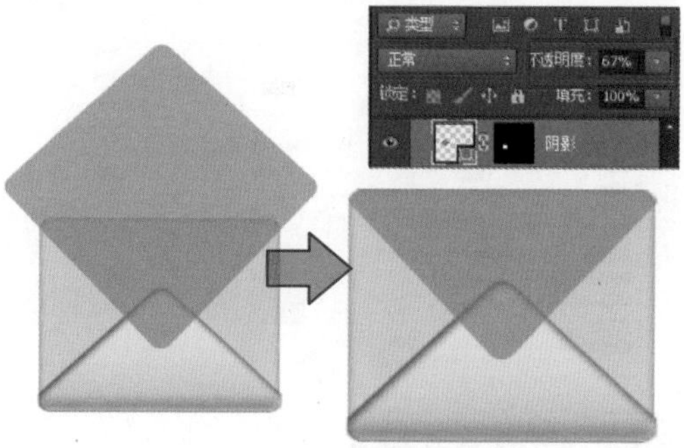


Step 21：再次绘制一个圆角矩形，适当调整其角度，放在界面适当的位置，使用“内发光”和“渐变叠加”图层样式对绘制的形状进行修饰，最后使用图层蒙版控制其显示，在图像窗口中可以看到编辑的效果。

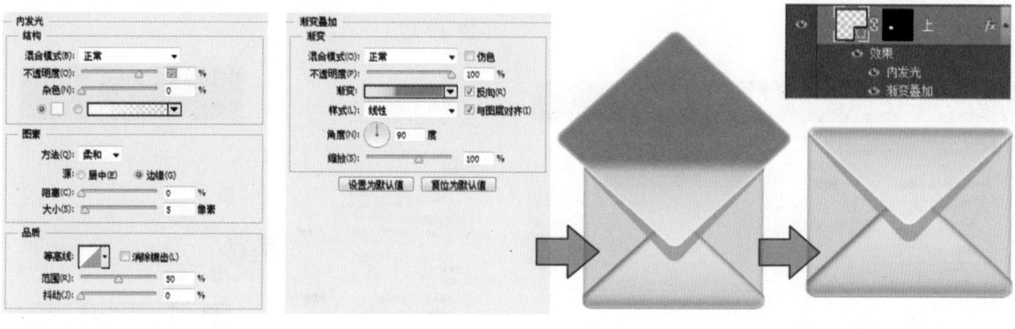

Step 22：创建图层组，将前面编辑短信息图标的图层拖曳到其中，使用“投影”图层样式对其进行修饰，在图像窗口中可以看到该图标绘制的结果。

Step 23：使用“圆角矩形工具”绘制出所需的形状，接着使用“投影”图层样式进行修饰，作为日历图标的纸张。

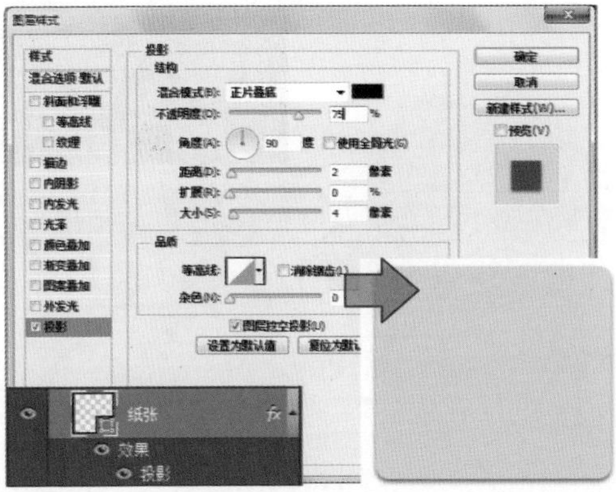


Step 24：绘制另外一个圆角矩形，使用“内阴影”“渐变叠加”和“投影”图层样式对其进行修饰。

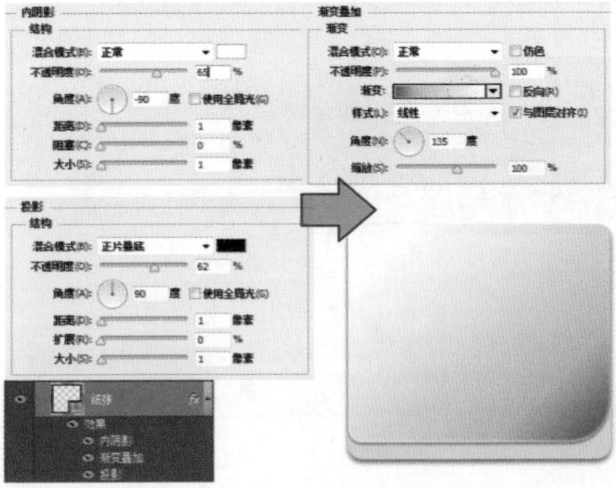


Step 25：使用“钢笔工具”绘制出所需的形状，接着使用“投影”图层样式修饰绘制的形状，并把形状放在适当的位置。

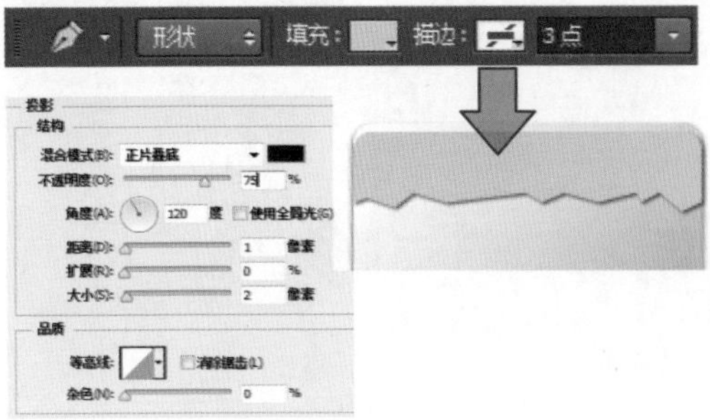


Step 26：绘制出所需的形状，使用“内发光”和“内阴影”图样样式对其进行修饰，并在相应的选项卡中设置参数。

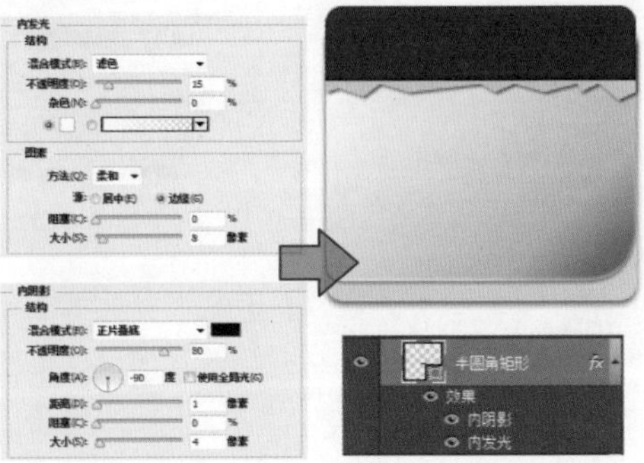

Step 27：绘制出图标所需的修饰形状，接着使用“横排文字工具”输入所需的文字，完成日历图标的制作。

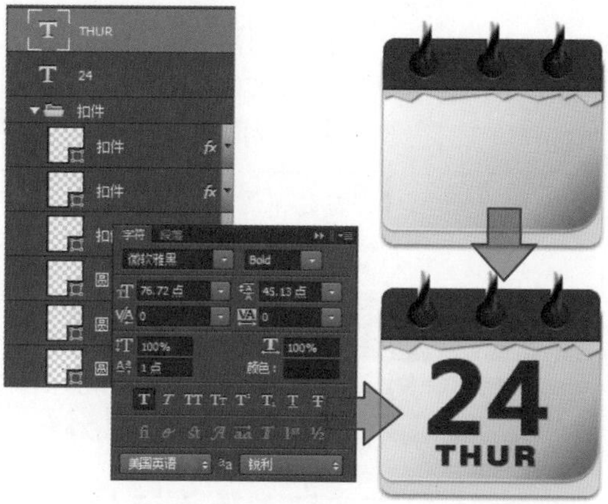


Step 28：参考前面的绘制方法和技巧，绘制出视频图标，具体的参数设置可以打开源文件\05\立体化的图标设计.psd源文件进行参考。

## 5.4.2 超强立体感的界面设计

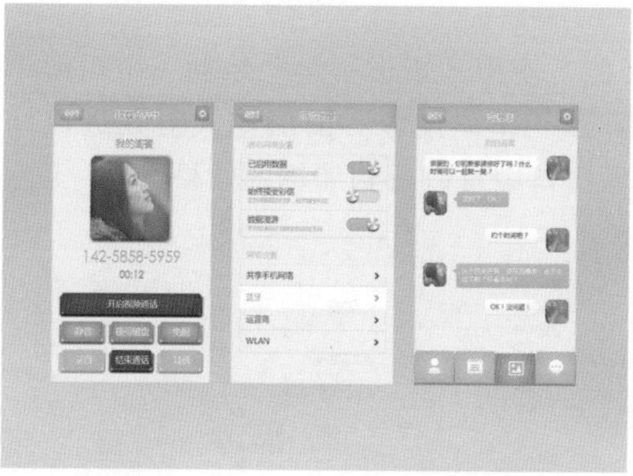


素 材：素材\05\07.jpg

源文件：源文件\05\超强立体感的界面设计.psd

设计关键词：立体化、仿真式、Android系统

软件功能提要：圆角矩形工具、多种图层样式的应用、矩形工具、横排文字工具

**设计思维解析**

Android系统开放式设计，具有立体化的设计风格

观察按钮的形状，以仿真式设计为基准，构思界面中的元素

通过图层样式，图层的叠加来制作出立体、逼真的界面元素

**设计要点展示**

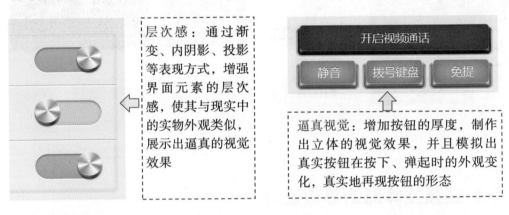

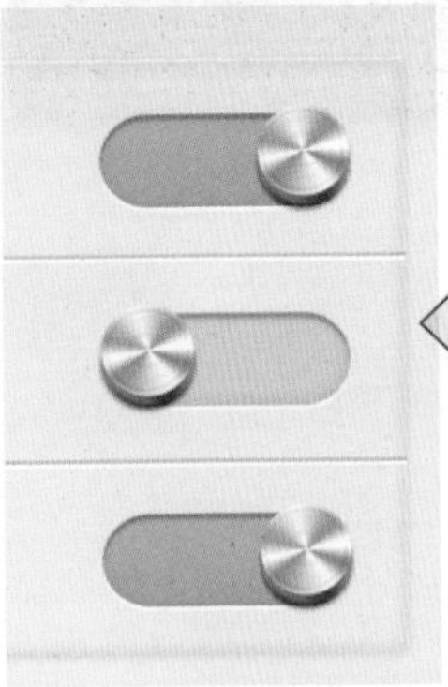

层次感：通过渐变、内阴影、投影等表现方式，增强界面元素的层次感，使其与现实中的实物外观类似，展示出逼真的视觉效果

逼真视觉：增加按钮的厚度，制作出立体的视觉效果，并且模拟出真实按钮在按下、弹起时的外观变化，真实地再现按钮的形态

**制作步骤详解**

Step 01：在Photoshop中创建一个新的文档，使用“矩形工具”绘制一个矩形，作为界面的背景，使用“内发光”“内阴影”和“投影”图层样式对其进行修饰，并在相应的选项卡中设置参数，在图像窗口中可以看到编辑的效果。

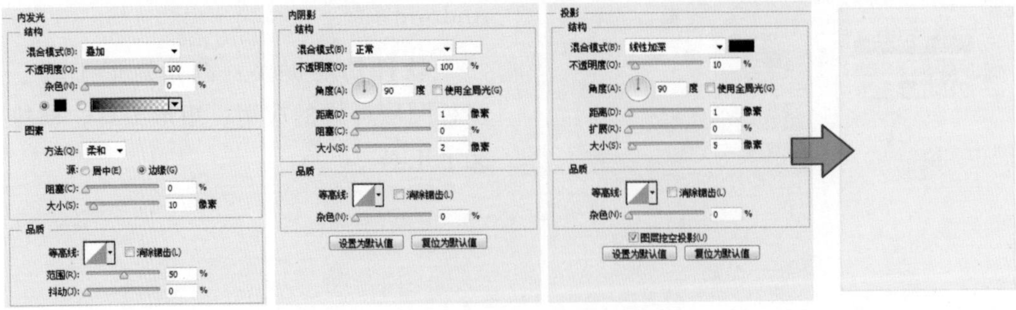

Step 02：使用“矩形工具”绘制矩形条，设置其“不透明度”选项的参数为25%、“填充”选项的参数为0%，使用“渐变叠加”图层样式对其进行修饰，在相应的选项卡中设置参数。

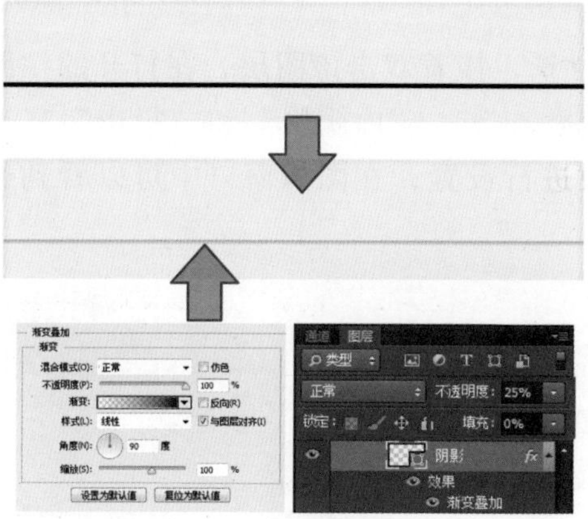


Step 03：使用“矩形工具”绘制出一个矩形，利用“内发光”和“内阴影”图层样式对其进行修饰，在相应的选项卡中设置参数。

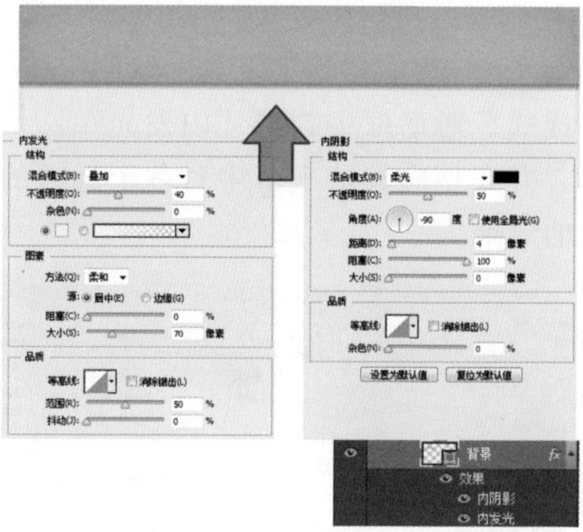


Step 04：选择工具箱中的“圆角矩形工具”绘制出按钮的背景，接着使用“内发光”“内阴影”“投影”和“渐变叠加”图层样式对绘制的圆角矩形进行修饰，在相应的选项卡中设置参数，在图像窗口中可以看到编辑后的效果。

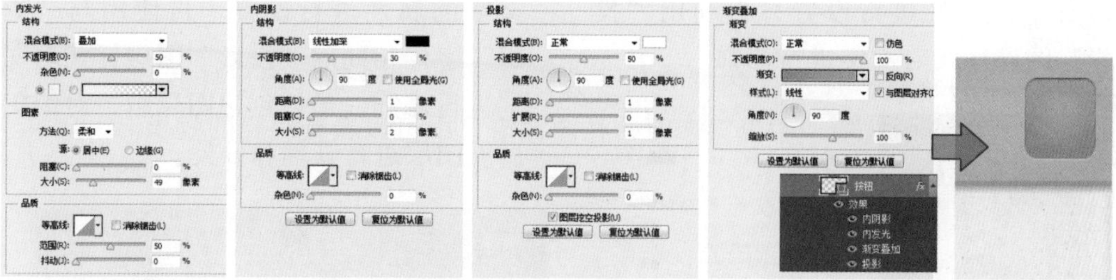


Step 05：使用“钢笔工具”绘制出设置图标，设置其填充色为白色，无描边色，接着使用“投影”和“渐变叠加”图层样式对其进行修饰，在相应的选项卡中设置参数，将图标放在适当的位置，在图像窗口中可以看到编辑的效果。

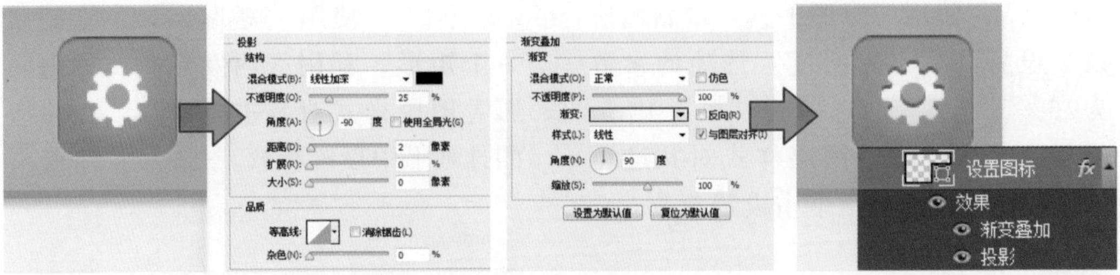


Step 06：使用“钢笔工具”绘制出按钮的背景，接着双击该图层，在打开的“图层样式”对话框中勾选“内发光”、“渐变叠加”、“内阴影”和“投影”复选框，并在相应的选项卡中对各个选项的参数进行设置，在图像窗口中可以看到编辑的效果。

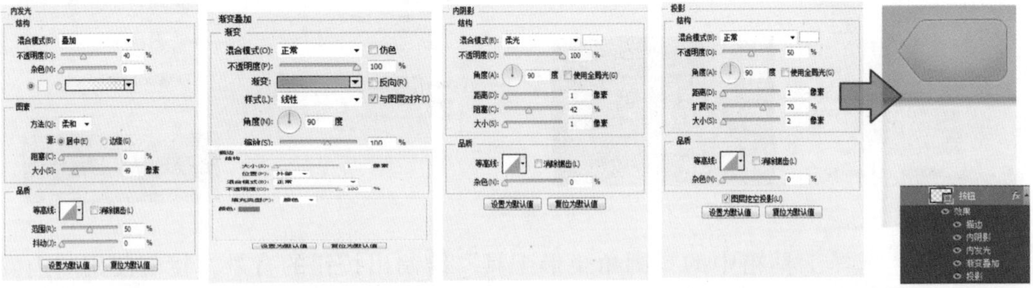

Step 07：使用“横排文字工具”输入“返回”字样，打开“字符”面板对文字的属性进行设置，再利用“投影”图层样式对文字进行修饰。

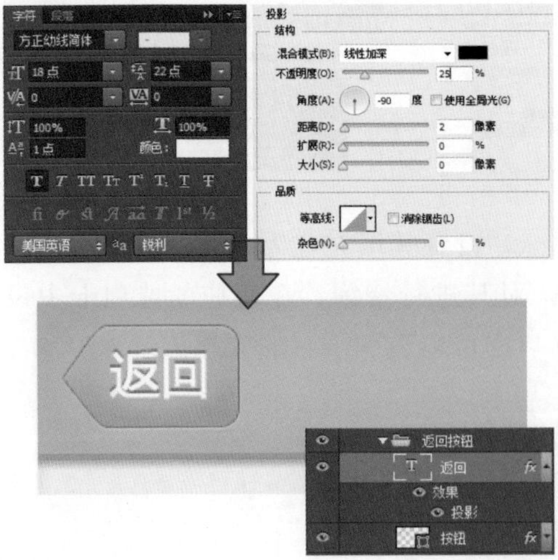


Step 08：使用“横排文字工具”输入所需的其他文字，打开“字符”面板对文字的属性进行设置，再使用与“返回”字样相同的“投影”图层样式对文字进行修饰，最后创建图层组，对编辑后的图层进行管理和分类。

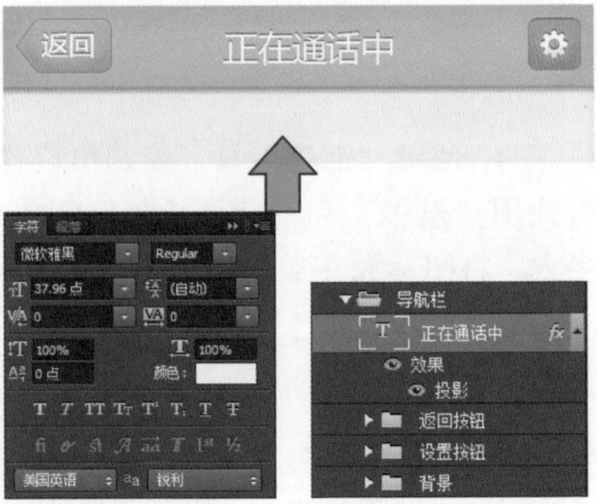

Step 09：将素材\05\07.jpg素材添加到图像窗口中，适当调整其大小，接着使用“圆角矩形工具”绘制形状，并将绘制的形状转换为选区，再为“人像”图层添加图层蒙版，控制图像的显示，在图像窗口中可以看到编辑的效果。

Step 10：双击“人像”图层，在打开的“图层样式”对话框中勾选“内阴影”和“描边”复选框，并对相应的选项卡中的参数进行设置，在图像窗口中可以看到编辑的效果。

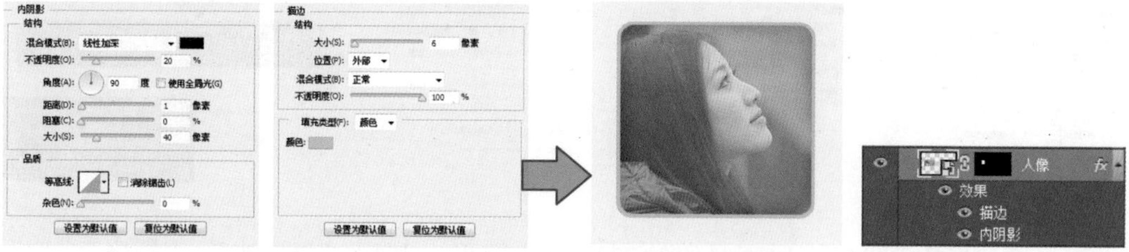


Step 11：使用“横排文字工具”输入所需的文字，接着打开“字符”面板对文字的属性进行设置，再使用“投影”图层样式对文字进行修饰，在图像窗口中可以看到文字编辑的效果。

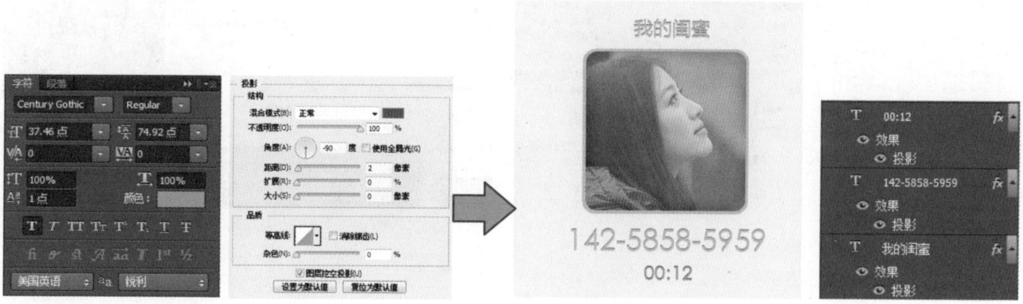

Step 12：使用“圆角矩形工具”绘制出所需的形状，接着利用“内阴影”和“投影”样式对圆角矩形进行修饰，在相应的选项卡中设置参数，调整该图层的“填充”选项的参数为15%。

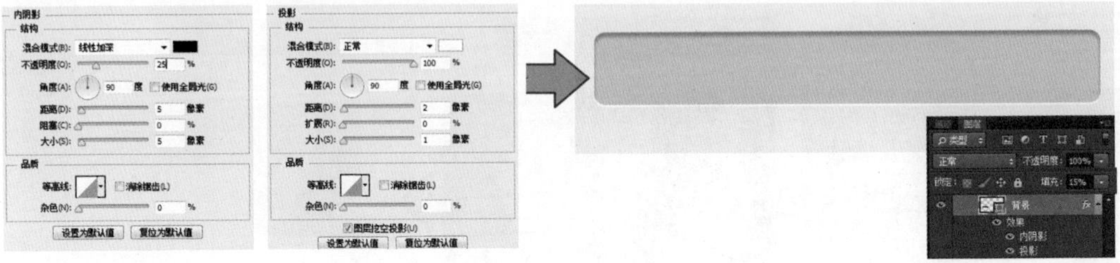

Step 13：选择工具箱中的“圆角矩形工具”，在其选项栏中设置参数，接着绘制出所需的形状，使用“内阴影”“渐变叠加”和“投影”图层样式对形状进行修饰，并在相应选项卡中对参数进行设置，在图像窗口中可以看到编辑的效果。

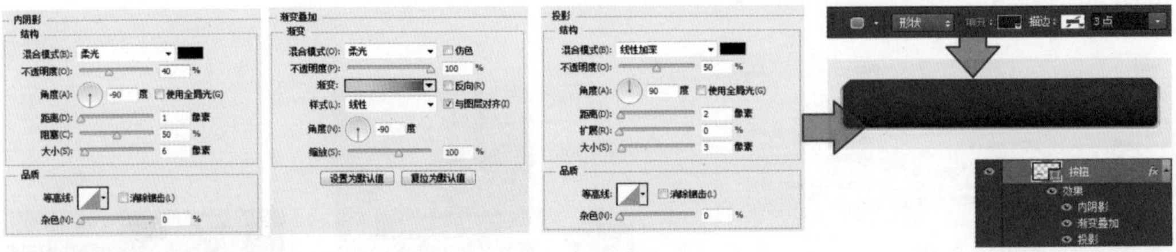

Step 14：使用“圆角矩形工具”绘制出圆角矩形，利用“内发光”“投影”“描边”和“内阴影”图层样式对其形状进行修饰，并在相应的选项卡中设置各个选项的参数。

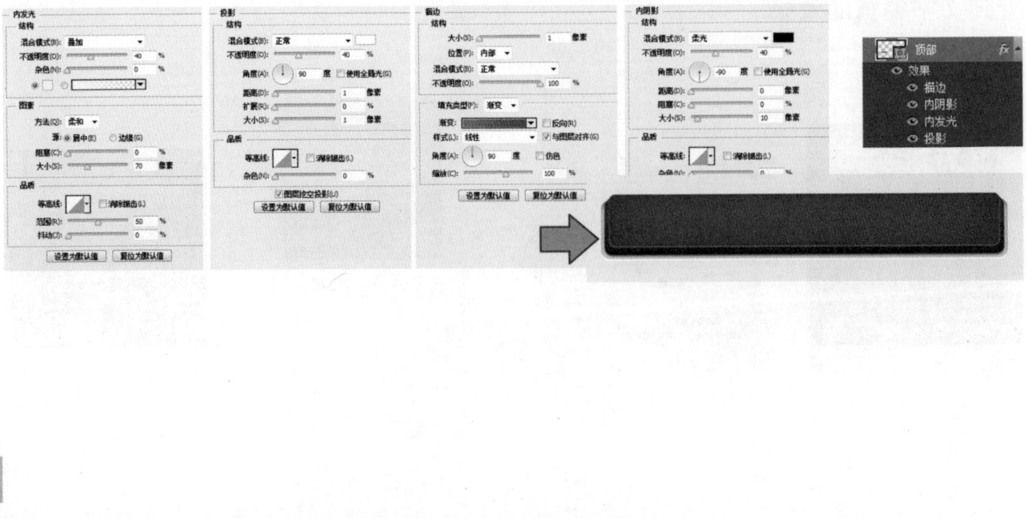

Step 15：选择工具箱中的“画笔工具”，在该工具的选项栏中设置参数，调整前景色为白色，新建图层，命名为“光”，使用“画笔工具”绘制出按钮上的光泽。

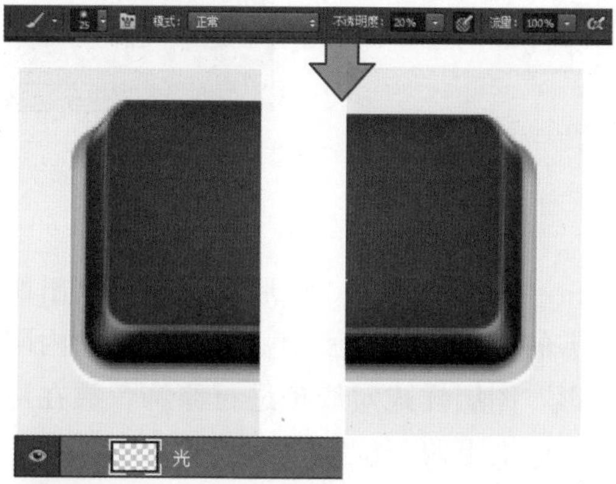


提示：在使用“画笔工具”绘制按钮光泽的过程中，可以先创建选区，在选区中进行绘制，控制光泽的范围。

Step 16：选择工具箱中的“横排文字工具”，在按钮上单击，输入所需的文字，打开“字符”面板对文字的属性进行设置，并利用“投影”图层样式对文字进行修饰。

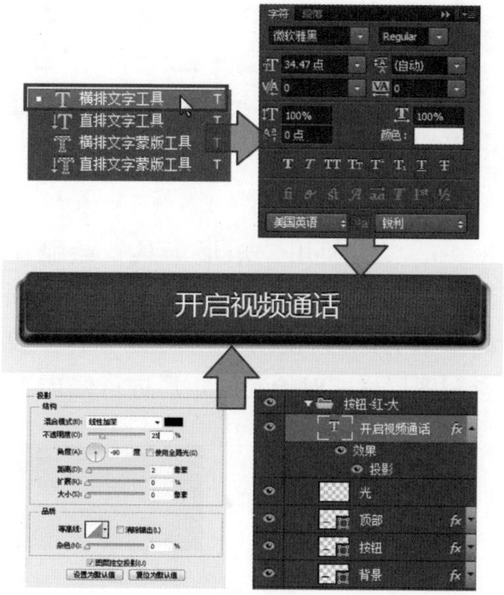


Step 17：参考前面绘制按钮的方法和设置，绘制出界面上所需的其他按钮，放在适当的位置，并创建图层组，对绘制后的图层进行管理。

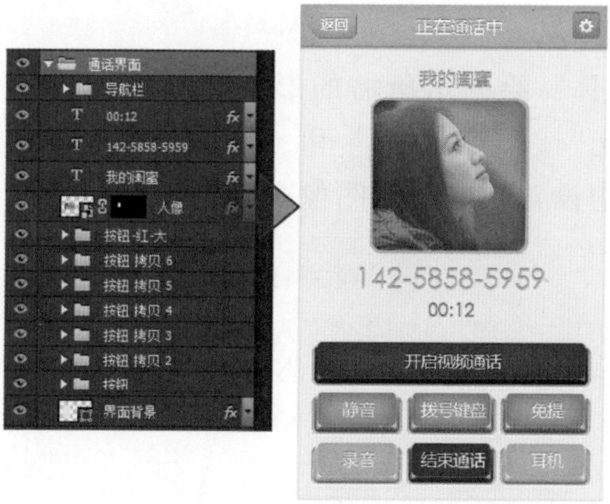


Step 18：对前面绘制的界面背景、导航栏等元素进行复制，接着对导航栏中的文字进行更改，删除不需要的按钮，开始设计界面。

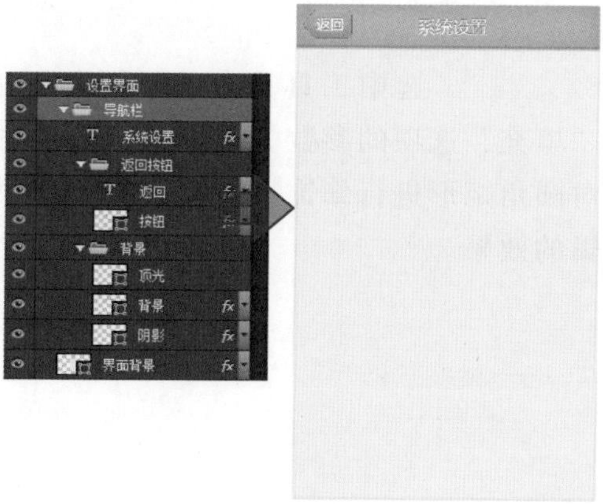

Step 19：选择工具箱中的“矩形工具”绘制出所需的矩形，使用“内发光”、“内阴影”和“投影”图层样式对其进行修饰，并在相应的选项卡中设置参数，在图像窗口中将绘制的矩形放在适当的位置。

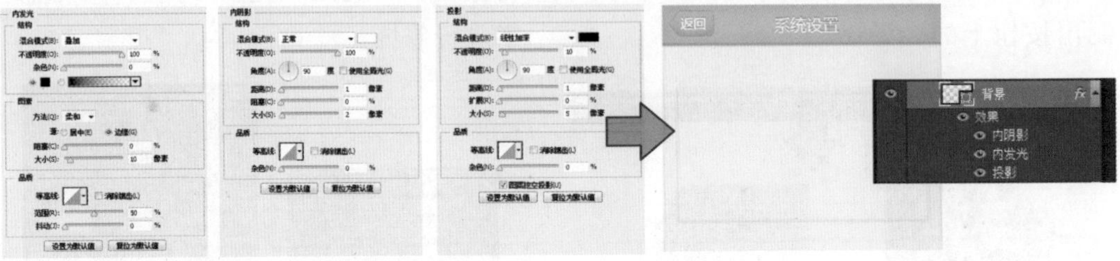


Step 20：使用“矩形工具”绘制矩形，接着设置该图层的“填充”选项的参数为0%，使用“内阴影”和“投影”图层样式对绘制的矩形进行修饰。

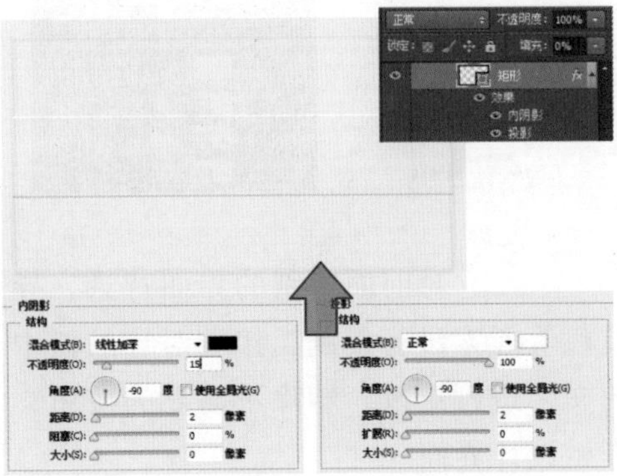

Step 21：使用“矩形工具”绘制出所需的线条，分别使用“投影”和“内阴影”图层样式对线条进行修饰，放在矩形的上下两个位置。

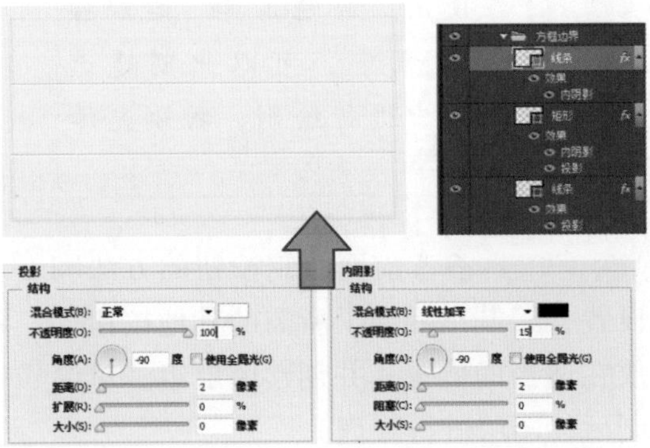

Step 22：选中工具箱中的“圆角矩形工具”绘制出所需的形状，设置图层的“填充”选项的参数为10%，利用“内发光”、“内阴影”和“投影”图层样式对圆角矩形进行修饰，并在相应的选项卡中设置参数，在图像窗口中可以看到编辑的效果。

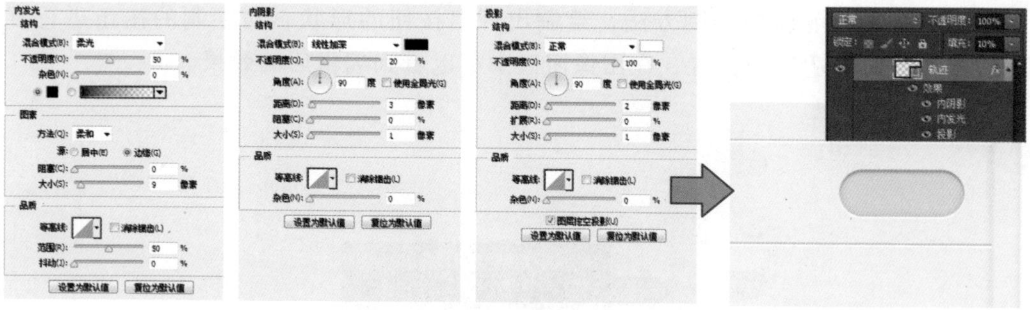


Step 23：使用“椭圆工具”绘制一个圆形，使用“内阴影”、“渐变叠加”和“投影”图层样式对圆形进行修饰，并在相应的选项卡中设置参数，最后把圆形放在圆角矩形的左侧。

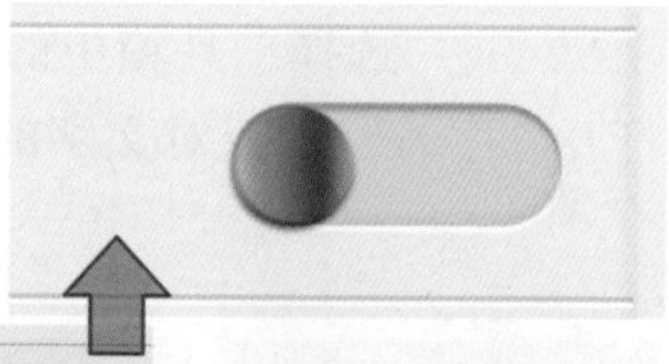

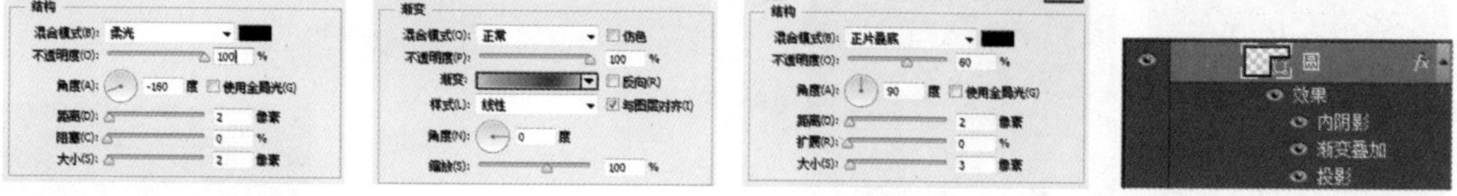

Step 24：使用“椭圆工具”绘制出所需的图形，使用“斜面和浮雕”、“内发光”、“投影”、“内阴影”和“渐变叠加”图层样式对绘制的圆形进行修饰，并在相应的选项卡中设置各个选项的参数，最后把圆形放在Step 23中所绘圆形的上方位置。

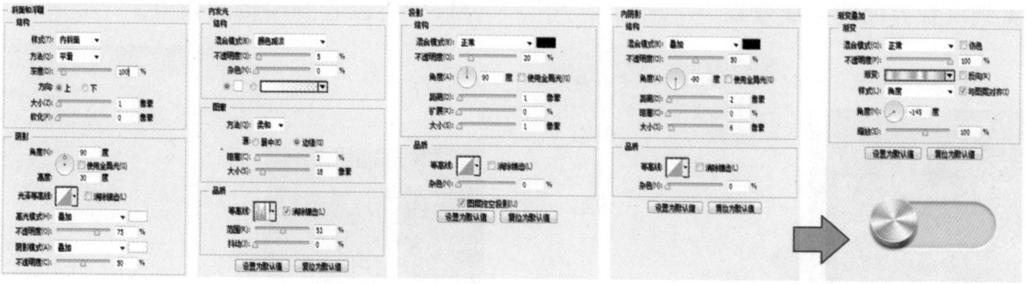

Step 25：参考前面的绘制方法，绘制出开启按钮的形状，对绘制的按钮进行复制，放在界面上适当的位置，在图像窗口中可以看到编辑后的效果。

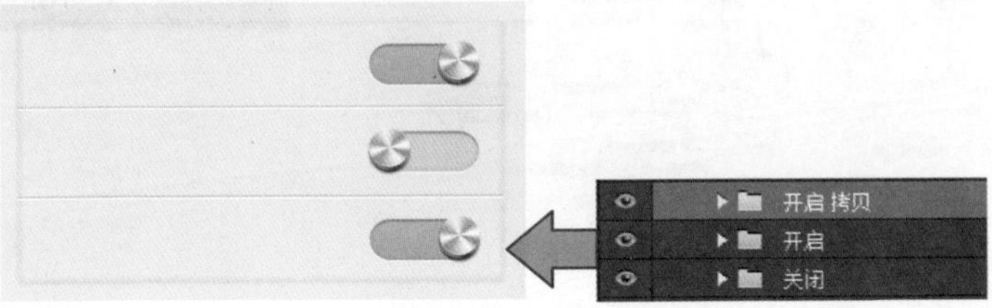


Step 26：选择工具箱中的“横排文字工具”，在界面上单击，输入所需的文字，打开“字符”面板对文字的属性进行设置，并创建图层组对文字图层进行管理。

Step 27：参考前面“移动网络设置”区域的制作方法和设置，制作出“网络设置”区域的内容，在图像窗口中可以看到设置界面的完成效果。

Step 28：对前面绘制的导航栏、界面背景进行复制，并对导航栏中的文字进行更改，开始短信界面的制作，在图像窗口中可以看到编辑的效果。

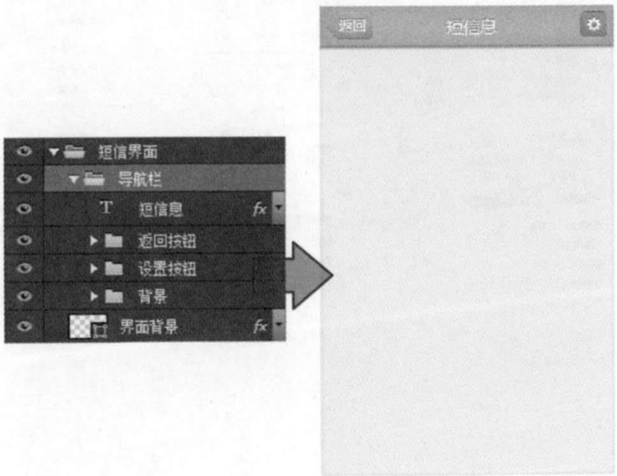

Step 29：参考前面制作按钮的方法和设置，制作出短信界面中所需的按钮，把按钮放在界面中适当的位置，在图像窗口中可以看到编辑的效果。

提示："圆角矩形工具"选项栏中的"半径"选项可以用于控制圆角的弧度。

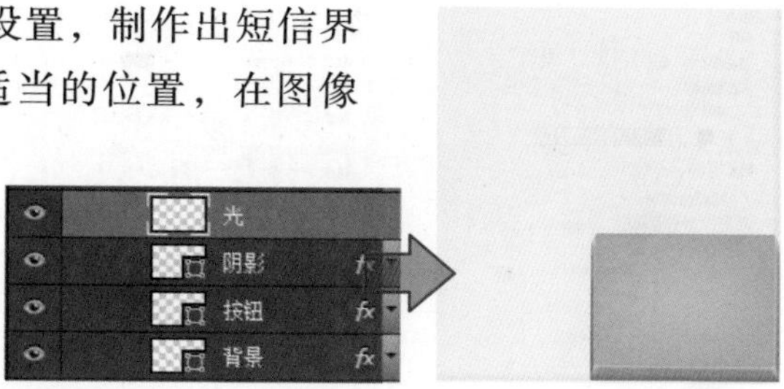


Step 30：使用"钢笔工具"绘制出聊天记录图标，放在按钮上方位置，使用"投影"和"渐变叠加"图层样式对绘制的图标进行修饰，并在相应的选项卡中设置参数，在图像窗口中可以看到按钮编辑的效果。

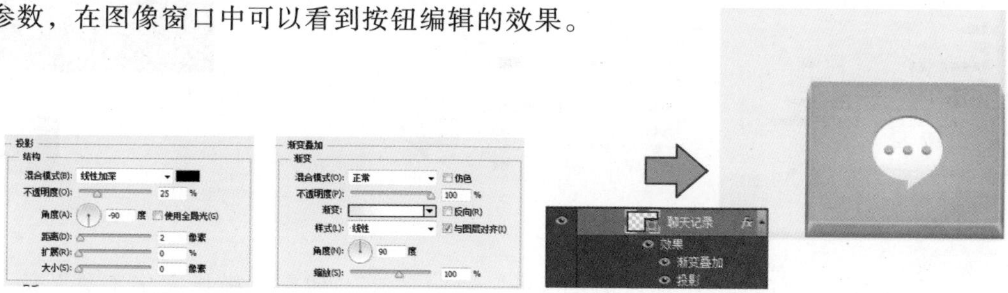


Step 31：对Step 30中绘制的按钮进行复制，重新绘制按钮中的图标，制作出所需的联系人、草稿箱、插入图片的按钮，并对插入图片按钮进行重新调整，使其呈现出按下状态。

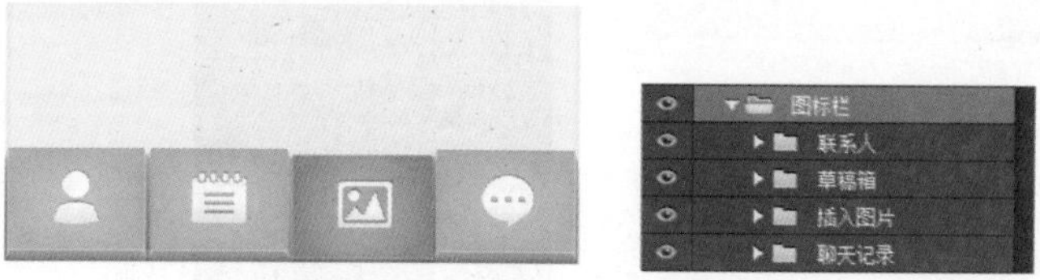


Step 32：将人像素材添加到图像窗口中，使用图层蒙版控制其显示范围，利用"内发光""内阴影"和"投影"图层样式对其进行修饰，并在相应的选项卡中设置参数。

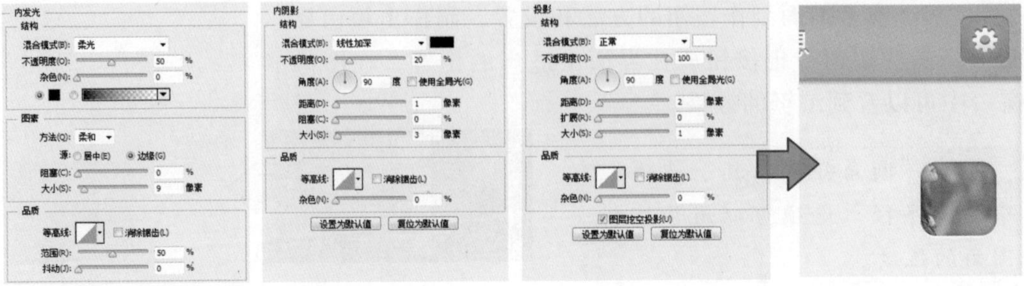

Step 33：绘制出聊天气泡的形状，使用“渐变叠加”和“投影”图层样式对其进行修饰，放在界面适当的位置，在图像窗口中可以看到编辑的效果。

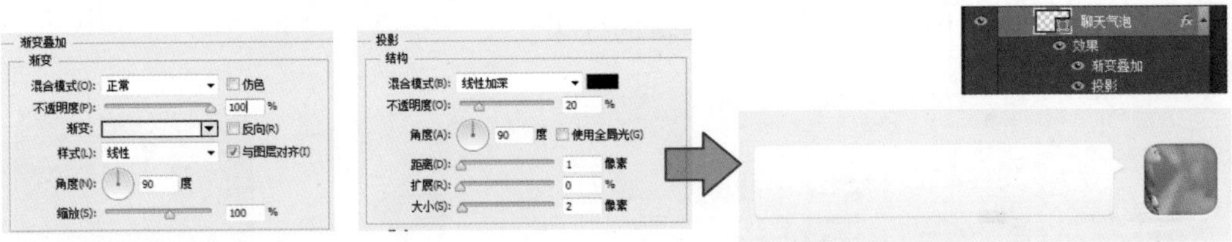


Step 34：在聊天气泡上添加所需的文字，并参考前面的编辑方法，制作出短信界面中其余的聊天内容，按照一定的位置进行排列，在图像窗口中可以看到编辑的结果。

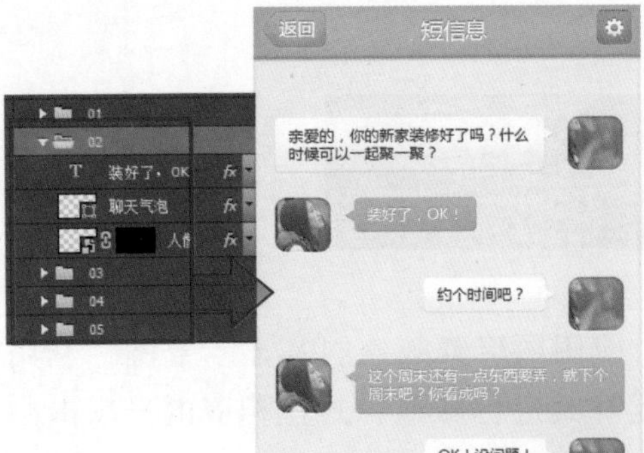


Step 35：使用“横排文字工具”输入“我的闺蜜”，打开“字符”面板对文字的属性进行设置，创建图层组对图层进行管理，在图像窗口中可以看到编辑的效果。

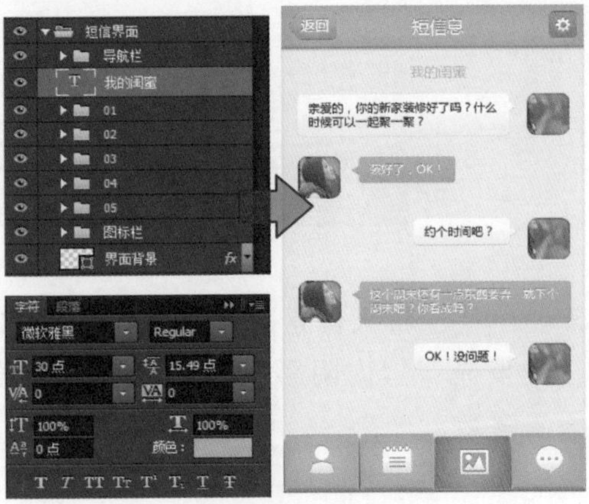

# Part 6

# 孕妈帮手App设计

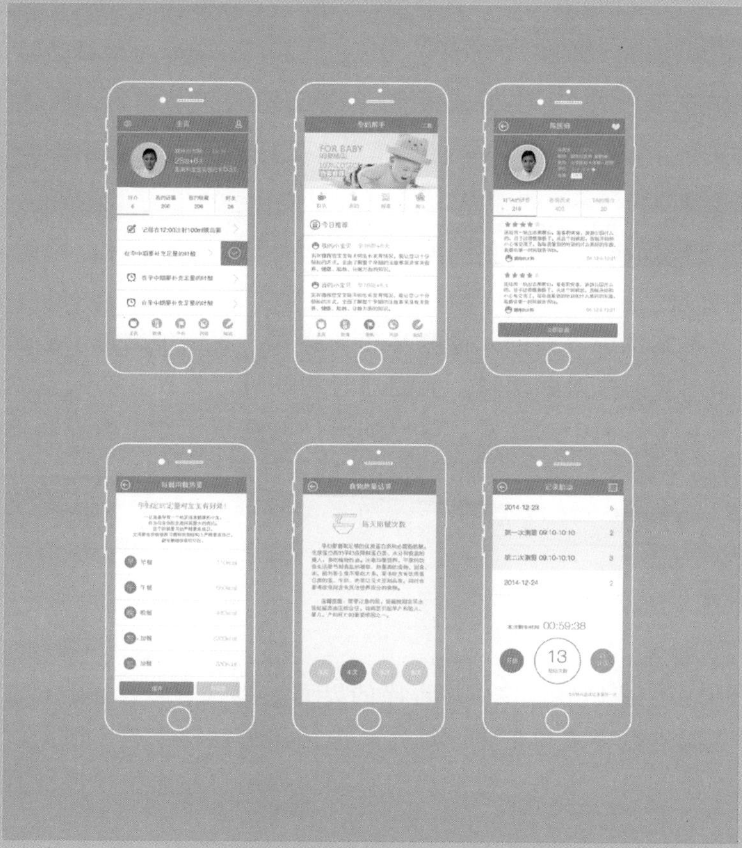

素材：素材\06\01.jpg、02.jpg

源文件：源文件\06\孕妈帮手App设计.psd

## 界面布局规划

对孕期中的妈妈而言，每一天都存在着新鲜感。随着时间的流逝，孕妈的每一周都发生着变化，孕妈的每一天究竟需要做些什么呢？她们希望可以查看每一天的注意事项、行动指南、孕妈身体和宝宝的变化等。本案例是针对孕期的准妈妈所设计的App应用程序，根据妇女怀孕期间所涉及的饮食、注意事项、胎动等内容来设计软件的界面，及时指导孕妈的生活饮食方向。为了达到良好的交互式体验，首先对界面的基础布局进行规划，具体如下。

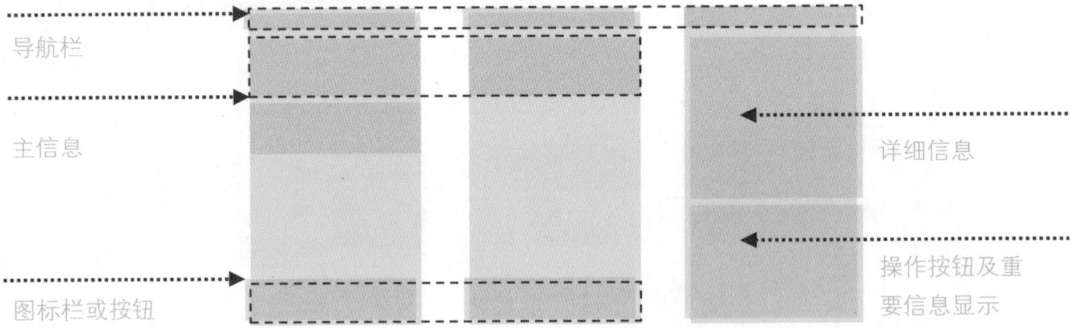


如上图所示为本案例中界面的几个基本布局样式，案例中的每个界面都会依照这几个样式来做细微的修改和编辑。我们通过观察可以发现，布局基本遵循了垂直对称的方式来安排界面中的元素，这样的设计能够很好地平衡界面中元素的功能，给用户在视觉上带来稳重感，加深对程序的信任度。

## 创意思路剖析

从界面的布局中，我们确定该应用程序的界面主要以矩形为基础元素，在创作中通过矩形对界面进行分割和布局。对界面进行详细规划之后，根据软件的功能、使用人群和操作方式，除了一些常规的对象，我们将界面中很多独有的元素都设计为圆形，其具体的创作思路和设计效果如下。

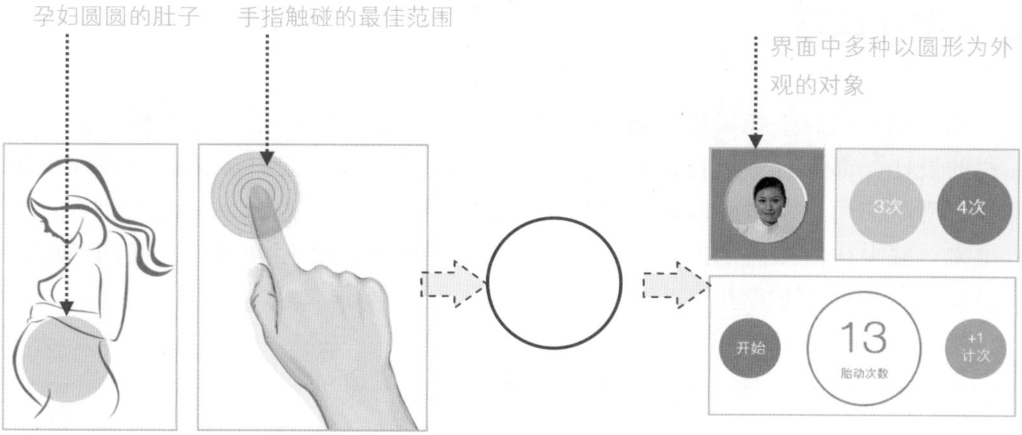


## 确定配色方案

由于本例是为孕期的准妈妈设计的应用程序，因此根据多张孕期的图片、宝宝服装和用品，以及人们思想中的色彩，我们将红色作为色彩的主要线索，通过细微的变化，得到玫瑰粉这种颜色。它温和的意象和娇艳、柔和的感觉，给人温情、可爱的印象，与孕期准妈妈的形象相吻合，容易引起女性的好感，本案具体的配色方案如下。

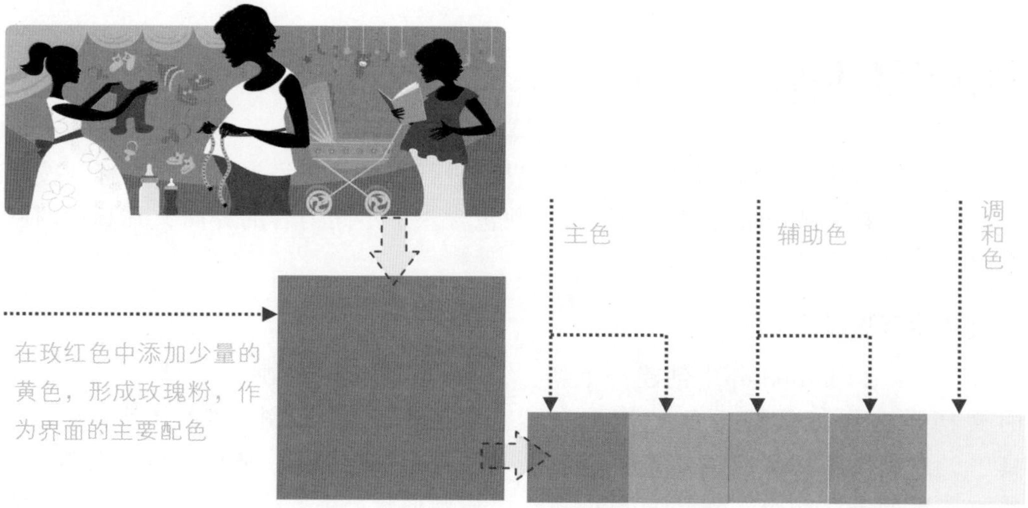

## 定义组件风格

本案例是以扁平化风格进行创作的，不论是界面中的导航栏、按钮，还是图标栏的设计，都没有添加任何特效，如下图所示。这样的设计效果使得界面干净整齐，用户使用起来格外简洁，可以更加简单直接地将信息和事物的工作方式展示出来，减少认知障碍的产生。柔和的色彩也拉近应用程序和用户之间的距离，产生亲近、温和的情感。

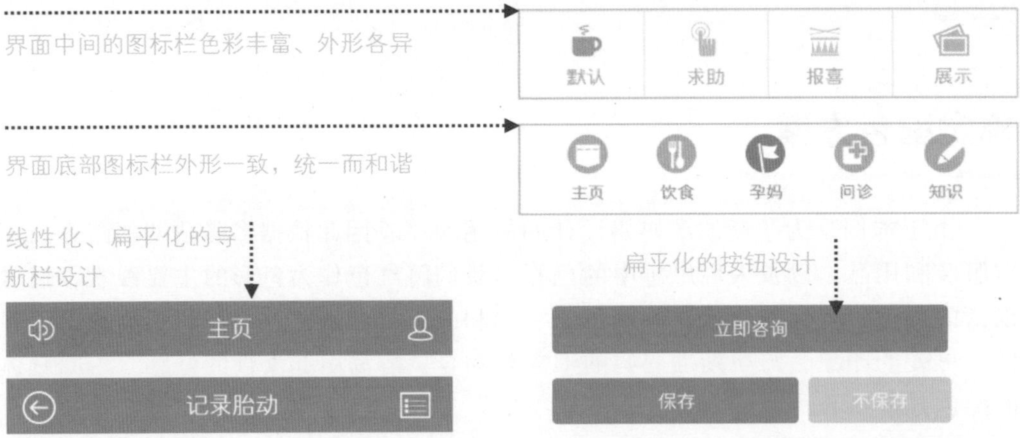


## 制作步骤详解

在本案例的界面制作过程中，先对界面进行布局，再添加文字、图标、按钮等基础元素来完善界面内容。案例中一共包含六个不同内容的界面，其具体的制作方法如下。

### 1. 程序主页界面

Step 01：在Photoshop中创建一个新的文档，选择工具箱中的“矩形工具”，绘制出不同大小的矩形，分别填充所需的不同颜色，对主页界面进行布局。

Step 02：先绘制一个圆形，接着使用“钢笔工具”绘制盾牌的形状，再对形状进行相减操作，使用“矩形工具”在盾牌形状上进行绘制，参考这样的方式绘制出图标。

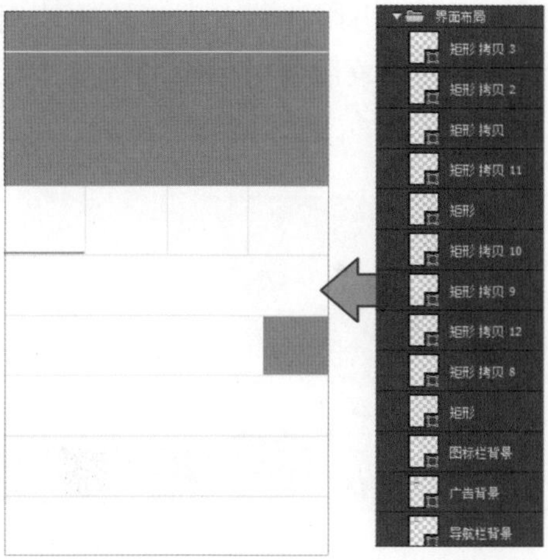


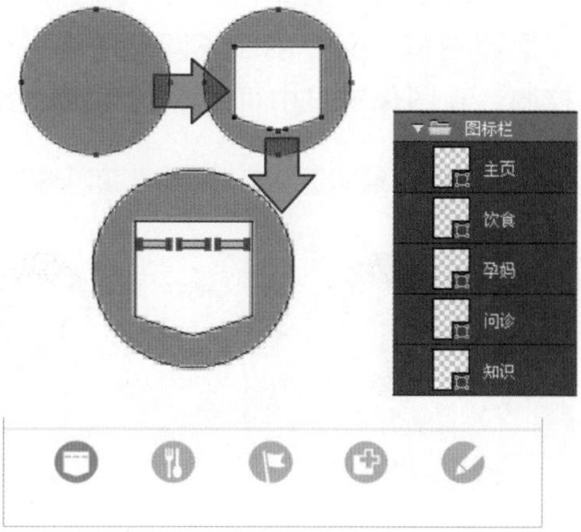


Step 03：使用工具箱中的形状工具，参照Step 02中的绘制方法，绘制出界面上所需的其他图标，在图像窗口中可以看到绘制的结果。

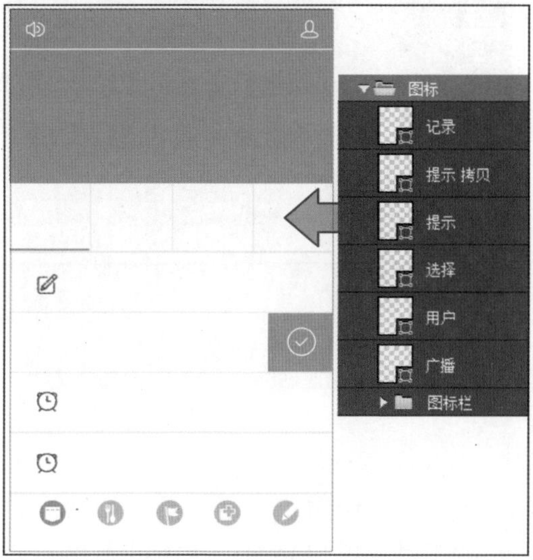


Step 04：使用"横排文字工具"在界面中适当的位置单击，输入所需的文字，打开"字符"面板对文字的属性进行设置，完善界面的信息。

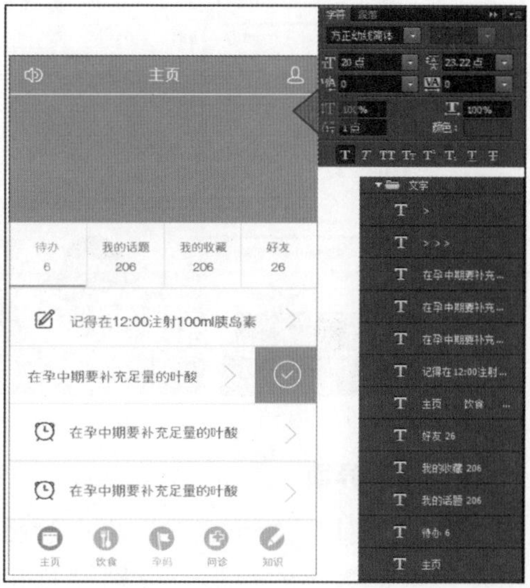

Step 05：将素材\07\01.jpg素材添加到图像窗口中，适当调整其大小，接着使用“椭圆选框工具”创建正圆形的选区，为图层添加上图层蒙版，对图像的显示进行控制，在图像窗口中可以看到编辑的效果。

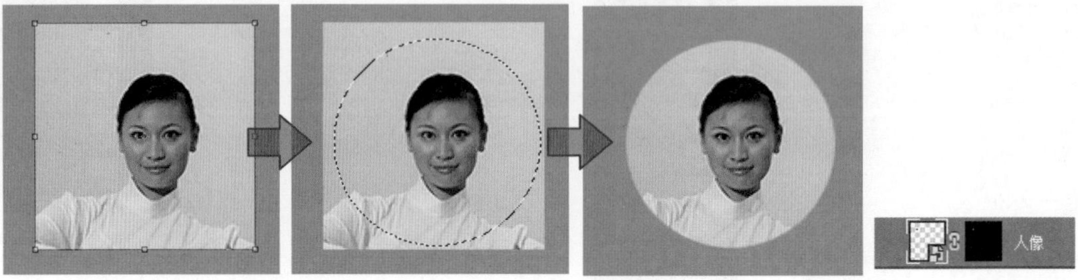


Step 06：为“人像”图层添加上“描边”图层样式，在相应的选项卡中设置参数，为其添加上渐变色的描边，在图像窗口中可以看到编辑的效果。

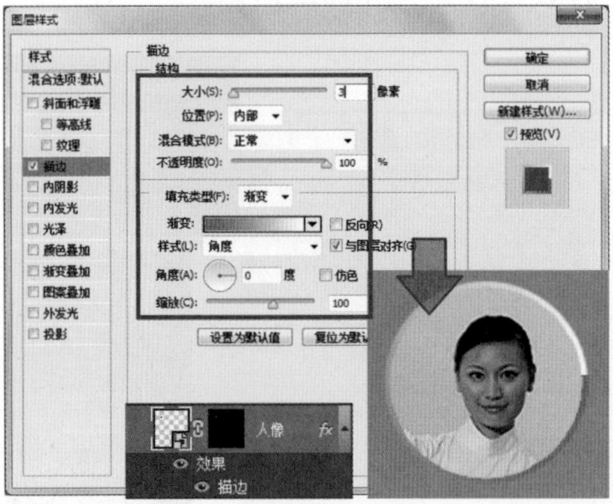


Step 07：在人像的右侧添加上所需的文字，完善客户的信息，打开“字符”面板对文字的字体、颜色、字号、字间距等属性进行设置。

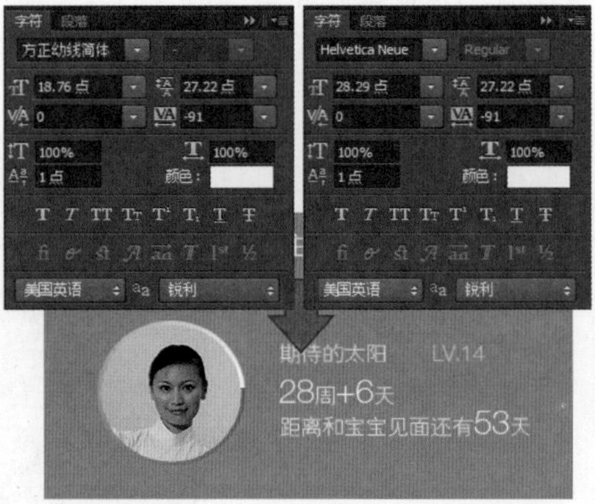


## 2. 孕妈帮手界面

Step 01：使用“矩形工具”再次绘制出多个不同大小的矩形，分别设置相应的填充色，无描边色，对界面进行布局，开始制作孕妈帮手界面。

Step 02：使用“钢笔工具”和其他的形状工具绘制出界面中所需的图标，分别填充适当的色彩，并放在界面上合适的位置，在图像窗口中可以看到编辑的效果。

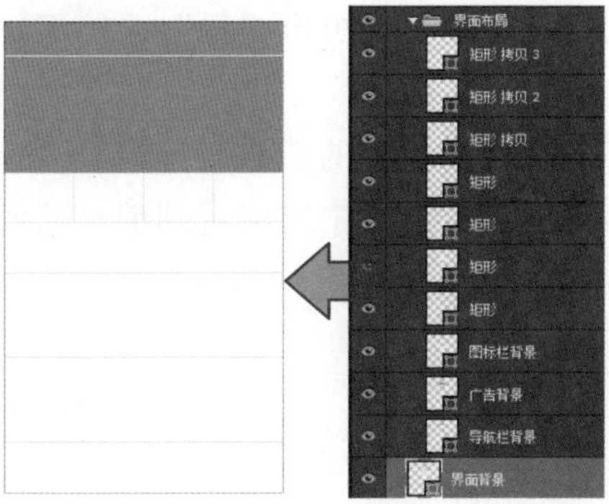


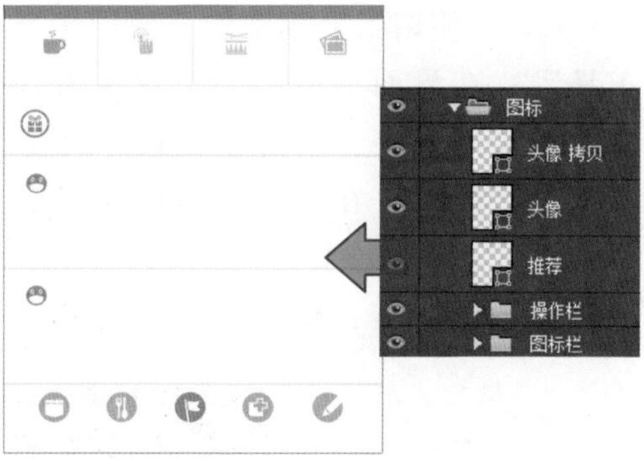


Step 03：将素材\07\01.jpg素材添加到图像窗口中，适当调整其大小，接着使用“矩形选框工具”在图像的上方创建矩形的选区，以选区为标准为图层添加图层蒙版，对图像的显示进行控制，在图像窗口中可以看到编辑的效果。

Step 04：在“图层”面板中设置“婴儿”智能对象图层的“不透明度”选项参数为80%，使其呈现出半透明的效果，柔化图像中的色彩。

Step 05：以“婴儿”图层的蒙版为标准，创建颜色填充图层，设置所需的填充色，并调整“图层”面板中图层的混合模式为“柔光”。

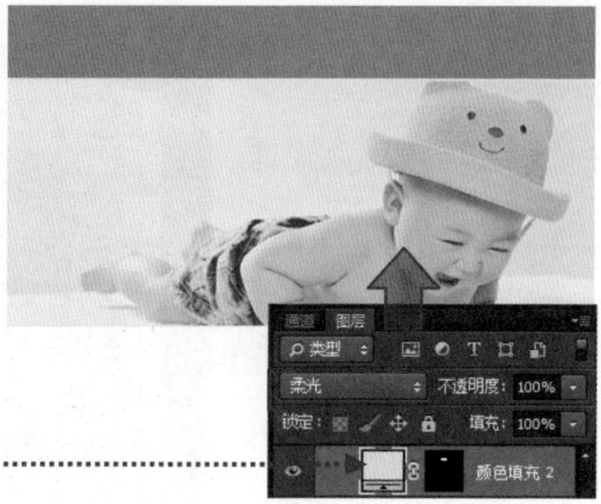

Step 06：使用工具箱中的“横排文字工具”，在界面上适当的位置单击，输入所需的文字，参考前面的字体对文字进行设置，在图像窗口中可以看到添加文字后的效果。

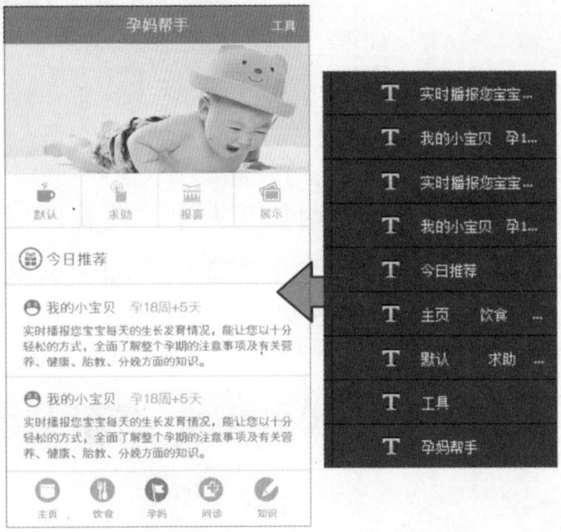


Step 07：使用“矩形工具”绘制出矩形，在使用“横排文字工具”输入所需的文字，对界面上的广告区域内容进行完善，在图像窗口中可以看到编辑后的结果。

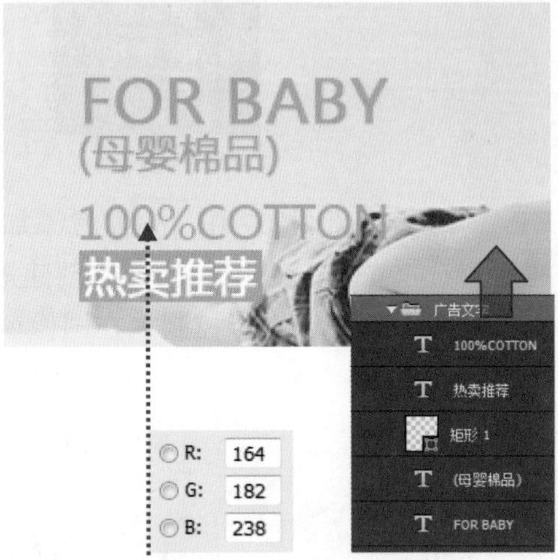


### 3. 医师详情界面

Step 01：选择工具箱中的“矩形工具”，绘制出界面所需的矩形，适当调整矩形的大小、位置和颜色，对界面进行基础布局，开始制作医师详情界面。

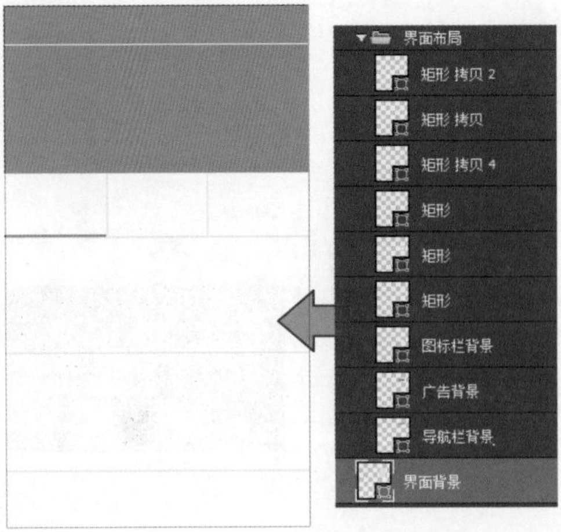


Step 02：使用“横排文字工具”在界面上适当的位置单击，输入当前界面所需的文字信息，完善界面内容，在图像窗口中可以看到编辑的效果。

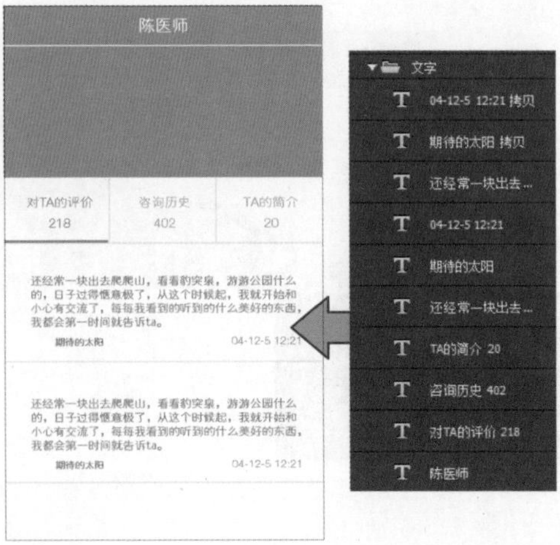

Step 03：对前面绘制的图标进行复制，将其放置在当前的界面中，适当调整图标的位置，使用图层组对图层进行管理和分类，在图像窗口中可以看到编辑的效果。

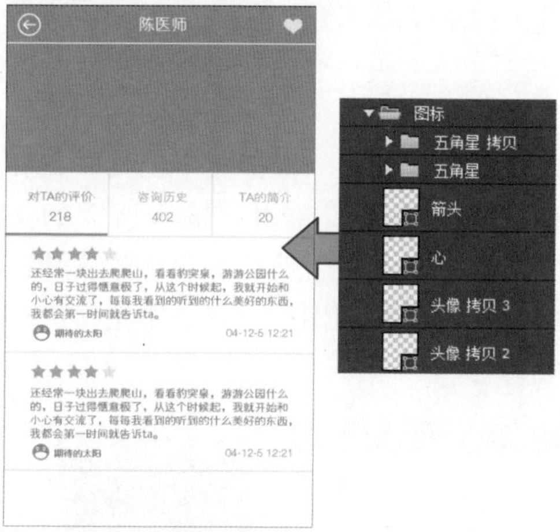


Step 04：选择工具箱中的“圆角矩形工具”，在其选项栏中进行设置，绘制出按钮的形状，再添加所需的文字，打开“字符”面板对文字的属性进行设置。

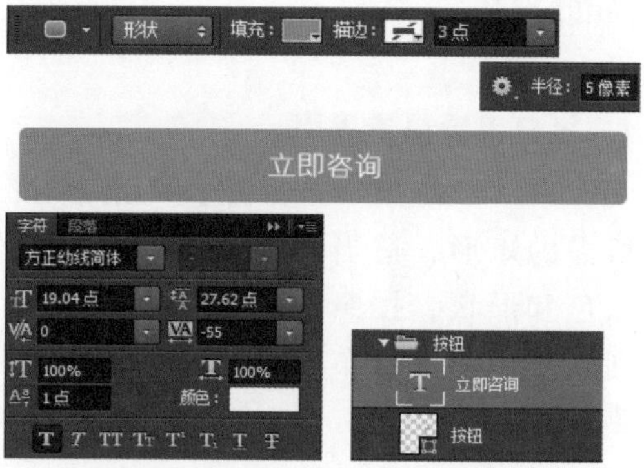


Step 05：复制所需的图标，再输入界面中所需的医师信息，将其放在界面右上角的位置，在图像窗口中可以看到编辑的效果。

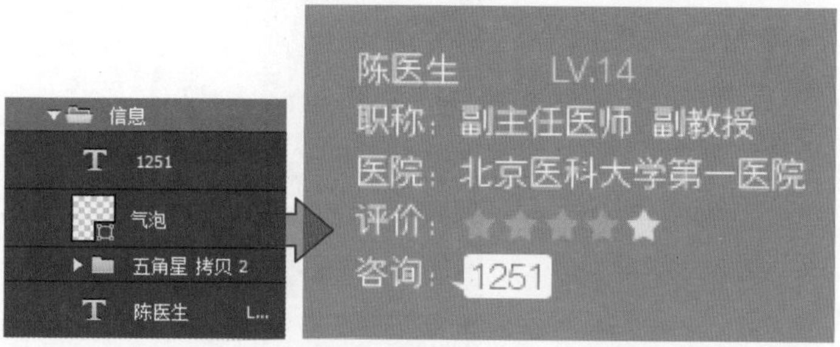


Step 06：将素材\07\01.jpg素材添加到图像窗口中，参考前面对人像素材的编辑方法，使用图层蒙版控制其显示，接着使用“外发光”和“描边”图层样式对图层进行修饰，并在相应的选项卡中设置参数，在图像窗口中可以看到编辑的效果。

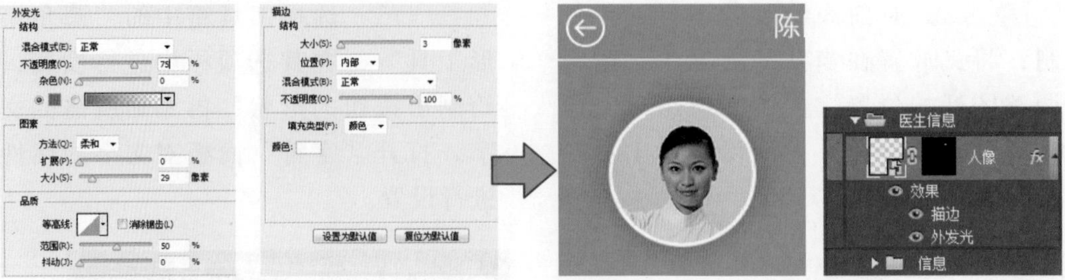


## 4. 每日用餐热量界面

Step 01：使用“矩形工具”绘制出所需的矩形，适当调整矩形的大小、颜色和形状，按照所需的位置进行排列，对界面进行布局，开始每日用餐热量界面的制作。

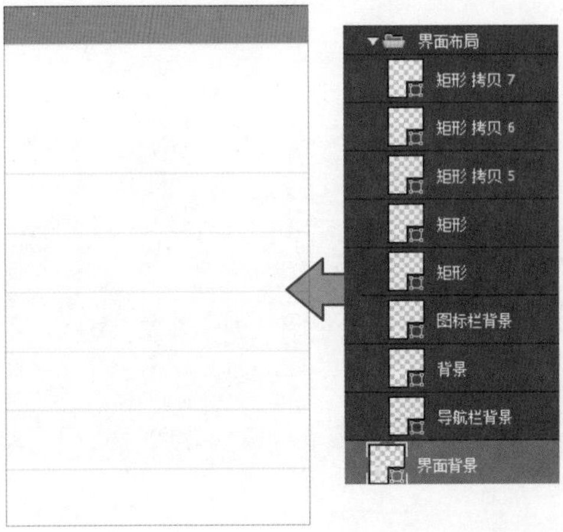


Step 02：使用“横排文字工具”在界面上适当的位置单击，输入所需的文字，打开“字符”面板对文字的属性进行设置，并使用图层组对文字图层进行管理。

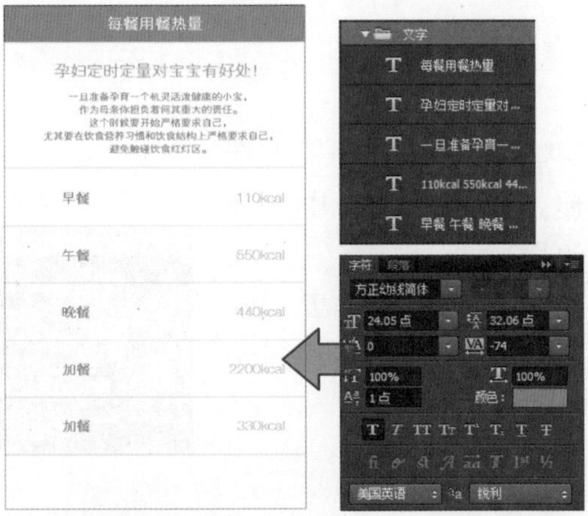


Step 03：参考前面绘制按钮的方法，使用“圆角矩形工具”绘制出界面所需的两个按钮，分别为按钮添加所需的文字，放在界面的底部位置。

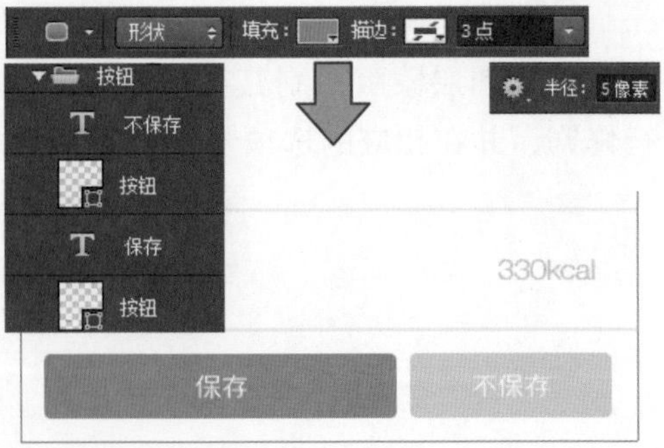

Step 04：使用“椭圆工具”绘制出圆形，复制圆形后放在界面的左侧，接着使用“横排文字工具”输入所需的文字，打开“字符”面板对文字的属性进行设置。

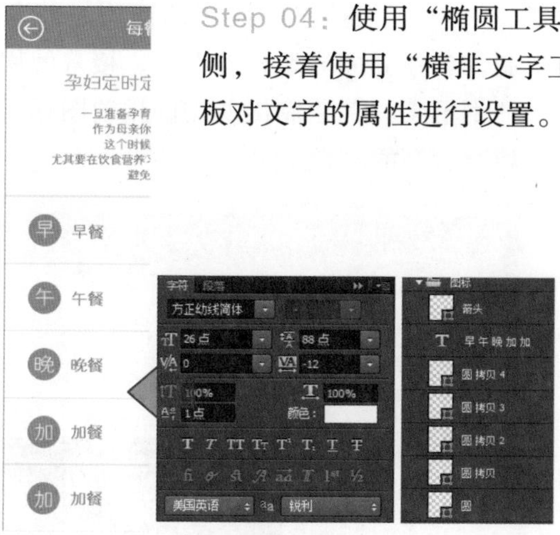


**5. 食物热量估算界面**

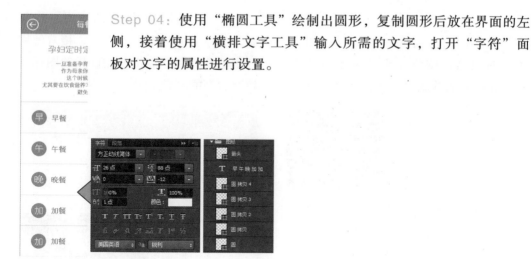

Step 01：使用“矩形工具”绘制出两个矩形，一个为界面的背景，一个为导航栏的背景，并分别对其设置不同的填充色，对界面进行大致的布局。

Step 02：选择工具箱中的“横排文字工具”，输入界面所需的文字，参考前面使用“字符”面板对文字的属性进行设置，在图像窗口中可以看到编辑的结果。

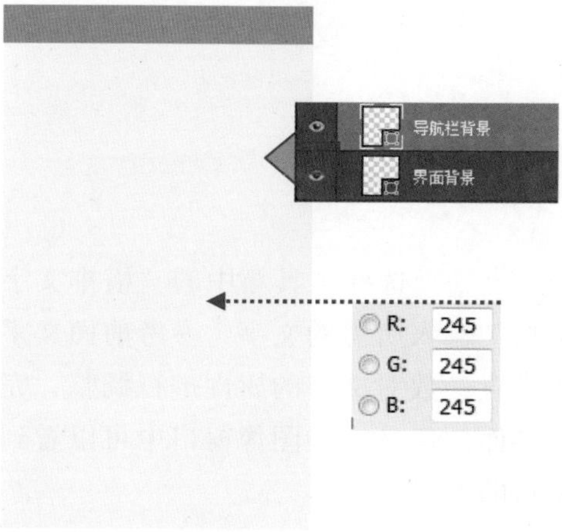


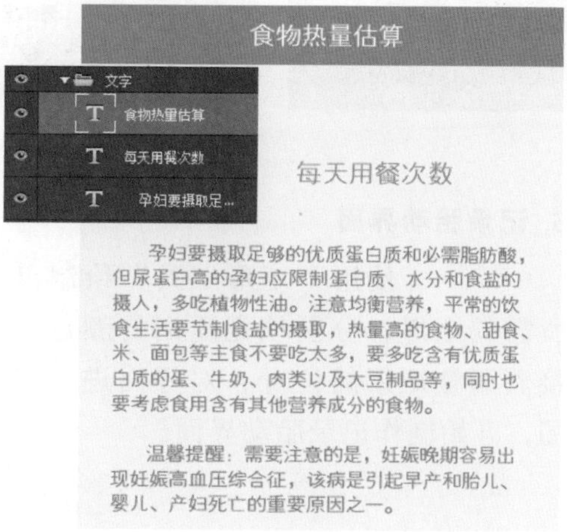

Step 03：选择工具箱中的“椭圆工具”，绘制出所需的圆形，分别填充适当的颜色，按照等距的位置继续排列，放在界面的底部位置。

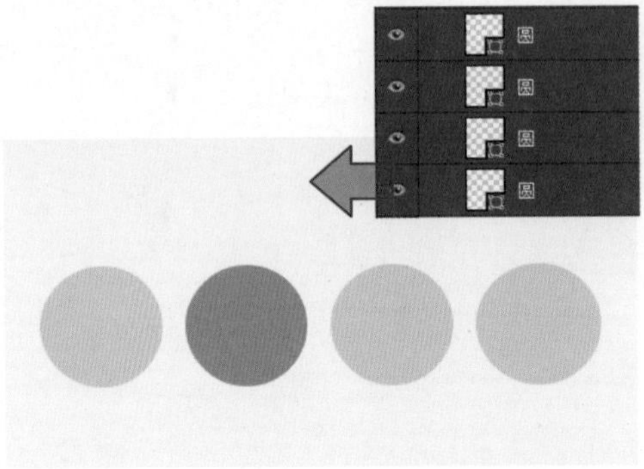


Step 04：对前面绘制的箭头进行复制，放在界面导航栏的左侧，接着使用“钢笔工具”绘制出所需的用餐图标，填充适当的颜色。

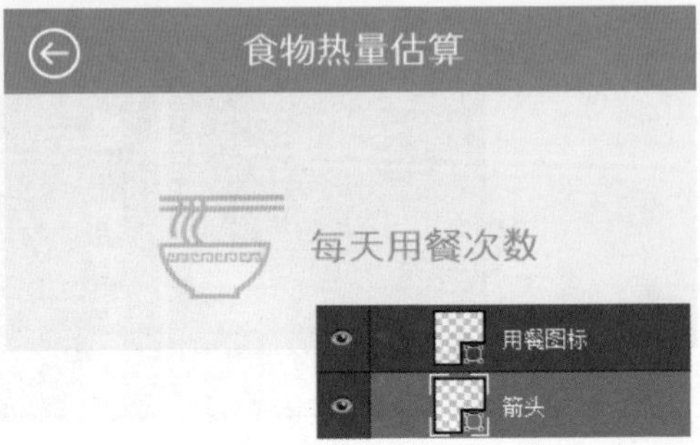


Step 05：选择工具箱中的“横排文字工具”，输入所需的文字，打开“字符”面板，对文字的字体、字号、字间距等进行设置，分别使用两种字体来对数字和文字进行应用，把文字放在圆形的上方，在图像窗口中可以看到编辑的效果。

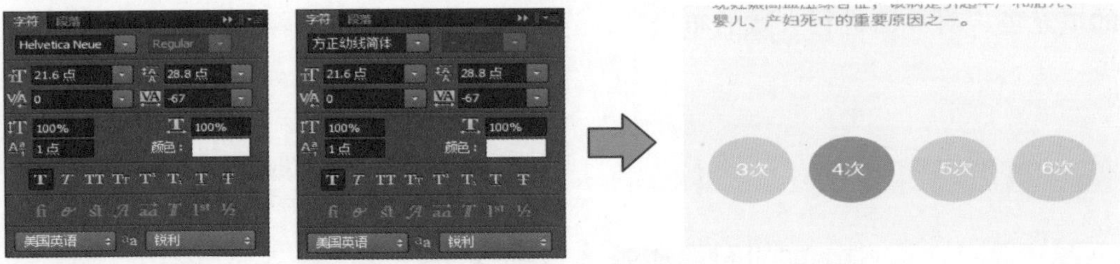


### 6. 记录胎动界面

Step 01：使用“矩形工具”绘制出所需的矩形，分别填充适当的颜色，接着调整矩形的位置，对界面进行布局，开始制作记录胎动界面。

Step 02：选择工具箱中的“横排文字工具”输入所需的文字，参考前面文字的设置参数对文字的属性进行调整，完善界面的信息，在图像窗口中可以看到编辑的效果。

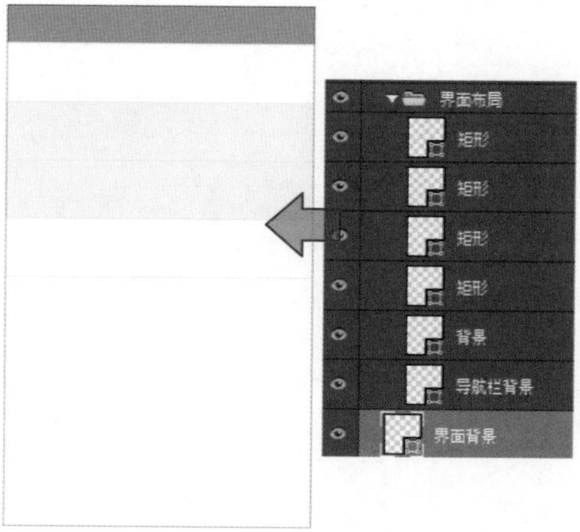


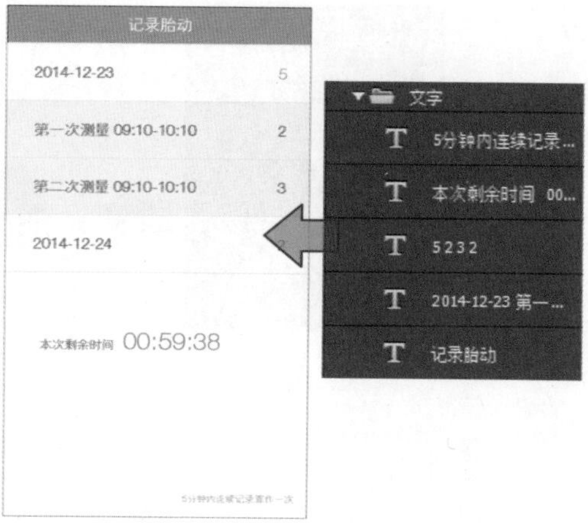


Step 03：复制前面绘制的箭头图标，放在导航栏的左侧，接着绘制出列表图标，填充白色，放在导航栏的右侧，在图像窗口中可以看到添加图标后的效果。

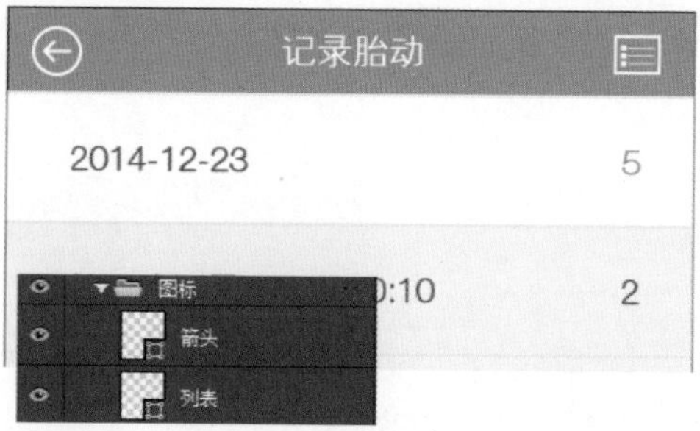


Step 04：使用“椭圆工具”绘制三个圆形，分别填充不同的颜色，并对中间的圆形应用“描边”图层样式，在相应的选项卡中设置参数。

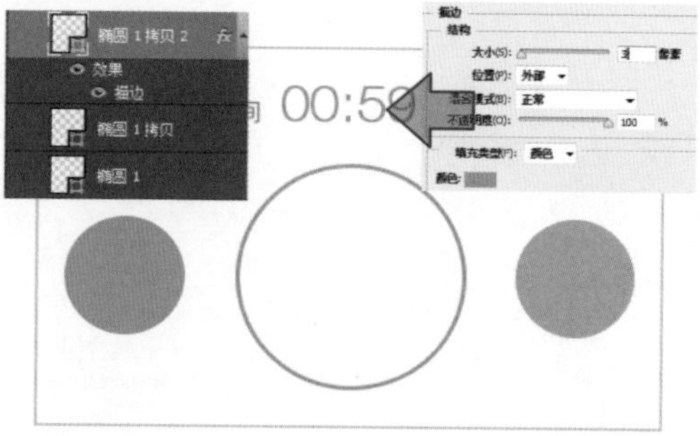


Step 05：使用“横排文字工具”在圆形的上方位置添加所需的文字，参考前面对文字属性的设置，调整文字的外观，并对界面中的对象进行细微的调整，完成记录胎动界面的制作，在图像窗口中可以看到本案例最终的编辑效果。

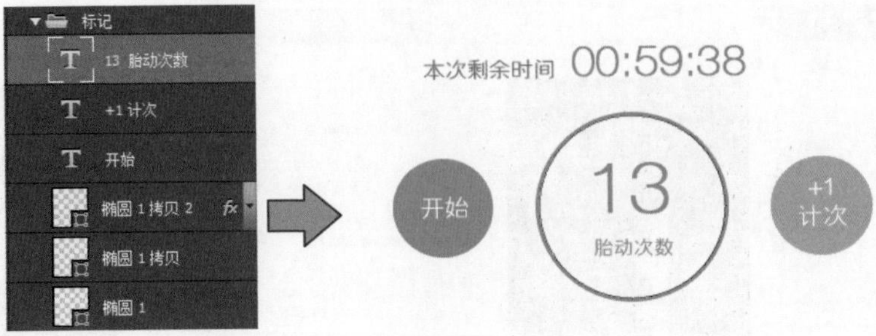
标记
13 胎动次数
+1 计次
开始
椭圆 1 拷贝 2
椭圆 1 拷贝
椭圆 1
本次剩余时间 00:59:38
开始
13
胎动次数
+1
计次

# Part 7
# 美食网站App设计

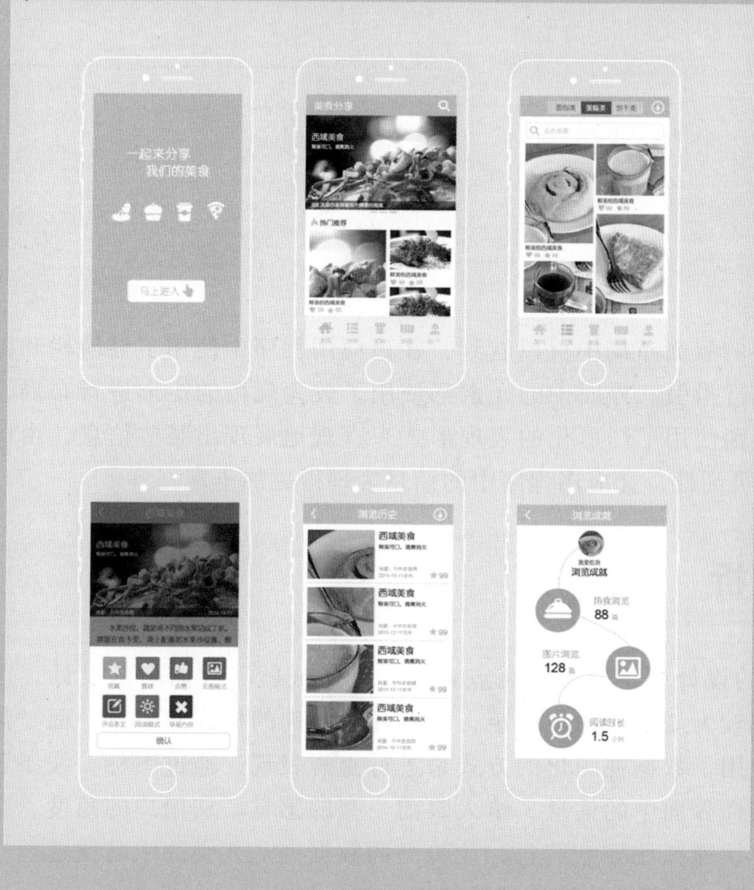


素材：素材\07\01.jpg、02.jpg、03.jpg

源文件：源文件\07\美食网站App设计.psd

## 界面布局规划

美味的食物，贵的有山珍海味，便宜的有街边小吃，但并不是所有人对美食的标准都是一样的，其实美食是不分贵贱的，只要是自己喜欢的，就可以称之为美食。鉴于美食的多样性和不定性，因此我们在设计美食App应用程序的时候，也使用了较为多样化的界面布局来对信息进行表现，接下来就对案例中的界面布局进行分析，具体如下。

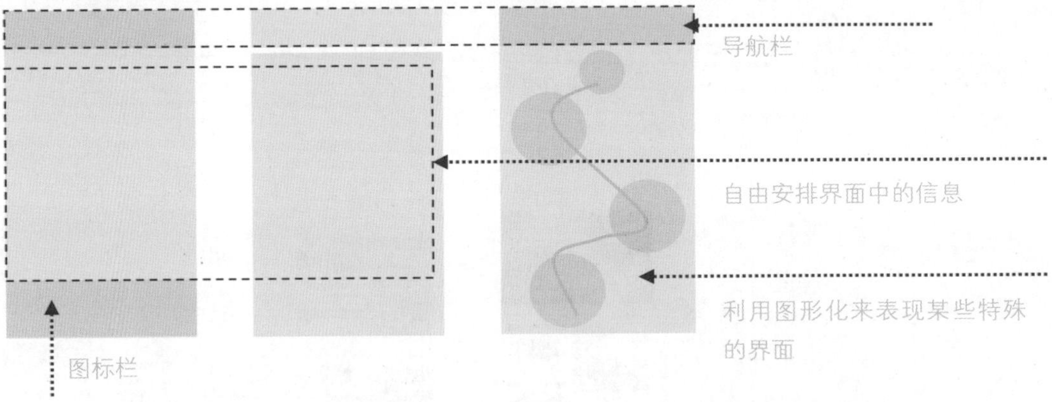


从上图所示的界面布局中可以看到，在该应用程序中使用了导航栏和图标栏来对应用程序进行指引。界面中的元素都使用了较为规范的矩形进行布局，部分较为特殊的界面则使用了图形化的表现形式来直观地展现出某些信息，由此来突显出界面布局的灵活性，让应用程序中的信息表现得更加丰富。

## 创意思路剖析

在本案例的设计中，最大的亮点就是“浏览成就”界面中的设计，因为其他界面的设计都较为规范和中规中矩，没有什么特殊的样式和特点。而“浏览成就”界面中，使用了数据视图化的方式来进行直观表现，通过图标、线条和文字的自由表现来传递界面中的信息，给人眼前一亮的感觉。从用户的角度，数据可视化可以让用户快速抓住要点信息，让关键的数据点从人类的眼睛快速通往心灵深处，具备准确性、创新性和简洁性的特点，其具体的设计思路如下。

信息视图化可以让拉近界面与用户之间的距离，形象直观，便于理解，也可以节省时间，提高沟通的效率
选择适合信息表现的视图化素材来作为页面创作的参考和蓝本
浏览成就
热食浏览
88
图片浏览
128
阅读时长
1.5

## 确定配色方案

我们在观察众多美食图片的过程中，发现橙色是出现较为频繁的一种色彩。再对橙色进行进一步了解，橙色是较为鲜艳夺目的，常给人带来亲切和温暖的感觉，也是秋季的色彩，意味着丰收。同时橙色也是代表美味食物的色彩，容易激发人们的食欲，表现出积极欢快的情绪，接下来就对本案例的配色进行分析，具体如下。

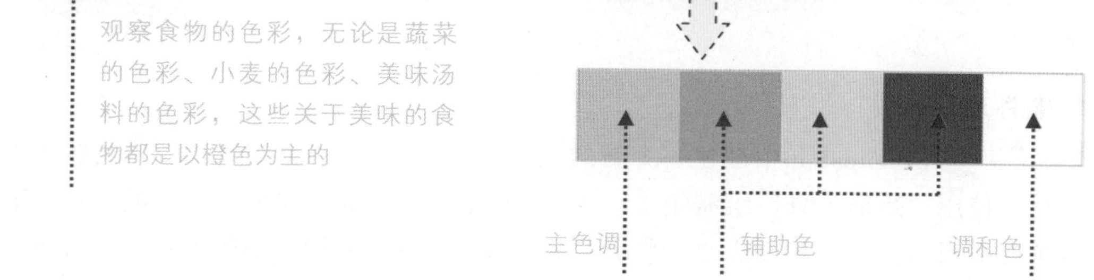
提取介于正红色与黄色之间的橙色作为界面的主色调
观察食物的色彩，无论是蔬菜的色彩、小麦的色彩、美味汤料的色彩，这些关于美味的食物都是以橙色为主的
主色调
辅助色
调和色

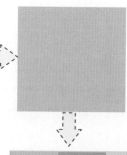

## 定义组件风格

本案例在设计的过程中，使用了扁平化的设计理念，既适合在Android系统中使用，也适合在iOS系统中使用。在文字和图标的设计上，也都使用了较为圆润的图形外观来进行创作，显得温和而自然，通过暖色系橙色的搭配，让界面元素显得欢快、愉悦，容易被用户接受。接下来就对界面元素的风格进行分析，具体如下。

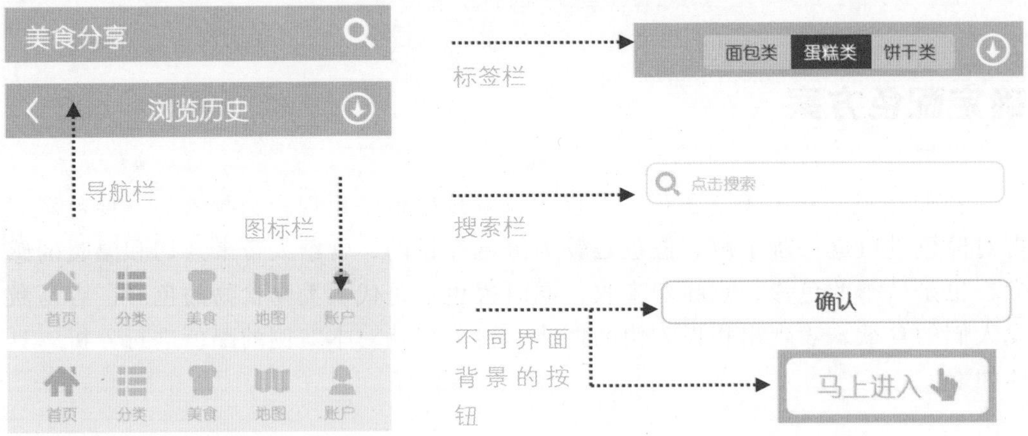


## 制作步骤详解

本案例的制作主要使用了形状工具对界面进行布局，通过图层蒙版来对美食图像的显示进行控制，再利用文字工具添加所需的信息，其具体的制作步骤如下。

### 1. 程序欢迎界面

Step 01：在Photoshop中创建一个新的文档，使用“矩形工具”绘制矩形，为其填充适当的颜色，无描边色，将其作为界面的背景。

Step 02：使用“钢笔工具”绘制所需的面包的形状，接着选择“减去顶层形状”选项，使用“钢笔工具”完善图标的制作，在图像窗口中可以看到绘制的效果。

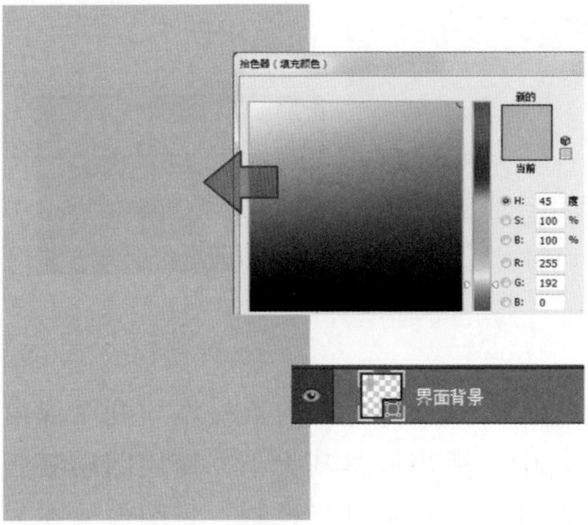


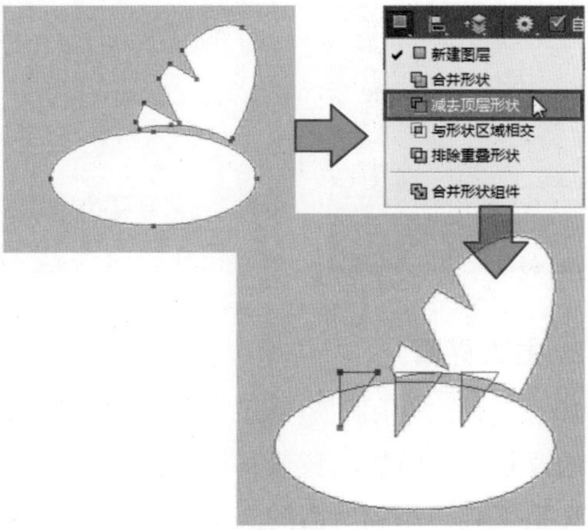


Step 03：参考Step 02的绘制方法，使用形状工具绘制出其他的美食图标，为其填充白色，无描边色，将其以相同的距离放在界面上。

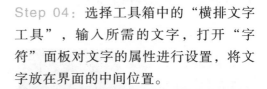

Step 04：选择工具箱中的“横排文字工具”，输入所需的文字，打开“字符”面板对文字的属性进行设置，将文字放在界面的中间位置。

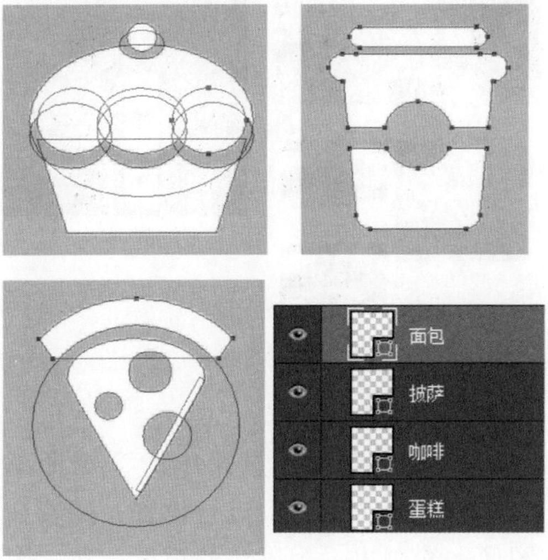

Step 05：使用“圆角矩形工具”绘制出一个白色的圆角矩形，作为按钮，接着使用“横排文字工具”输入“马上进入”的字样，打开“字符”面板对文字的属性进行设置，最后利用“钢笔工具”绘制出手势的形状，将按钮放在界面的下方位置。

**2. 主页界面**

Step 01：使用“矩形工具”绘制出界面的背景和导航栏的背景，接着使用“横排文字工具”添加所需的文字，再绘制出放大镜的形状，开始制作主页界面。

Step 02：将所需的素材添加到图像窗口中，适当调整其大小，使用图层蒙版对图像的显示进行控制，将图像放在界面合适的位置，完成界面大致的布局。

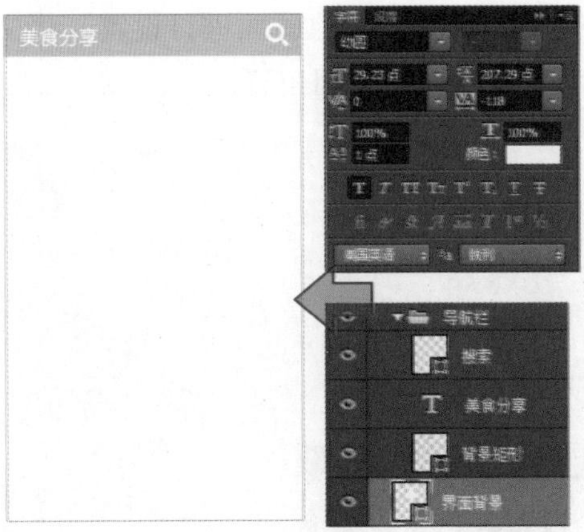

Step 03：使用“钢笔工具”绘制出所需的五角星、心形和火焰的形状，填充适当的颜色，无描边色，将绘制的形状放在界面适当的位置。

Step 04：选择工具箱中的“矩形工具”，在其选项栏中进行设置，接着在图像上绘制出一个黑色的矩形，在“图层”面板中设置其“不透明度”选项的参数为50%。

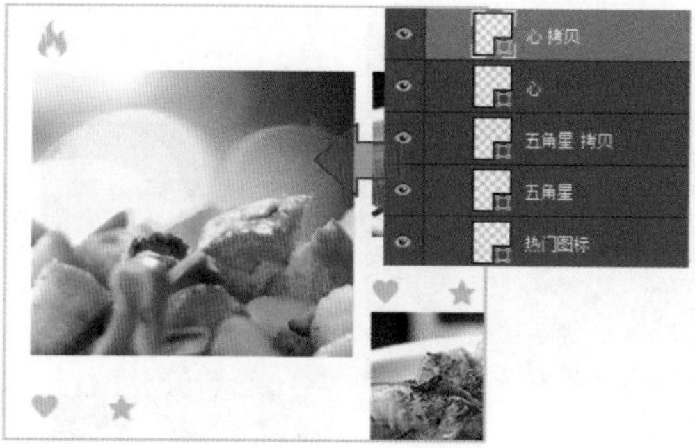


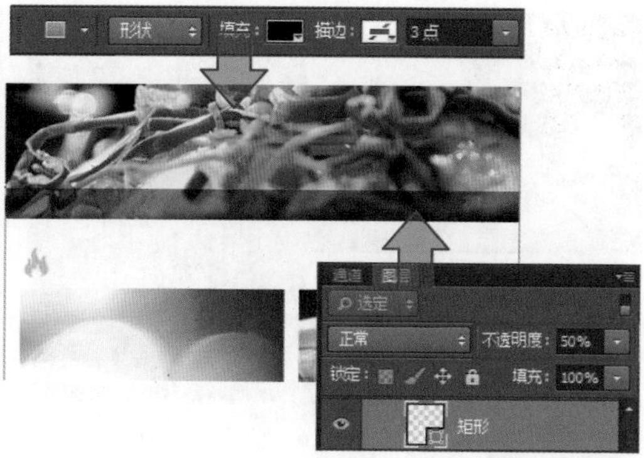


Step 05：选择工具箱中的“矩形工具”，绘制三个矩形，分别填充适当的颜色，无描边色，使用相同的距离对其位置进行安排，在图像窗口中可以看到编辑的效果。

Step 06：选择工具箱中的“横排文字工具”在界面适当的位置单击，输入所需的文字，打开“字符”面板对文字的属性进行设置，在图像窗口中可以看到添加文字的效果。

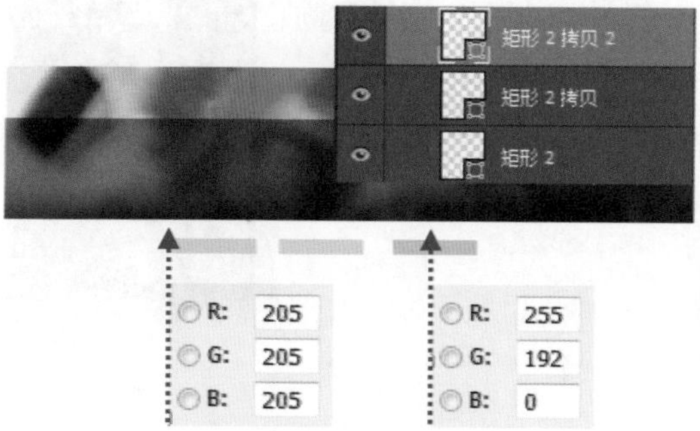


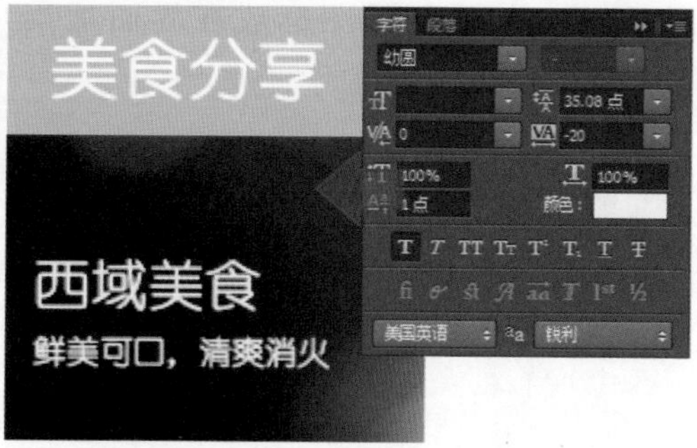


Step 07：使用“横排文字工具”添加界面所需的其他文字，参考Step 06对文字进行设置，适当调整文字的大小，将各组文字放在适当的位置。

Step 08：使用“矩形工具”绘制出界面底部图标栏的背景，接着使用“横排文字工具”添加所需的文字，再在“字符”面板中对文字的属性进行设置。

Step 09：选中工具箱中的“圆角矩形工具”，在其选项栏中进行设置，绘制出六个圆角矩形，组合成分类图标的形状，将绘制的图标放在界面适当的位置。

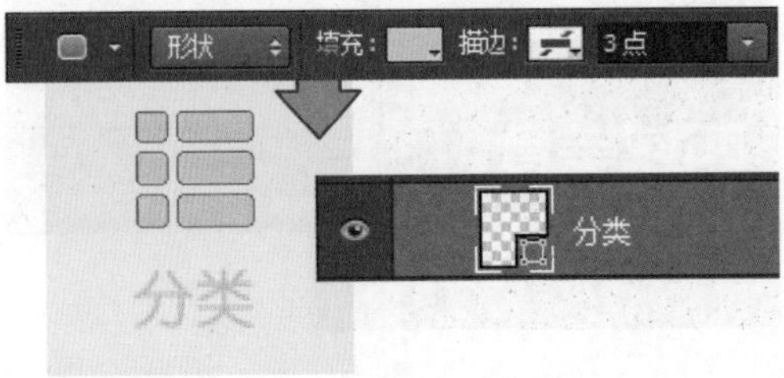


Step 10：参考前面的绘制方法和颜色设置，绘制出界面底部图标栏中所需的其他图标，将图标放在合适的文字上方。

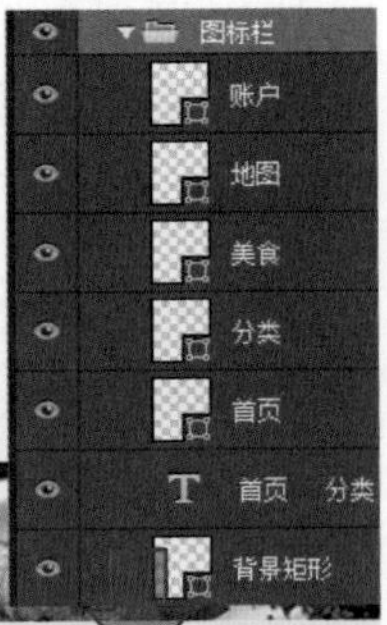

**3. 美食分类界面**

Step 01：对前面绘制的界面背景进行复制，再使用“圆角矩形工具”绘制出标签栏中所需的形状，填充适当的颜色，开始制作美食分类界面的绘制。

Step 02：选择工具箱中的“横排文字工具”，在适当的位置单击，输入所需的文字，将文字放在标签栏上，打开“字符”面板设置文字的属性，再添加上所需的图标。

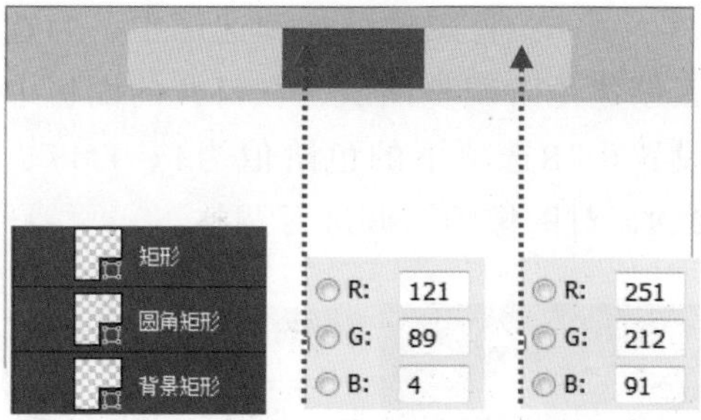


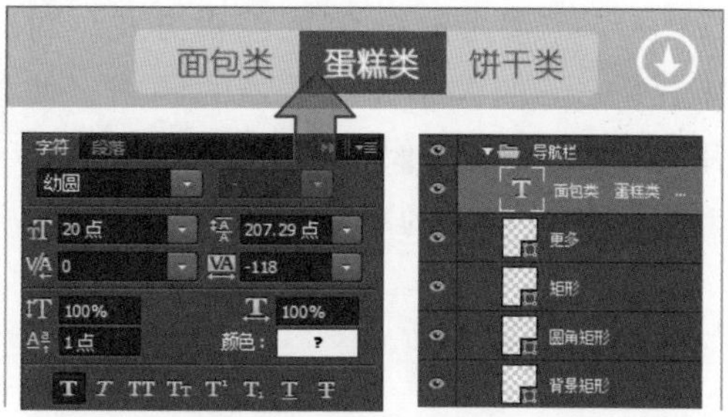


Step 03：选择工具箱中的“圆角矩形工具”，绘制出圆角矩形，作为输入框，使用“描边”图层样式对其进行修饰，再在“图层”面板中设置“填充”选项的参数为0%。

Step 04：使用“钢笔工具”绘制出放大镜的形状，接着利用“横排文字工具”添加“点击搜索”的字样，打开“字符”面板对文字的属性进行设置。

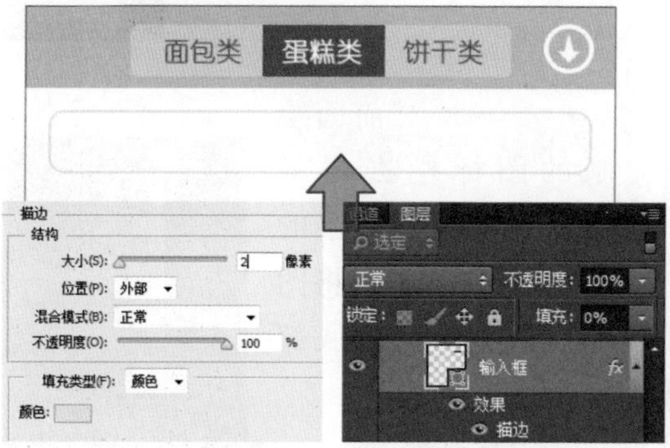


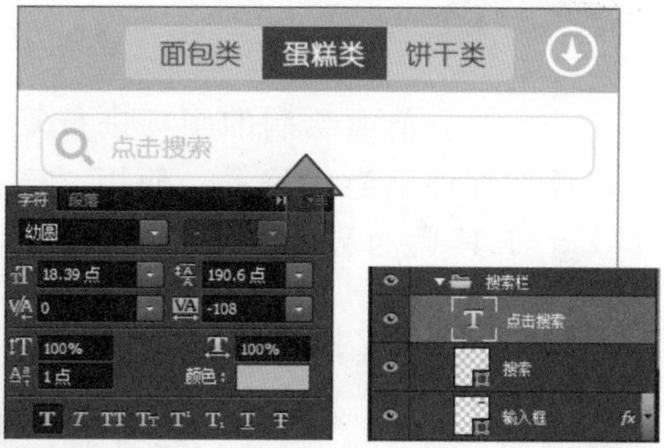


Step 05：将素材\09\03.jpg素材添加到图像窗口中，适当调整图像的大小和位置，使用“矩形选框工具”创建矩形的选区，接着单击“图层”面板底部的“添加图层蒙版”按钮，使用图层蒙版对图像的显示进行控制，在图像窗口中可以看到编辑的效果。

Step 06：参考Step 05的编辑方式，对素材03.jpg的大小进行适当的调整，使用图层蒙版对图像的显示进行控制，对界面进行合理的布局。

Step 07：将图像添加到选区中，为选区创建色阶调整图层，在打开的面板中设置RGB选项下的色阶值为1、1.47、219，对图像的影调进行调整。

Step 08：对前面绘制的图标进行复制，放在界面适当的位置，使用“横排文字工具”为界面添加所需的文字。

Step 09：对前面绘制的图标栏进行复制，对图标和文字的颜色进行调整，将图标栏放在界面的底部位置。

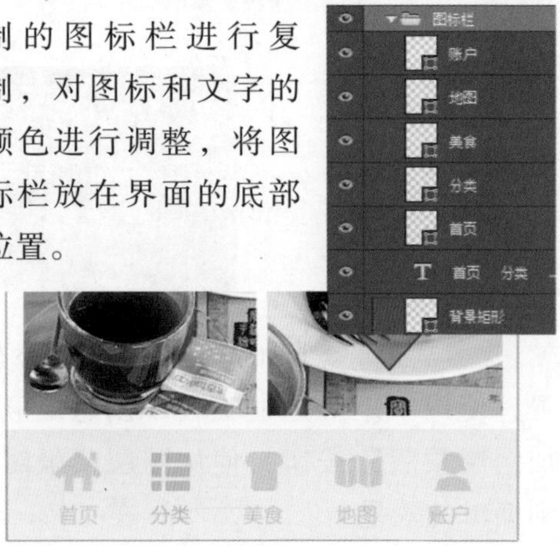


### 4. 美食详情界面

Step 01：对前面绘制的界面背景、导航栏背景和图像进行复制，更改界面导航栏中的文字内容，开始制作美食详情界面，在图像窗口中可以看到编辑的效果。

提示：在设计应用程序界面的过程中，很多时候界面的背景、标题栏、图标栏等基础元素在整个程序中都是保持高度的一致的，为了提高工作的效率，在绘制多个界面时，可以对重复的元素进行复制。

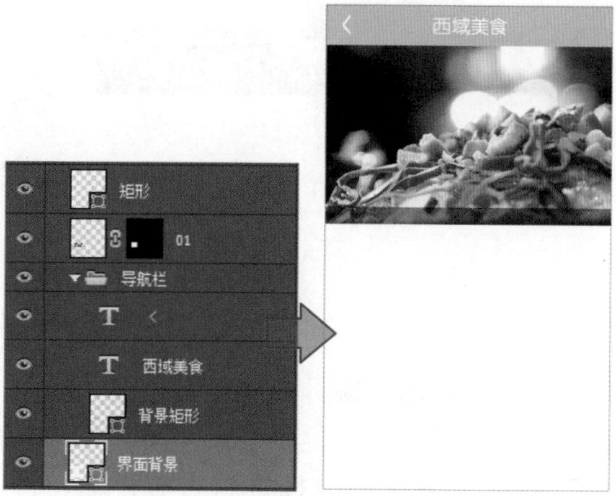


Step 02：选择工具箱中的“横排文字工具”，输入所需的文字，打开“字符”面板对文字的属性进行设置，调整文字的字号和位置，在图像窗口中可以看到编辑的效果。

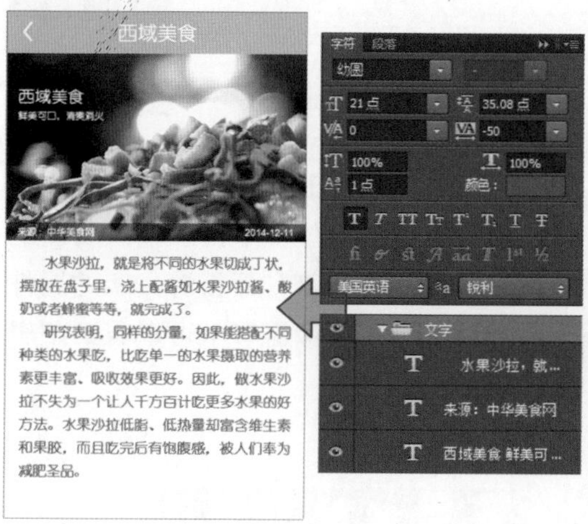


Step 03：使用“矩形工具”绘制出与界面背景相同大小的矩形，设置其填充色为黑色，无描边色，在“图层”面板中设置“不透明度”选项的参数为50%。

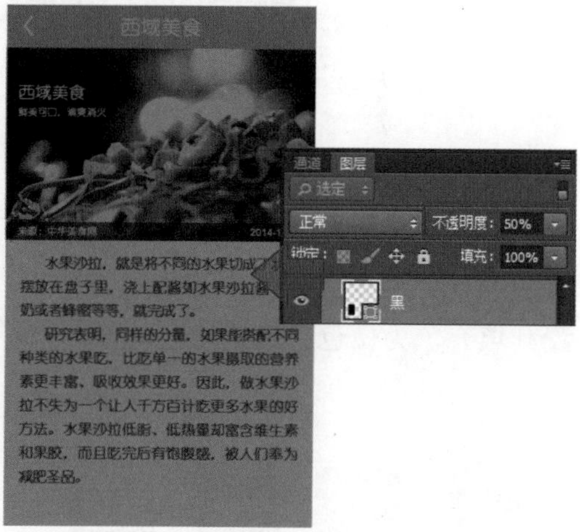


Step 04：选择“矩形工具”绘制出一个白色的矩形，无描边色，将其放在界面的底部，作为菜单的背景，在图像窗口中可以看到编辑的效果。

Step 05：选择“圆角矩形工具”绘制出按钮的形状，设置其“填充”选项的参数为0%，再使用“描边”图层样式对绘制的形状进行修饰，并在相应的选项卡中设置参数。

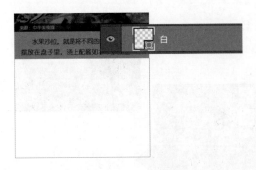


Step 06：选择“横排文字工具”输入按钮所需的“确认”字样，打开“字符”面板对文字的属性进行设置，将文字放在圆角矩形的上方。

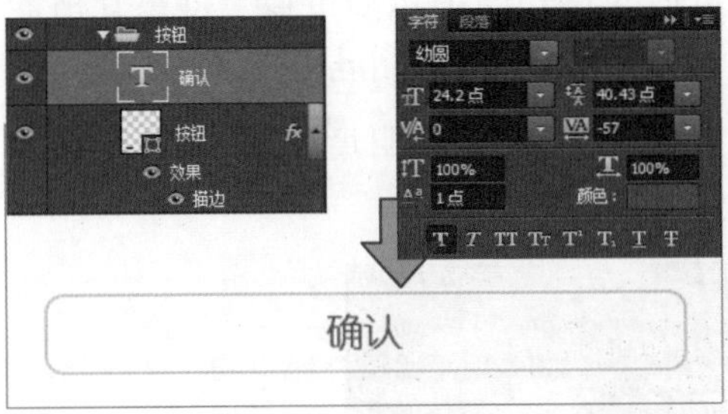


Step 08：使用“钢笔工具”“椭圆工具”“矩形工具”等形状工具绘制出所需的形状，将其放在圆角矩形上方，设置其填充色为白色，无描边色。

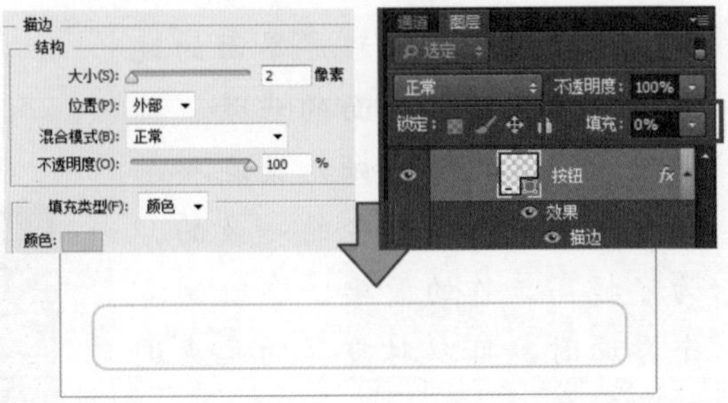


Step 07：使用“圆角矩形工具”绘制出所需的形状，分别为其填充适当的颜色，按照相同的距离进行排列。

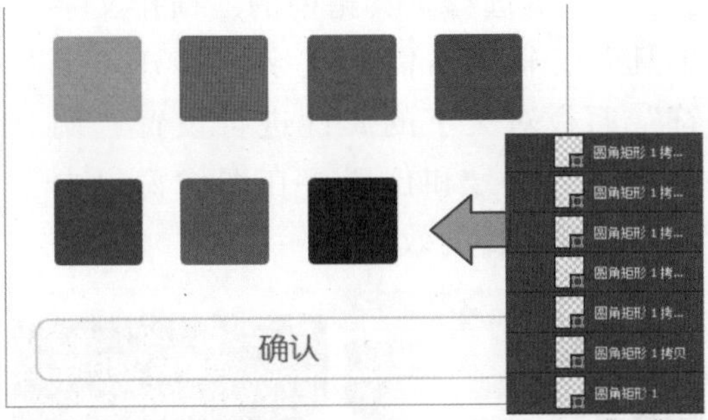


Step 09：选择工具箱中的“横排文字工具”在适当的位置单击，输入所需的文字，打开“字符”面板对文字的属性进行设置，在图像窗口中可以看到编辑的效果。

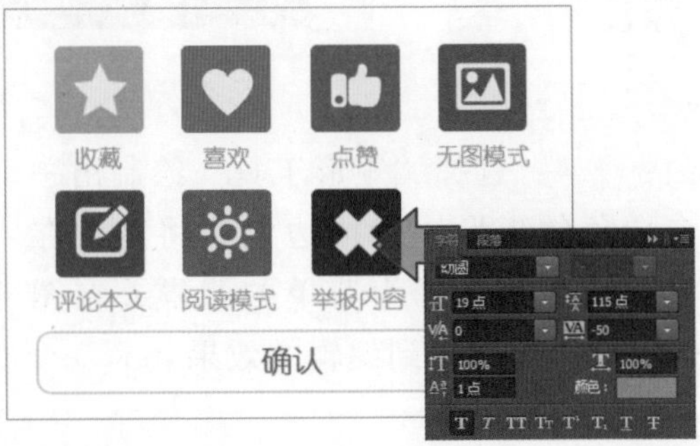

### 5. 浏览历史界面

Step 01：对前面绘制的界面背景、导航栏背景、图标等进行复制，开始制作浏览历史界面，更改导航栏中文字的内容，在图像窗口中可以看到编辑的效果。

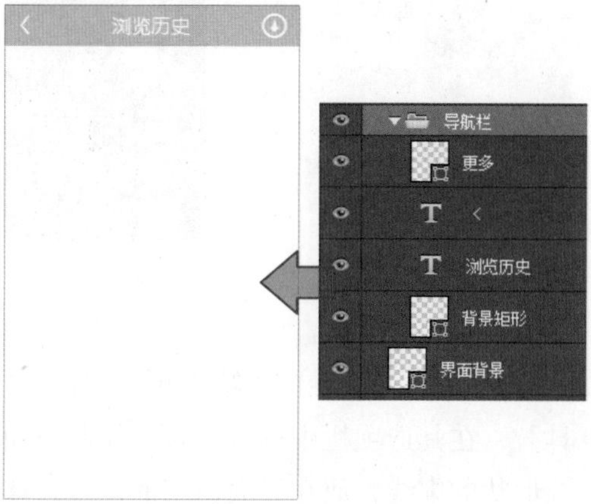


Step 02：将所需的素材添加到图像窗口中，接着使用“矩形选框工具”创建矩形选区，使用图层蒙版对图像的显示进行控制，在图像窗口中可以看到编辑的效果。

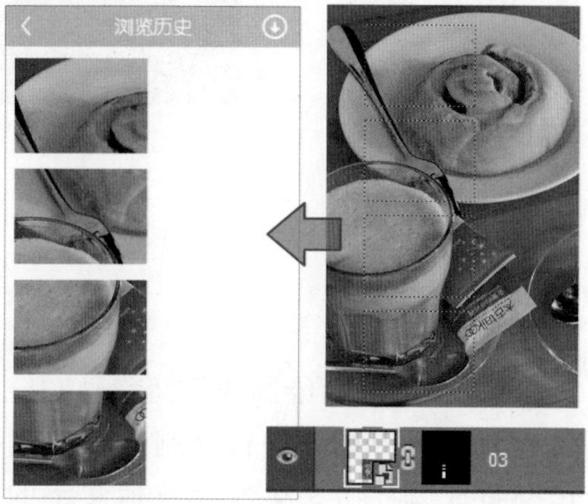


Step 03：选择工具箱中的“横排文字工具”，在适当的位置上单击，输入所需的文字，打开“字符”面板分别对输入文字的字体、字号、颜色和字间距进行设置，在图像窗口中可以看到添加文字的效果。

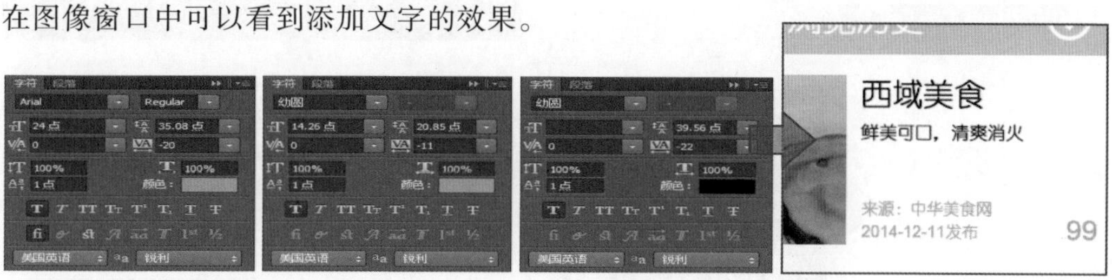


Step 04：对添加的文字进行复制，将文字放在图像的后侧，按照所需的位置进行排列，使用图层组对文字图层进行管理，在图像窗口中可以看到编辑的效果。

Step 05：对前面绘制的五角星形状进行复制，将其放在界面适当的位置，再绘制出所需的矩形条，对界面中的信息进行分割，完成当前界面的制作。

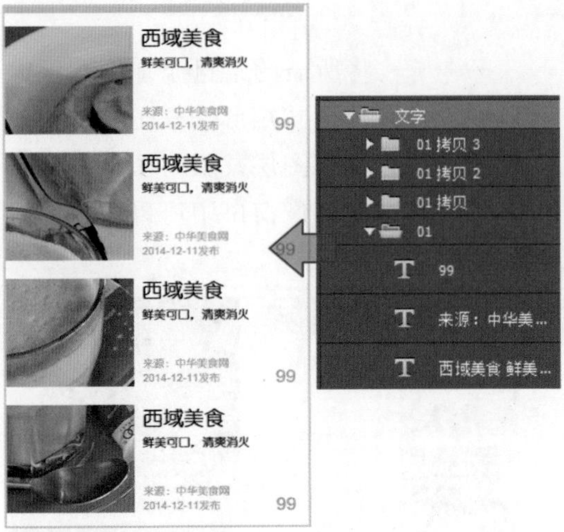


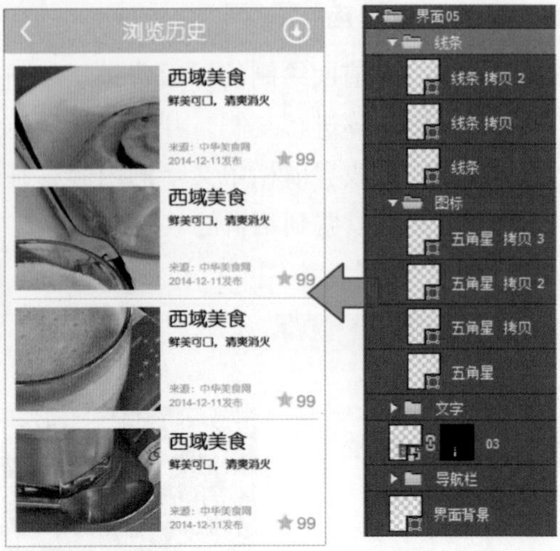


## 6. 浏览成就界面

Step 01：对前面绘制的界面背景、导航栏背景、图标等进行复制，开始制作浏览成就界面，更改导航栏文字的内容，在图像窗口中可以看到编辑的效果。

Step 02：选择工具箱中的“钢笔工具”，在其选项栏中进行设置，绘制出曲线形状的虚线，放在界面适当的位置，在图像窗口中可以看到编辑的效果。

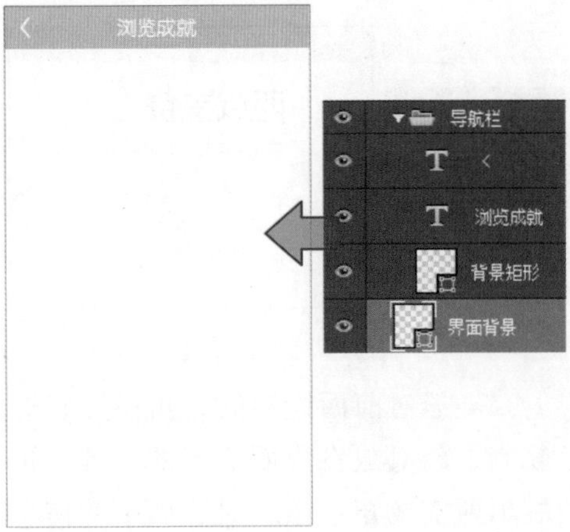


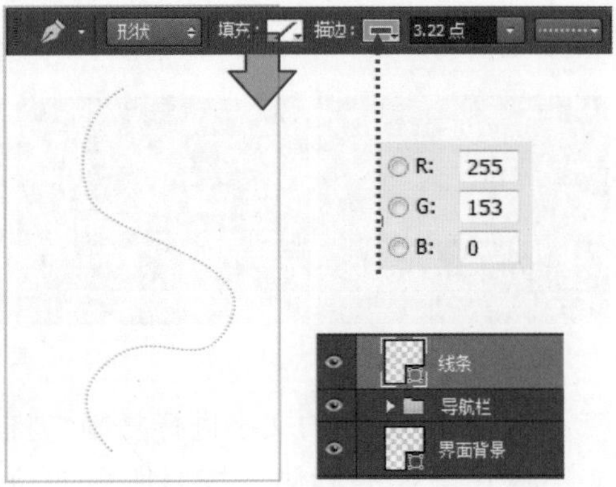

Step 03：选择工具箱中的“横排文字工具”，输入所需的文字，打开“字符”面板对文字的属性进行设置，完成标题文字的编辑。

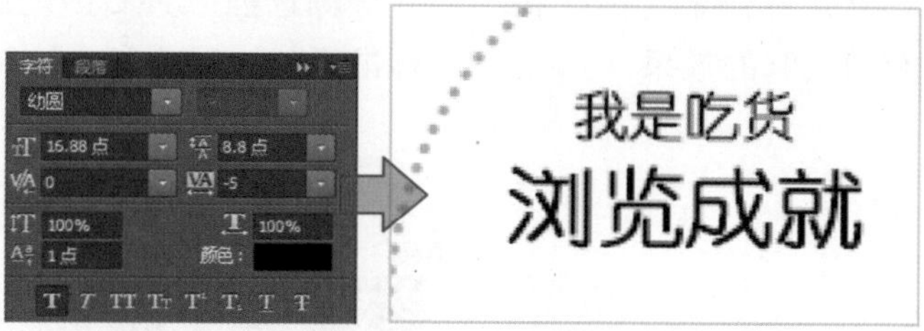


Step 04：继续使用“横排文字工具”添加所需的文字，打开“字符”面板对文字的属性进行设置，将文字放在界面适当的位置，在图像窗口中可以看到编辑的效果。

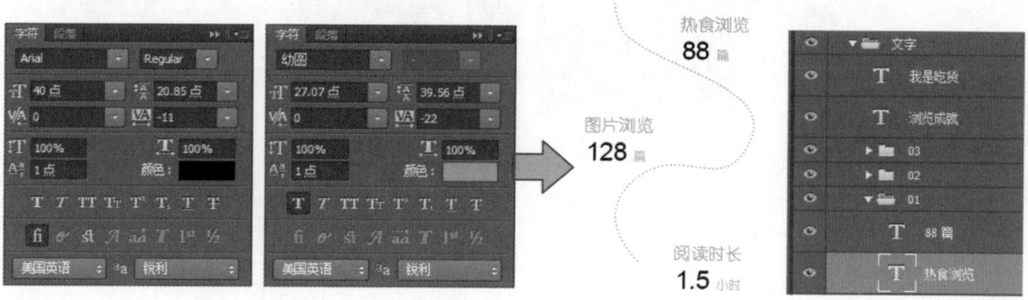


Step 05：选择工具箱中的“椭圆工具”，绘制出所需的圆形，填充适当的颜色，接着对绘制的圆形进行复制，放在界面适当的位置。

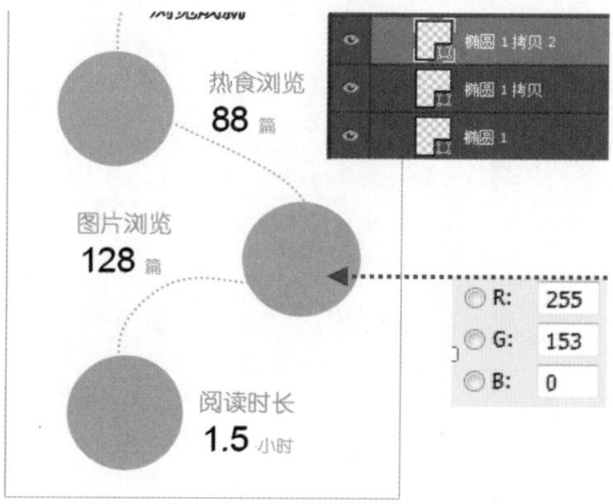


Step 06：使用“椭圆工具”“圆角矩形工具”和“钢笔工具”绘制出闹钟的形状，将绘制的形状合并在一起，把绘制的形状放在圆形上方。

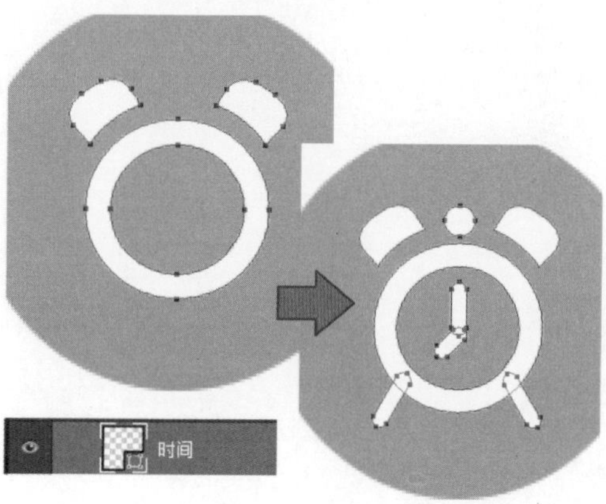

Step 07：参考Step 06的绘制方法，绘制出界面上所需的其他图标，将绘制的图片形状和热食形状放在圆形上方，在图像窗口中可以看到绘制的效果。

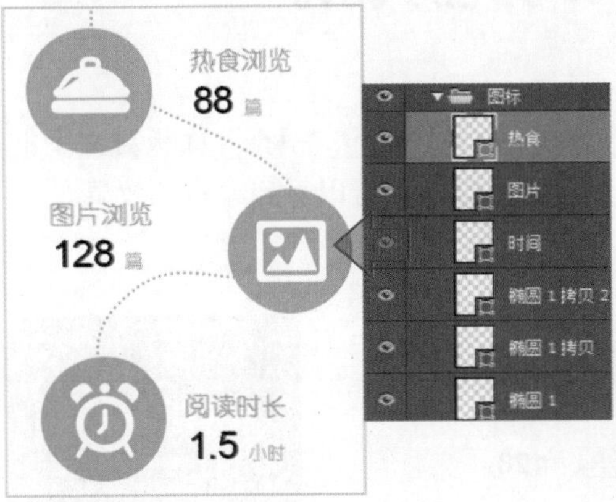


Step 08：将素材\09\03.jpg素材添加到图像窗口中，适当调整其大小，使用“椭圆选框工具”创建选区，以选区为标准添加图层蒙版，控制图像的显示。

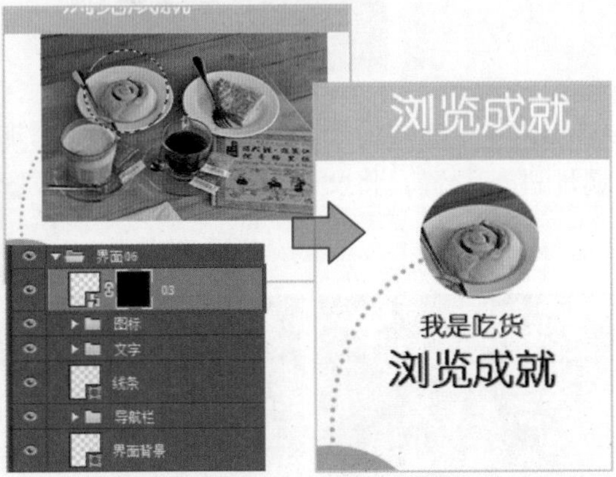

# Part 8

# 篮球运动App设计

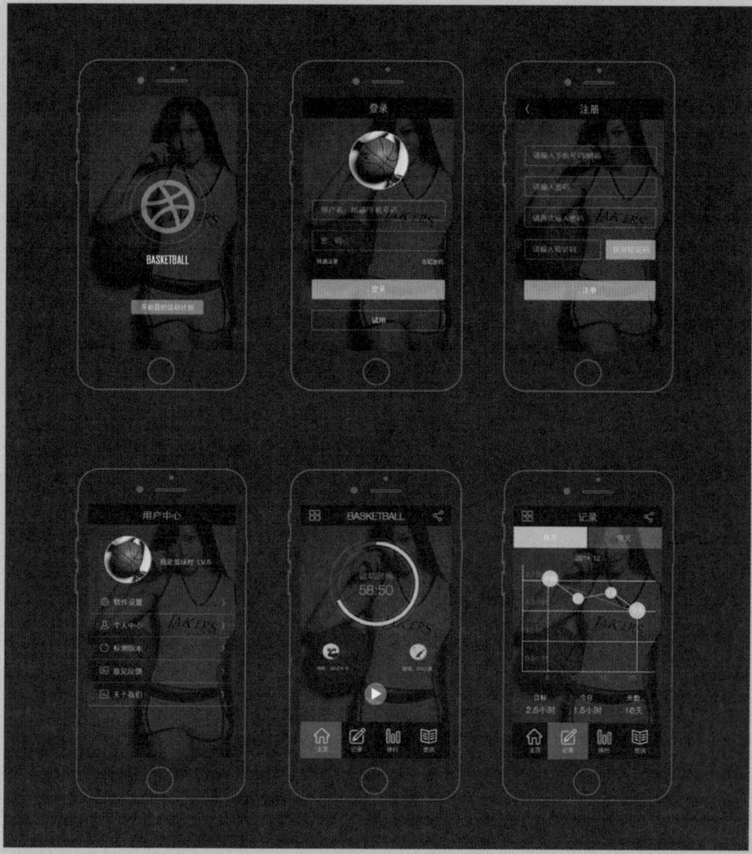


素材：素材\08\01.jpg

源文件：源文件\08\篮球运动App设计.psd

## 界面布局规划

篮球运动是以投篮、上篮和扣篮为中心的对抗性体育运动，本案例是以篮球运动为主题的App应用程序，它包含了运动计时、热量消耗、运动统计等多种与篮球运动相关的信息展示，让用户了解与篮球相关的信息，帮助用户更加健康和合理地进行运动和锻炼。在设计案例之前，我们先来对界面的布局进行大致规划，具体如下。

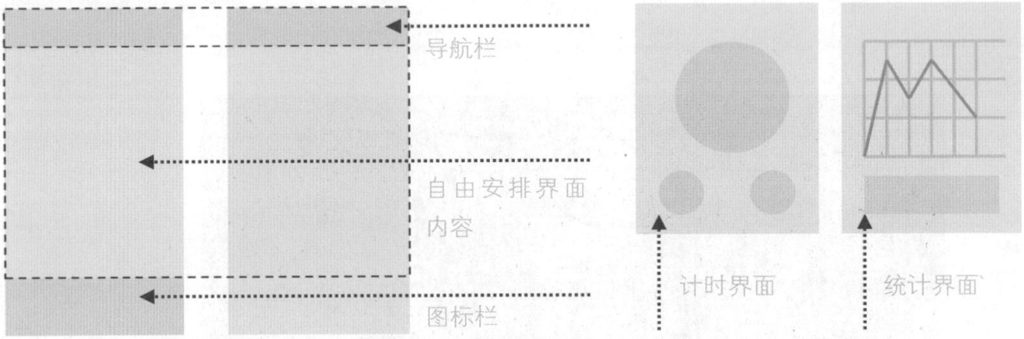
导航栏
自由安排界面内容
图标栏
计时界面
统计界面

## 创意思路剖析

由于本案例的界面信息中包含了多种数据，为了清晰地传递这些信息的同时，让用户直观地感受到这些信息的变化、重点，在设计特殊的两个界面的过程中，使用了图示化的方式来进行表现。接下来就对本案例的创意思路进行分析，具体如下。

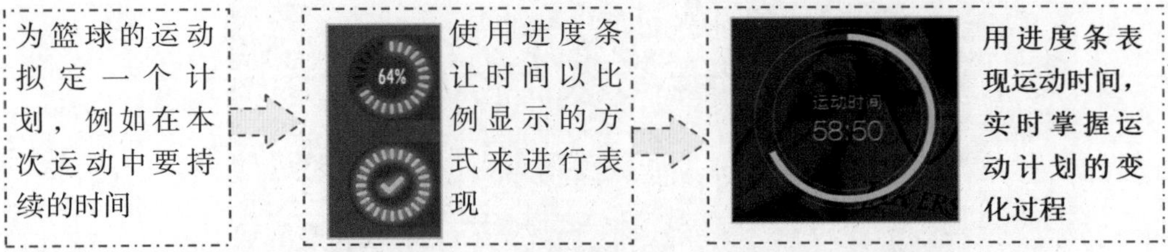
为篮球的运动拟定一个计划，例如在本次运动中要持续的时间
64%
使用进度条让时间以比例显示的方式来进行表现
运动时间
58:50
用进度条表现运动时间，实时掌握运动计划的变化过程

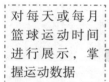

对每天或每月篮球运动时间进行展示，掌握运动数据

利用折线图来感受数据的变化

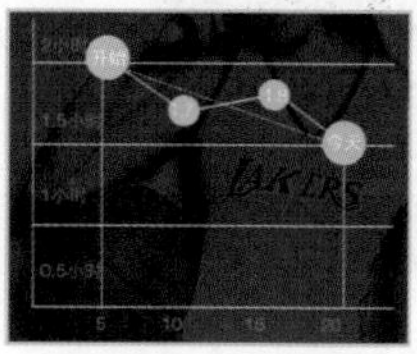

使用折线图来直观地展示篮球运动时间的变化

## 确定配色方案

篮球场地是热爱打篮球的运动员们必不可少的环境，篮球场地通常主要包含丙烯酸篮球场、硅PU篮球场、水性硅PU篮球场、PVC篮球场、聚氨酯PU篮球场等。我们在观察篮球场的时候，最先会观察到篮球场地的色彩，常见的塑胶篮球场地是以绿色为主的，因此我们选择使用绿色作为界面的主色调来进行创作，接下来就对本案例的配色进行分析，其具体的内容如下。

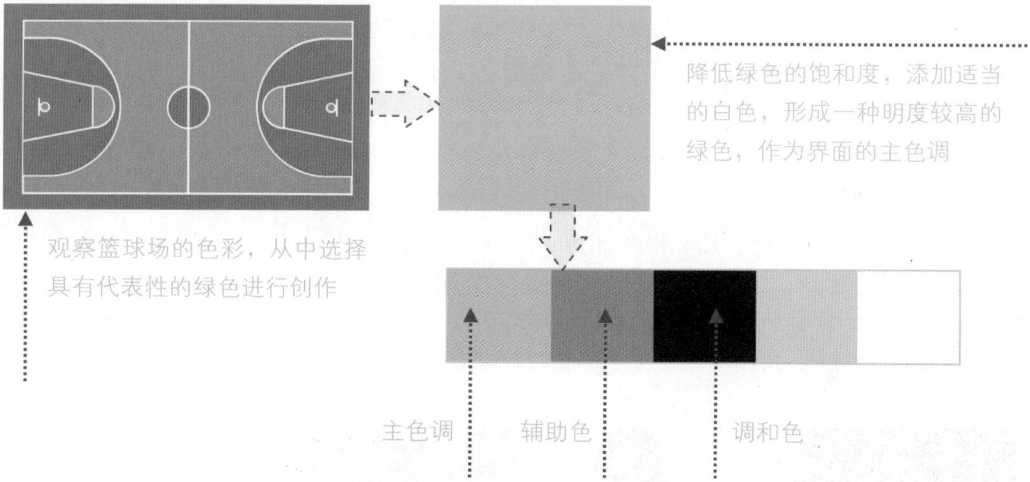
降低绿色的饱和度，添加适当的白色，形成一种明度较高的绿色，作为界面的主色调
观察篮球场的色彩，从中选择具有代表性的绿色进行创作
主色调
辅助色
调和色

## 定义组件风格

为了体现出一定的设计感和纵深感，在设计本案例的过程中，使用了暗色调的图像作为界面背景，通过高亮的绿色来突显界面中重要的信息。此外，为了体现出简约、直观的视觉效果，在设计时使用了扁平化的设计理念，通过线性化的图标、无特效的文字控件来表现界面中的元素，其具体的设计效果如下。

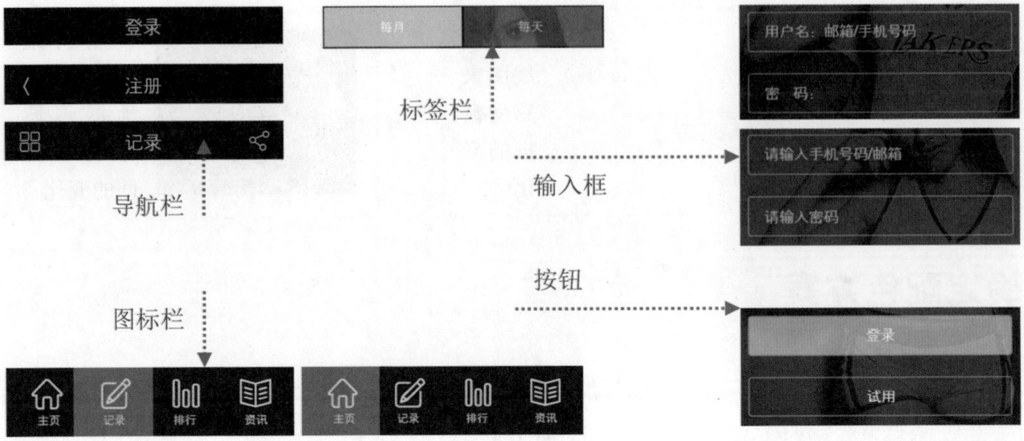


## 制作步骤详解

本案例一共包含了六个界面，界面中通过调整图层的不透明度来产生视觉上的轻重感，同时使用形状工具绘制基础形状，用堆叠的方式完成制作，其具体的制作步骤如下。

### 1. 应用程序欢迎界面

Step 01：在Photoshop中创建一个新的文档，使用“矩形工具”绘制矩形，分将其作为界面的背景。将素材\10\01.jpg素材添加到图像窗口中，适当调整其大小，通过创建剪贴蒙版对图像的显示进行控制，并设置01智能对象图层的“不透明度”选项的参数为20%。

Step 02：选择工具箱中的“椭圆工具”，绘制出圆环的形状，接着使用“钢笔工具”绘制出所需的形状，将绘制的形状合并在一起，制作出篮球的图标，填充适当的颜色，无描边色，在“图层”面板中设置图层的“不透明度”选项的参数为50%。

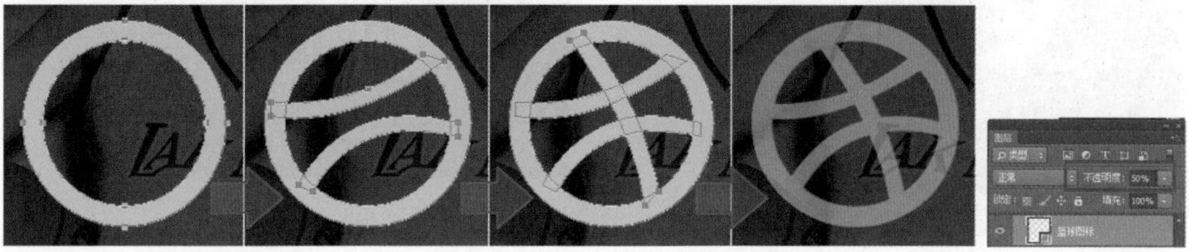

Step 03：选择工具箱中的“椭圆工具”，在其选项栏中进行设置，绘制出所需的圆形形状，接着使用“描边”图层样式对圆形进行修饰，并在相应的选项卡中设置参数，在“图层”面板中设置图层的“不透明度”选项的参数为60%。

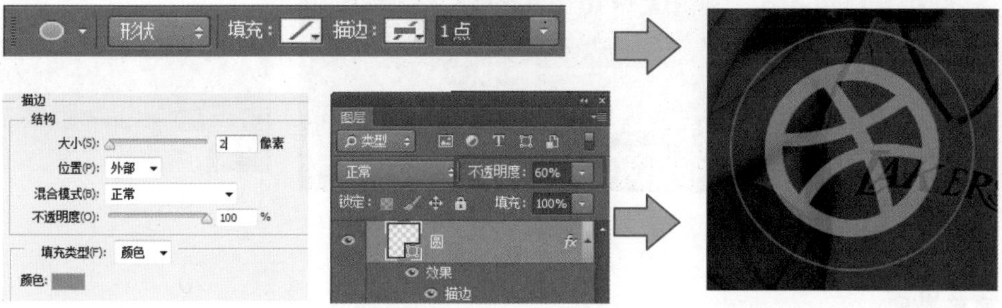


Step 04：对前面绘制的圆形进行复制，适当调整圆形的大小，在“图层”面板中对图层的“不透明度”进行调整，制作出渐隐的效果。

Step 05：使用工具箱中的“横排文字工具”输入所需的文字，打开“字符”面板中对文字的属性进行设置，将文字放在适当的位置，在图像窗口中可以看到编辑的效果。

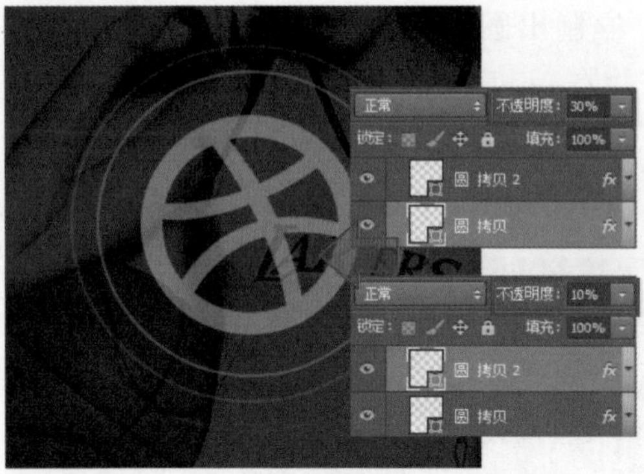


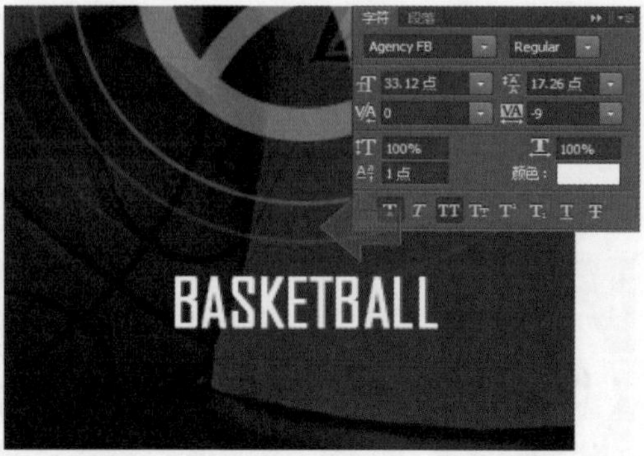


Step 06：选择工具箱中的“圆角矩形工具”绘制出按钮的形状，填充适当的颜色，设置其“不透明度”选项的参数为50%，使用“横排文字工具”添加所需的文字，打开“字符”面板设置文字属性。

## 2. 登录界面

Step 01：对前面绘制的界面背景进行复制，开始制作登录界面，接着绘制黑色的矩形，再添加适当的文字，作为导航栏的内容，在图像窗口可以看到编辑的效果。

Step 02：选择工具箱中的“圆角矩形工具”，在其选项栏中进行设置，绘制出所需的形状，在“图层”面板中设置图层的“不透明度”选项的参数为50%。

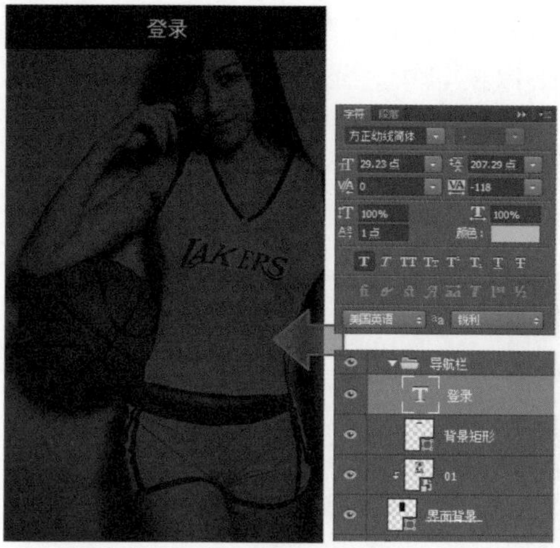


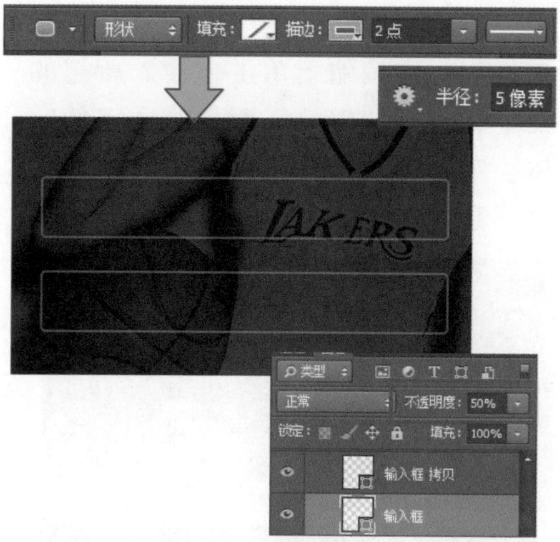


Step 03：使用“横排文字工具”在适当的位置单击，输入所需的文字，打开“字符”面板对文字的属性进行设置，调整文字的“不透明度”选项的参数为50%。

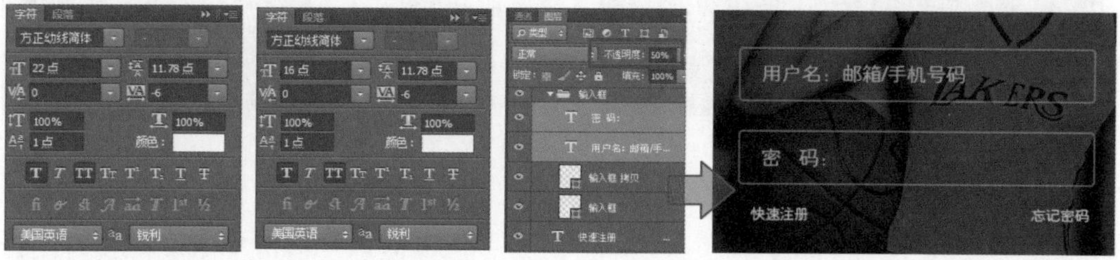


Step 04：选择工具箱中的“圆角矩形工具”，在其选项栏中进行设置，绘制出按钮的形状，设置“图层”面板中“不透明度”选项的参数为70%。

Step 05：使用“圆角矩形工具”，在其选项栏中进行设置，绘制出另外一个按钮的形状，在“图层”面板中设置“不透明度”选项的参数为50%。

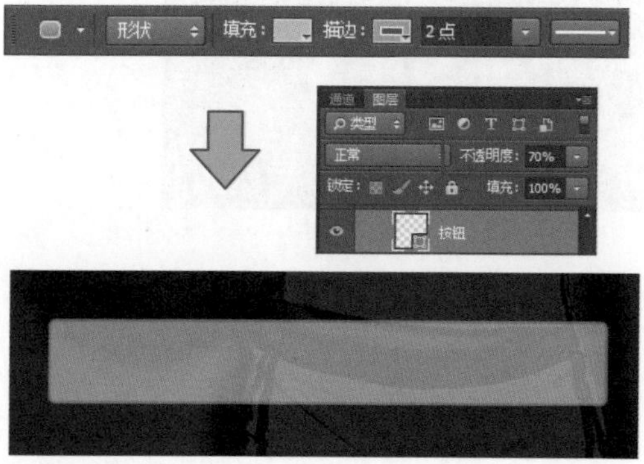


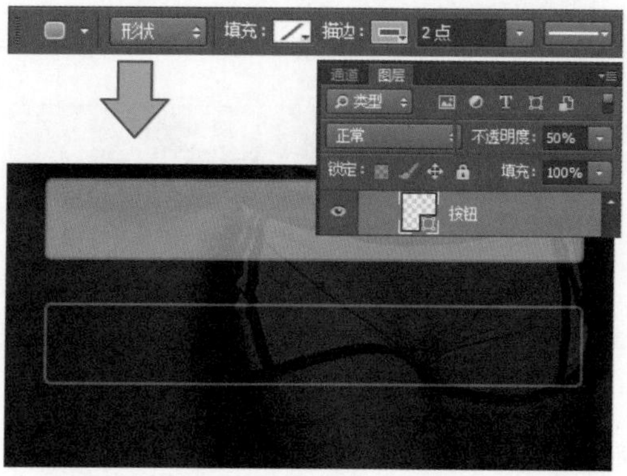

Step 06：选择工具箱中的“横排文字工具”，在按钮上单击，输入所需的文字，打开“字符”面板对文字的字体、字号等属性进行设置，在图像窗口可看到编辑的效果。

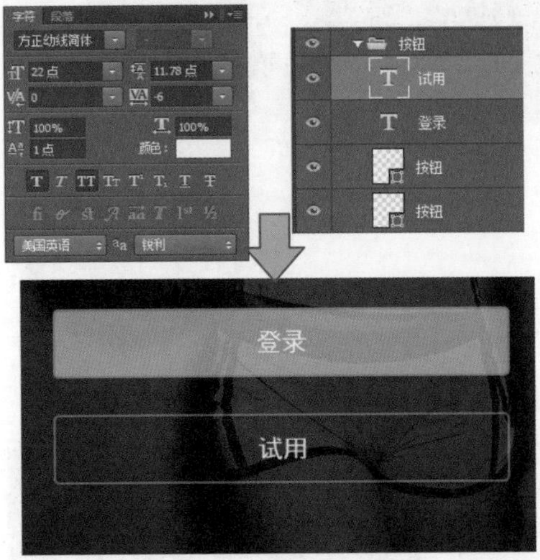


Step 07：将素材\10\01.jpg素材添加到图像窗口中，适当调整其大小，使用“椭圆选框工具”创建选区，使用图层蒙版对图像的显示进行控制。

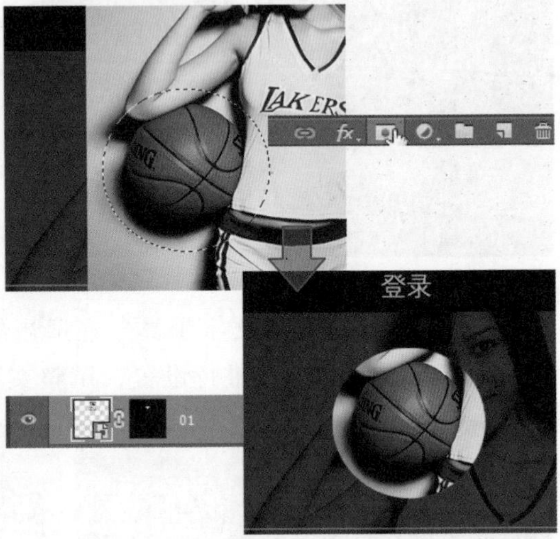


Step 08：使用“描边”图层样式对图像进行修饰，在相应的选项卡中对各个参数的选项进行设置，在图像窗口中可以看到编辑的效果。

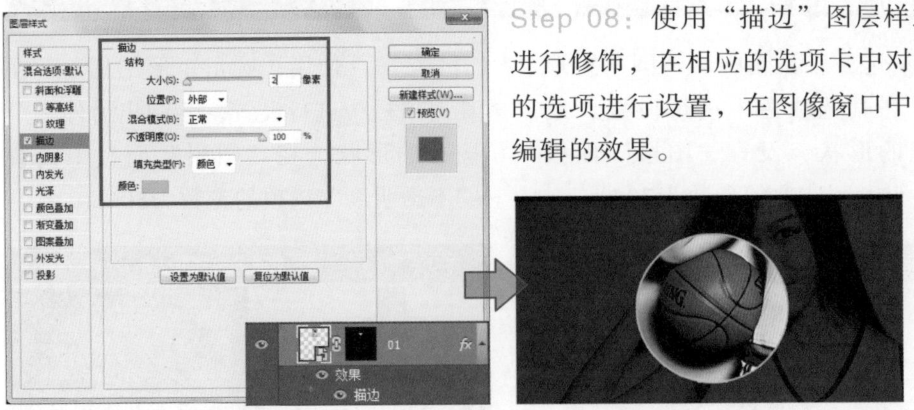

### 3. 注册界面

Step 01：对前面绘制的界面背景、导航栏背景进行复制，开始制作注册界面，对导航栏中的文字进行更改，在图像窗口中可以看到编辑的效果。

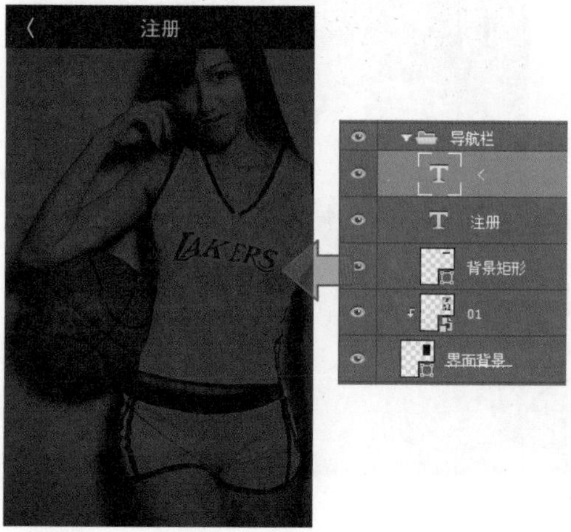


Step 02：选择工具箱中的“圆角矩形工具”，在其选项栏中对参数进行设置，接着绘制出所需的形状，在“图层”面板中设置“不透明度”选项的参数为50%。

Step 03：选择工具箱中的“横排文字工具”，输入所需的文字，将文字放在适当的位置，打开“字符”面板对文字的属性进行设置，在图像窗口中可以看到编辑的效果。

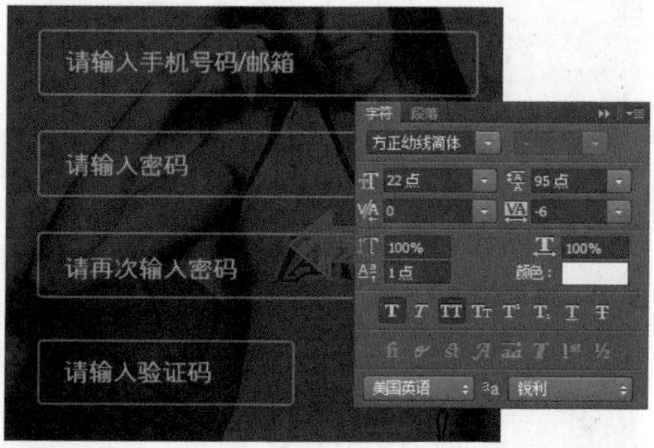


Step 04：参考前面的绘制方法，制作出所需的按钮，调整按钮的形状，在按钮上添加上所需的文字，在图像窗口中可以看到编辑的效果。

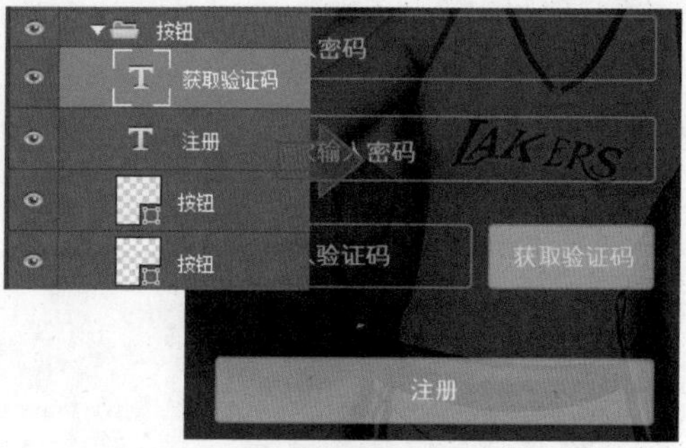

#### 4. 用户中心界面

Step 01：对前面绘制的界面背景、导航栏等对象进行复制，开始制作用户中心界面，调整导航栏中的文字，将编辑好的图像复制和移动到界面的左上角位置。

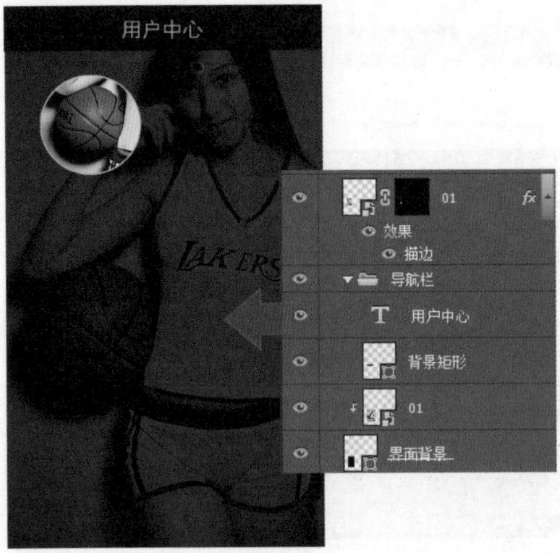


Step 02：选中工具箱中的“横排文字工具”，在界面上适当的位置单击，输入所需的用户名称和等级，打开“字符”面板对文字的属性进行设置。

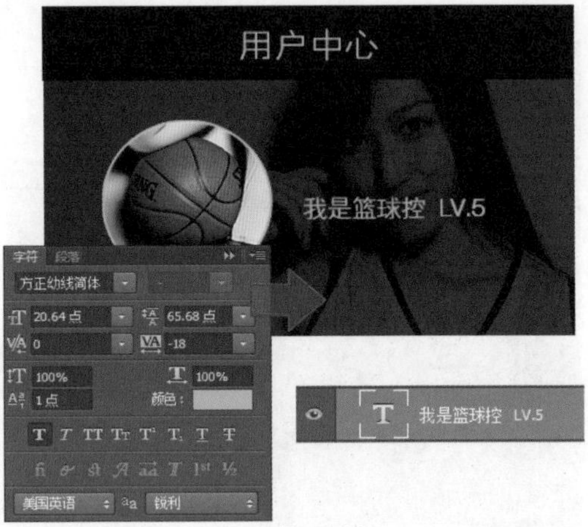


Step 03：继续使用“横排文字工具”添加所需的文字，打开“字符”面板分别对文字的字体、字号和颜色等进行调整，完善界面的信息。

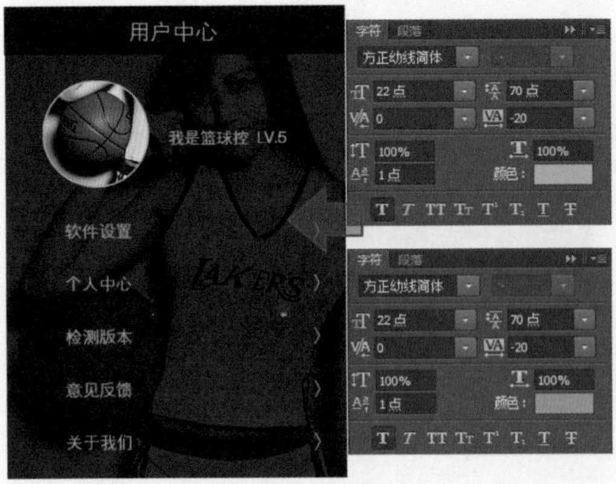


Step 04：选择工具箱中的“矩形工具”，在其选项栏中进行设置，接着绘制出所需的线条，在“图层”面板中设置图层的“不透明度”选项的参数为30%。

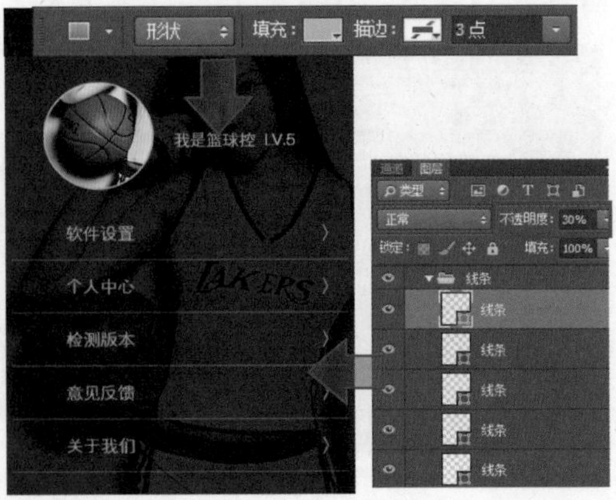

Step 05：使用“钢笔工具”绘制出界面所需的图标，将图标放在文字的左侧位置，填充上适当比例的灰度色彩，在图像窗口中可以看到添加图标后的编辑效果。

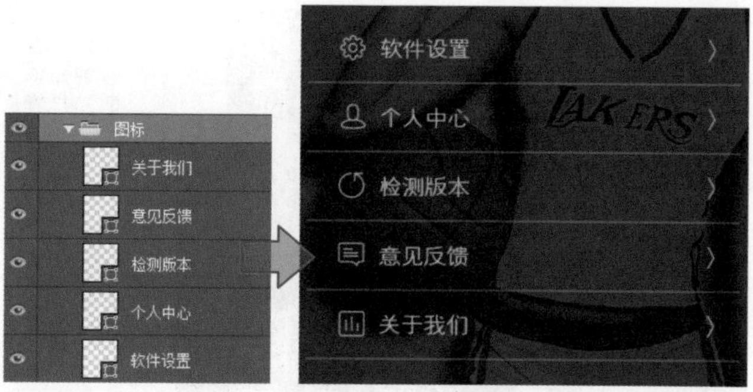


**5. 运动信息展示界面**

Step 01：对前面编辑的界面背景、导航栏进行复制，接着对导航栏中的文字进行更改，再绘制出所需的图标，开始制作运动信息展示界面。

Step 02：选择工具箱中的“矩形工具”，绘制出图标栏的背景，接着绘制另外一个矩形，填充蓝绿色，设置其“不透明度”选项的参数为50%，开始图标栏的制作。

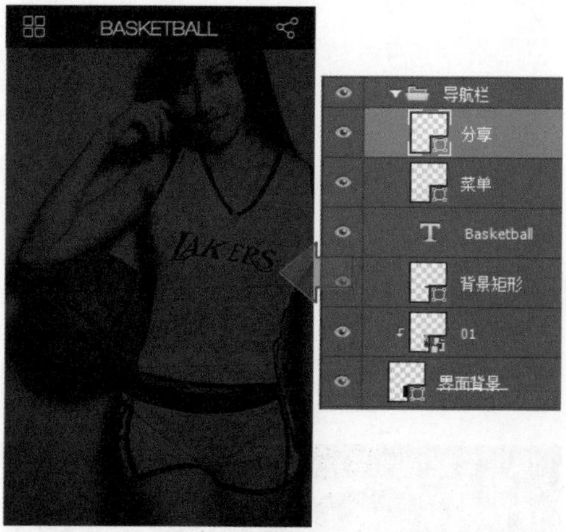


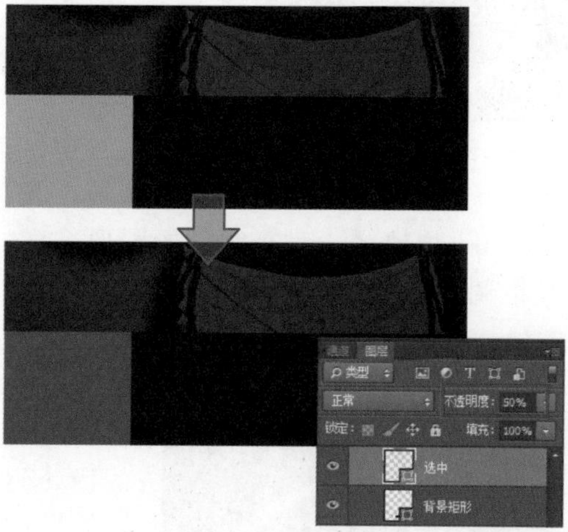


Step 03：绘制出所需的图标，放在图标栏的矩形上，接着使用“横排文字工具”输入所需的文字，打开“字符”面板对文字的属性进行设置。

Step 04：使用“椭圆工具”绘制出一个圆环，接着使用“渐变叠加”图层样式对圆环进行修饰，在相应的选项卡中设置参数，在图像窗口中可以看到编辑的效果。

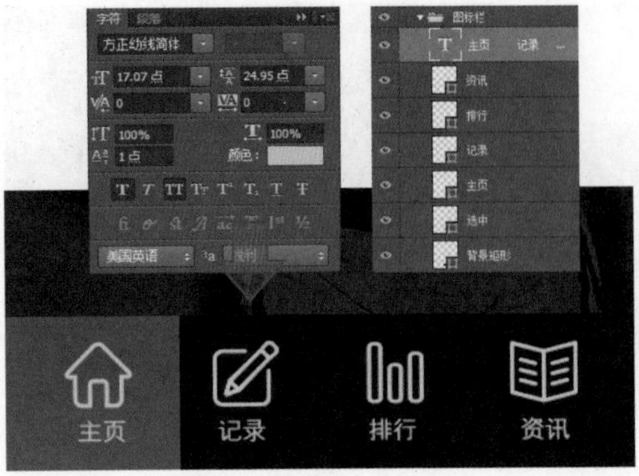


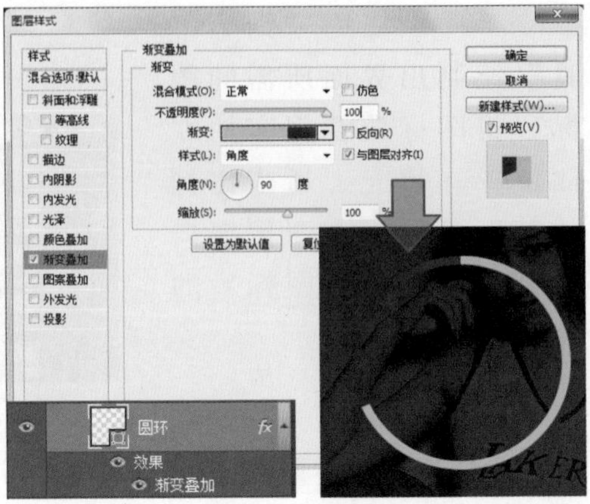


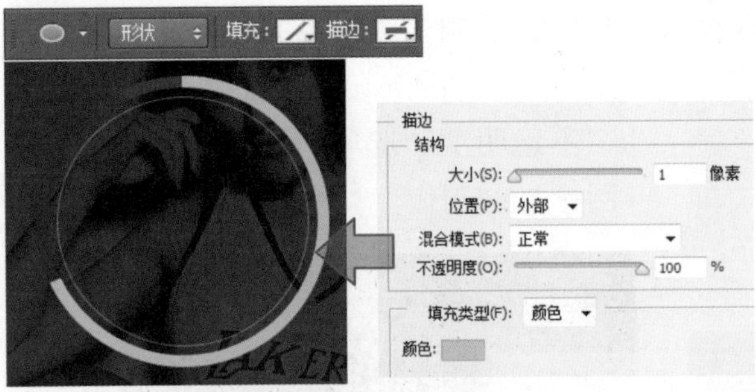


Step 05：使用“椭圆工具”，在其选项栏中进行设置，接着绘制一个圆形，使用“描边”图层样式进行修饰，把圆形放在圆环的中间。

Step 06：对绘制的圆形进行复制，按下Ctrl+T快捷键，对复制后的圆形进行大小调整，将其放在圆环的外侧，在图像窗口中可以看到编辑的效果。

Step 07：使用“横排文字工具”输入所需的文本，打开“字符”面板对文字的字体、颜色和字号等进行设置，在图像窗口中可以看到编辑的效果。

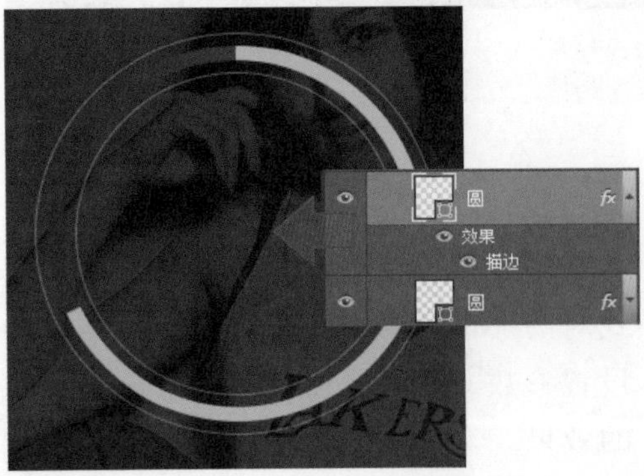


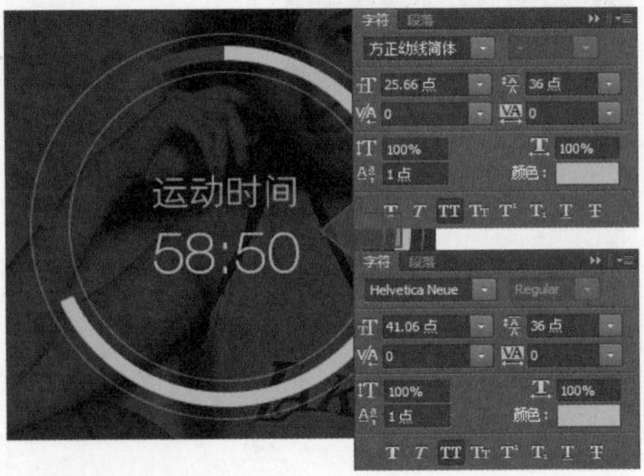

Step 08：绘制出所需图标，填充适当的颜色，接着使用“横排文字工具”，输入所需的文字，打开“字符”面板对文字的属性进行设置。

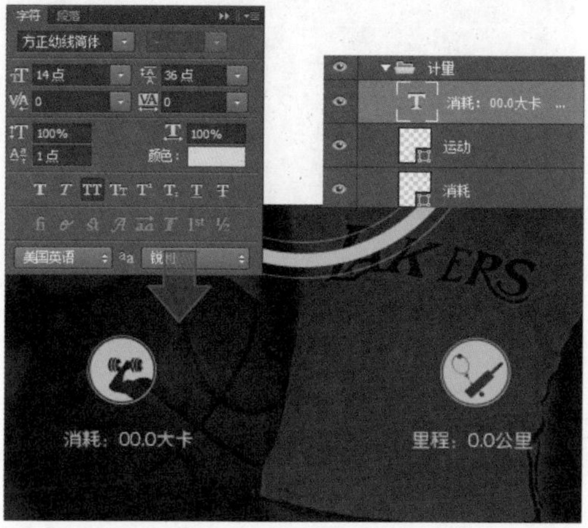


Step 09：选中工具箱中的“椭圆工具”，绘制一个圆形，设置图层的“不透明度”选项的参数为50%，使用“钢笔工具”绘制三角形，制作出开始按钮。

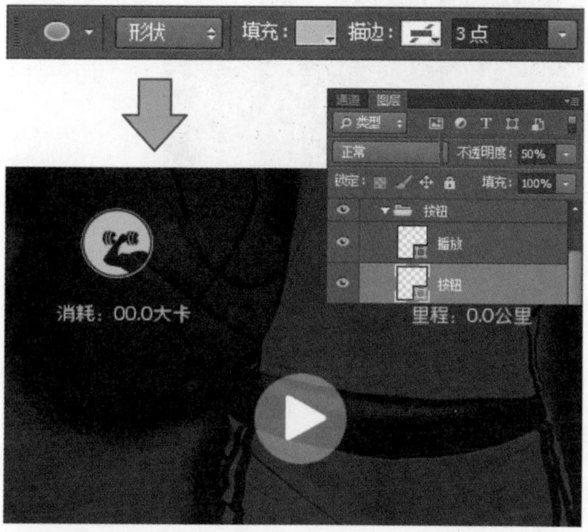


## 6. 统计界面

Step 01：对前面编辑的界面背景、导航栏进行复制，接着对导航栏中的文字进行更改，再绘制出所需的图标，开始制作统计界面，在图像窗口中可以看到编辑的效果。

Step 02：对前面绘制的图标栏进行复制，添加到统计界面中，接着对图标栏中的蓝绿色矩形进行位置调整，在图像窗口中可以看到编辑的效果。

Step 03：选择工具箱中的“矩形工具”，在其选项栏中进行设置，接着绘制出白色的矩形条，在“图层”面板中设置“不透明度”选项的参数为70%。

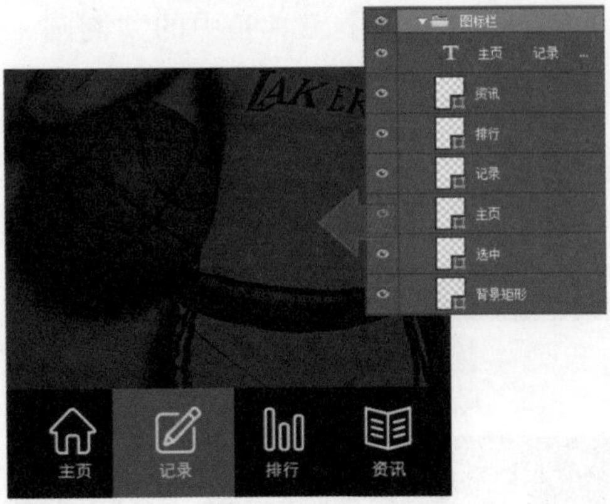


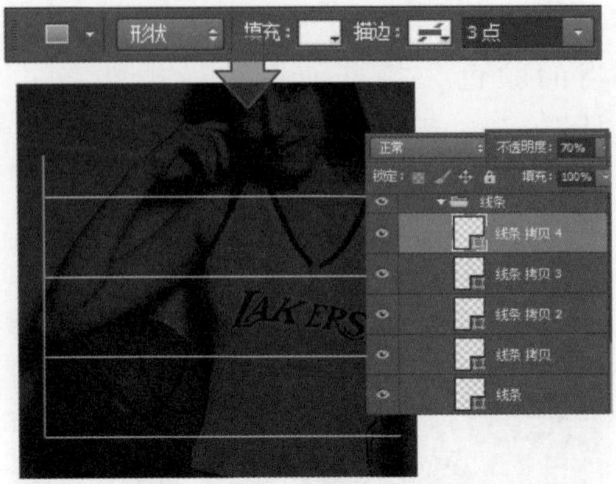


Step 04：选择工具箱中的“钢笔工具”，在其工具选项栏中进行设置，绘制出所需的折线和虚线，放在Step 03绘制的矩形线条上，在图像窗口可看到绘制的结果。

Step 05：选择工具箱中的“椭圆工具”，绘制出所需的圆形，调整圆形的大小，放在折线适当的位置上，并设置所需的填充色，无描边色。

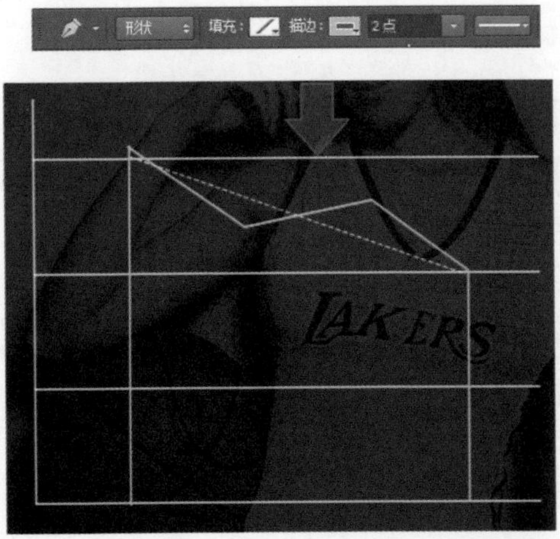


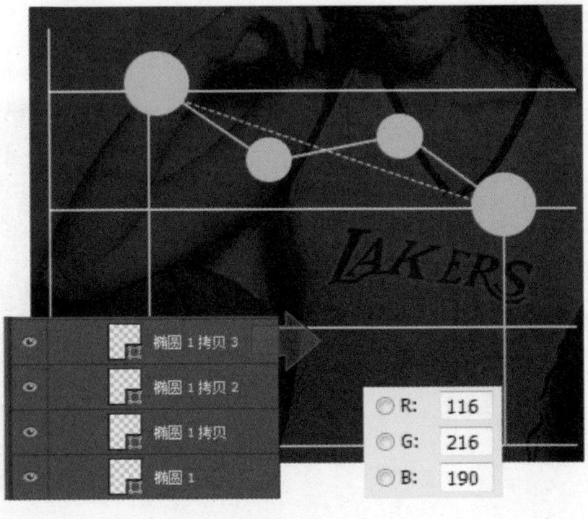


Step 06：选中工具箱中的“横排文字工具”，在圆形上添加所需的文字，打开“字符”面板对文字的属性进行设置，在图像窗口中可以看到添加文字的效果。

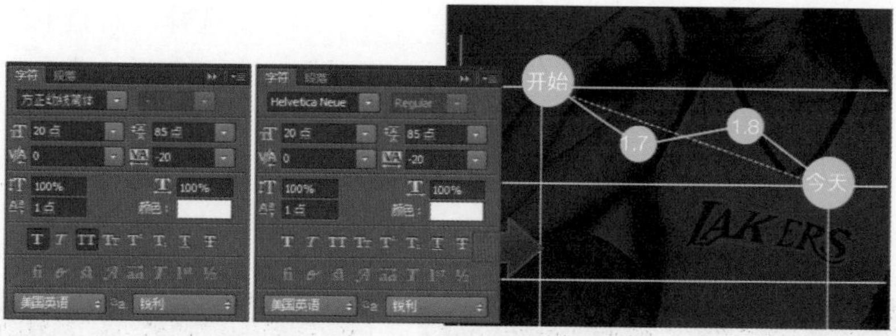


Step 07：继续使用“横排文字工具”输入所需的文字，打开“字符”面板对文字的属性进行设置，在图像窗口中可以看到添加文字的效果。

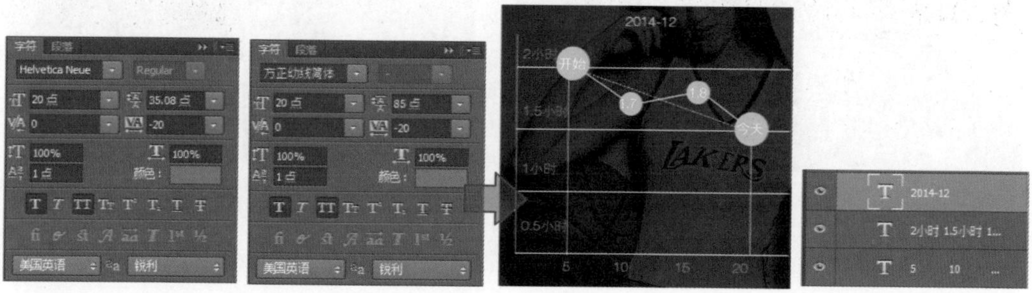


Step 08：使用“横排文字工具”在图表的下方添加所需的统计数据，打开“字符”面板对文字的字体、字号和颜色进行设置。

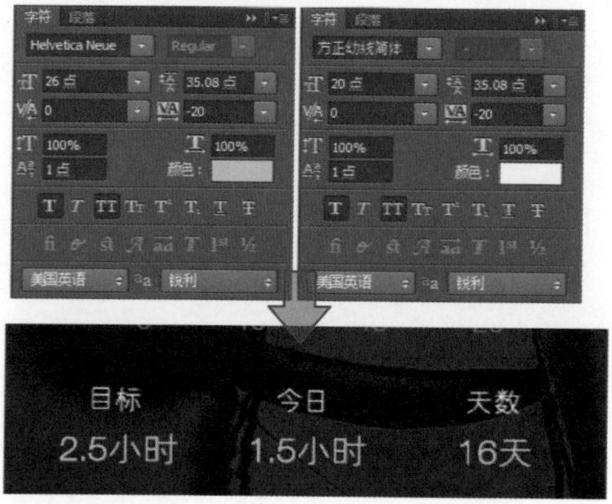


Step 09：选中工具箱中的“矩形工具”，绘制出所需的矩形，填充适当的颜色，无描边色，将绘制的矩形放在界面的左侧，作为标签栏的背景。

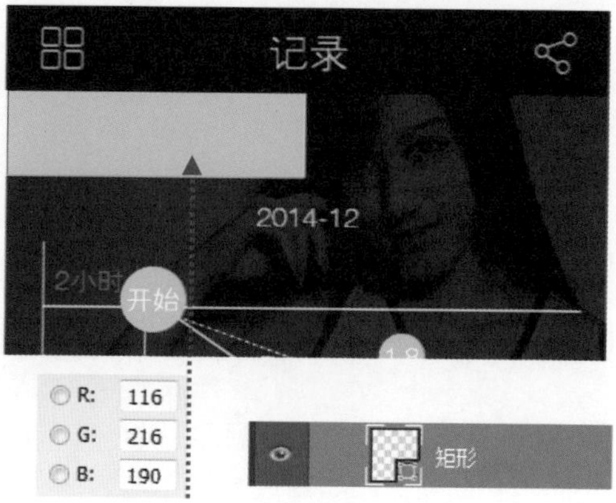

Step 10：对Step 09中绘制的矩形进行复制，放在界面适当的位置，在“图层”面板中设置图层的“不透明度”选项的参数为30%，完成标签栏背景的制作。

Step 11：选择工具箱中的“横排文字工具”，在标签栏的背景上添加所需的文字，接着打开“字符”面板对文字的属性进行设置，完成本案例的制作。

# Part 9

# 流量银行App设计

源文件：源文件\09\流量银行App设计.psd

## 界面布局规划

银行App基本上就是指银行的手机客户端，大部分称之为手机银行，也有极个别其他的银行应用程序。本案例中是以手机使用的流量作为销售商品设计的流量银行App应用程序，它的主要功能与以货币为主的银行App相似，会记录一些支出、收入等账单信息，帮助用户掌握流量的使用、销售等数据，根据界面中的功能，我们先来对界面的布局进行规划，具体的内容如下。

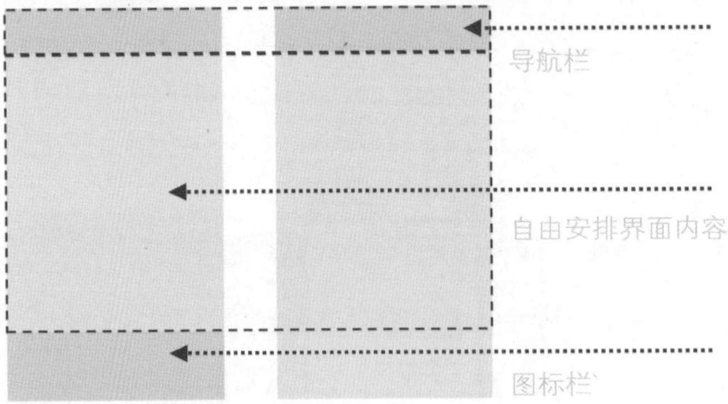


从图中我们可以看到本案例的布局，基本是以iOS系统常用的布局进行设定的，使用导航栏和图标栏来对页面进行选择，在界面的中间自由地安排所需要的信息。

## 创意思路剖析

根据流量App应用程序的内容的限制，在设计本案例的过程中，要考虑一些特殊的信息的表现。例如，如何将多种软件功能展示在一个界面中？如何把账单、交易信息等数据完整、系统地显示出来？在进行设计和制作之前，我们先对这些信息进行分析，再根据生活中的常识，以及观察到的类似信息的表现来进行创作，具体的思路如下。

应用程序中包含了多种功能，为了让这些功能清晰地在一个界面中进行展示，需要考虑主页的设计

参考手机系统界面的设计方式，将功能以图标的形式表现

使用九宫格的方式将功能图标排列在一个界面中

流量银行中包含交易的记录，即支出和收入等账单，并且直观地展示出账单的内容

观察现实生活中账单的设计样式和内容

使用菜单的方式罗列出账单中的信息，利用色彩的差异突出重点信息

## 确定配色方案

流量银行是以移动数据流量为销售内容的，因此为了突显出该销售渠道的公平、公正等特点，在进行创作和设计之前，我们观察到很多银行卡的颜色都是以绿色为主的。绿色是自然界中最常见的颜色，象征和平、青春与繁荣，代表着生机与希望，与该应用程序的思想与理念相互一致，因此在配色方案的确定上使用了明度适中、纯度较高的草绿色来作为界面的主色调，具体内容如下。

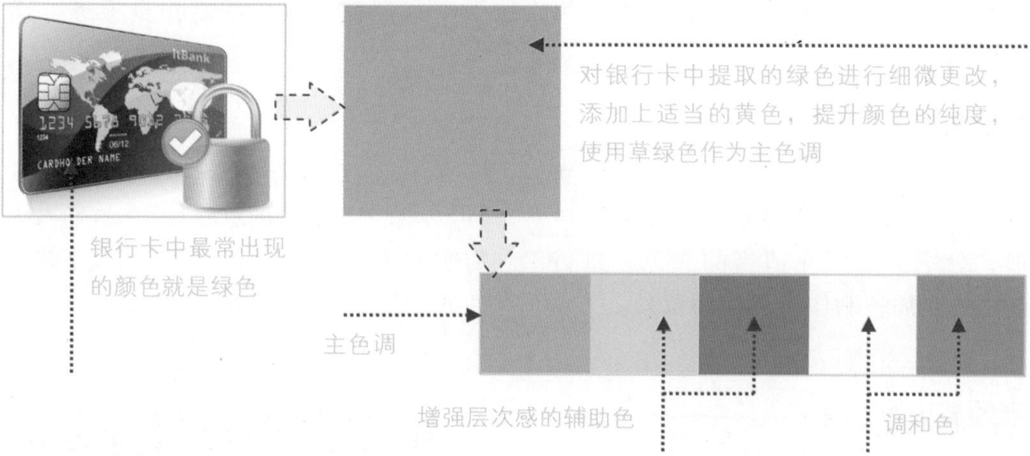
对银行卡中提取的绿色进行细微更改，添加上适当的黄色，提升颜色的纯度，使用草绿色作为主色调
银行卡中最常出现的颜色就是绿色
主色调
增强层次感的辅助色
调和色

## 定义组件风格

在本案例的设计中，以扁平化的设计理念为主，利用线条感极强的风格来对界面中的图标、标签栏、单选按钮等进行创作，制作出大气、简约、直观的界面效果，接下来就对界面中的控件进行分析，具体如下。

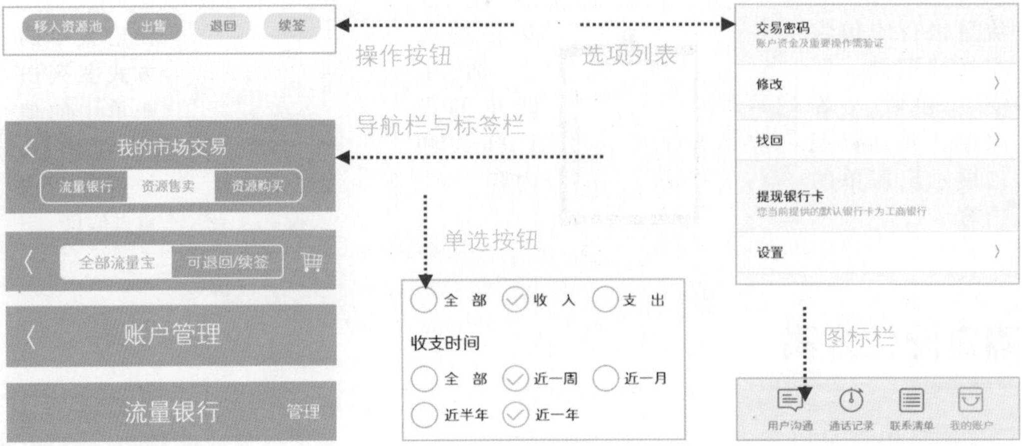


## 制作步骤详解

本案例包含了六个界面，由于应用的是扁平化的设计风格，因此界面中的元素都是由不同的形状和文字组成的，接下来我们就对具体的制作步骤进行详细讲解。

### 1. 应用程序主界面

Step 01：在Photoshop中创建一个新的文档，使用“矩形工具”绘制矩形，分别为其填充适当的颜色，进行适当的布局，制作出界面的背景。

Step 02：选择工具箱中的“横排文字工具”，在界面顶部的矩形上单击，输入所需的文字，打开“字符”面板对文字的属性进行设置，完成导航栏的制作。

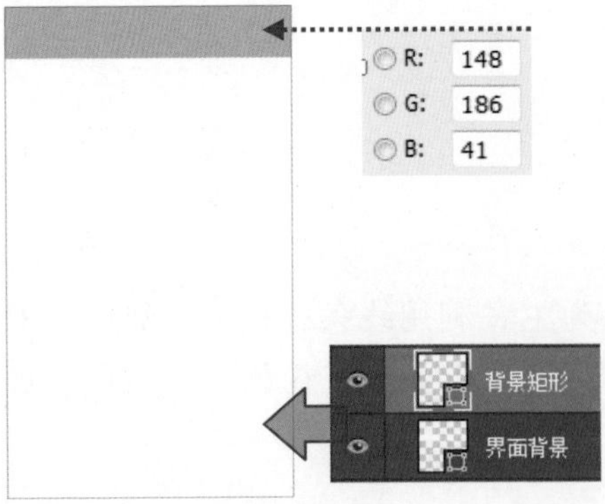


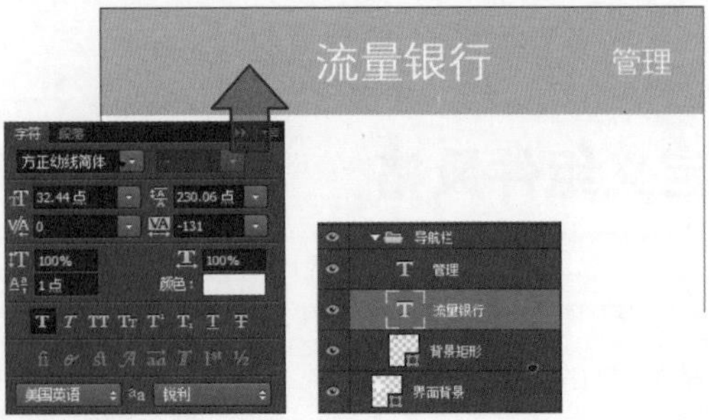

Step 03：选择工具箱中的“矩形工具”，绘制出界面底部图标栏的背景，填充适当的灰度颜色，再使用多种形状工具绘制出所需的图标。

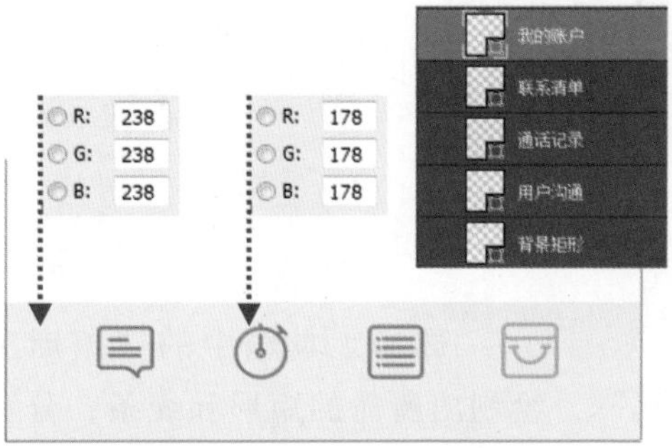


Step 04：使用“横排文字工具”输入界面底部图标栏所需的文字，打开“字符”面板对文字的属性进行设置，在图像窗口中可以看到图标栏制作的效果。

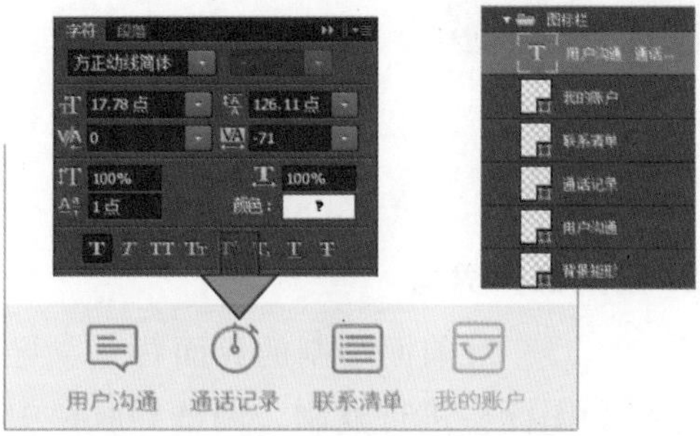


Step 05：选择工具箱中的“矩形工具”，绘制出矩形条，填充适当的灰度颜色，接着对绘制的矩形条进行复制，调整其位置和间距，对界面中间进行分割，在图像窗口中可以看到编辑的效果。

Step 06：选择工具箱中的“矩形工具”，绘制出界面底部图标栏的背景，填充适当的灰度颜色，再使用多种形状工具绘制出所需的图标。

Step 07：使用“横排文字工具”输入界面底部图标栏所需的文字，打开“字符”面板对文字的属性进行设置，在图像窗口中可以看到图标栏制作的效果。

## 2. 我的账户界面

Step 01：对前面绘制的界面背景、导航栏和图标栏进行复制，调整导航栏中的文字内容，开始制作我的账户界面，在图像窗口中可以看到编辑的效果。

Step 02：选择工具箱中的“矩形工具”，绘制出所需的矩形和线条，分别填充适当的颜色，放在界面适当的位置，对界面进行布局。

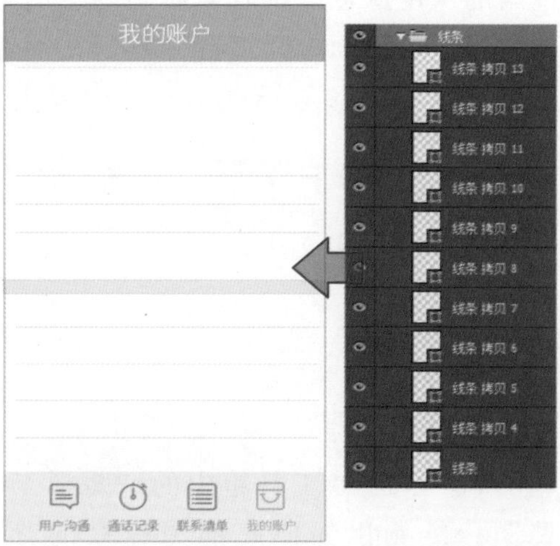


Step 03：选择工具箱中的“圆角矩形工具”，绘制出所需的形状，接着使用“横排文字工具”，在圆角矩形上添加所需的数字，打开“字符”面板对数字的属性进行设置。

Step 04：继续使用“横排文字工具”，在适当的位置单击，输入所需的文字，调整文字的字号、位置，完善界面中的信息，在图像窗口中可以看到当前界面制作完成的效果。

提示：在为界面添加相同字体的文字信息时，可以直接对文字图层进行复制，通过更改文字的字号、内容来直接进行编辑，省去设置文字字体的操作，提升界面制作的效率。

### 3. 账单明细界面

Step 01：对前面绘制的界面背景、导航栏进行复制，接着使用“圆角矩形工具”绘制形状，利用“描边”图层样式进行修饰，开始制作账单明细界面。

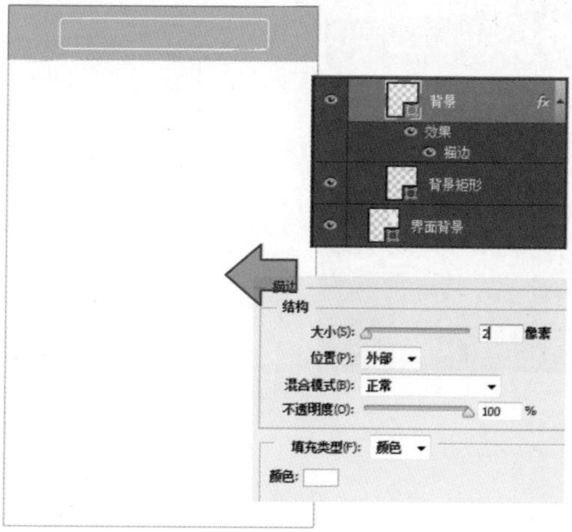


Step 02：选择工具箱中的“圆角矩形工具”绘制另外一个圆角矩形，接着使用“矩形工具”中的“减去顶层形状”选项，调整绘制的白色圆角矩形的形状。

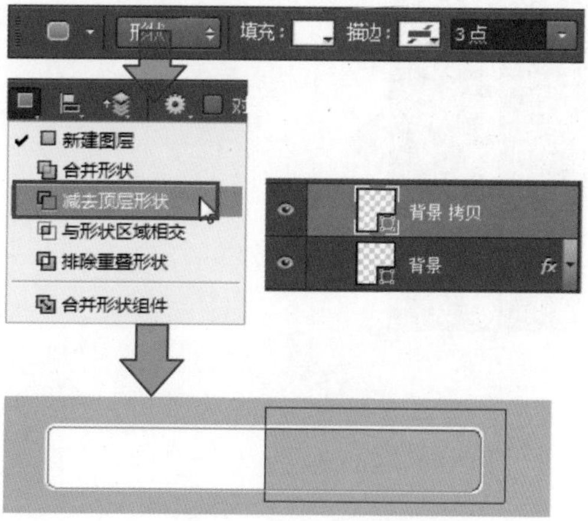

Step 03：选择工具箱中的“横排文字工具”输入所需的文字，打开“字符”面板对文字的属性进行设置，在图像窗口中可以看到编辑的效果。

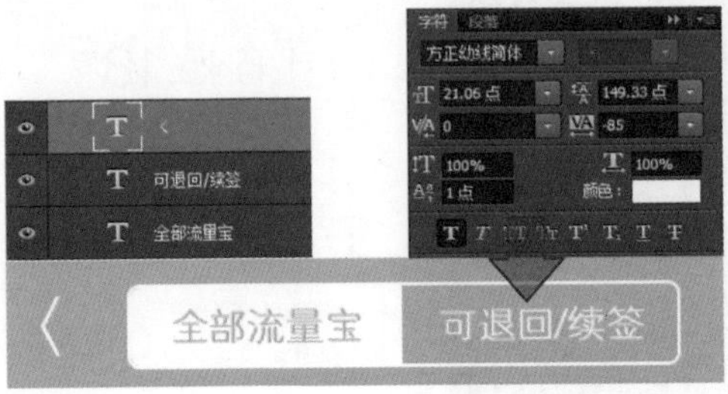


Step 04：选择工具箱中的“钢笔工具”和“椭圆工具”绘制出所需的购物车形状，将其放在界面右上角的位置，完成导航栏的制作。

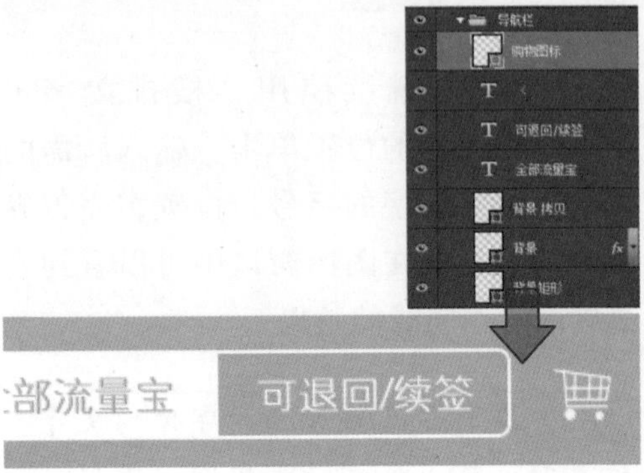


Step 05：选择工具箱中的“矩形工具”，绘制出所需的矩形和线条，分别填充适当的颜色，放在界面适当的位置，对界面进行布局。

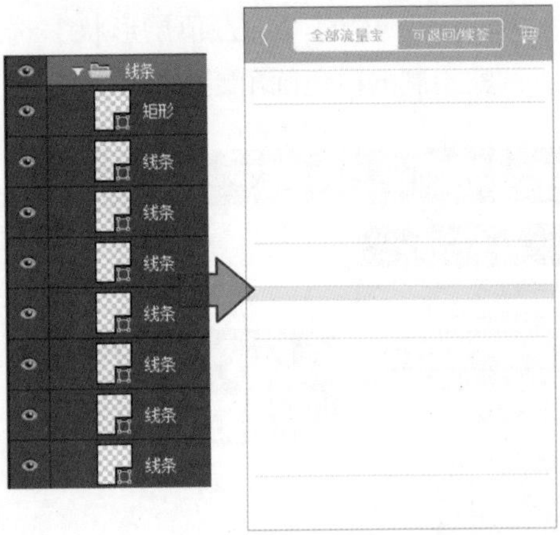


Step 06：使用“横排文字工具”，在适当的位置单击，输入所需的文字，调整文字的字号、位置，完善界面中的信息，在图像窗口中可以看到添加文字的效果。

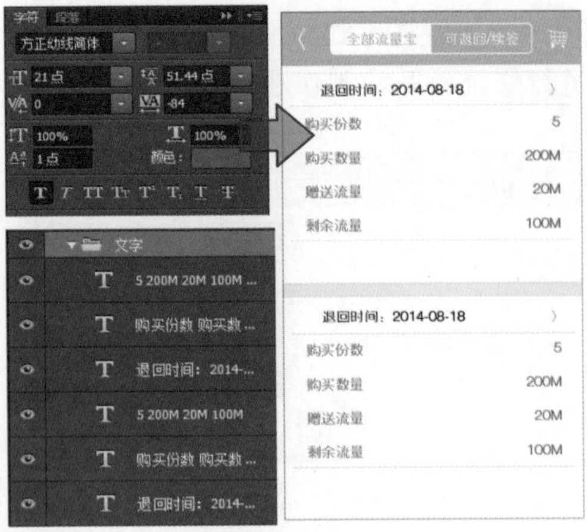

Step 07：选择工具箱中的“圆角矩形工具”，绘制出所需的按钮，接着使用“横排文字工具”在圆角矩形上添加所需的文字，完成按钮的制作。

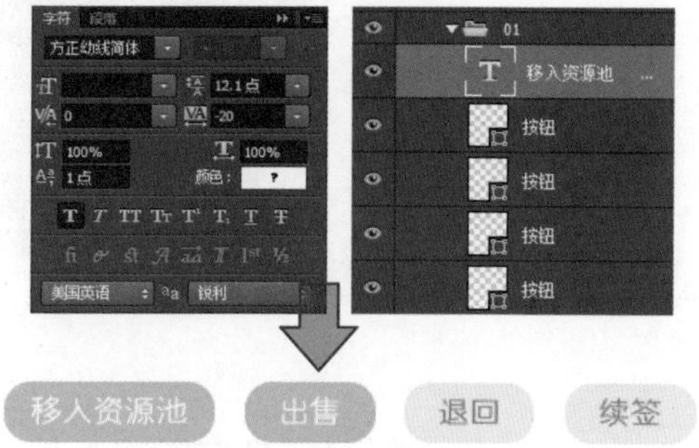


Step 08：对Step 07中绘制的按钮进行复制，调整复制后按钮的位置，放在界面中另外一组菜单的下方，在图像窗口中可以看到添加按钮后的效果。

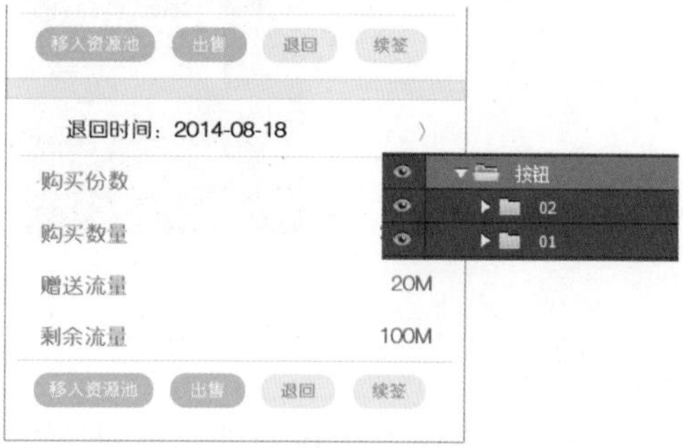


Step 09：使用“圆角矩形工具”和“椭圆工具”绘制出界面所需的时间图标，填充适当的颜色，无描边色，在图像窗口中可以看到编辑完成的效果。

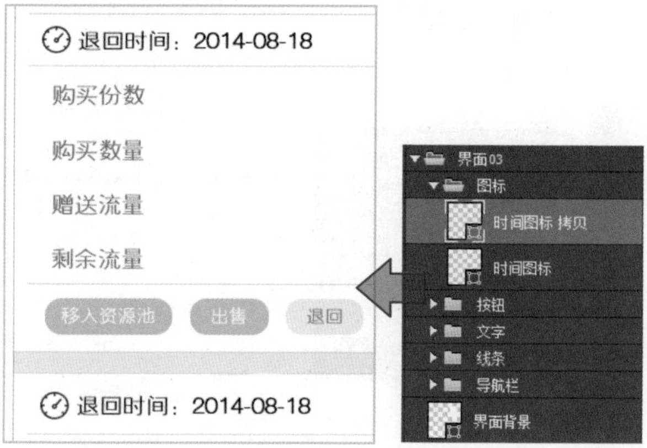


提示：按住Shift键的同时，单击并拖曳图层中的对象，可以让图像或者图形以水平或者垂直方向进行直线移动，避免角度的偏差而造成偏移。

**4. 市场交易界面**

Step 01：对前面绘制完成的界面背景、导航栏进行复制，适当进行修饰，参考前面的制作方式，绘制出另外一组标签，开始制作市场交易界面制作。

Step 02：选择工具箱中的“矩形工具”，绘制出所需的矩形和线条，分别填充适当的颜色，放在界面适当的位置，对界面进行布局。

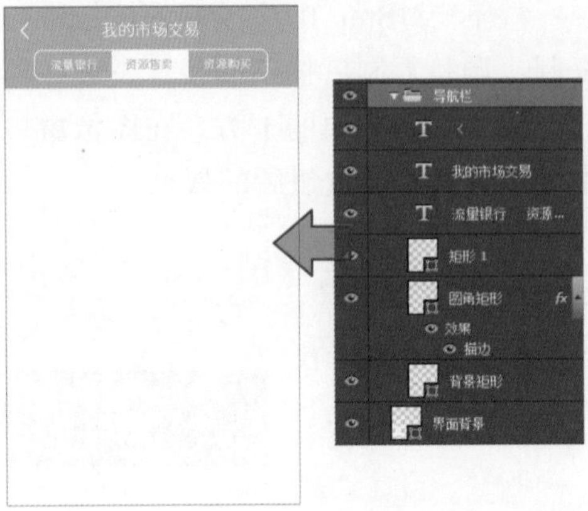


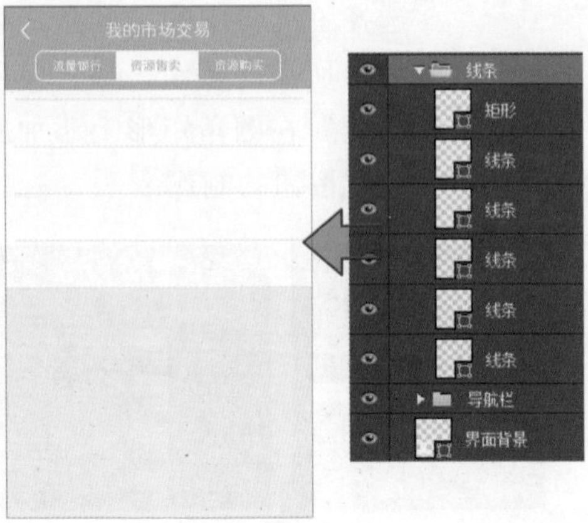


Step 03：选择工具箱中的“横排文字工具”，在适当的位置单击，输入所需的文字，打开“字符”面板对文字的属性进行设置，在图像窗口中可以看到添加文字的效果。

Step 04：继续使用“横排文字工具”添加所需的文字，调整文字的颜色、字体、字号等信息，将文字放在界面适当的位置，在图像窗口中可以看到编辑的效果。

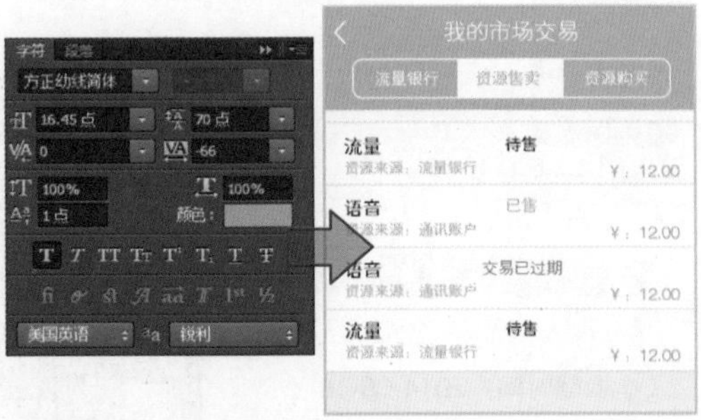


Step 05：使用“横排文字工具”添加界面所需的数据信息，参考前面文字的字体设置，完成信息的外观设计，在图像窗口中可以看到本界面的效果。

提示：图层组能够对“图层”面板中的图层进行合理归类和管理，对图层组命名的过程中，可以通过标注图层性质、内容等方式来直观地掌握图层中的内容，避免因图层太多而不能很快选中所需的图层。

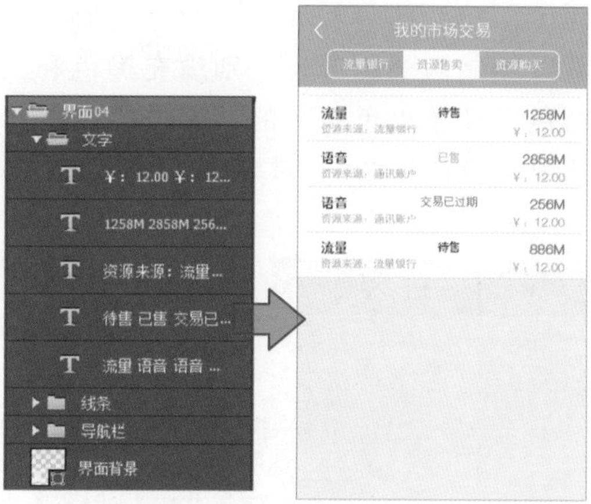


## 5. 收支明细界面

Step 01：对前面绘制的界面背景、导航栏等进行复制，调整导航栏中的文字内容，接着使用“矩形工具”绘制所需的线条，对界面进行布局。

Step 02：使用“横排文字工具”为界面输入所需的文字信息，打开“字符”面板分别对文字的字体、字号、字间距等属性进行设置。

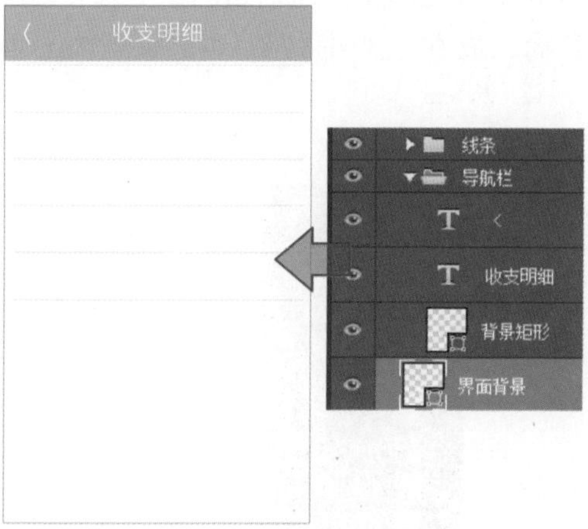


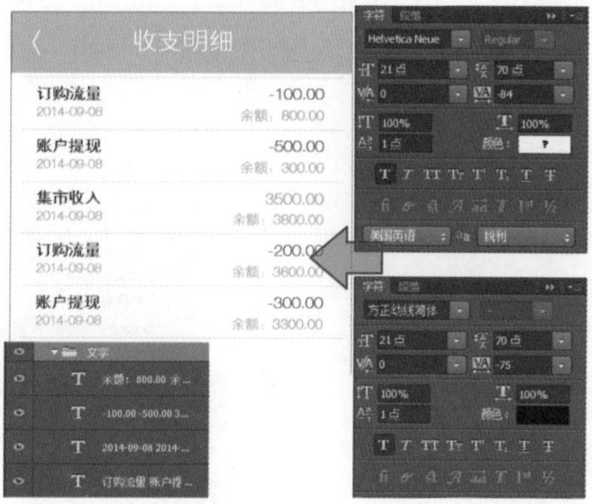

Step 03：选中工具箱中的“矩形工具”绘制两个矩形，分别填充黑色和白色，调整黑色矩形的“不透明度”选项的参数为30%，对界面进行遮盖。

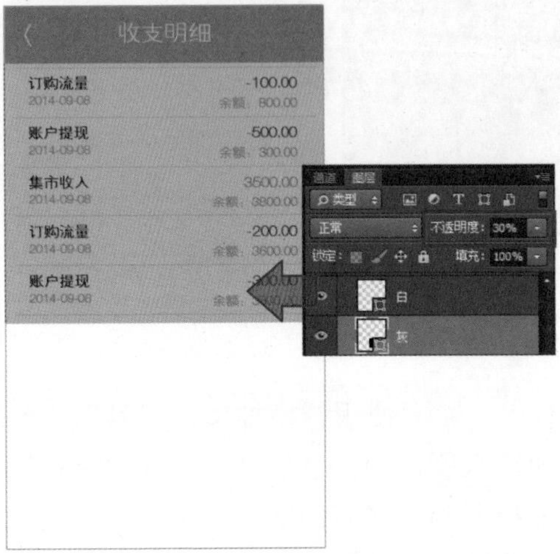


Step 04：选中工具箱中的“横排文字工具”在白色的矩形上单击，输入菜单中所需的文字，打开“字符”面板对文字的属性进行设置。

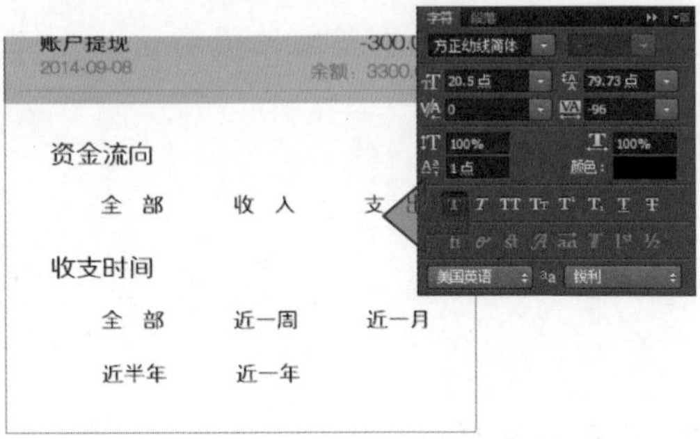


Step 05：选中工具箱中的“椭圆工具”，绘制出单选框的形状，使用“描边”图层样式对其进行修饰，接着绘制出勾选的形状，放在适当的位置，完成当前界面的制作。、

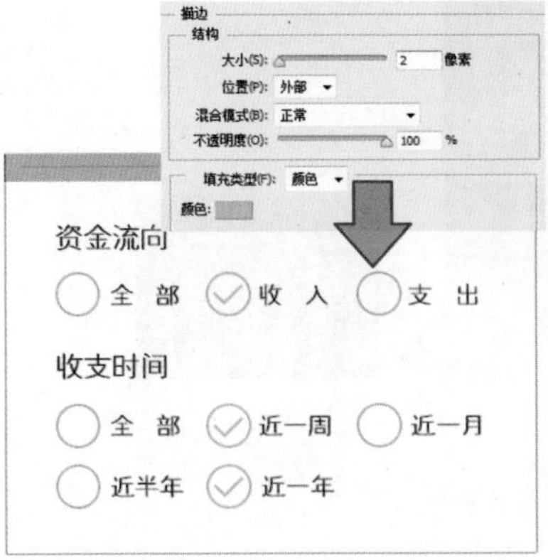


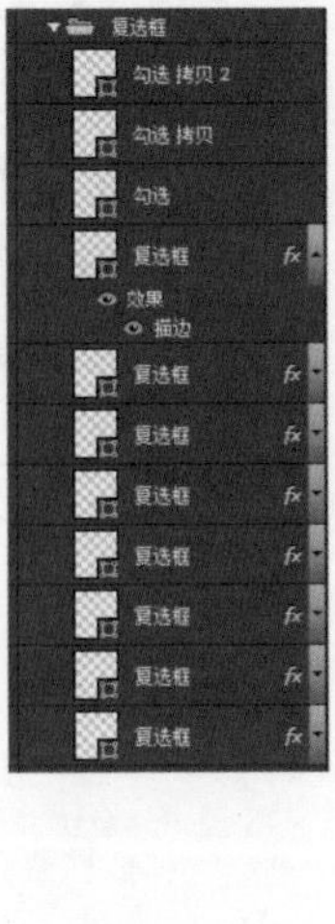

**6. 账户管理界面**

Step 01：对前面绘制的界面背景、导航栏等进行复制，调整导航栏中的文字内容，接着使用“矩形工具”绘制所需的线条，对界面进行布局。

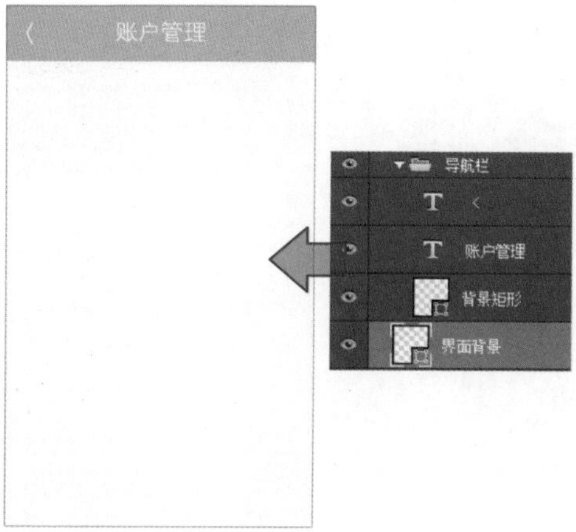


Step 02：选择工具箱中的“矩形工具”绘制出白色的矩形，使用“内发光”图层样式对绘制的形状进行修饰，制作出界面中所需的菜单栏的背景。

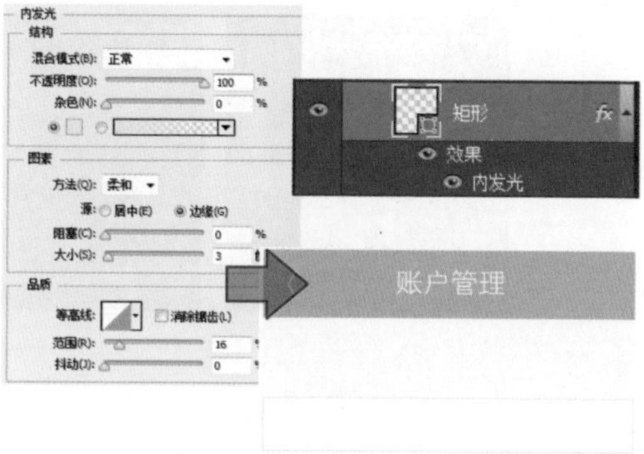


Step 03：对Step 02中绘制的矩形进行复制，得到相应的拷贝图层，按住Shift键的同时调整矩形的位置，垂直移动矩形的位置，在图像窗口中可以看到编辑的效果。

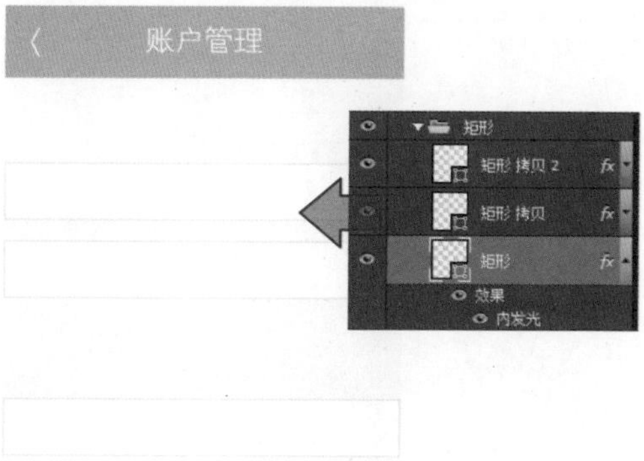


Step 04：选择工具箱中的“横排文字工具”，输入所需的文字，打开“字符”面板对文字的属性进行复制，调整文字的位置，完善界面的内容。

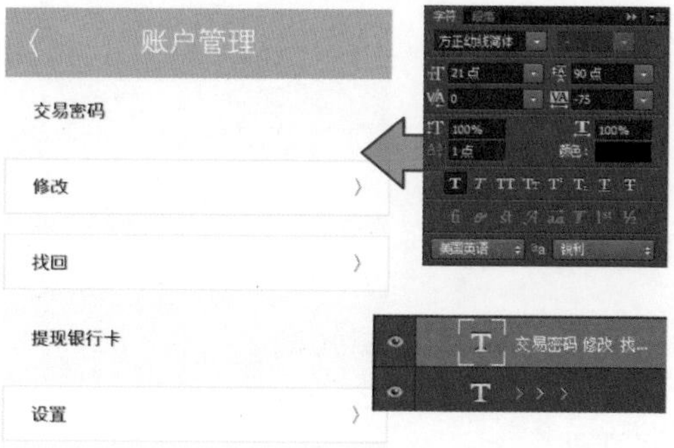

Step 05：使用“横排文字工具”输入界面所需的一组较小的字体，打开“字符”面板对文字的属性进行设置，在图像窗口中可以看到本例最终的编辑效果。

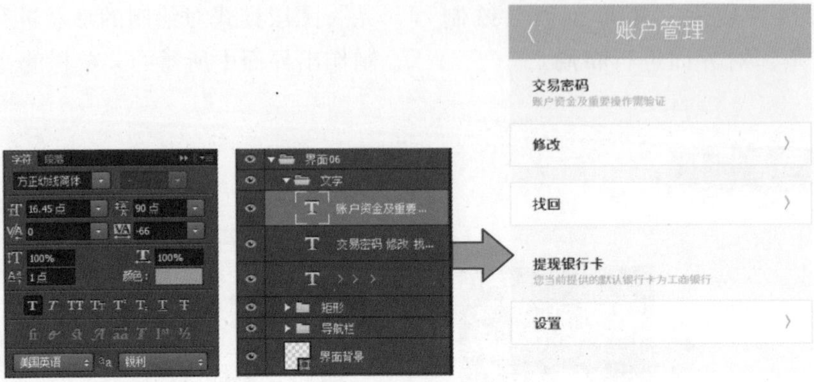

# Part 10

# 藏宝游戏App设计

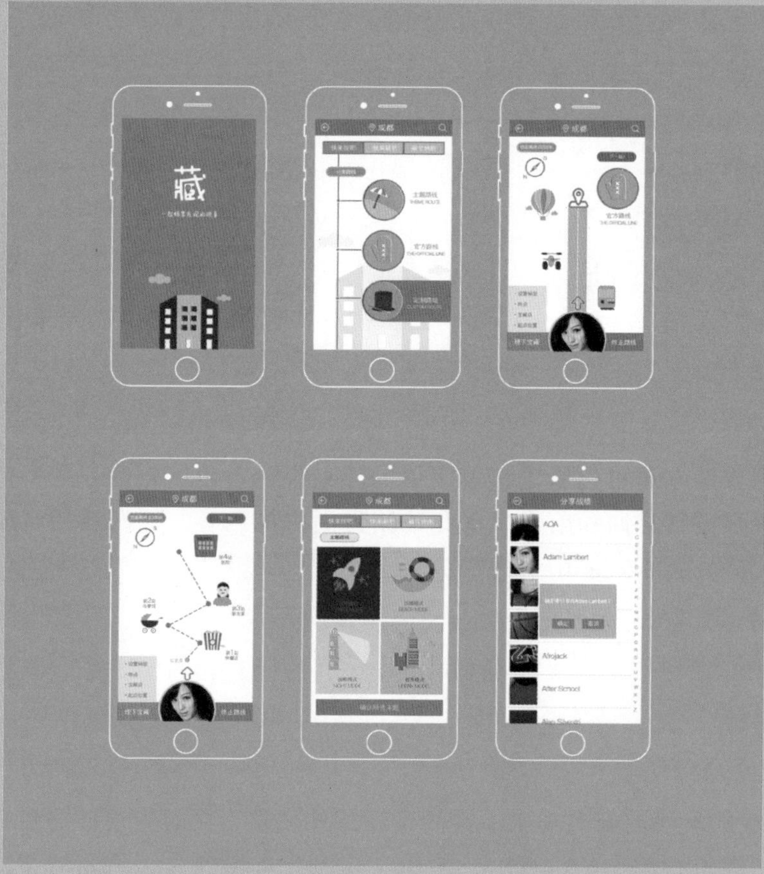


素材：素材\10\01.jpg

源文件：源文件\10\藏宝游戏App设计.psd

## 界面布局规划

本案例是以藏宝为玩耍内容设计的游戏App，在该游戏中会以自由藏宝、选择地图、挖掘宝藏为主要的玩耍内容，因此在设计的时候我们需要对这些特殊的界面内容进行安排。由于游戏的界面具有很强的自由性，因此在界面布局上也是开放式的，没有过多的约束，接下来就对本案例中几个较为重点的界面进行布局规划。

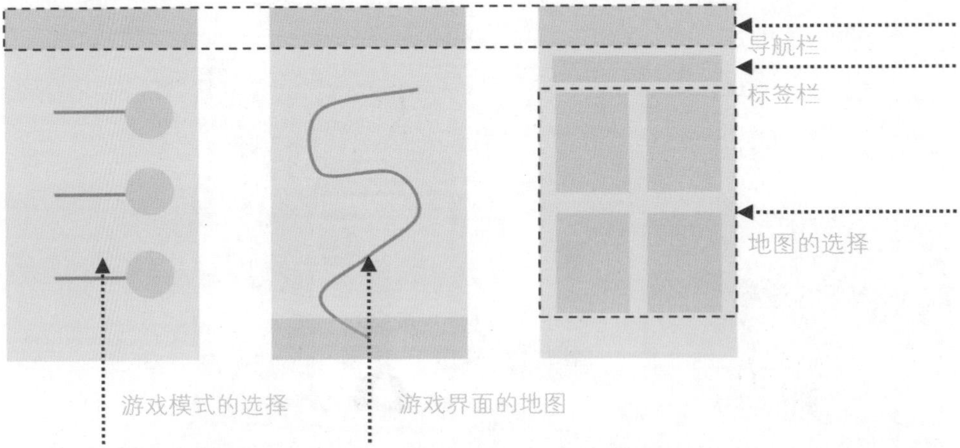


从上图中的界面布局可以看出，本案例的界面设计自由度较高，主要依靠导航栏来对界面内容进行返回和前进，由此控制界面中的内容，而游戏的玩耍界面会根据用户的不同操作而发生相应的变化。

## 创意思路剖析

为了让游戏的玩耍内容表现出一定的设计感和风格，同时直观而避免多余的信息干扰，我们在进行创作的过程中，使用了视图化和模拟真实道路的方式来进行设计。我们将画面设计为丰富多彩的颜色、扁平的视觉和可爱的卡通，提升用户玩耍的乐趣，具体内容如下。

直观地表现出游戏界面中的信息，摆脱以往单一的数据文字内容，不再冷冰冰的，有了自己的“味道”。

以时间轴和道路作为界面设计的蓝本进行创作

将游戏模式的选择界面设计为以时间轴外形，通过道路的外形来设计藏宝路线界面

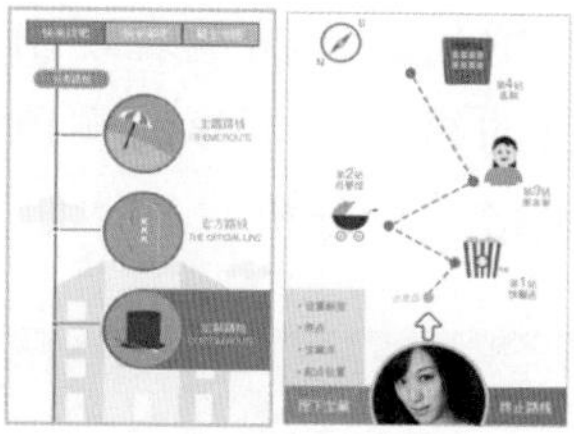

## 确定配色方案

我们在纵观多种游戏界面的过程中，会发现橙色是一种出现频率较高的色彩，而仔细品味橙色，会发现它是暖色调中的代表，能够给人带来光明、温暖的视觉效果，能够激发人们的兴趣。因此，在本案例的配色中，我们使用了橙色这种纯度较高、明度较高的色彩作为主色调，鲜艳的色彩让整个游戏界面显得热情而活泼，拉近玩家与界面的距离，接下来就对本案例的配色进行分析，如下图所示。

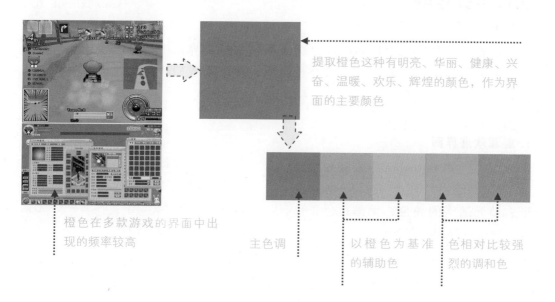

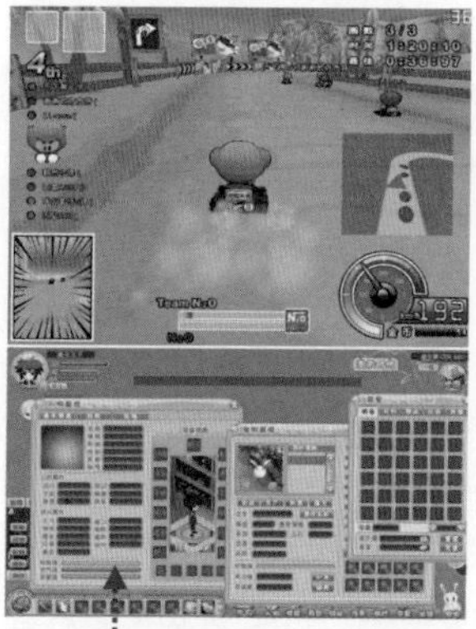

提取橙色这种有明亮、华丽、健康、兴奋、温暖、欢乐、辉煌的颜色，作为界面的主要颜色

橙色在多款游戏的界面中出现的频率较高

主色调

以橙色为基准的辅助色

色相对比较强烈的调和色

## 定义组件风格

在移动设计的界面中，更少的修饰会让界面干净整齐，使用起来格外简洁。为了突出游戏的特点，也表现出一定简洁的特点，本案例使用扁平化的设计将简单的信息完美地表现出来，减少认知障碍的产生。案例中的扁平化设计是很多颜色的组合，多彩的颜色让界面表现得更丰富，接下来我们就对游戏界面中的元素风格进行分析，具体如下。

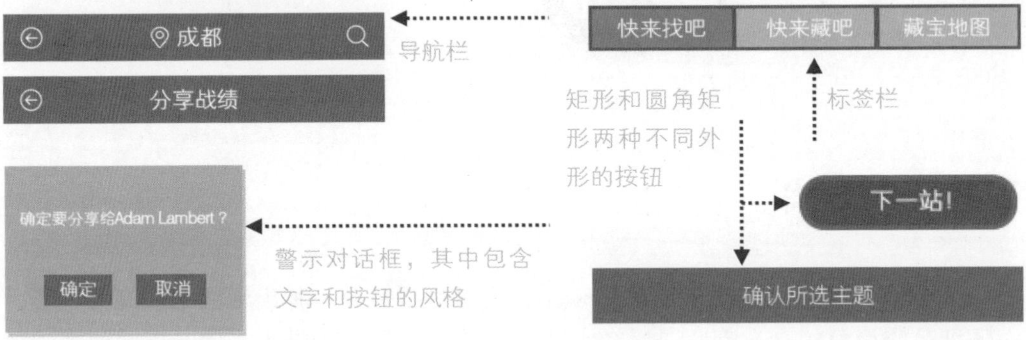


## 制作步骤详解

该款游戏是以扁平化的设计理念进行创作的，界面中丰富的图标和组件，都由多个不同颜色、外观的形状堆叠而成，接下来我们将对其具体的制作进行讲解。

### 1. 游戏欢迎界面

Step 01：在Photoshop中创建一个新的文档，使用“矩形工具”绘制矩形，填充适当的颜色，无描边色，作为游戏欢迎界面的背景。

Step 02：选择工具箱中的“矩形工具”和“钢笔工具”绘制出所需的三个形状，分别填充适当的颜色，无描边色，作为楼房的轮廓。

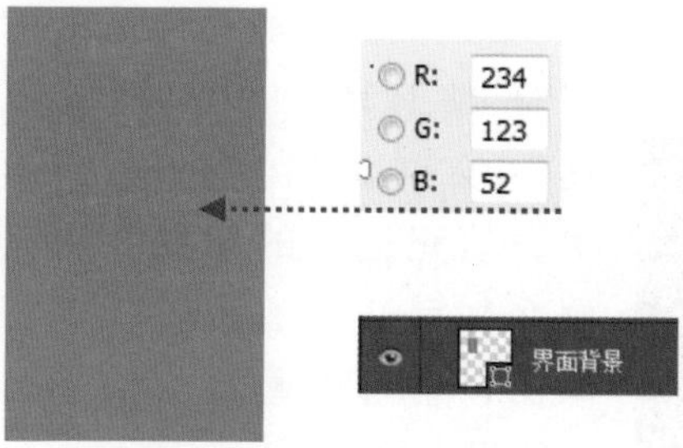


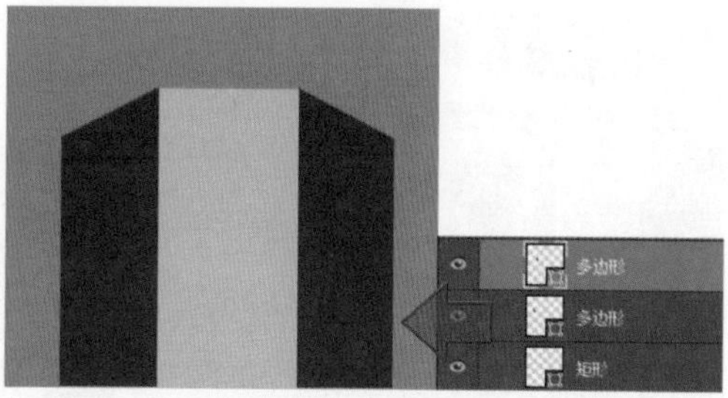


Step 03：选择工具箱中的“矩形工具”，在该工具的选项栏中设置参数，接着绘制出所需的矩形，作为楼房的窗户，在图像窗口中可以看到编辑的效果。

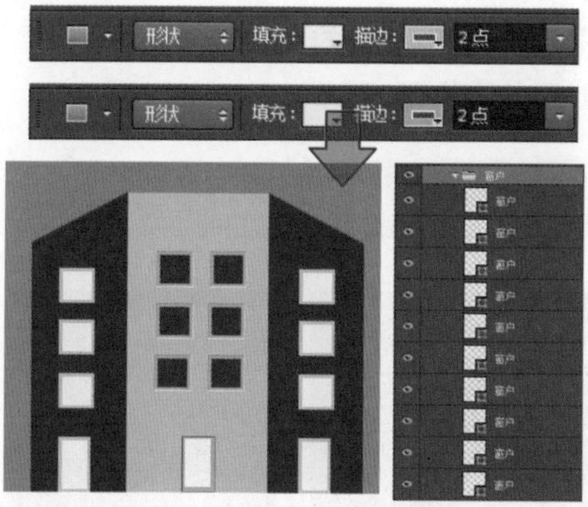


Step 04：选择工具箱中的“椭圆工具”绘制出多个圆形，将其组合在一个形状中，并填充适当的颜色，无描边色，制作出所需的云朵形状。

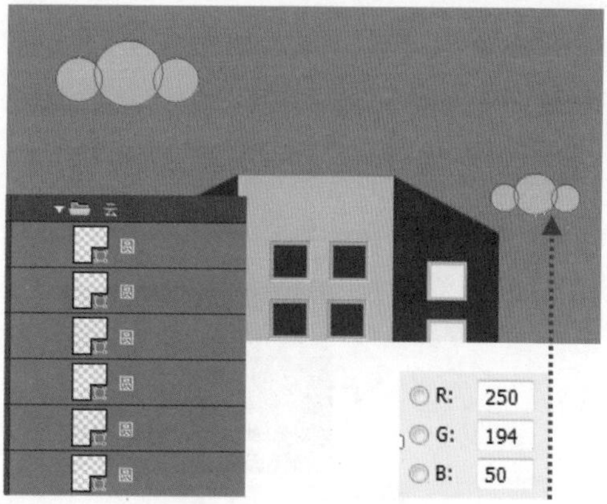


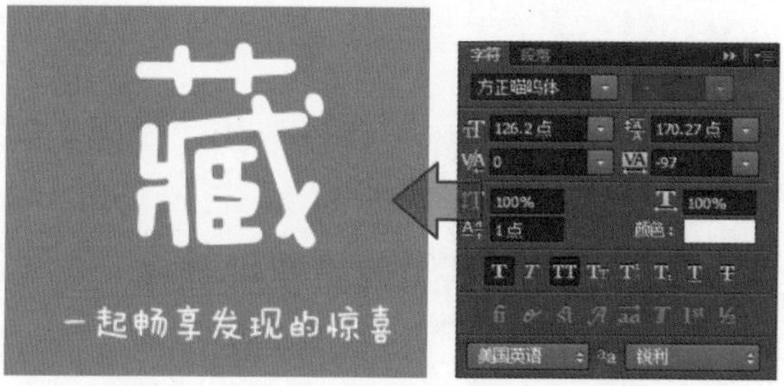


Step 05：选择工具箱中所需的“横排文字工具”，输入所需的文字，打开“字符”面板对文字的属性进行设置，接着对文字的字号进行调整，把文字放在界面的中间。

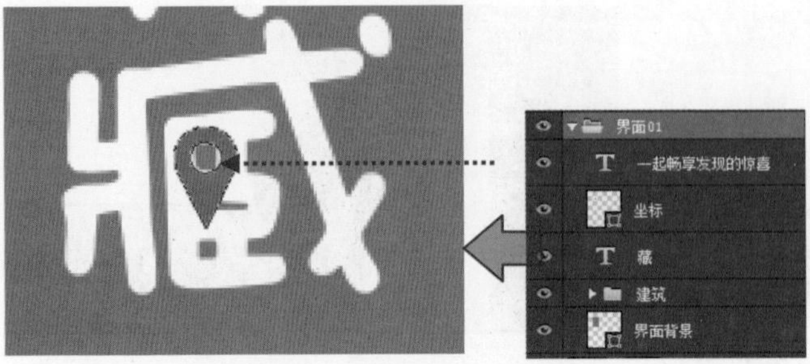


Step 06：选择工具箱中的“椭圆工具”和“钢笔工具”绘制出所需的坐标形状，填充适当的颜色，将其放在文字适当的位置，在图像窗口中可以看到当前界面的编辑效果。

**2. 藏宝路线选择界面**

Step 01：对前面绘制的界面背景进行复制，更改其颜色为白色，接着复制绘制的楼房，调整其“不透明度”选项的参数为15%，开始制作藏宝路线选择界面。

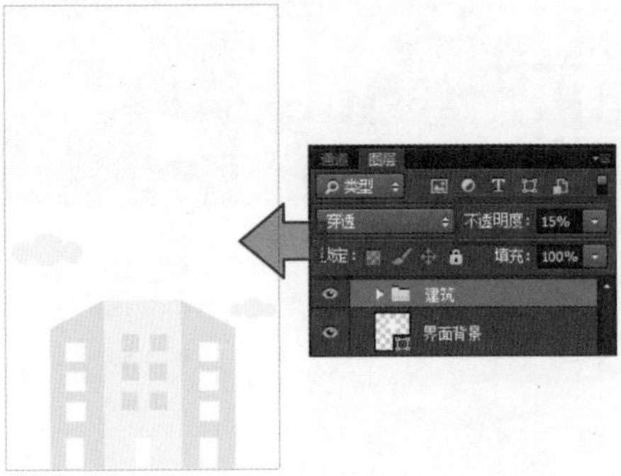


Step 02：使用“矩形工具”绘制出导航栏的背景，接着添加所需的文字，打开“字符”面板设置文字的属性，最后绘制出所需的图标，放在导航栏上适当的位置。

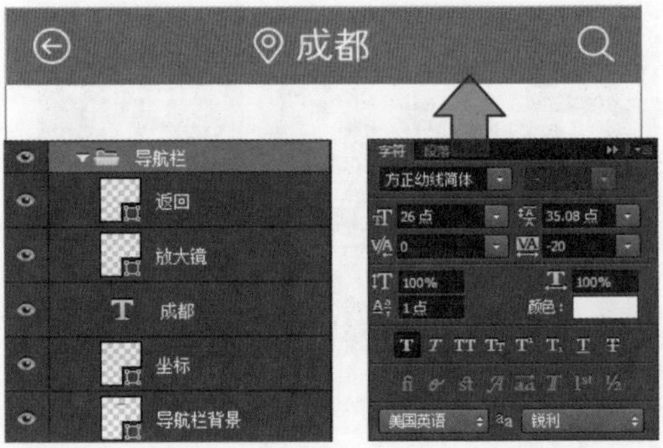


Step 03：选中工具箱中的“矩形工具”，在其选项栏中对参数和颜色进行设置，绘制出所需的形状，将其组合在一起，制作出标签栏的背景。

Step 04：选择工具箱中的“横排文字工具”，输入所需的文字，打开“字符”面板对文字的属性进行设置，把文字放在标签栏的上方位置。

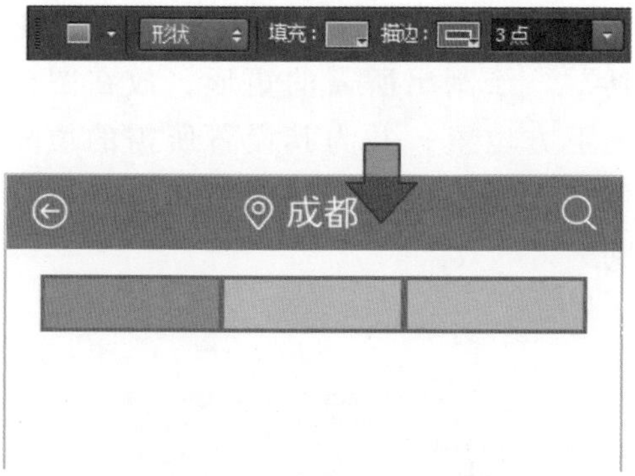


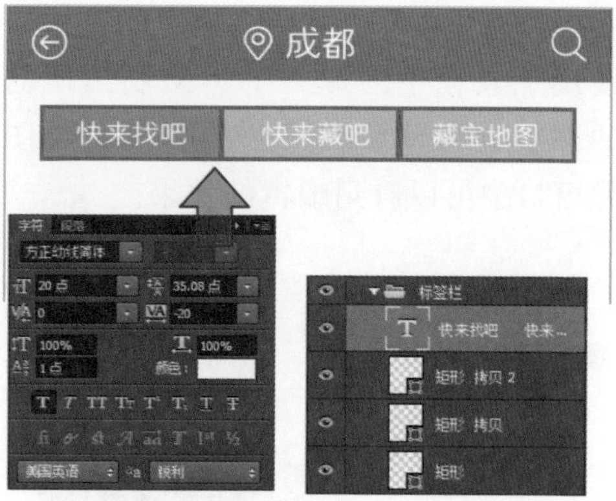


提示：如果在绘制形状之前，在形状工具选项栏中的“描边”选项中设置了描边的颜色和宽度，那么绘制后对形状的大小进行调整的同时，描边的宽度不会受到形状大小的影响。

Step 05：使用工具箱中的“矩形工具”绘制出所需的线条，接着对线条的大小和角度进行调整，在线条的链接位置绘制圆形，在图像窗口中可以看到绘制的效果。

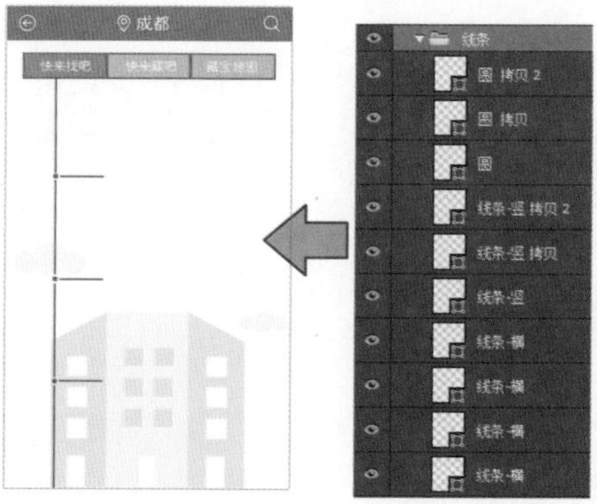


Step 06：选择工具箱中的“圆角矩形工具”，在该工具的选项栏中进行设置，接着绘制出所需的形状，再添加上文字，打开“字符”面板设置文字的属性。

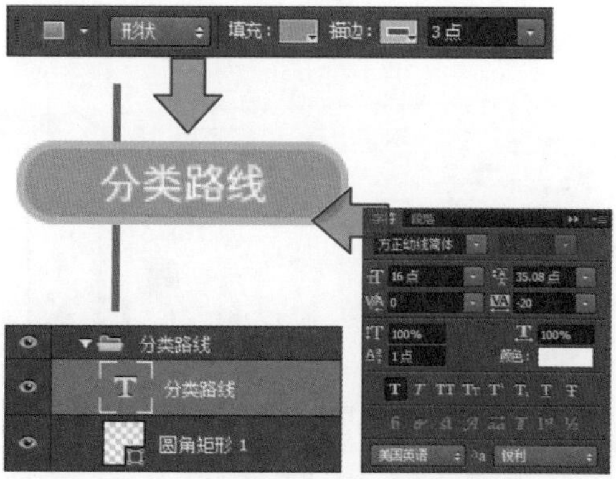

Step 07：参考前面绘制楼房的方法，使用工具箱中的形状工具绘制出所需的图标并将其放在线条的右侧，在图像窗口中可以看到编辑的效果。

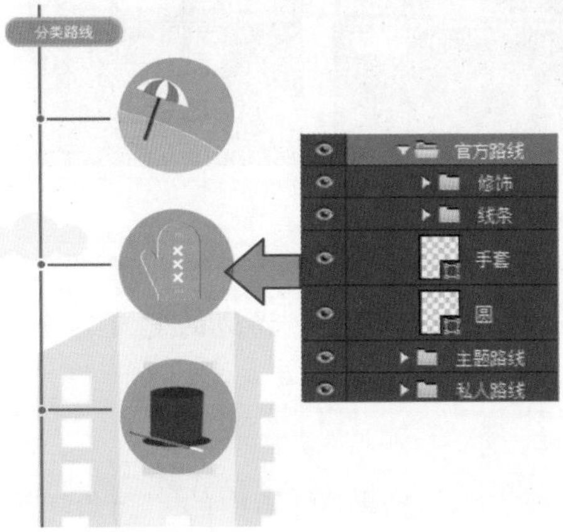


Step 08：选择工具箱中的“矩形工具”，绘制出所需的矩形，放在图标的下方位置，并为其设置所需的填充色，无描边色，在图像窗口中可以看到编辑的效果。

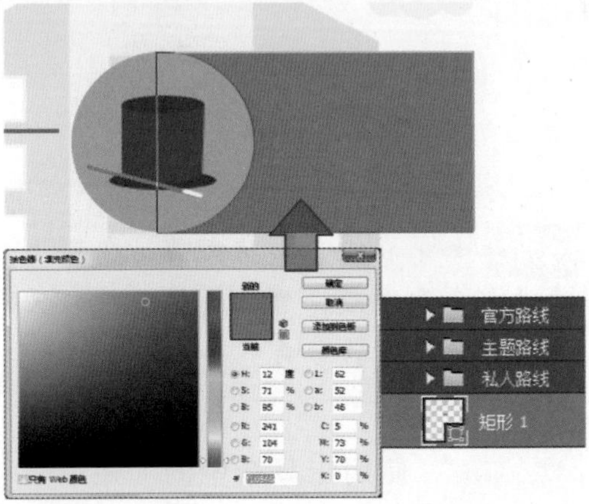


Step 09：创建图层组，将绘制的图标和矩形拖曳到其中，接着为该图层组应用“描边”图层样式，在相应的选项卡中设置参数，在图像窗口中可以看到编辑后的效果。

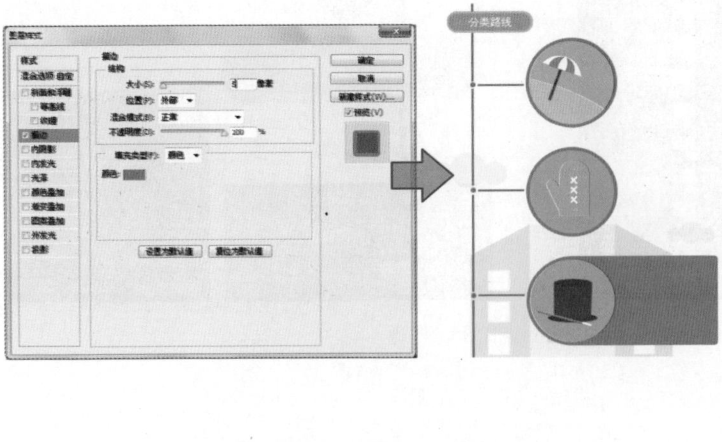

Step 10：选择工具箱中的“横排文字工具”，输入所需的文字，打开“字符”面板分别对文字的属性进行设置，调整文字的位置，放在界面的右侧，在图像窗口中可以看到当前界面制作的效果。

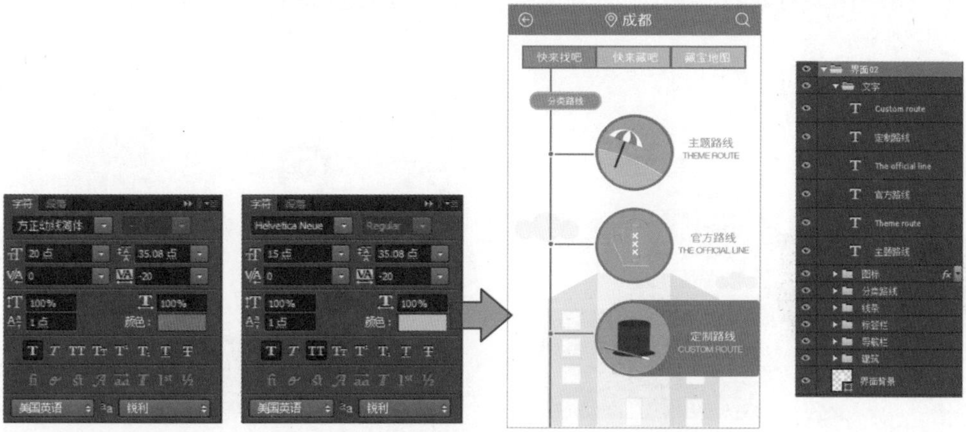


### 3. 游戏主线路界面

Step 01：对前面绘制的界面背景、导航栏、图标和文字等进行复制，调整这些元素的位置，开始制作游戏主线路界面，在图像窗口中可以看到编辑的效果。

Step 02：选择工具箱中的“矩形工具”，绘制出大小不一的多个矩形，分别填充适当的颜色，完成界面中所需的道路、菜单背景和按钮的制作。

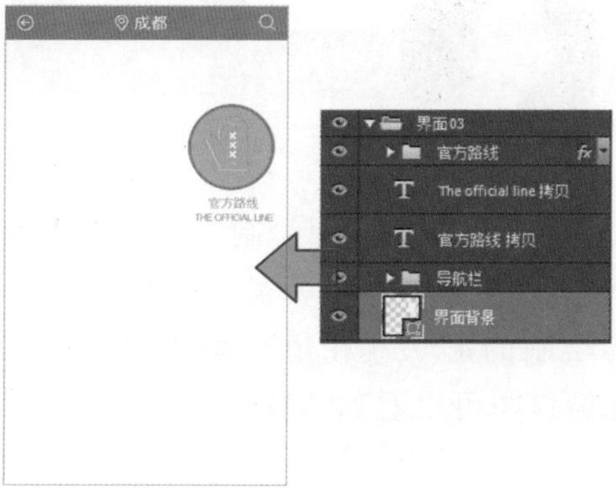


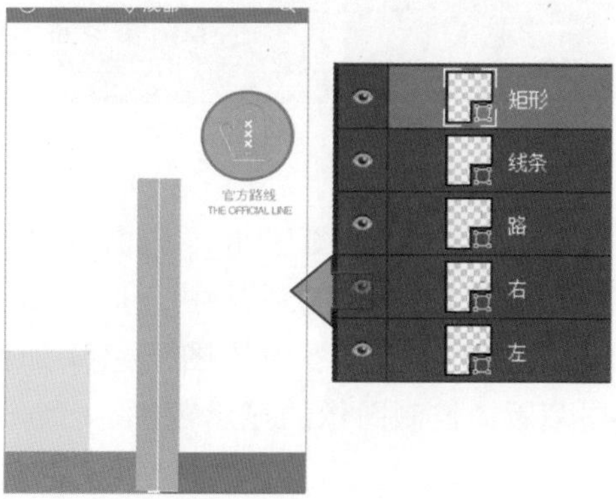

Step 03：将素材\12\01.jpg素材添加到图像窗口中，适当调整其大小，使用图层蒙版对其显示进行控制，利用“描边”图层样式对其进行修饰。

Step 04：选择工具箱中的“钢笔工具”绘制出所需的前进箭头和坐标的形状，填充适当的颜色，无描边色，将绘制的图标放在道路上适当的位置。

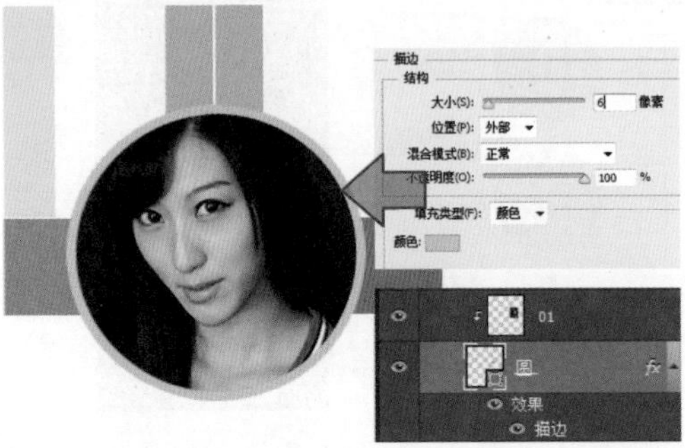


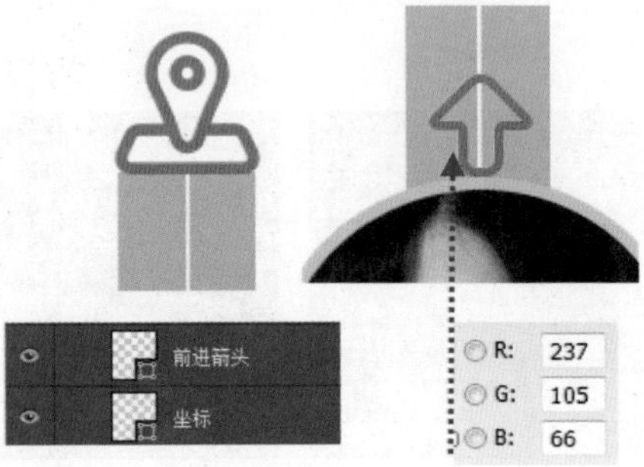


Step 05：选中工具箱中的“横排文字工具”，在适当的位置单击，输入所需的文字，打开“字符”面板分别对文字的字体、字号和颜色等属性进行设置。在图像窗口中可以看到菜单和按钮上的文字的编辑效果。

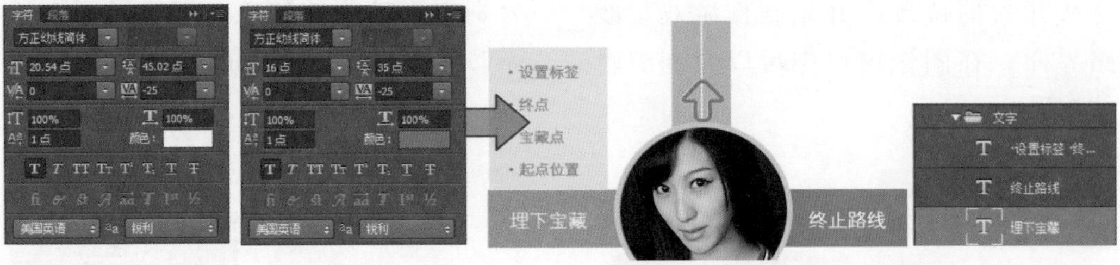


Step 06：创建图层组，命名为“线路”，将图层拖曳到其中，把界面背景添加到选区后，为该图层组添加图层蒙版，控制图像的显示范围。

Step 07：参考前面绘制图标的方式和填色，绘制出界面所需的其他形状，将绘制的形状放在道路的两侧，在图像窗口中可以看到编辑的效果。

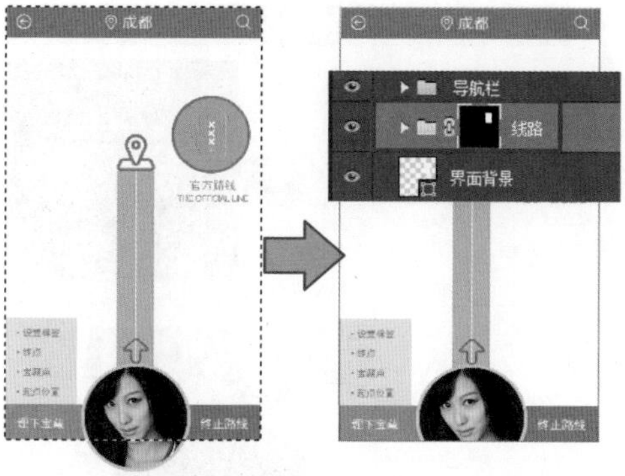


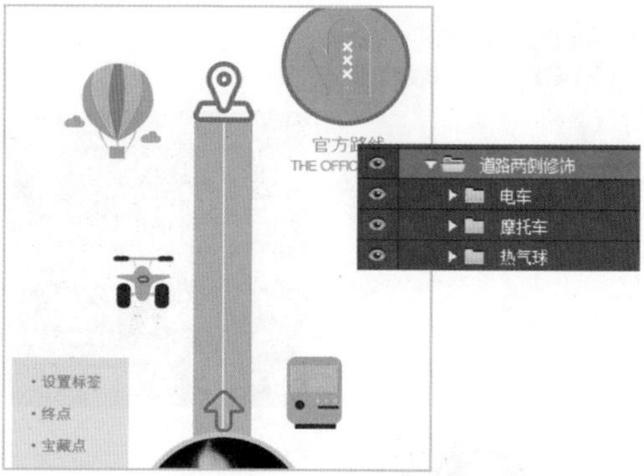


Step 08：选择工具箱中的“圆角矩形工具”，在其选项栏中进行设置，接着绘制出界面所需的按钮，在按钮上添加文字，打开“字符”面板对文字的属性进行设置。

Step 09：使用“钢笔工具”和“椭圆工具”绘制出指南针的形状，接着利用“横排文字工具”输入所需的字母，打开“字符”面板对字母的属性进行设置。

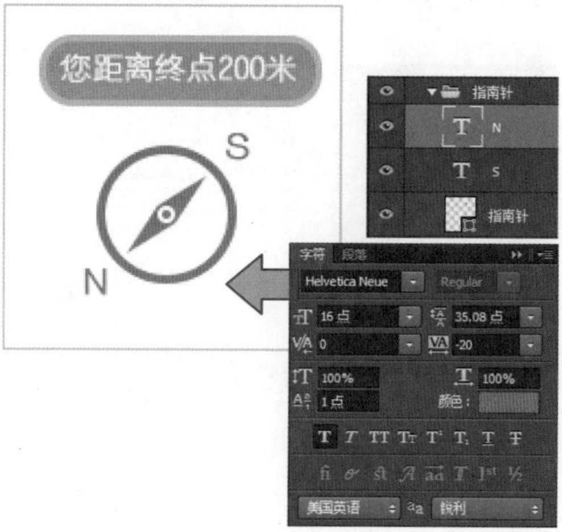


**4. 游戏玩耍界面**

Step 01：对前面绘制的界面背景、导航栏、底边、按钮等进行复制，适当调整复制后对象的位置，开始制作游戏玩耍界面，在图像窗口中可以看到编辑的效果。

Step 02：选择工具箱中的“钢笔工具”，在其选项栏中对选项进行设置，调整描边的颜色，选择虚线进行绘制，制作出虚线的折线效果。

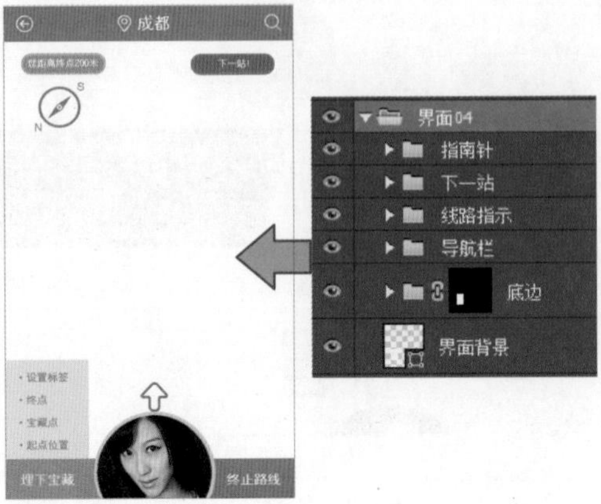


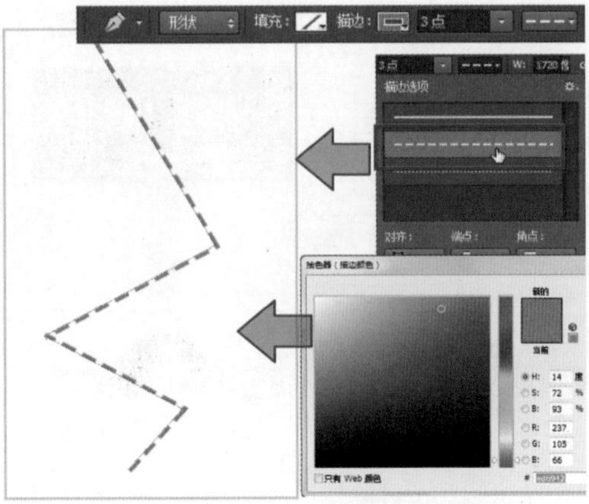


Step 03：选择工具箱中的“椭圆工具”，绘制出所需的圆形，将其分别放在折线上适当的位置，并填充相应的颜色，无描边色，在图像窗口可以看到编辑的效果。

Step 04：选择工具箱中的“横排文字工具”，在界面上适当的位置输入所需文字，打开“字符”面板对文字的属性进行设置，在图像窗口中可以看到编辑的效果。

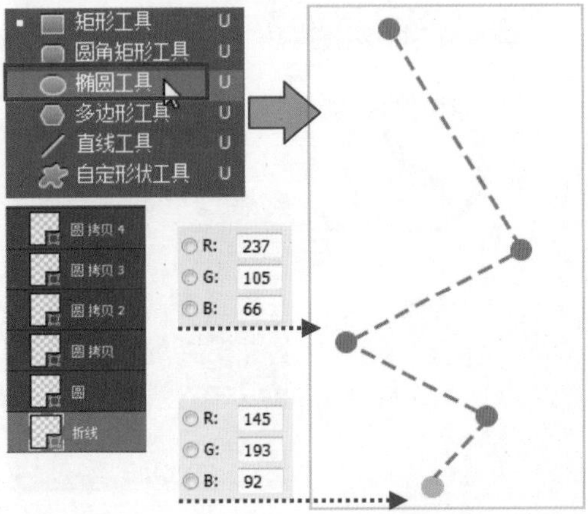


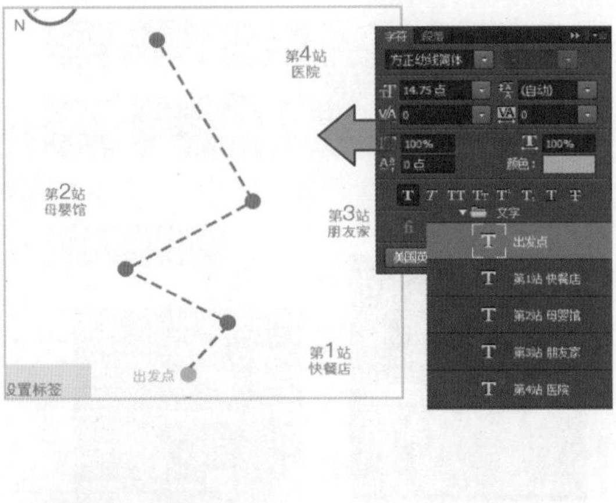


Step 05：参考前面绘制图标的方式及填色，绘制出界面上所需的图标，将图标放在文字的附近，并创建图层组对绘制的图层进行管理，在图像窗口中可以看到当前界面绘制的结果。

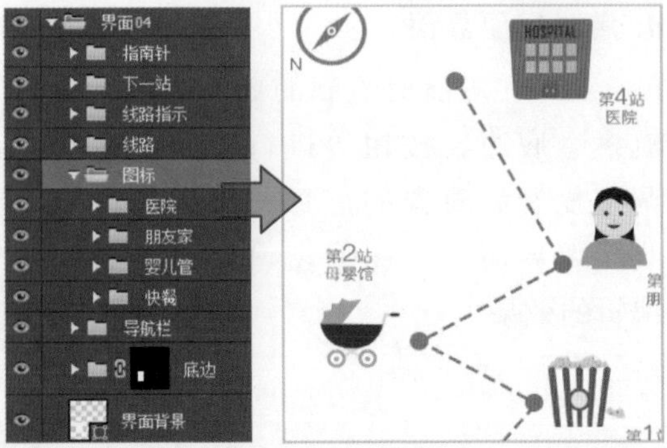

**5. 地图选择界面面**

Step 01：对前面绘制的界面背景、导航栏和标签栏等进行复制，调整复制后对象的位置，开始制作地图选择界面，在图像窗口中可以看到编辑的效果。

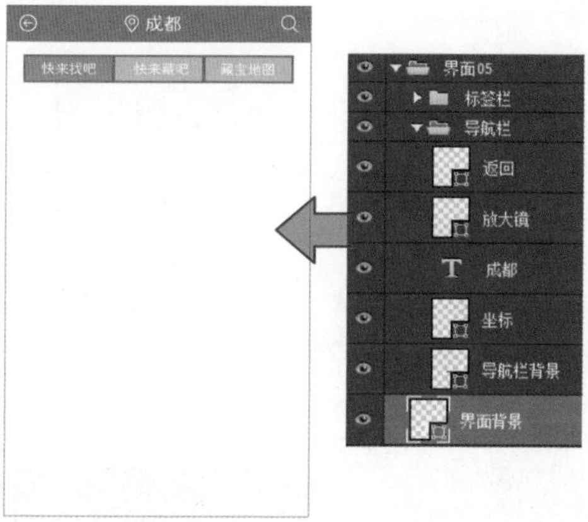


Step 02：参考前面的绘制方法，绘制出界面所需的按钮，接着添加所需的文字，打开“字符”面板对文字的属性进行设置，在图像窗口中可以看到编辑的效果。

Step 03：使用工具箱中的“矩形工具”绘制出所需的矩形，分别为其填充适当的颜色，无描边色，在图像窗口中可以看到编辑的效果。

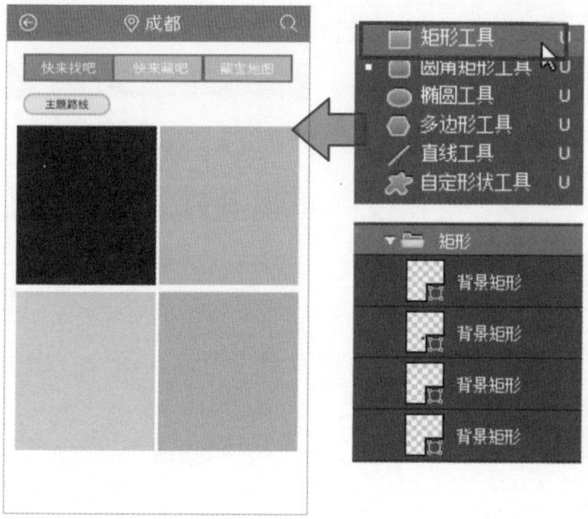


Step 04：参考前面绘制图标的方法，在矩形上绘制所需的形状，在图像窗口中可以看到编辑的效果。

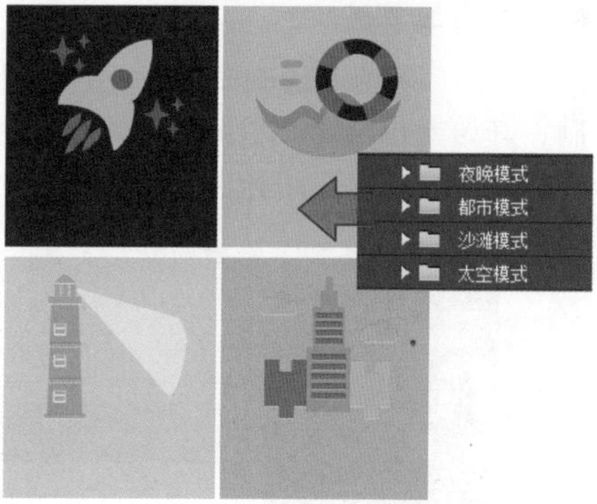

Step 05：选择“横排文字工具”，在适当的位置添加所需的文字，完善界面中的信息，参考前面编辑文字所用的字体进行设置，在图像窗口中可以看到编辑的效果。

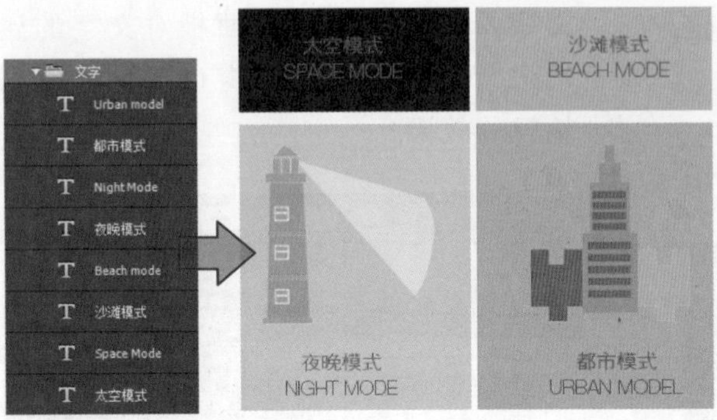


Step 06：选择工具箱中的“矩形工具”，绘制出所需的形状，填充适当的颜色，作为按钮，接着添加按钮上的文字，打开“字符”面板对文字的属性进行设置。

**6. 游戏分享界面**

Step 01：对前面绘制的界面背景、导航栏进行复制，开始制作游戏分享界面，对导航栏中的文字进行更改，删减部分图标，在图像窗口中可以看到编辑的效果。

Step 02：将素材\12\01.jpg素材添加到图像窗口中，适当调整其大小，得到01智能对象图层，接着使用“矩形选框工具”创建矩形选区，以选区为标准添加图层蒙版，对图像的显示进行控制，在图像窗口中可以看到编辑的效果。

提示：想要创建出多个选区同时存在的效果，我们可以在使用选区工具创建选区之前，使用“添加到选区”模式来进行选区的创建。

Step 03：选择工具箱中的“矩形工具”绘制出所需的矩形线条，填充适当的颜色，接着复制图层，将线条放在界面适当的位置，在图像窗口可看到编辑的效果。

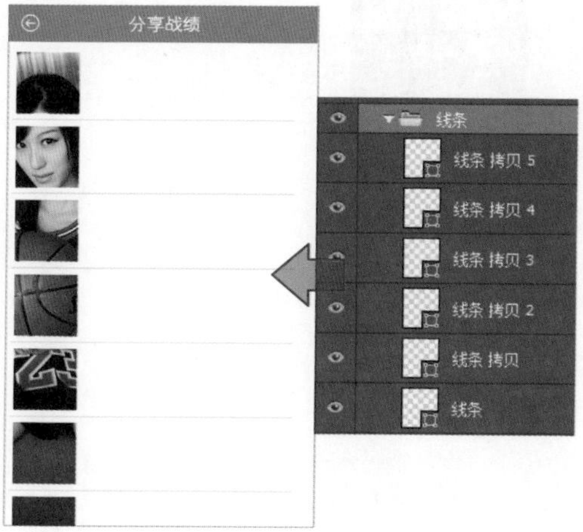


Step 04：选择“横排文字工具”添加所需的人名和字母，打开“字符”面板对文字的属性进行设置，在图像窗口中可以看到添加文字后的效果。

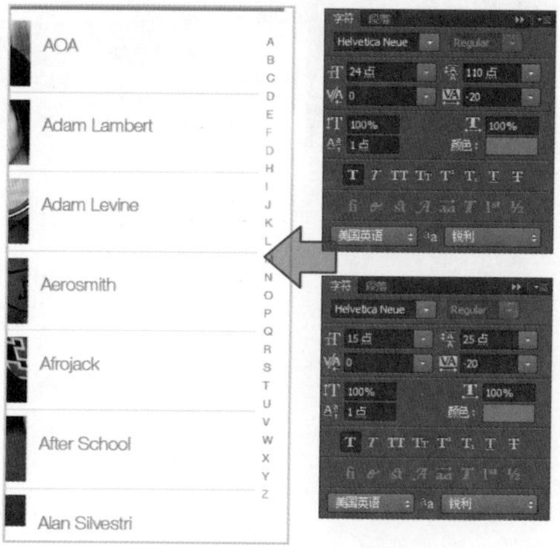

Step 05：选择工具箱中的“矩形工具”，绘制两个矩形，分别填充适当的颜色，无描边色，接着调整矩形的位置，作为弹出对话框的背景。

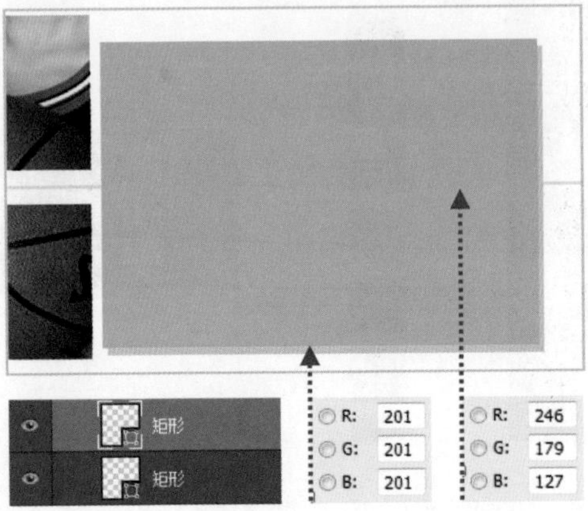


Step 06：选择“矩形工具”继续进行绘制，绘制出两个矩形，填充适当的颜色，无描边色，放在弹出对话框的背景上，作为对话框中的按钮。

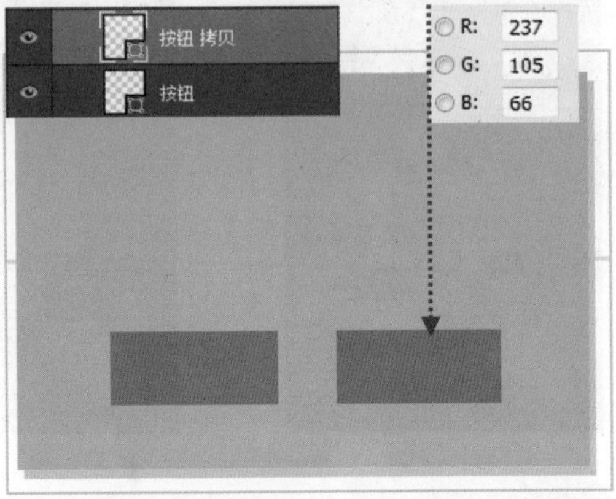


Step 07：选择工具箱中的“横排文字工具”，在弹出对话框中单击，输入所需的文字信息，完善对话框的内容，打开“字符”面板对文字的属性进行设置，完成本案例的制作。

# Part 11

# 音乐播放App设计

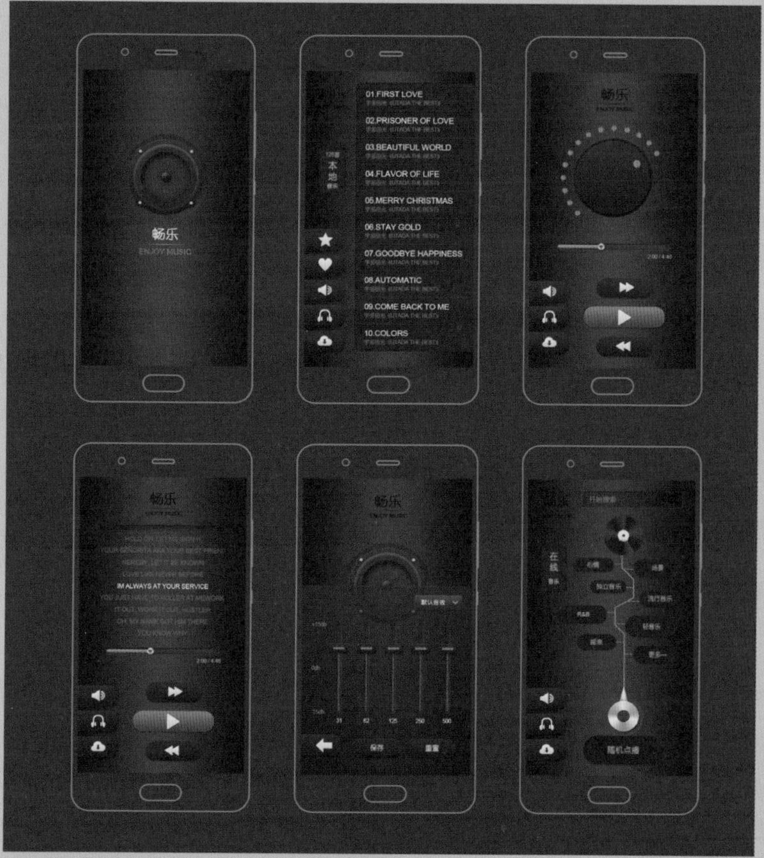


源文件：源文件\11\音乐播放App设计.psd

## 界面布局规划

本案例是为音乐App设计的界面，为了表现出一定的个性，在案例界面的设计中，我们使用按钮来对页面进行导航，而按钮是放在界面左下角的位置的，又由于音乐App中各个功能的特殊性，接下来我们对几个具有代表性的界面进行布局，具体如下。

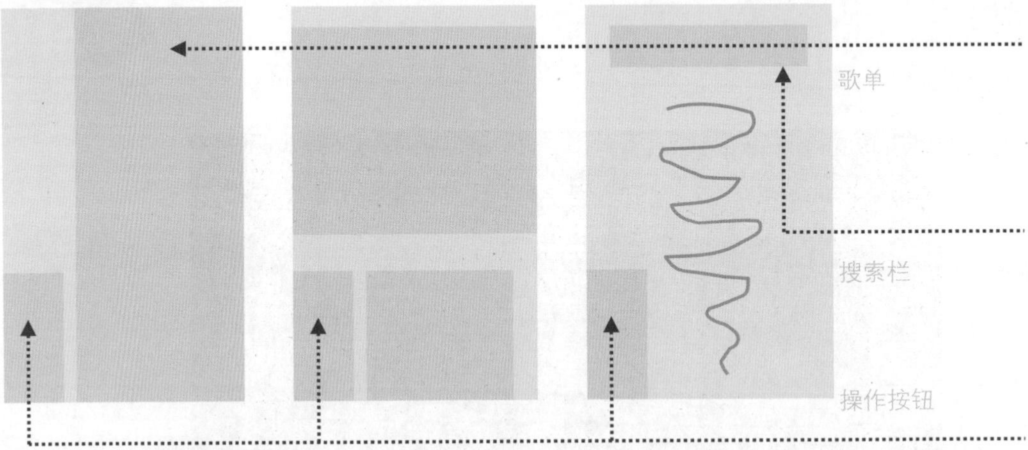


上图所示的界面布局为本案例中三个基础的界面布局，应用程序中的其他界面都是根据这三个布局来进行创作的。将操作按钮放在界面的左下角，不仅让界面布局显得个性而特殊，也让用户更利于单手操作。

## 创意思路剖析

本案例在创作之初就考虑到用户单手操作的情况，因此在定义界面布局的过程中，将操作按钮设计在界面的左下角位置。而其他的界面与我们经常看到的音乐App软件较为相似，其中最大的亮点就是音乐搜索界面的设计，该界面使用“信息树”作为创意点，将不同类型的歌曲放在枝桠上，直观而富有创意的界面让整个应用程序的界面加分不少，让界面设计不再单调，接下来就对其创意的思路进行分析，具体的内容如下。

信息树是数据或者信息视图化表现的一种方式，就是从一个关键词出发，类似树枝状地发散出若干个信息分支

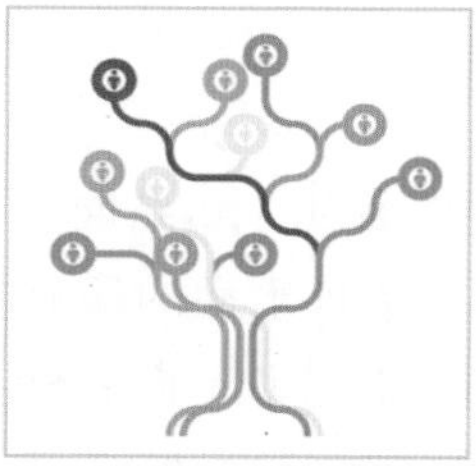

观察信息树素材的外形，构思歌曲搜索界面的大致内容

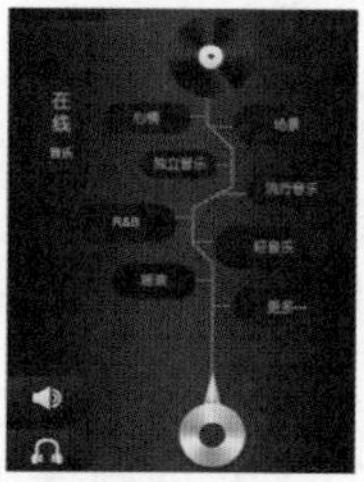

根据歌曲搜索的信息来安排界面的内容，模仿信息树的外观进行创作，设计出个性的界面效果

## 确定配色方案

音乐由于其旋律的不同，会给人不同的感受，当然也会让人联想到不同的颜色。在设计本案例的过程中，由于界面中的立体感和质感都非常的强烈，想要突出界面中的重要信息，我们主要选择一个点睛色来进行搭配，通过对各种色相的颜色进行对比，我们选中了朱红色，这种介乎红色和橙色之间的颜色，由于其红色特性明显，饱和度、明度都非常高，在暗色的背景上使用会显得非常抢眼。

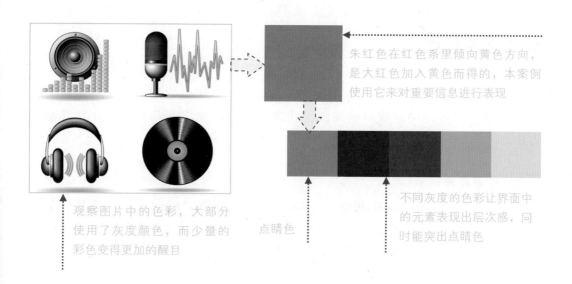

观察图片中的色彩，大部分使用了灰度颜色，而少量的彩色变得更加的醒目

朱红色在红色系里倾向黄色方向，是大红色加入黄色而得的，本案例使用它来对重要信息进行表现

点睛色

不同灰度的色彩让界面中的元素表现出层次感，同时能突出点睛色

# 定义组件风格

由于本案例是为Android系统设计的音乐App界面，因此在设计界面元素的过程中，可以通过添加特效的方式来增强界面元素的质感。在设计界面中的按钮、滑块、下拉列表等基础控件的过程中，将这些元素的外观制作得立体感十足，通过阴影、厚度、光泽的表现，展示出界面中元素的精致、细腻的感觉，接下来我们就对界面中的元素进行分析，具体的内容如下。

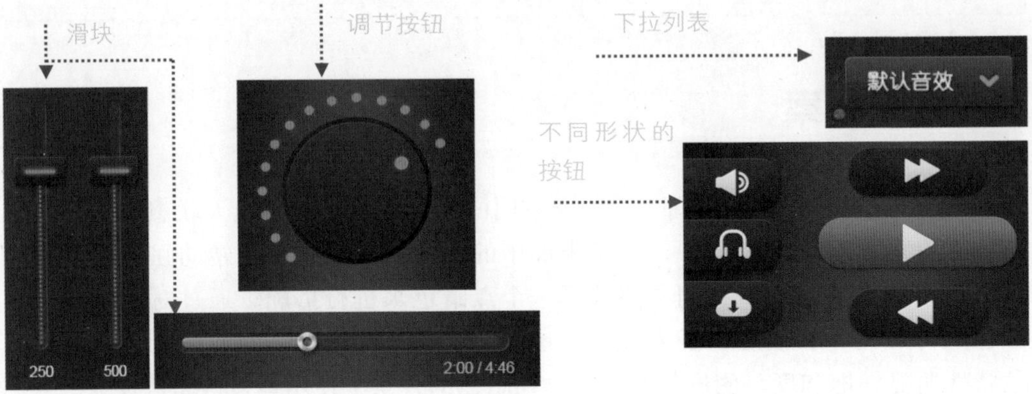


# 制作步骤详解

本案例是为Android系统设计的音乐App界面，因此在制作界面中元素的时候，使用了多种图层样式对绘制的形状进行修饰，接下来我们具体介绍其制作方法。

**1.程序欢迎界面**

Step 01：在Photoshop中创建一个新的文档，使用“矩形工具”绘制一个矩形，作为界面的背景，接着将矩形添加到选区，以选区为标准创建渐变填充图层，在打开的“渐变填充”对话框中对参数进行设置，在图像窗口中可以看到编辑的效果。

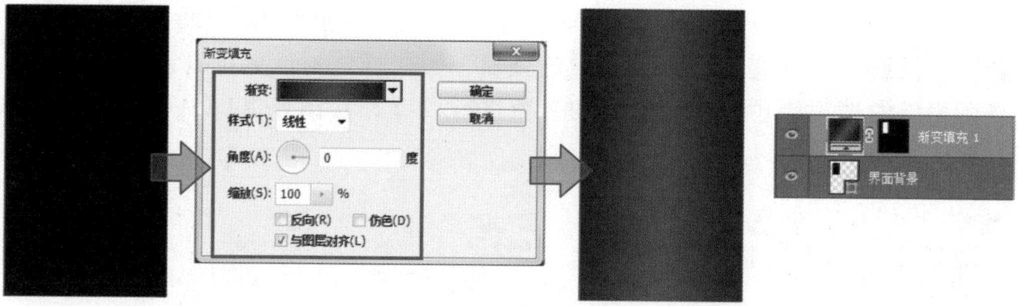


Step 02：选择工具箱中的“椭圆工具”，绘制一个圆形，接着在“图层”面板中将该图层的“填充”选项的参数设置为0%，双击该图层，打开“图层样式”对话框，勾选“投影”和“渐变叠加”复选框，在相应的选项卡中设置参数，在图像窗口中可以看到编辑的效果。

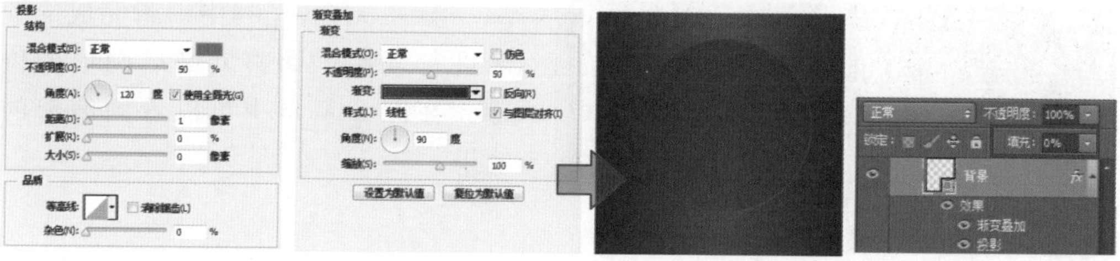


Step 03：使用“钢笔工具”绘制出所需的形状，接着双击绘制后得到的形状图层，在打开的“图层样式”对话框中勾选“斜面和浮雕”和“渐变叠加”复选框，使用这两个图层样式对绘制的形状进行修饰，并在相应的选项卡中设置参数，在图像窗口中可以看到编辑的效果。

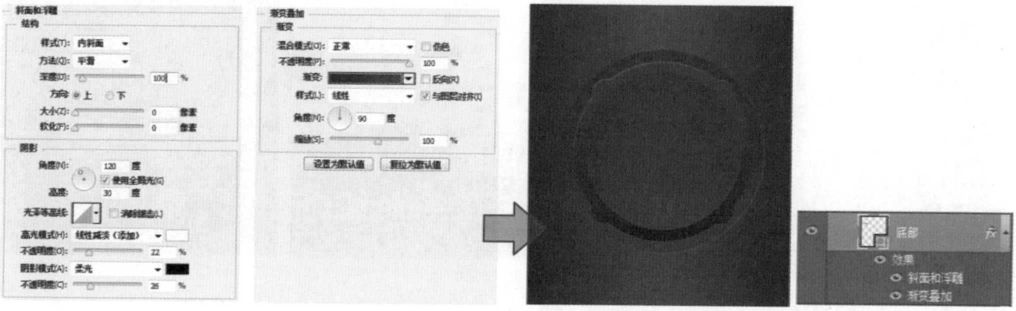

Step 04：选择工具箱中的“椭圆工具”，绘制一个圆形，使用“斜面和浮雕”“投影”“渐变叠加”和“颜色叠加”图层样式对绘制的圆形进行修饰，并在相应的选项卡中对各个选项的参数进行设置，在图像窗口中可以看到编辑的效果。

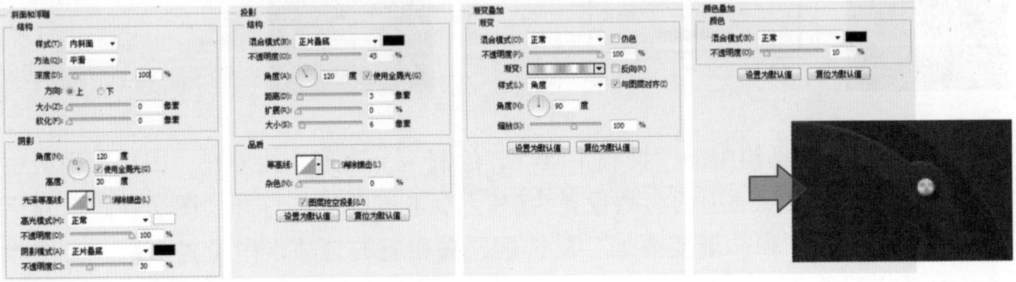

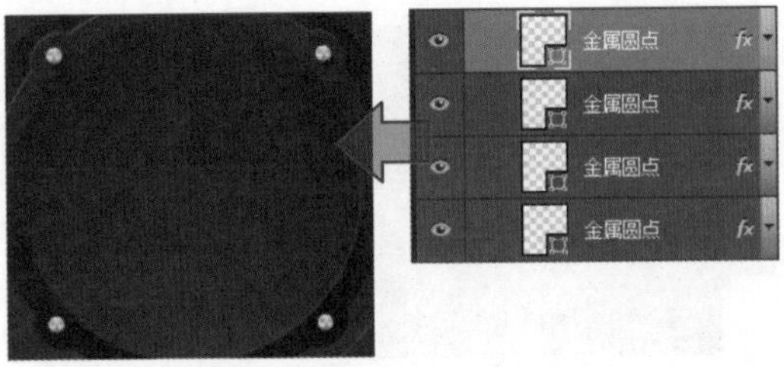


Step 05：对Step 04中编辑完成的圆形进行复制，调整复制后圆形的位置，在图像窗口中可以看到编辑的效果。

Step 06：使用“椭圆工具”绘制一个较大一点的圆形，使用“斜面和浮雕”“内阴影”和“渐变叠加”图层样式对绘制的圆形进行修饰，并在相应的选项卡中设置参数，在图像窗口中可以看到编辑的效果。

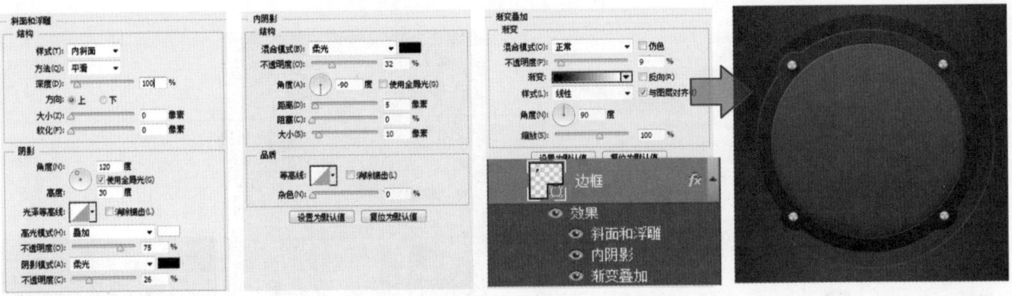

Step 07：再次绘制一个圆形，使用“斜面和浮雕”“描边”和“渐变叠加”图层样式对绘制的圆形进行修饰，在相应的选项卡中设置参数。

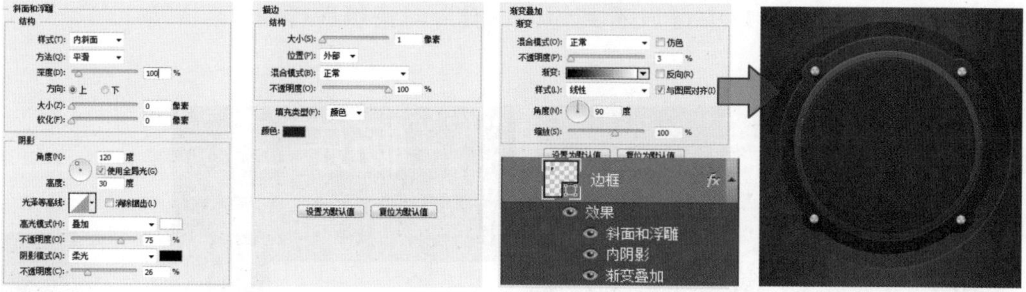


Step 08：为了体现出层次感，还需要绘制一个圆形，使用“内发光”“内阴影”“渐变叠加”和“颜色叠加”图层样式对绘制的圆形进行修饰，制作出音响中的网格，在图像窗口中可以看到编辑的效果。

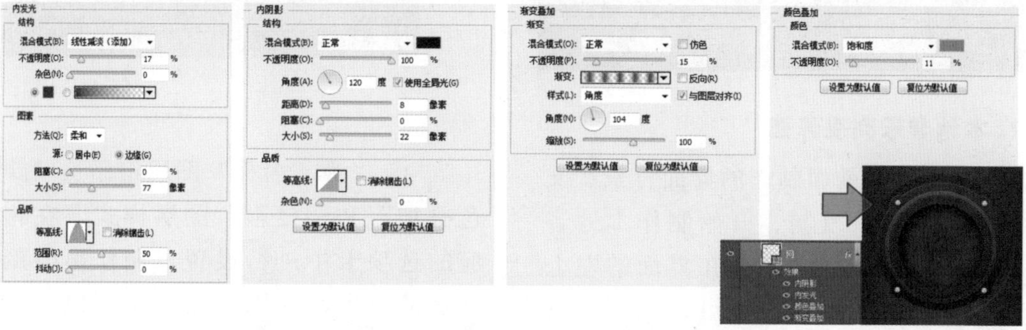

Step 09：绘制一个圆形，放在适当的位置，使用“斜面和浮雕”“投影”“渐变叠加”和“描边”图层样式对绘制的圆形进行修饰，并在相应的选项卡中进行设置，在图像窗口中可以看到编辑的效果。

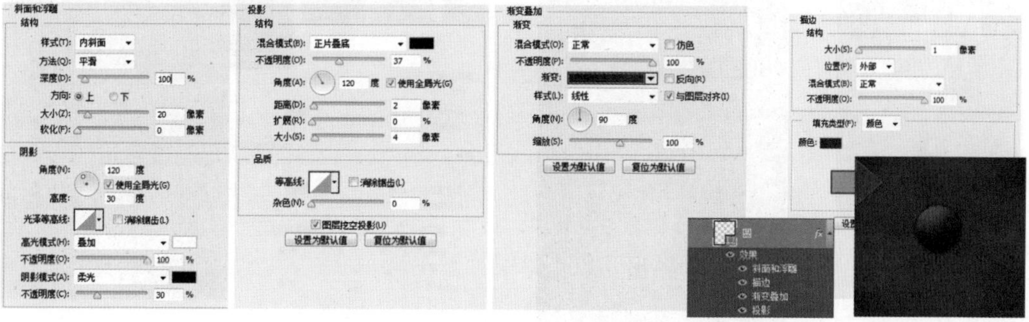

Step 10：选择工具箱中的“横排文字工具”，在适当的位置添加所需的文字，打开“字符”面板对文字的属性进行设置，在图像窗口中可以看到添加文字的效果。

Step 11：使用“矩形工具”绘制一个矩形，放在文字中间的位置，接着为该图层添加图层蒙版，使用“渐变工具”对蒙版进行编辑。

### 2. 本地音乐列表界面

Step 01：对前面制作的界面背景、文字等元素进行复制，开始制作本地音乐列表界面，将文字放在界面的左上角位置，在图像窗口中可以看到编辑的效果。

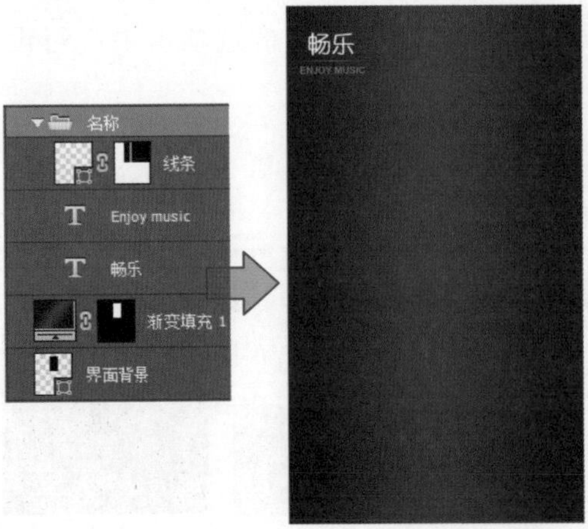


Step 02：为“名称”图层组添加“颜色叠加”和“投影”图层样式，在相应的选项卡中进行设置，制作出雕刻文字的效果，在图像窗口中可以看到编辑的结果。

Step 03：绘制出所需的形状，使用“内阴影”图层样式对其进行修饰，在相应的选项卡中设置参数，将其作为歌单文字的背景，在图像窗口中可看到编辑的结果。

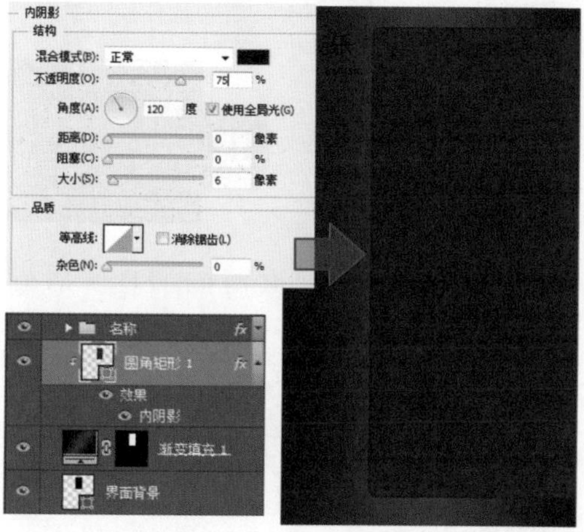


Step 04：选择工具箱中的“横排文字工具”，输入所需的文字，打开“字符”面板对文字的字体、字号和颜色等信息进行设置，在图像窗口中可看到效果。

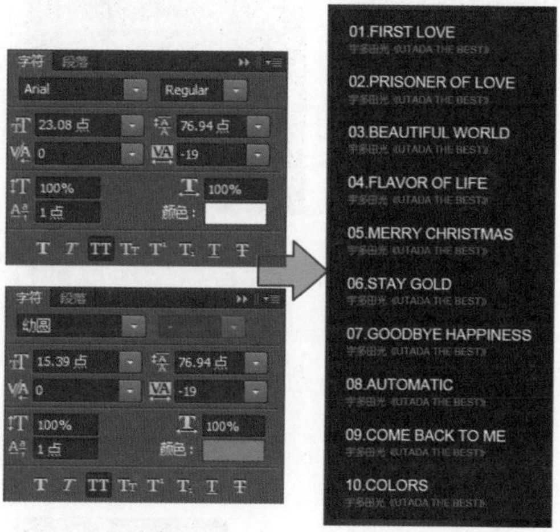


Step 05：选择工具箱中的“矩形工具”，绘制一个灰色的矩形条，使用“投影”图层样式对绘制的线条进行修饰，在相应的选项卡中设置参数，在图像窗口中可以看到编辑的效果。

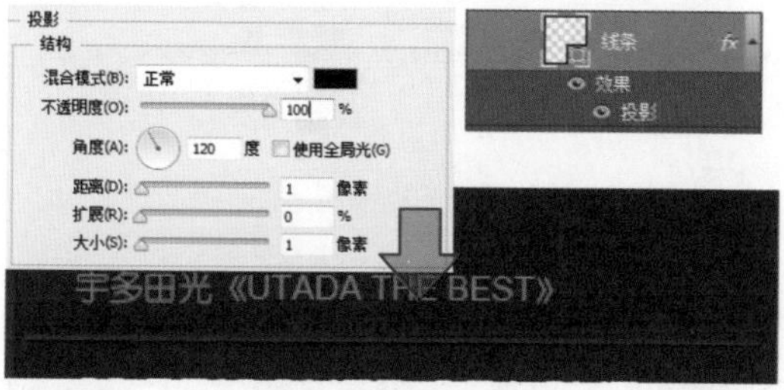


Step 06：对绘制的线条进行复制，调整线条的位置，放在每组文字的中间，接着创建图层组，命名为“线条”，将图层进行归类整理。

Step 07：选择工具箱中的“圆角矩形工具”，绘制出按钮的形状，接着使用“斜面和浮雕”“渐变叠加”和“投影”图层样式对按钮形状进行修饰。

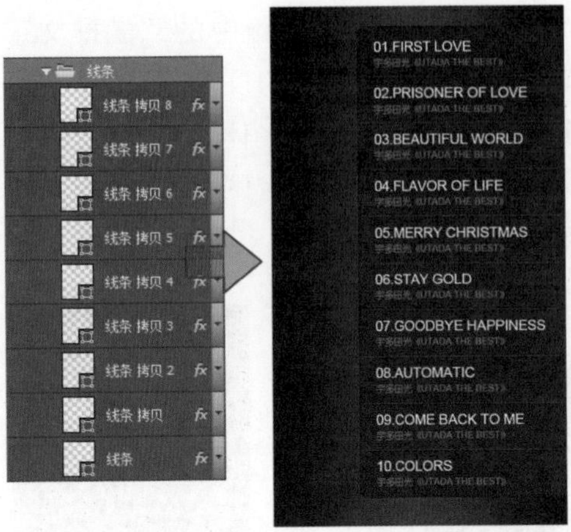


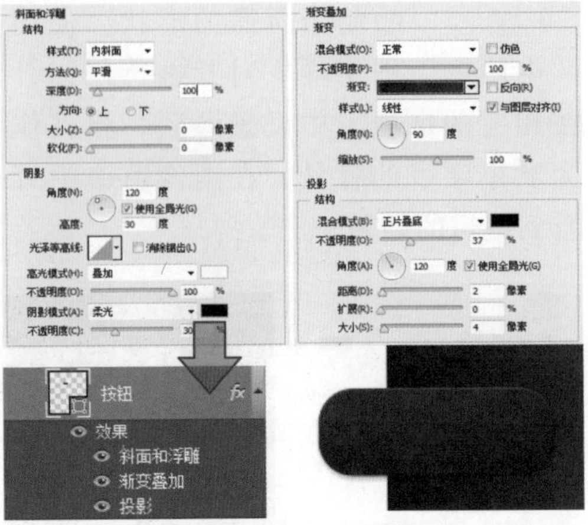


Step 08：对绘制的“按钮”图层进行复制，得到相应的拷贝图层，调整按钮的位置，放在界面的左侧，以相同的间距进行排列，在图像窗口中可以看到编辑的效果。

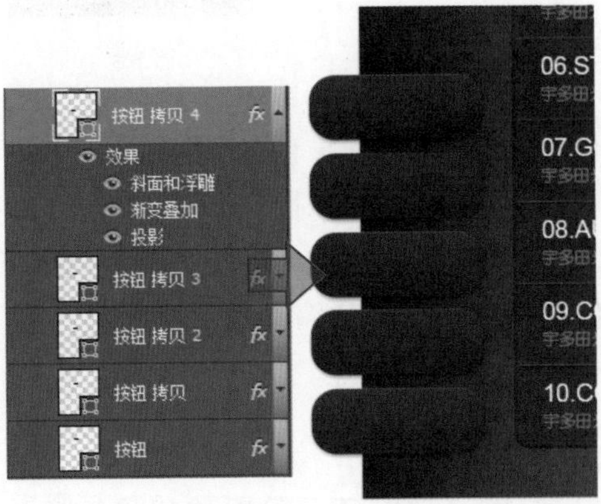


Step 09：使用“多边形工具”绘制一个五角星，使用“渐变叠加”“描边”“内阴影”和“投影”图层样式对绘制的五角星形状进行修饰。

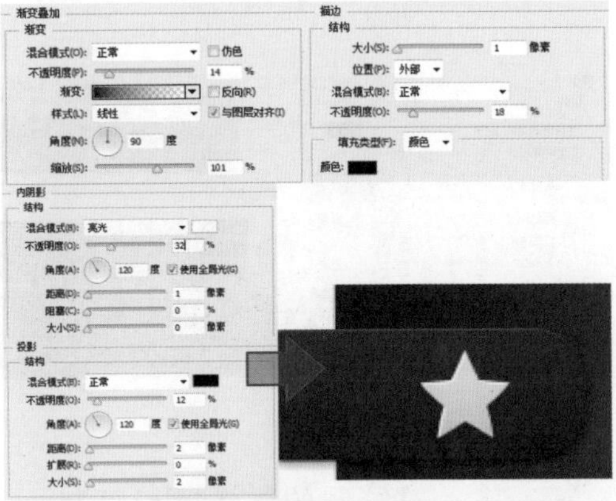


Step 10：使用工具箱中的形状工具，绘制出所需的其他形状，参考五角星形状所添加的图层样式，为其他形状也添加相应的图层样式，把编辑的形状放在按钮上，在图像窗口中可以看到编辑的效果。

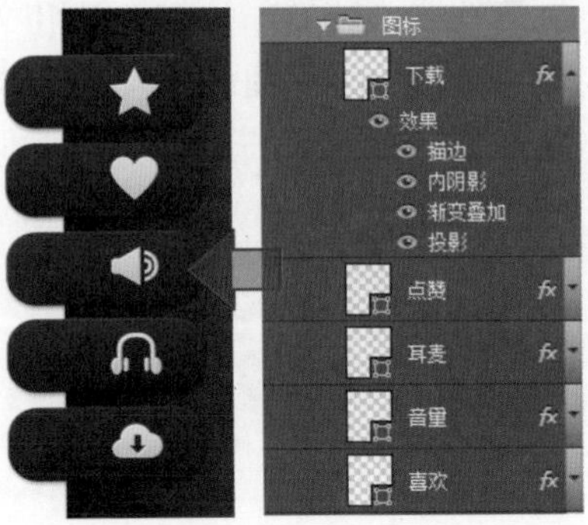

Step 11：将绘制的按钮形状和图标形状添加到创建的“按钮”图层组中，接着将界面背景的矩形添加到选区中，以选区为标准，为“按钮”图层组添加上图层蒙版，控制按钮的显示范围，在图像窗口中可以看到编辑的效果。

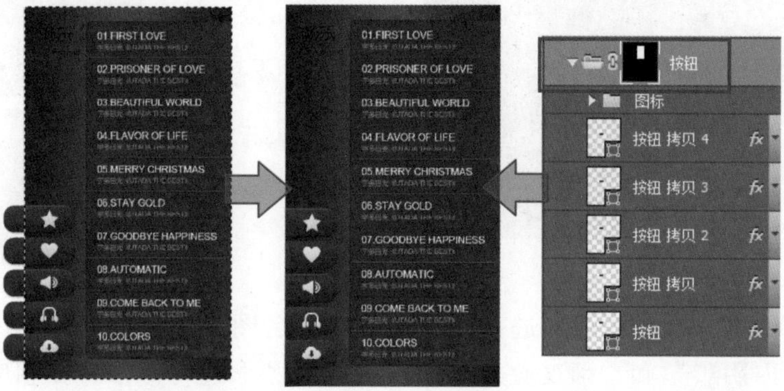


Step 12：使用“圆角矩形工具”绘制一个圆角矩形，利用“内阴影”图层样式对绘制的形状进行修饰，接着选择“横排文字工具”，输入所需的文字，打开“字符”面板对文字的属性进行设置，在图像窗口中可以看到编辑的效果。

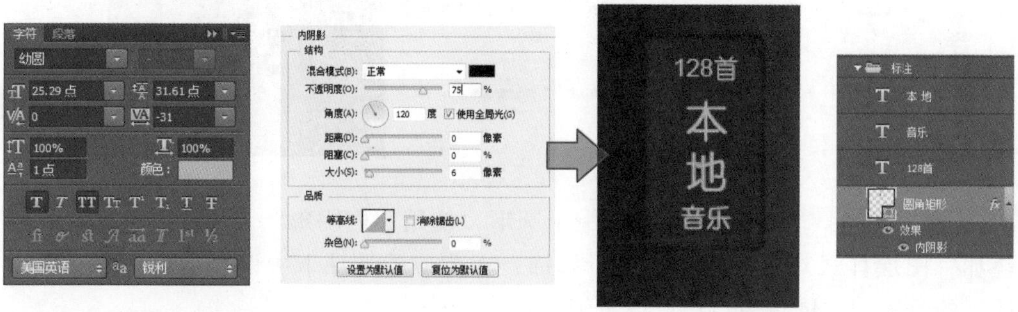


### 3. 重低音调节界面

Step 01：对前面绘制的按钮、名称和界面背景等元素进行复制，调整名称的位置，并对“按钮”图层组中的按钮进行适当的删减，开始制作重低音调节界面。

Step 02：使用“椭圆工具”绘制多个圆形，按照一定的位置进行排列，设置其“填充”选项的参数为0%，使用“外发光”图层样式对其进行修饰。

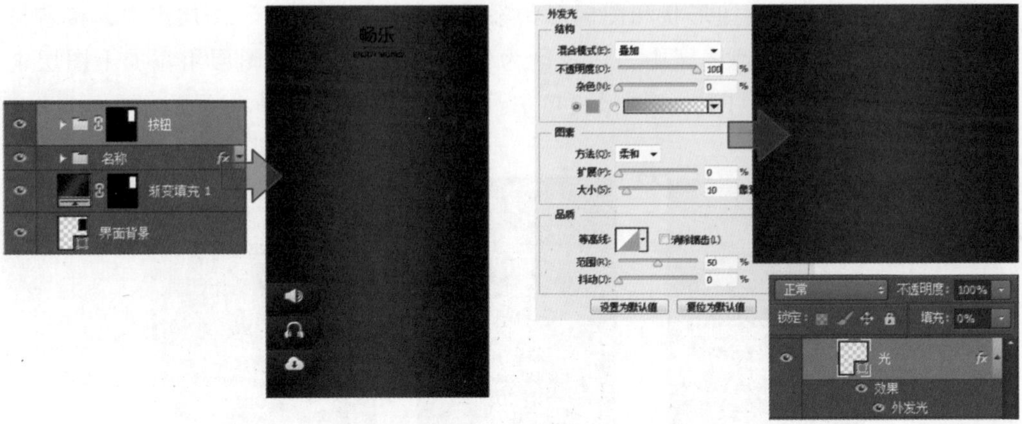


Step 03：对前面绘制的圆形进行复制，重新命名图层后，清除其应用的图层样式，使用“内阴影”和“渐变叠加”图层样式对圆形进行修饰，在相应的选项卡中设置参数，在图像窗口中可以看到编辑的效果。

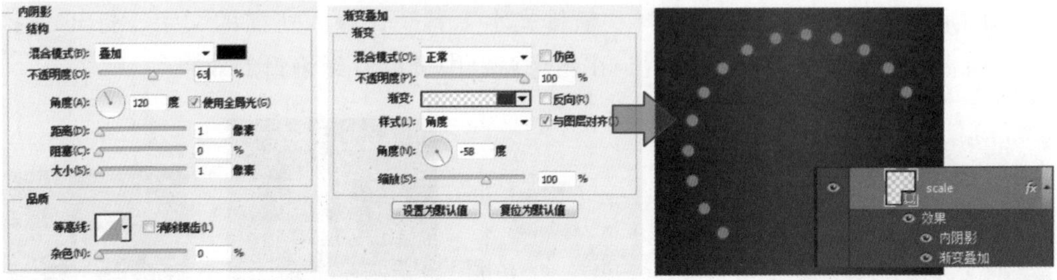


Step 04：使用“椭圆工具”绘制一个圆形，使用“内阴影”、“投影”和“颜色叠加”图层样式对绘制的圆形进行修饰，在相应的选项卡中设置参数，放在界面适当的位置，在图像窗口中可以看到编辑的效果。

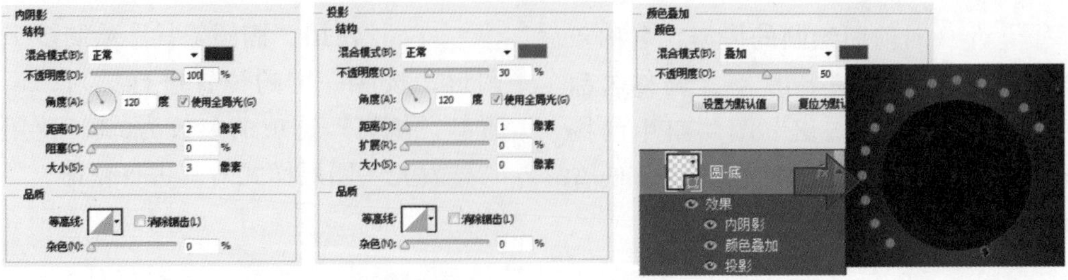

Step 05：使用“椭圆工具”再绘制一个圆形，使用“斜面和浮雕”“投影”和“渐变叠加”图层样式对绘制的圆形进行修饰，在相应的选项卡中设置参数，放在界面适当的位置，在图像窗口中可以看到编辑的效果。

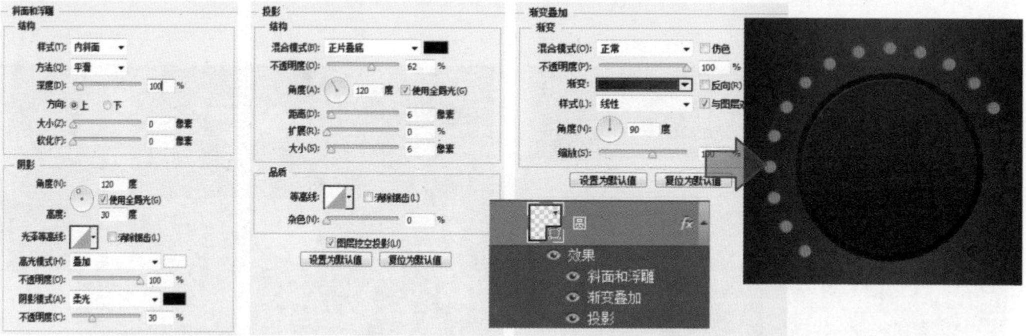


Step 06：使用“椭圆工具”绘制出圆形的光点，使用“内发光”“外发光”和“投影”样式进行修饰，具体的设置可以根据前面橘色圆点的参数来进行调整。

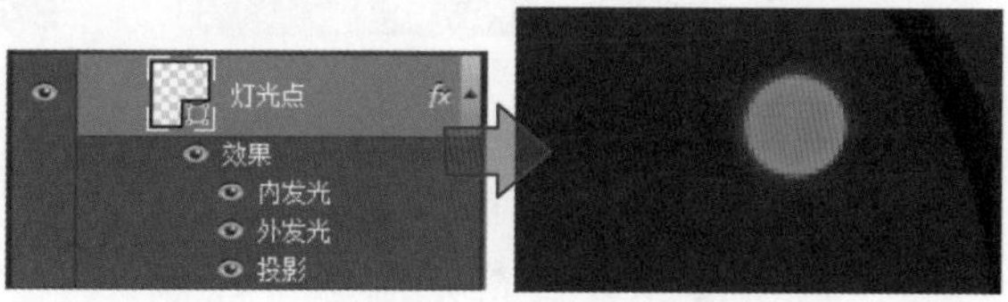


Step 07：使用“圆角矩形工具”绘制出所需的形状，利用“内阴影”和“投影”图层样式对其进行修饰，在相应的选项卡中对参数进行设置。

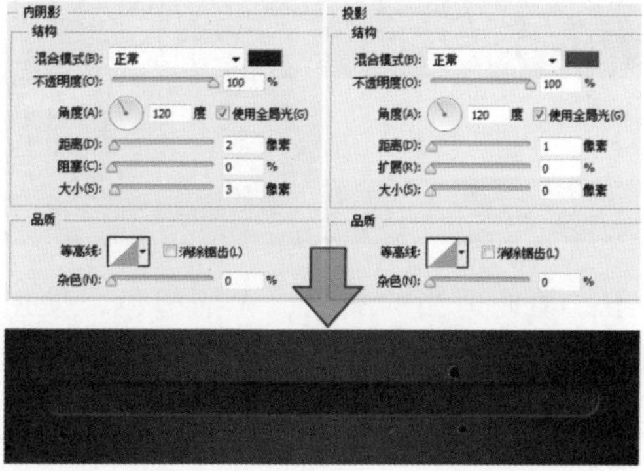


Step 08：再绘制一个圆角矩形，使用“斜面和浮雕”图层样式对绘制的形状进行修饰，作为滑块的轨道。

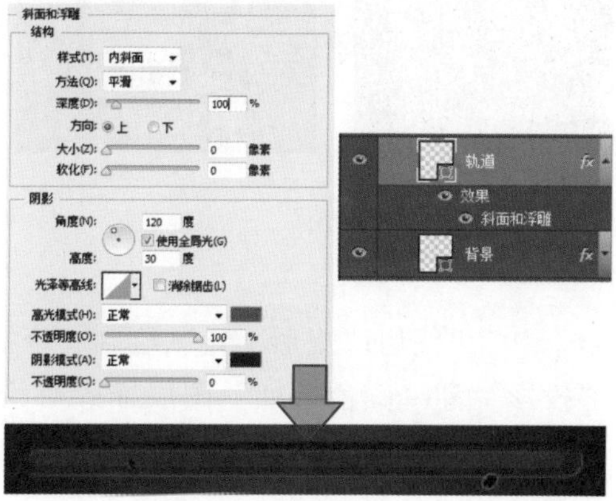

Step 09：选择工具箱中的“横排文字工具”，在滑块的下方输入所需的文字，打开“字符”面板对文字的属性进行设置，在图像窗口中可以看到编辑的效果。

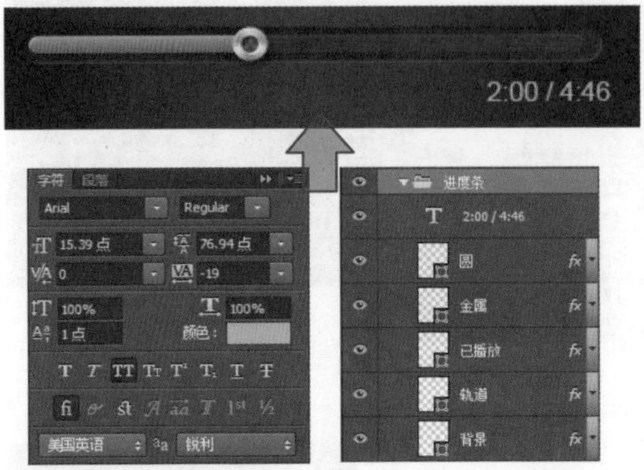


Step 10：参考前面绘制按钮和设置按钮图层样式的参数，制作出另外三个播放按钮，放在界面适当的位置，完成当前界面的制作。

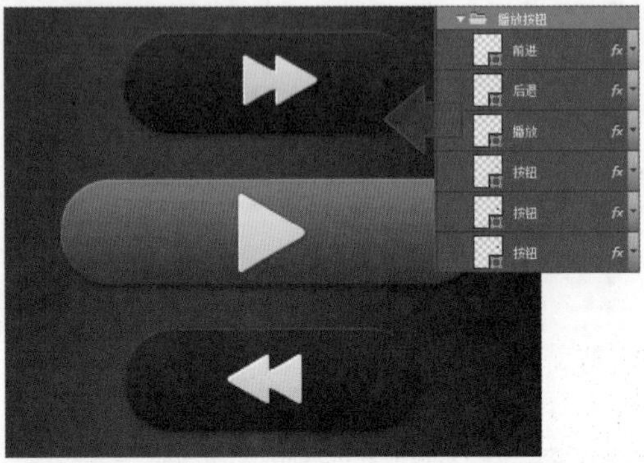


**4. 歌词显示界面**

Step 01：对前面绘制的界面背景、进度条、按钮等元素进行复制，开始制作歌词显示界面，在图像窗口中可以看到该界面的基本外观。

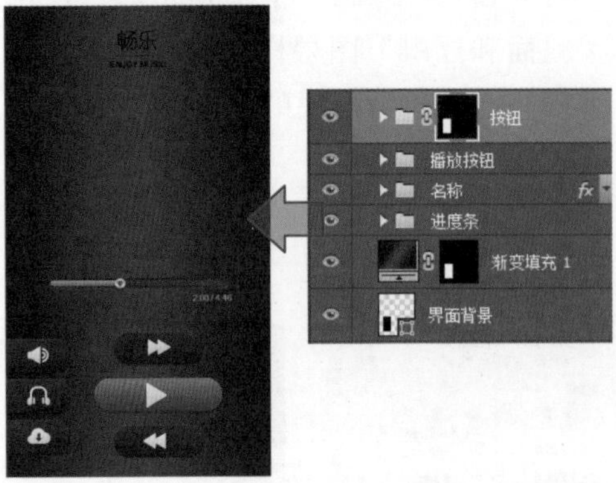


Step 02：选择工具箱中的“横排文字工具”，输入所需的歌词，接着打开“字符”面板对文字的属性进行设置，放在界面适当的位置。

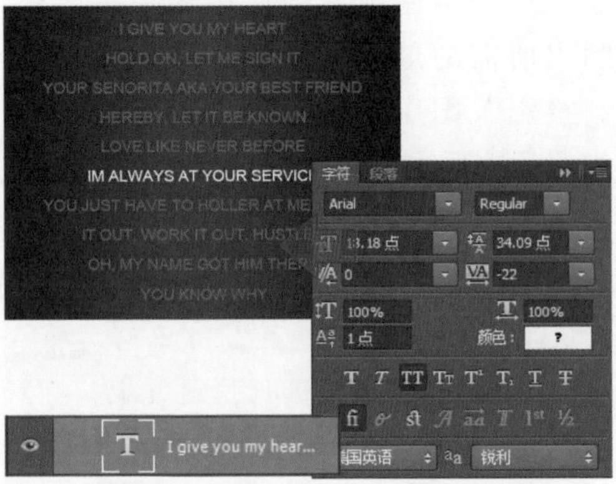


Step 03：使用“矩形工具”绘制一个矩形条，填充适当的颜色，无描边色，使用“投影”和“颜色叠加”图层样式对绘制的矩形条进行修饰，在相应的选项卡中设置参数，把矩形条放在歌词文字的上方，在图像窗口中可以看到编辑的效果。

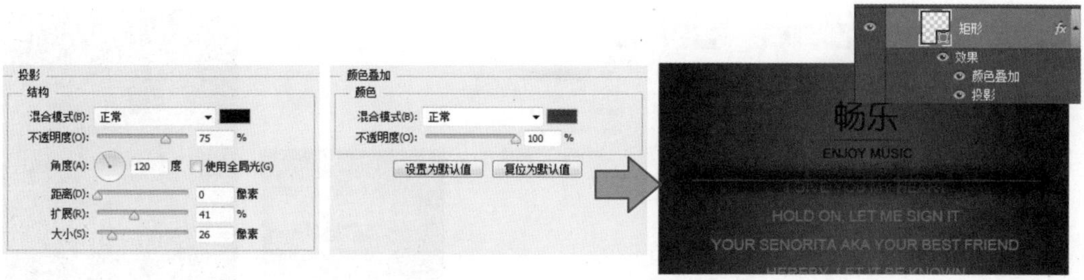


Step 04：将编辑完成的“矩形”形状图层和文字图层添加到创建的“歌词”图层组中，为该图层组添加图层蒙版，使用“选框工具”和“画笔工具”对图层蒙版进行编辑，制作出渐隐的效果，在图像窗口中可以看到编辑的效果。

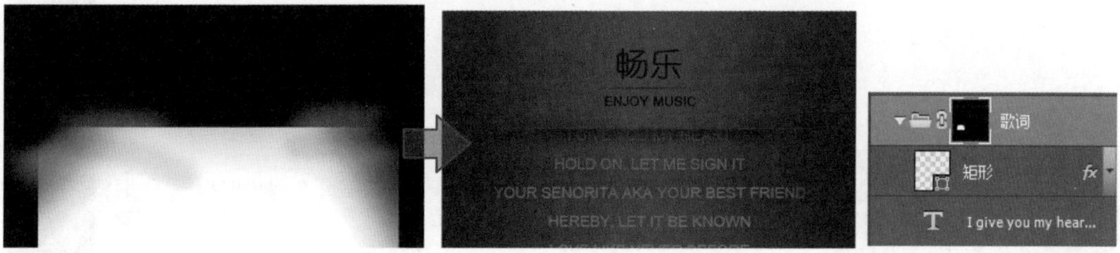


**5. 声道调节界面**

Step 01：对前面绘制的“名称”图层组、界面背景、扬声器等对象进行复制，调整复制对象的位置，开始制作声道调节界面，在图像窗口中可以看到编辑的效果。

提示：选中所需的图层或者图层组，按下Ctrl+J快捷键，可以对选中的图层或者图层组进行快速复制。

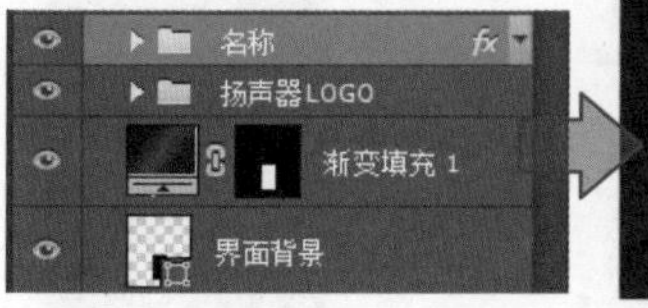

Step 02：使用“矩形工具”绘制一个矩形，将该图层的“不透明度”选项的参数设置为70%，使用“斜面和浮雕”“投影”和“渐变叠加”图层样式对绘制的矩形进行修饰，在相应的选项卡中设置参数，在图像窗口中可以看到编辑的效果。

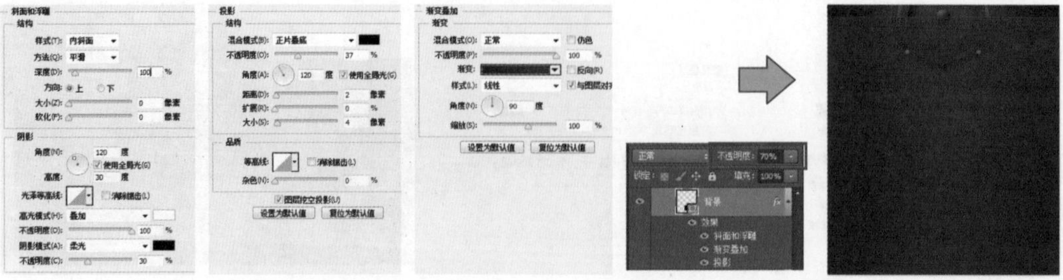

Step 03：使用“圆角矩形工具”绘制出一个圆角矩形，填充适当的颜色，接着使用“内阴影”和“投影”图层样式对其进行修饰，在相应的选项卡中设置参数，把编辑的圆角矩形放在Step 02中编辑的矩形上方。

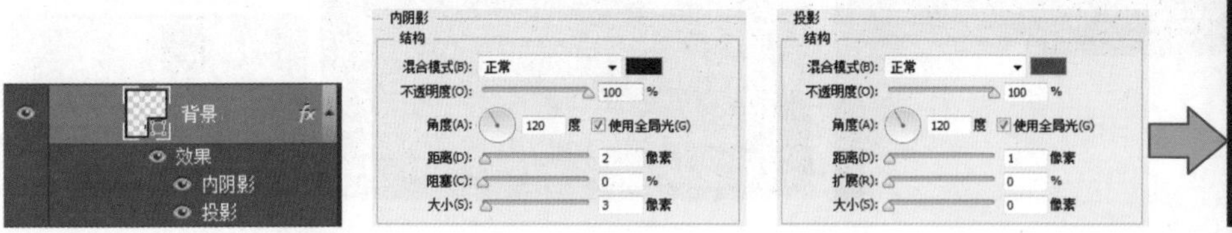

Step 04：使用“椭圆工具”绘制若干个圆形，填充适当的颜色，使用“外发光”图层样式对绘制的形状进行修饰，将其放在圆角矩形上方。

Step 05：参考前面绘制滑块的方法和设置，绘制出调节滑块上的按钮和光，将其放在适当的位置，在图像窗口中可以看到编辑的效果。

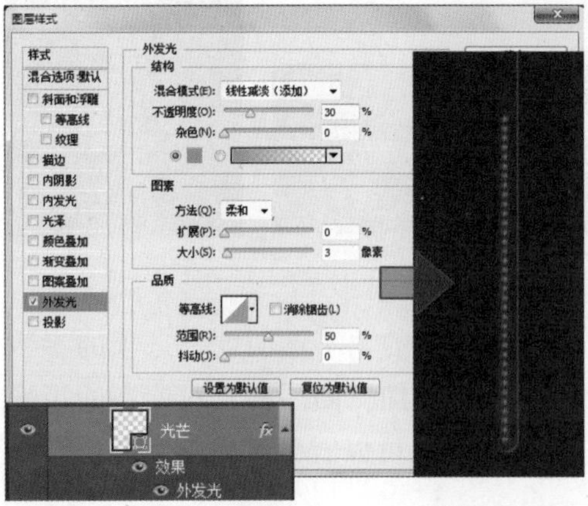


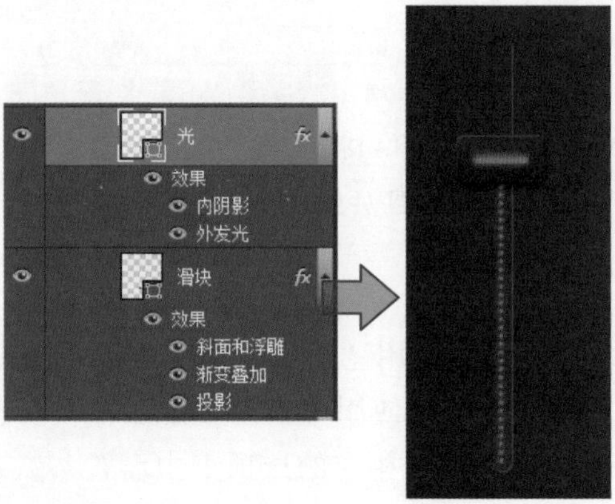

Step 06：将编辑完成的“滑块”复制4份，适当调整每个滑块之间的距离，以等距的方式进行排列，在图像窗口中可以看到编辑的效果。

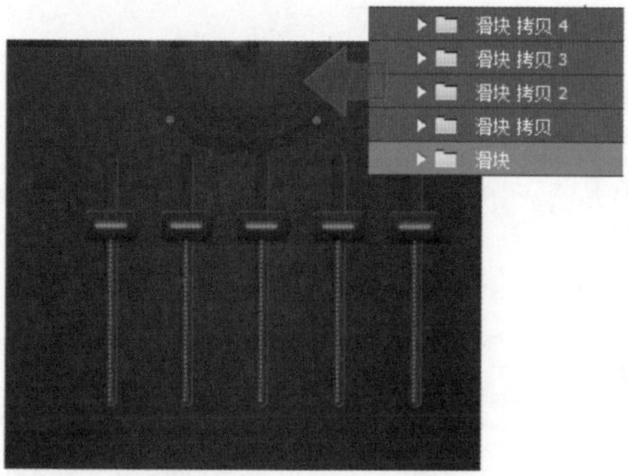


Step 07：选择工具箱中的“横排文字工具”，在界面上适当的位置输入所需的内容，打开“字符”面板对文字的属性进行设置，在图像窗口中可以看到编辑的效果。

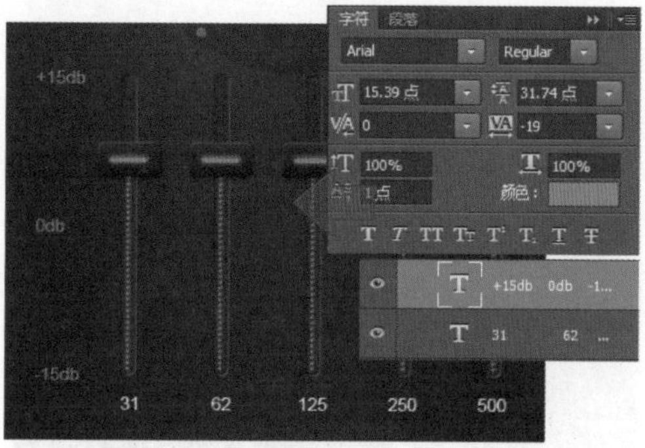


Step 08：参考前面绘制按钮的方式和设置，制作出下拉菜单的形状，将其放在界面适当的位置，在图像窗口可看到编辑结果。

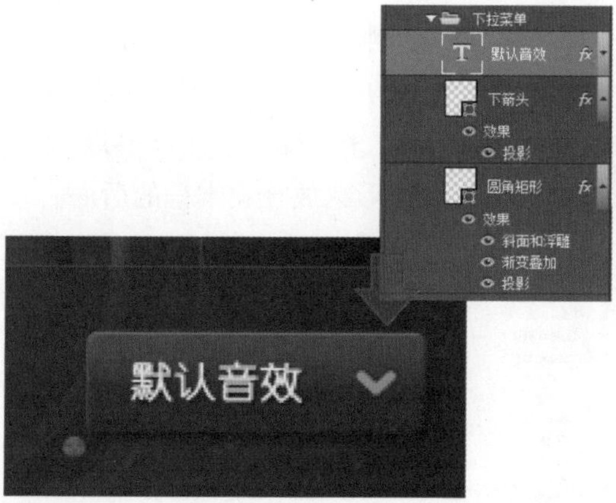


Step 09：参考前面制作按钮的方式和图层样式的设置，制作出该界面所需的其他按钮，放在界面的底部位置。

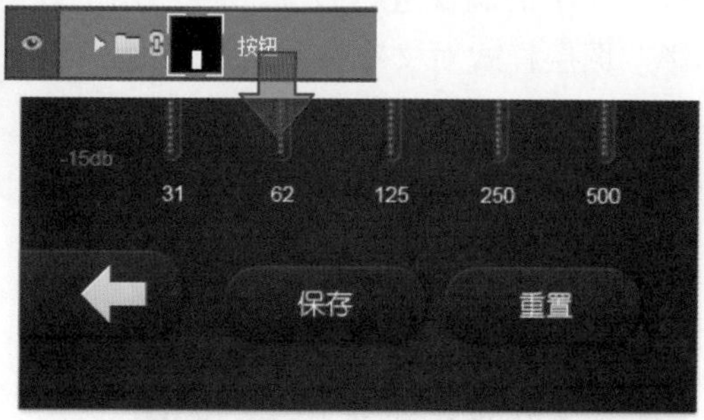

### 6. 音乐搜索界面

Step 01：对前面绘制的标注、名称、按钮和界面背景进行复制，调整“标注”图层组中文字的内容，开始制作音乐搜索界面，在图像窗口可看到编辑效果。

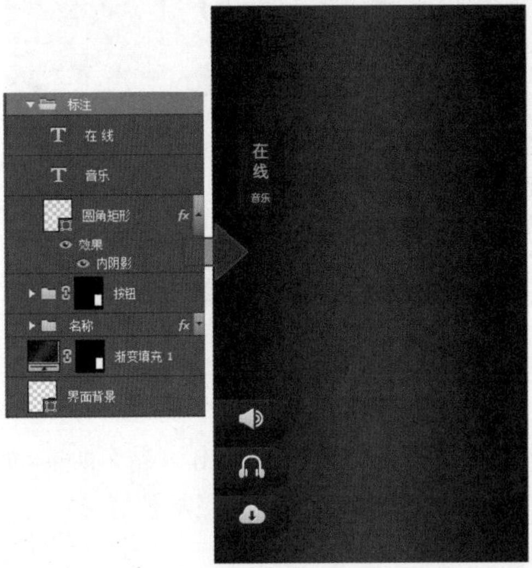


Step 02：使用“圆角矩形工具”绘制出文本框的形状，设置其“填充”选项的参数为20%。使用“投影”和“内阴影”图层样式对其进行修饰，在相应的选项卡中设置参数。

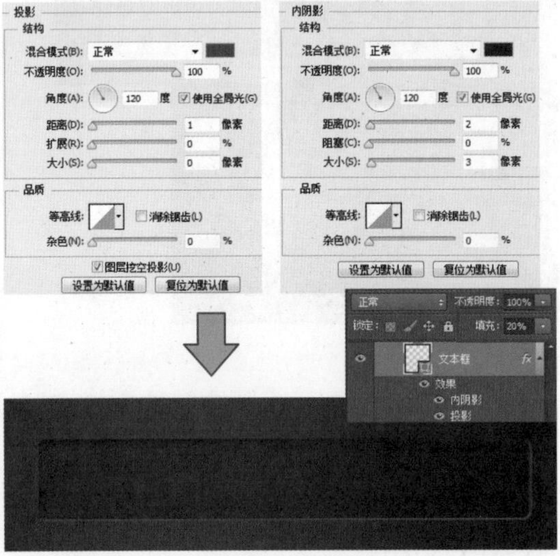


Step 03：使用“横排文字工具”输入“开始搜索”的字样，打开“字符”面板对文字的属性进行设置，再使用“投影”图层样式对文字进行修饰。

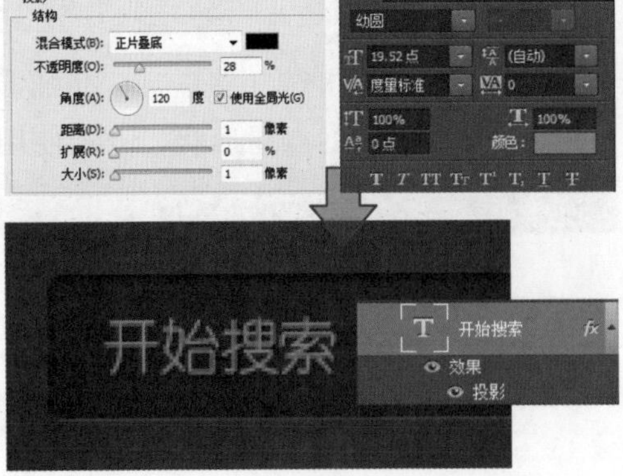


Step 04：绘制出所需的放大镜的形状，填充黑色，使用“投影”图层样式对其进行修饰，在相应的选项卡中设置参数，将放大镜形状放在文本框的后面。

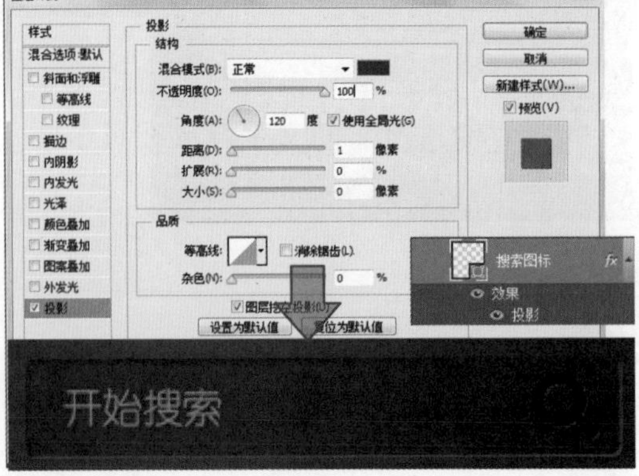

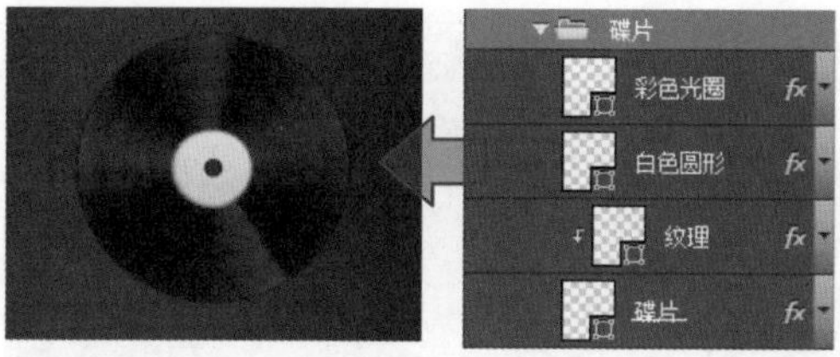


Step 05：参考前面绘制界面的方式，使用“椭圆工具”绘制出碟片的外形，添加多种图层样式，对绘制的碟片的颜色和层次进行修饰，在图像窗口中可以看到编辑的效果。

Step 06：选择工具箱中的“矩形工具”，绘制若干个矩形，填充适当的颜色，对矩形的位置和角度进行调整，制作出折线的效果。

Step 07：使用“圆角矩形工具”绘制出圆角矩形形状，接着创建图层组，命名为“按钮”，使用与前面制作按钮相同的图层样式对图层组进行修饰。

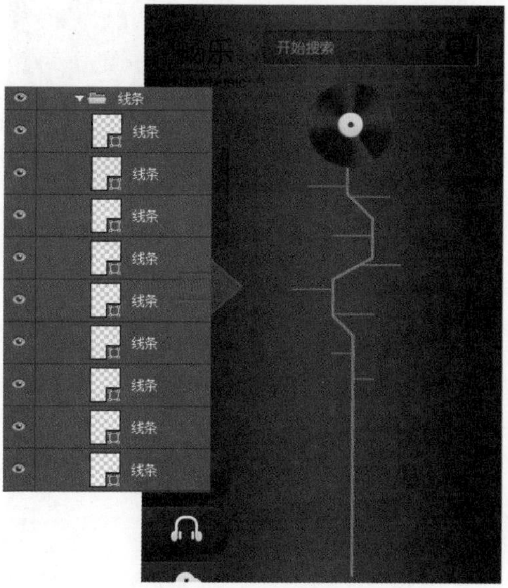


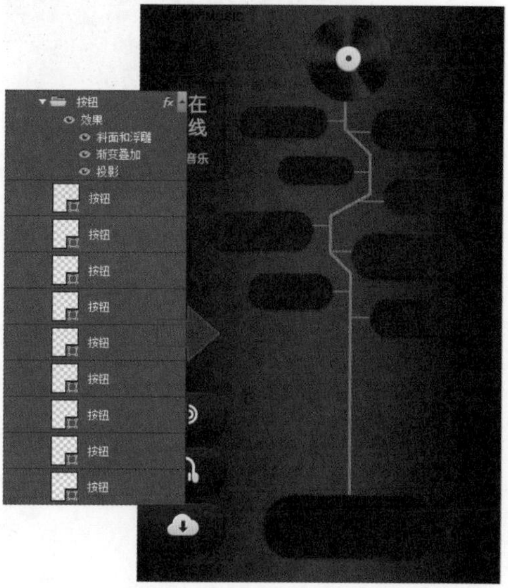


Step 08：选择工具箱中的“横排文字工具”，输入所需的文字，放在每个圆角矩形上，打开“字符”面板对文字的属性进行设置，在图像窗口中可以看到编辑的效果。

Step 09：使用“钢笔工具”和“椭圆工具”绘制出所需的点播形状，分别使用多种图层样式对其进行修饰，完成本案例的制作，在图像窗口中可看到最终的编辑效果。

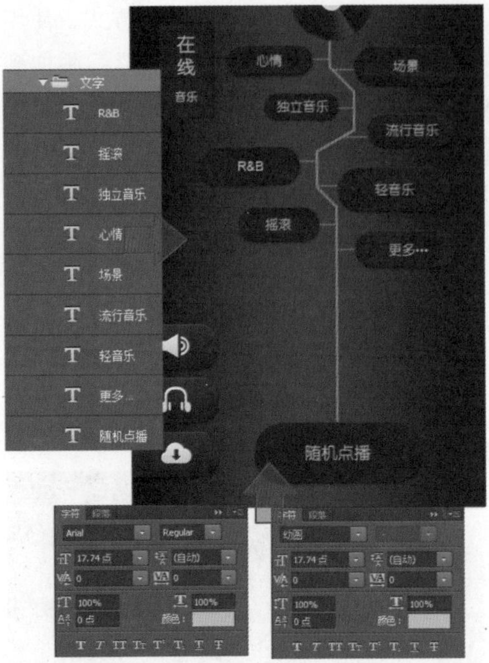
文字
R&B
摇滚
独立音乐
心情
场景
流行音乐
轻音乐
更多...
随机点播
在线
音乐
心情
场景
独立音乐
流行音乐
R&B
轻音乐
摇滚
更多...
随机点播

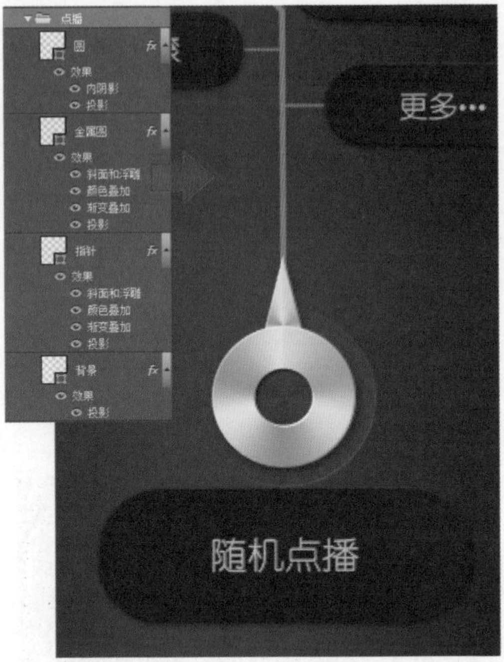
点播
圆
效果
内阴影
投影
金属圈
效果
斜面和浮雕
颜色叠加
渐变叠加
投影
指针
效果
斜面和浮雕
颜色叠加
渐变叠加
投影
背景
效果
投影
更多...
随机点播

# Part 12

# 旅游资讯App设计

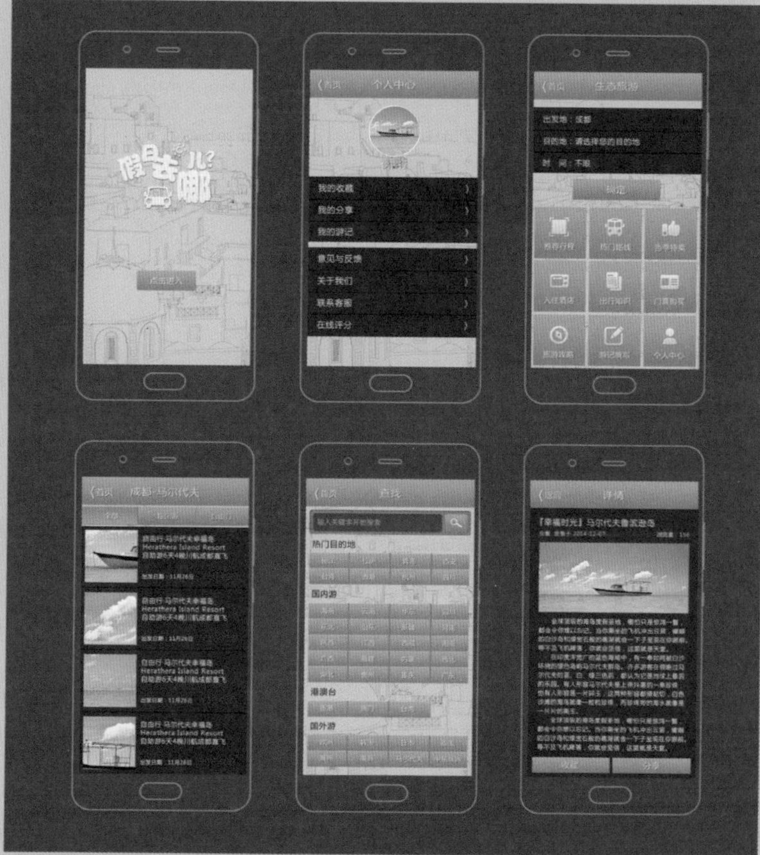


素材：素材\12\01.jpg、02.jpg

源文件：源文件\12\旅游资讯App设计.psd

## 界面布局规划

本案例是以旅游为主题设计的App，按照娱乐性、新颖性、趣味性的设计理念，将App打造成一个制造快乐、分享信息、增进互动交流的旅游攻略产品。App通过参与到游客旅行的全过程，并根据游客经历的不同阶段提供不同的产品和服务，方便游客的同时并实现了自身的经济价值和社会价值，接下来就对该应用程序的界面布局进行大致的规划。

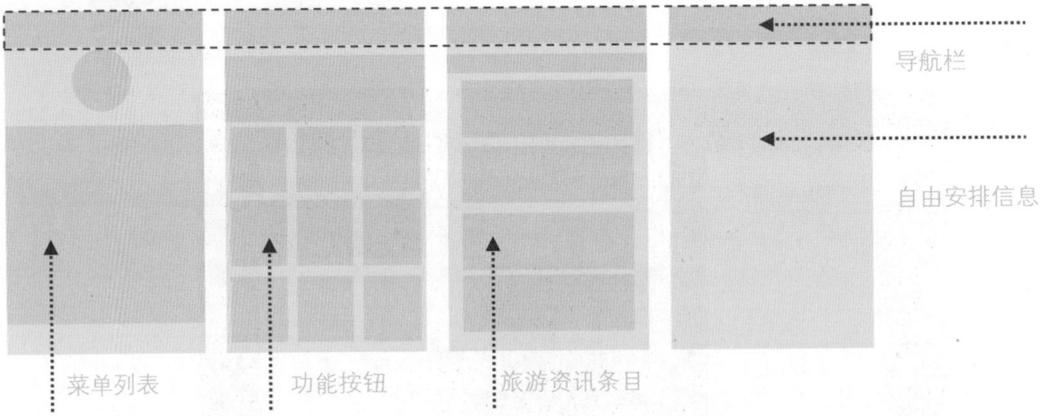


由于旅游App是一个内容较为丰富，且格局较多的应用程序，因此在本案例中我们只对几个较为典型和常用的界面进行创作，而界面和功能之间的转换和链接，主要是依靠导航栏和功能按钮来实现的。

## 创意思路剖析

在设计本案例之前，首先要考虑到应用程序中多个功能的安排与交互式设计，如何让多种功能完整地显示出来，并且方便用户使用。由于移动设计的界面尺寸有限，进而设计的范围也是有限的，我们在创作之前先来观察手机拨号界面是如何对多个数字控件进行安排的，进而通过模仿和升华，创作出操作简易、一目了然的界面效果，具体内容如下。

设计本案例时需要考虑，在单个界面中有多种功能，如何合理地安排好这些功能的位置，以最佳的方式将这些功能的作用和信息呈现出来

拨号页面中的按钮以九宫格的方式展示

通过将界面功能图标、文字与按钮结合的方式，展示出单个界面中的多重不同功能

## 确定配色方案

在对本案例进行制作之前，让我们一起来看几张关于旅游的图片，一张是行李箱图，一张是风景图，从图片中我们可以很自然地感受到大自然的味道，那是因为图片都是以绿色调为主的。由于绿色是大自然的颜色，代表着植物和生命，自然而然就会给人神清气爽的感觉，因此我们在设计旅游App的过程中，也可以使用绿色作为界面的主色调，同时搭配其他几种和谐的色彩，共同对界面进行打造，其配色方案如下。

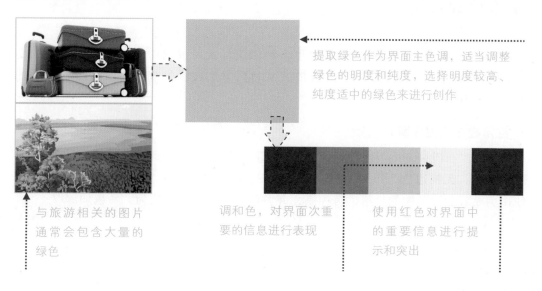

提取绿色作为界面主色调，适当调整绿色的明度和纯度，选择明度较高、纯度适中的绿色来进行创作

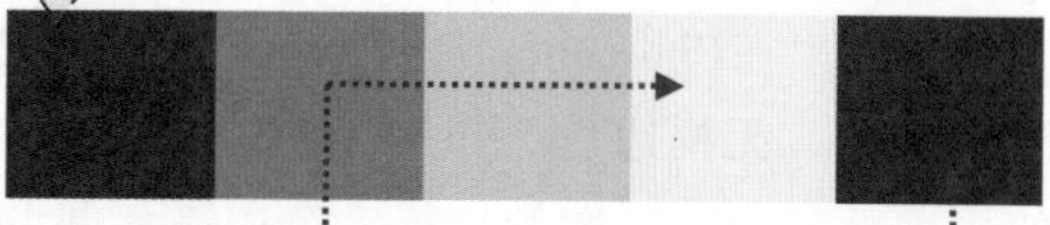

与旅游相关的图片通常会包含大量的绿色

调和色，对界面次重要的信息进行表现

使用红色对界面中的重要信息进行提示和突出

## 定义组件风格

由于本案例是为Android系统设计的应用程序，因此可以为界面中的基础元素添加丰富的特效，由此也可以给用户较好的视觉体验。如下图所示为本案例界面中的一些基础元素，我们可以看到这些元素都具有很强的层次感。

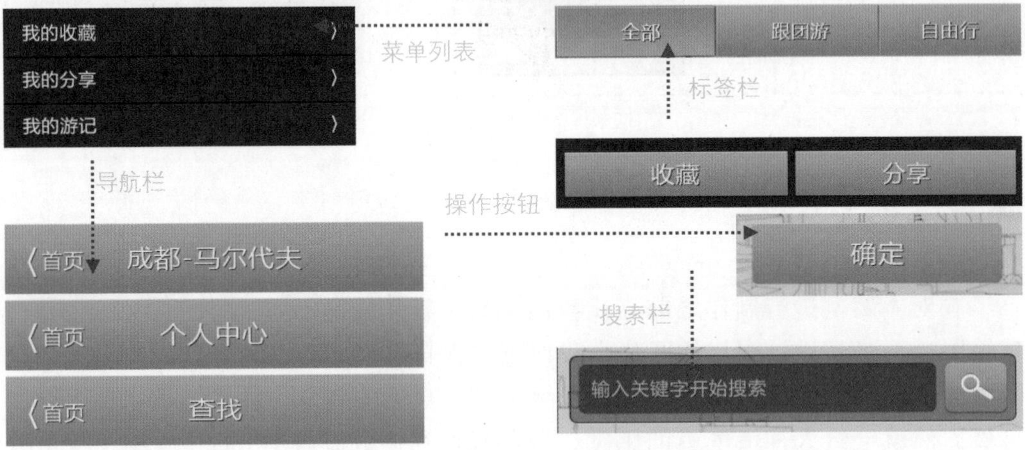


## 制作步骤详解

在制作本案例的过程中，使用了多种图层样式对界面中的按钮、导航栏和文字进行修饰，并且应用了图层混合模式来将风景底纹叠加到界面背景中，具体的制作步骤如下。

### 1. 应用程序欢迎界面

Step 01：在Photoshop中创建一个新的文档，使用“矩形工具”绘制矩形，填充适当的颜色，无描边色，作为界面的背景，将素材\14\01.jpg素材添加到图像窗口中，使用剪贴蒙版对图像的显示进行控制，并调整图层的混合模式为“颜色加深”。

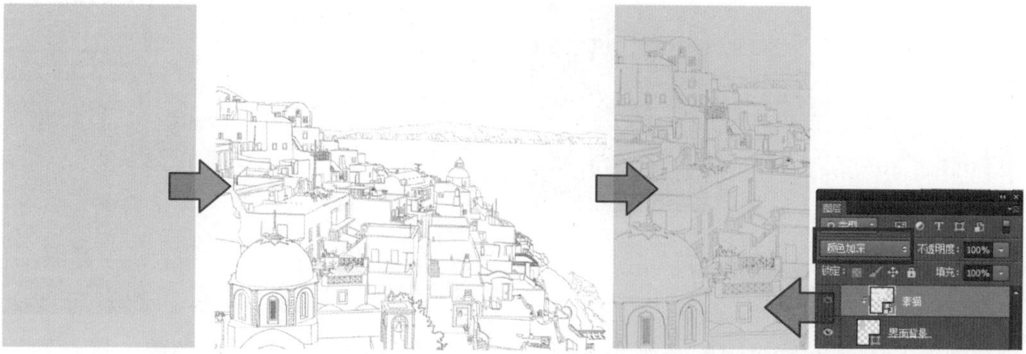

Step 02：选择工具箱中的“横排文字工具”，输入文字，打开“字符”面板对文字的属性进行设置，对文字的字号和角度进行调整，作为界面的标题。

Step 03：使用“内阴影”“渐变叠加”和“投影”图层样式对输入的文字进行修饰，并在相应的选项卡中设置参数，完成设置后，将设置好的图层样式复制和粘贴到其他的文字图层中，在图像窗口中可以看到编辑的效果。

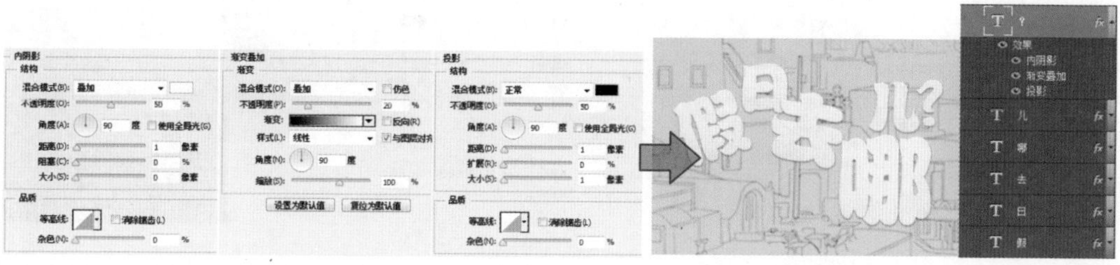

Step 04：选择工具箱中的“钢笔工具”和“椭圆工具”，绘制出界面所需的太阳和汽车形状，使用与文字相同的图层样式对绘制的形状进行修饰。

Step 05：创建图层组，将绘制的形状和编辑的文字图层拖曳到其中，使用与Step 03中相同的图层样式对图层组进行修饰，在图像窗口中可以看到编辑的效果。

Step 06：选择工具箱中的“圆角矩形工具”，在其选项栏中设置参数，接着绘制出所需的形状，作为按钮，放在界面适当的位置。

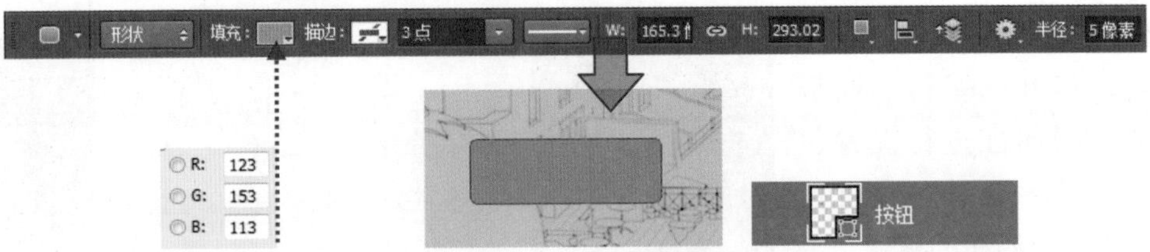


Step 07：使用“内阴影”“渐变叠加”和“投影”图层样式对绘制的按钮进行修饰，在相应的选项卡中对参数进行设置，让绘制的圆角矩形呈现出立体的视觉效果，在图像窗口中可以看到按钮编辑的结果。

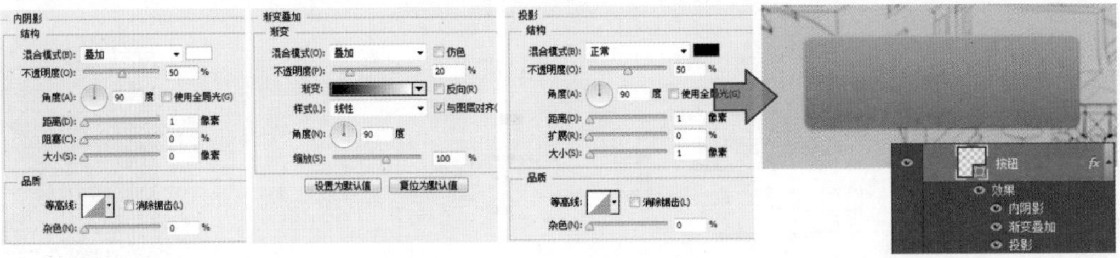


Step 08：选择工具箱中的“横排文字工具”输入“点击进入”的字样，打开“字符”面板对文字的属性进行设置，接着使用“投影”图层样式对文字进行修饰，将文字放在按钮的上方，完成当前界面的制作。

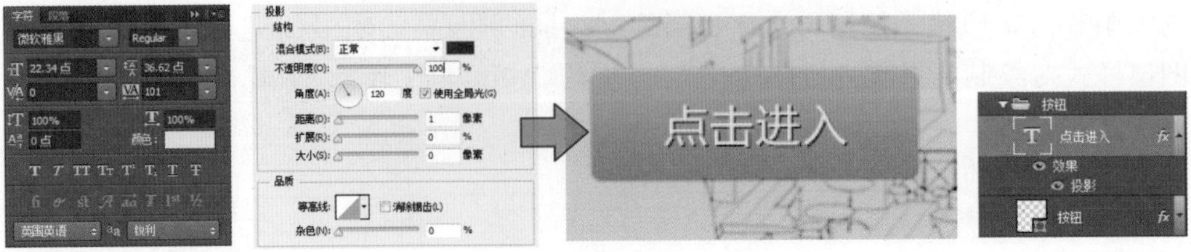

## 2.个人中心界面

Step 01：对前面编辑的界面背景进行复制，开始制作个人中心界面，在图像窗口中可以看到复制的界面背景效果。

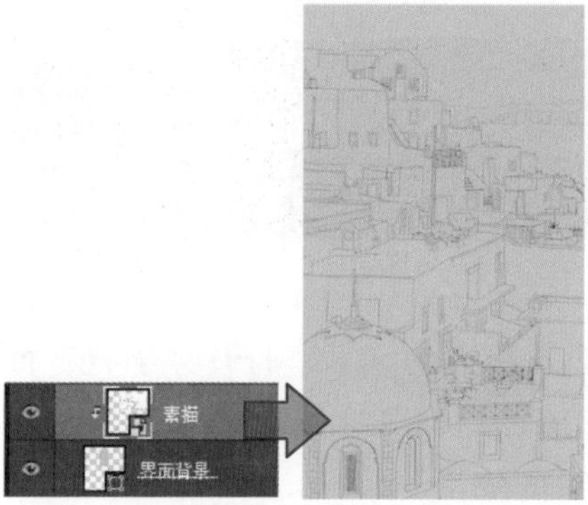


Step 02：绘制出所需的矩形，作为导航栏的背景，使用与前面修饰按钮的图层样式对绘制的矩形进行修饰，在图像窗口中可以看到编辑的效果。

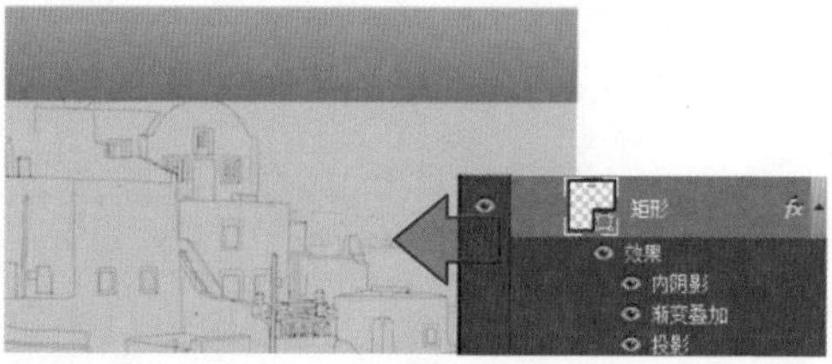


Step 03：选择工具箱中的“横排文字工具”，输入导航栏中所需的文字，打开“字符”面板对文字的属性进行设置，接着使用“投影”图层样式对文字进行修饰，将文字放在导航栏矩形的上方，在图像窗口中可以看到导航栏编辑完成的效果。

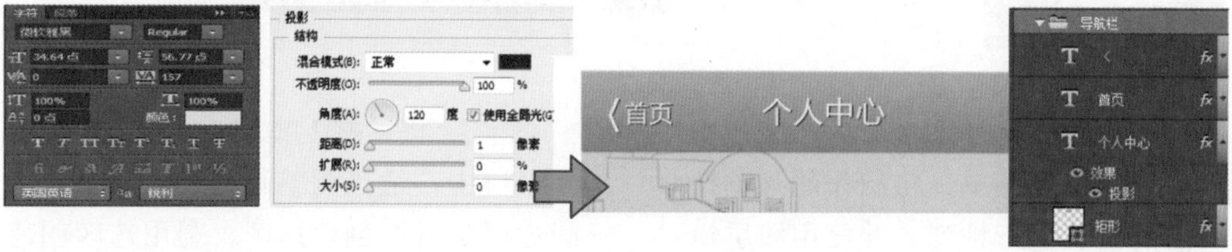


Step 04：选择工具箱中的“矩形工具”，在其选项栏中设置参数，绘制出所需的矩形，作为菜单选项的背景，使用“内阴影”图层样式对绘制的矩形进行修饰，并在“图层”面板中设置“不透明度”选项的参数为90%。

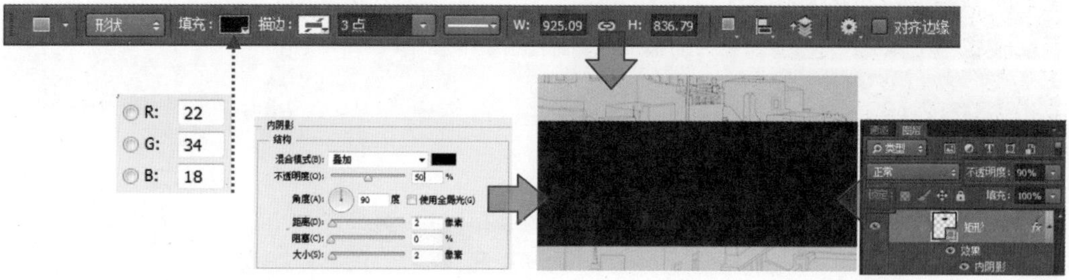

Step 05：选择工具箱中的“矩形工具”，绘制出所需的线条，接着使用“投影”和“颜色叠加”图层样式对绘制的线条进行修饰，将线条放在菜单选项背景上，对矩形进行合理分割。

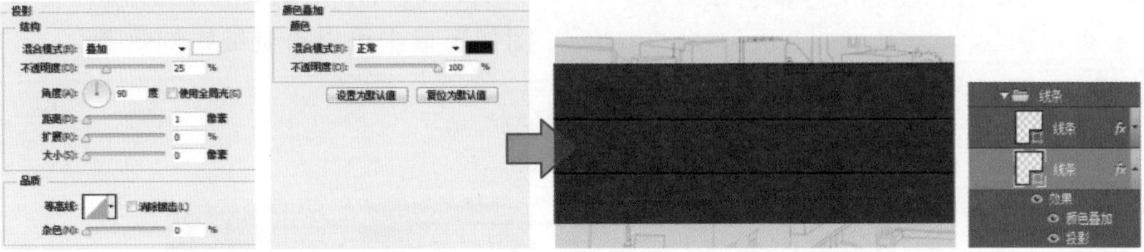

Step 06：选择工具箱中的“横排文字工具”，输入所需的文字，打开“字符”面板对文字的属性进行设置，接着使用“投影”图层样式对文字进行修饰，将文字放在界面适当的位置，在图像窗口中可以看到编辑的效果。

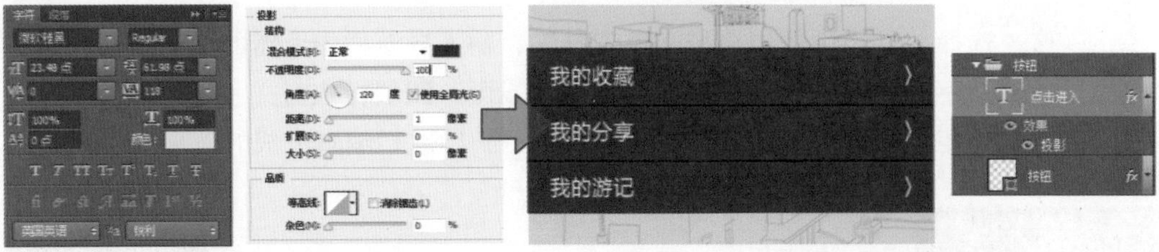


Step 07：参考前面的编辑方法，制作出其他内容的菜单，将制作的菜单按照所需的位置进行排列，并使用图层组对图层进行管理。

Step 08：将素材\14\02.jpg素材添加到图像窗口中，适当调整其大小，使用“椭圆选框工具”创建选区，利用选区创建图层蒙版，对图像的显示进行控制。

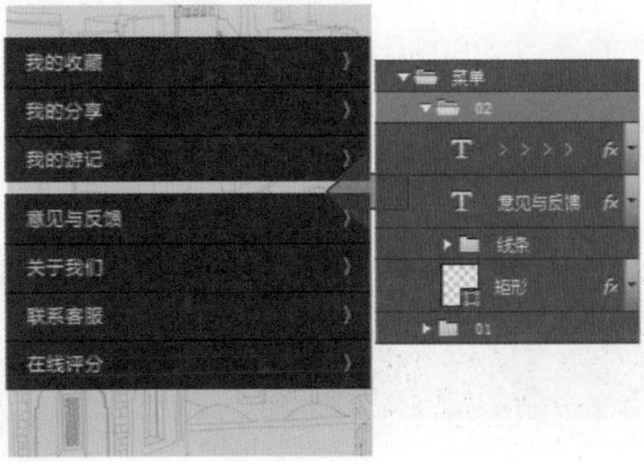


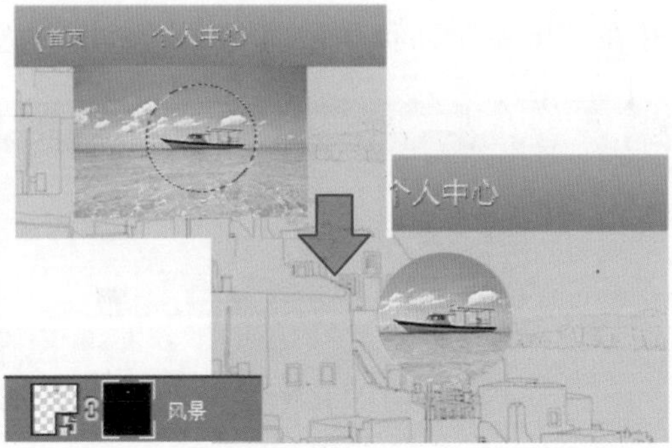

Step 09：双击“风景”图层，在打开的“图层样式”对话框中勾选“描边”复选框，在相应的选项卡中设置参数，对图像进行修饰。

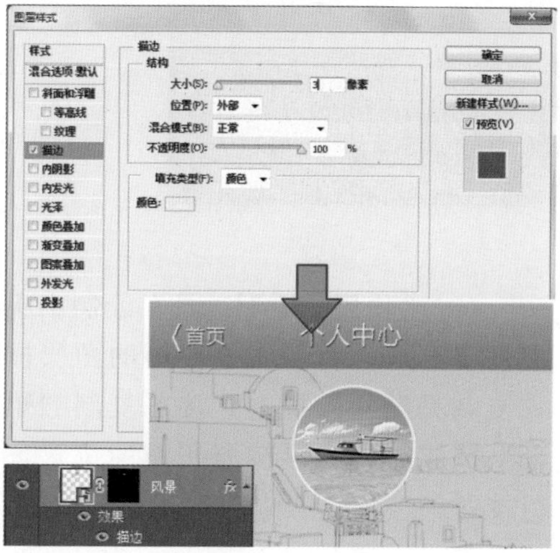


Step 10：选择工具箱中的“横排文字工具”，输入文字，打开“字符”面板对文字的属性进行设置，接着使用“投影”图层样式对文字进行修饰。

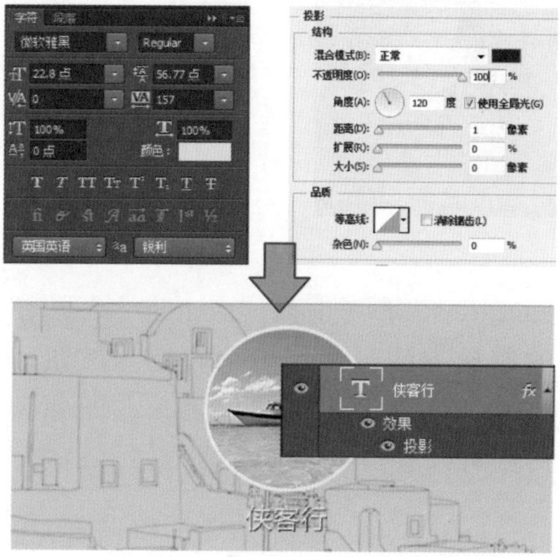


### 3.生态旅游设置界面

Step 01：对前面绘制的界面背景和导航栏进行复制，调整导航栏中的文字内容，开始生态旅游设置界面的制作，在图像窗口中可以看到编辑的效果。

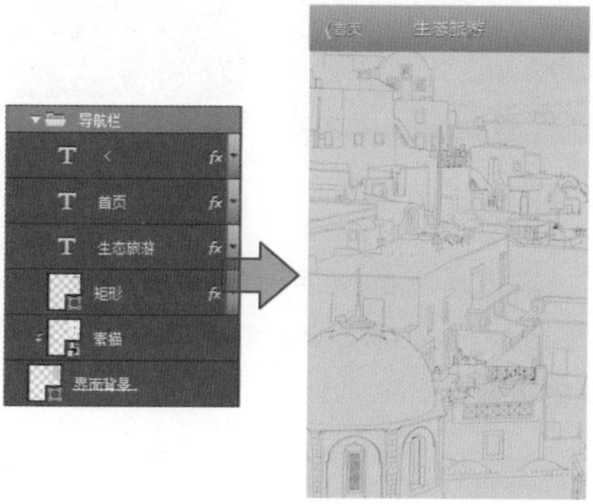


Step 02：对前面绘制的菜单选项的背景进行复制，调整其位置，在图像窗口中可以看到编辑的效果。

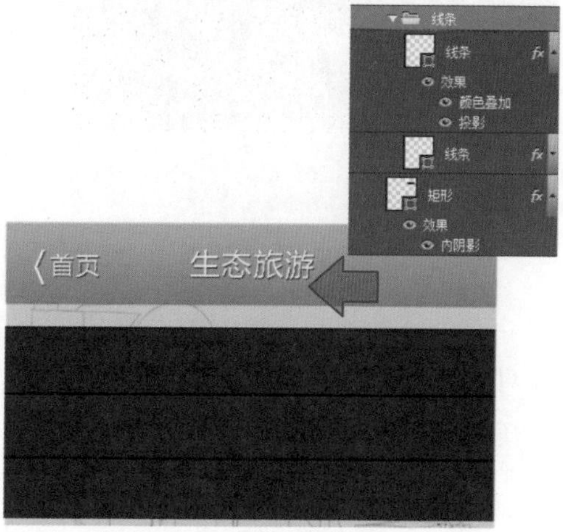

Step 03：选择工具箱中的“横排文字工具”，输入所需的文字，打开“字符”面板对文字的属性进行设置，接着使用“投影”图层样式对文字进行修饰，将文字放在菜单选项背景的上方，在图像窗口中可以看到编辑的效果。

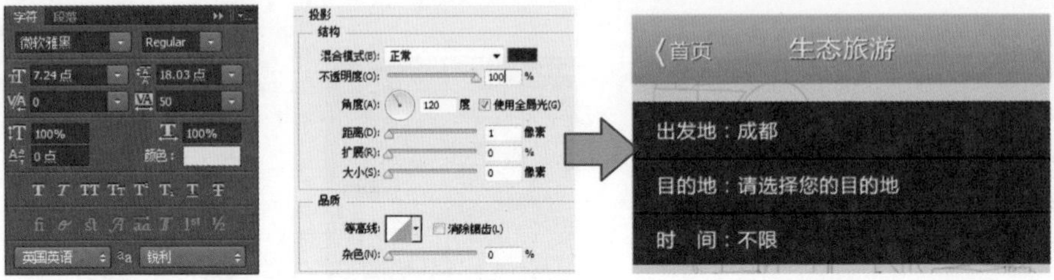


Step 04：参考前面“点击进入”按钮的制作方法，制作出“确定”按钮，将其放在界面适当的位置，在图像窗口中可以看到编辑的效果。

Step 05：使用“矩形工具”绘制出所需的正方形，将按钮中使用的图层样式复制粘贴到图层中，接着复制“矩形”图层，将矩形按照所需的位置进行排列。

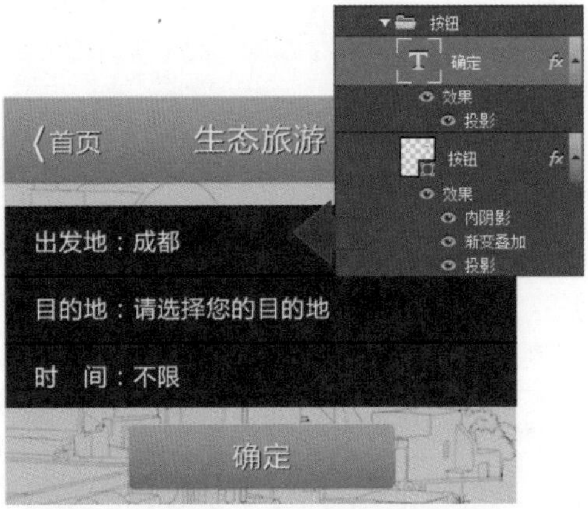


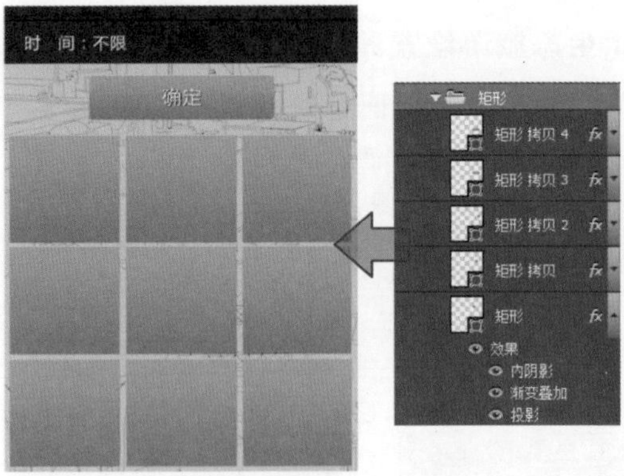


Step 06：选择工具箱中的“横排文字工具”，输入所需的文字，打开“字符”面板对文字的属性进行设置，接着使用“投影”图层样式对文字进行修饰，将文字放在矩形的上方，在图像窗口中可以看到编辑的效果。

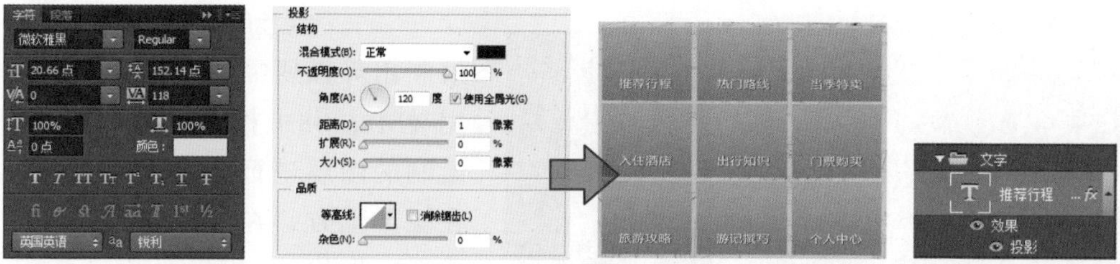


Step 07：选择工具箱中的“矩形工具”，在其选项栏中选择“合并形状”选项，绘制出所需的图标，使用所需的颜色进行修饰，在图像窗口中可以看到编辑的效果。

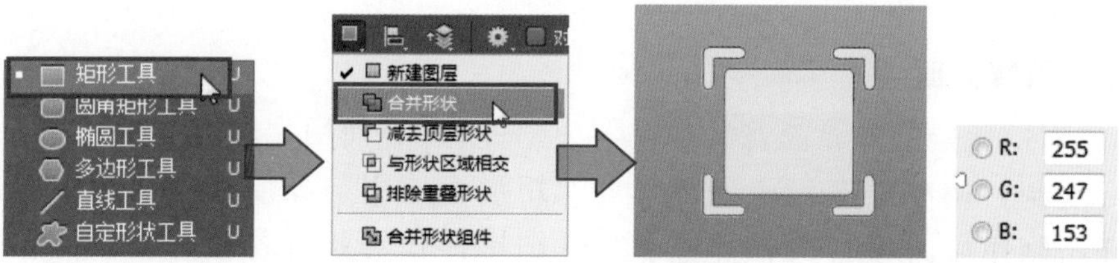


Step 08：使用“内阴影”“描边”“渐变叠加”和“投影”图层样式对绘制的图标进行修饰，并在相应的选项卡中设置参数，调整“图层”面板中的“填充”选项的参数为90%，在图像窗口中可以看到编辑的效果。

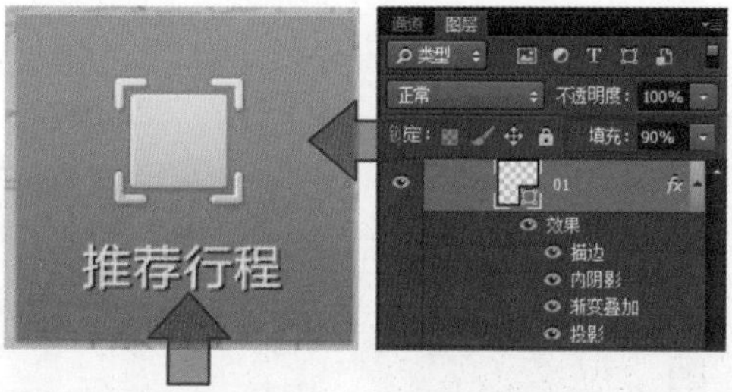


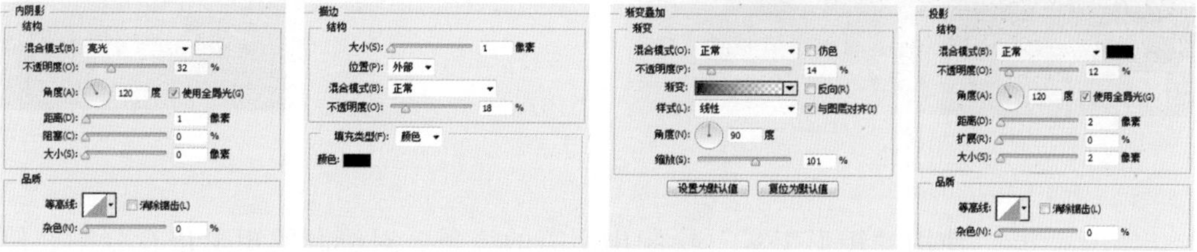

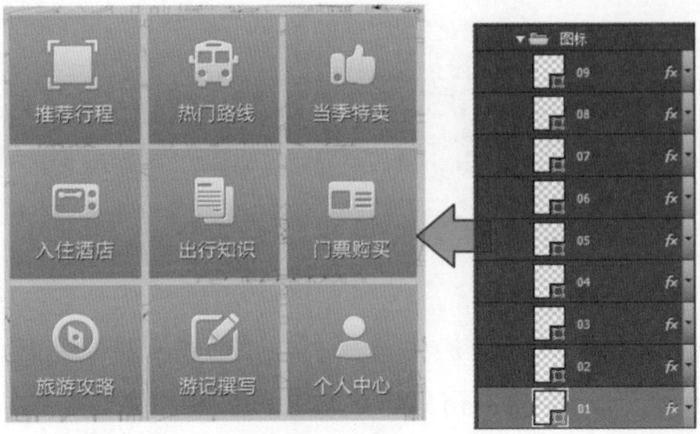


Step 09：参考前面的绘制方法，绘制出界面所需的其他图标，使用与Step 08中相同的图层样式对绘制的图层进行修饰，将图标放在矩形上方，在图像窗口中可以看到当前界面的编辑效果。

**4. 旅游项目选择界面**

Step 01：对前面绘制的界面背景和导航栏进行复制，调整导航栏中的文字内容，开始制作旅游项目选择界面，在图像窗口中可以看到编辑的效果。

Step 02：使用“矩形工具”绘制一个矩形，使用与导航栏背景矩形相同的图层样式对其进行修饰，在图像窗口中可以看到编辑的效果。

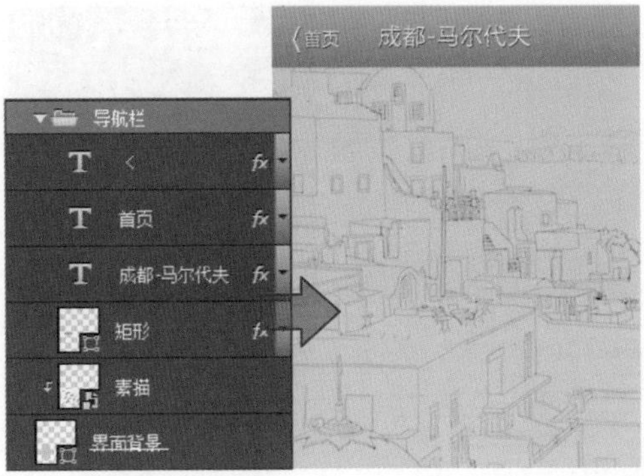


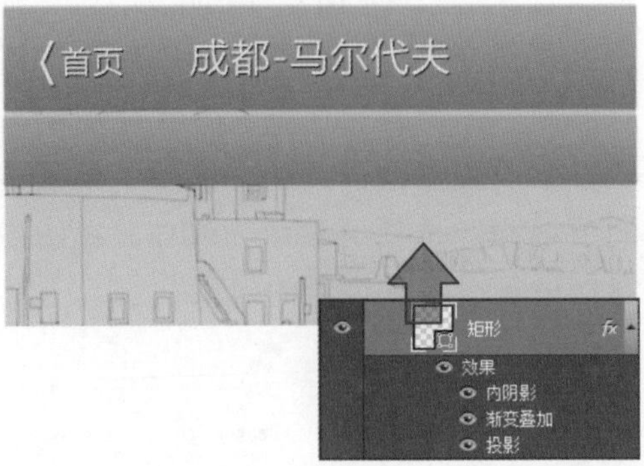


Step 03：使用“矩形工具”绘制出所需的线条，对绘制的矩形进行分割，使用“渐变叠加”和“投影”图层样式对绘制的线条进行修饰，并在相应的选项卡中设置参数，在图像窗口中可以看到编辑的效果。

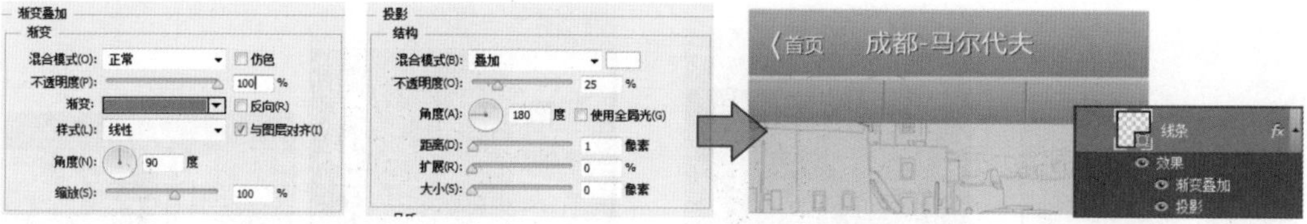


Step 04：再次绘制一个矩形，使用“内阴影”“渐变叠加”和“投影”图层样式对其进行修饰，制作出内凹的视觉效果，作为标签栏中选中状态的选项背景。

Step 05：使用“横排文字工具”输入所需的文字，设置文字的颜色、字体等属性，接着使用“投影”图层样式对文字进行修饰。

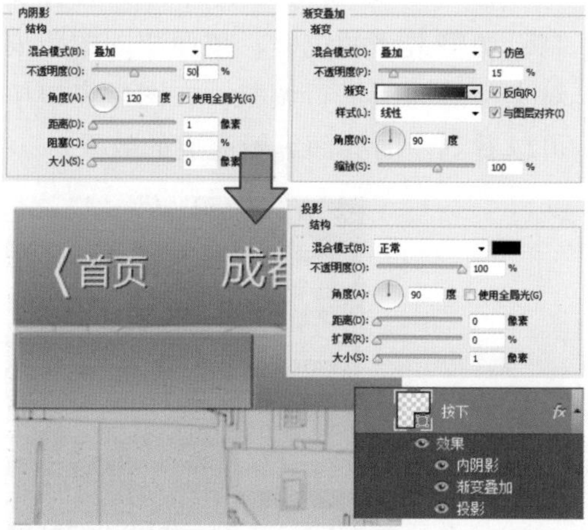


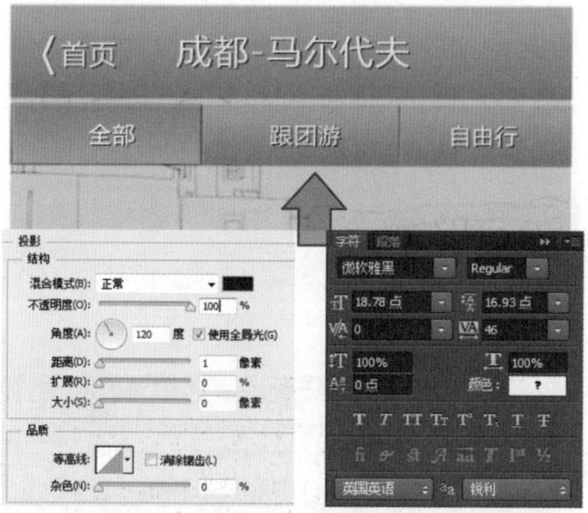


Step 06：参考前面绘制菜单背景的方法，绘制出所需的形状，对界面余下部分的空间进行布局，在图像窗口中可以看到编辑的效果。

Step 07：将素材\14\02.jpg素材添加到图像窗口中，适当调整其大小，接着使用“矩形选框工具”创建矩形选区，对其显示进行控制。

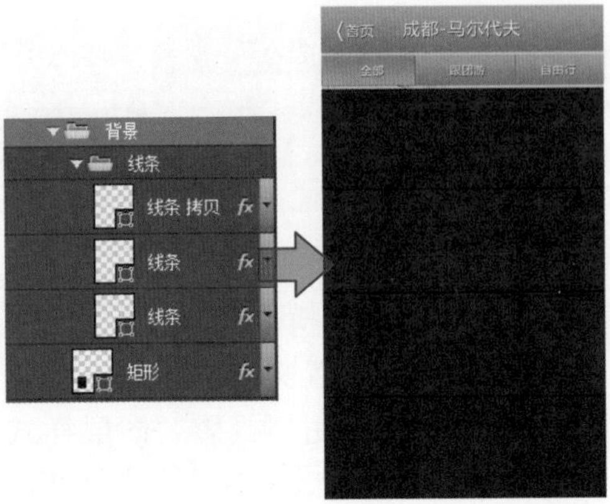


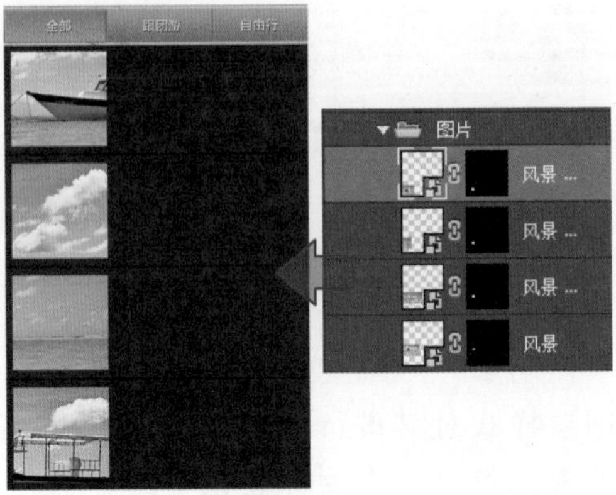


Step 08：使用“横排文字工具”输入所需的文字，参考前面文字的设置属性来对文字的字体、色彩等进行调整，在图像窗口中可以看到编辑的效果。

Step 09：对编辑完成的文字进行复制，调整文字的位置，按照相同的距离对文字的间距进行调整，在图像窗口中可以看到当前界面编辑完成的效果。

**5. 搜索查找界面**

Step 01：对前面绘制的界面背景和导航栏进行复制，调整导航栏中的文字内容，开始制作搜索查找界面。在图像窗口中我们可以看到编辑的效果，接着绘制出一个圆角矩形，使用“内阴影”“投影”和“描边”图层样式进行修饰，并设置“填充”选项的参数为50%。

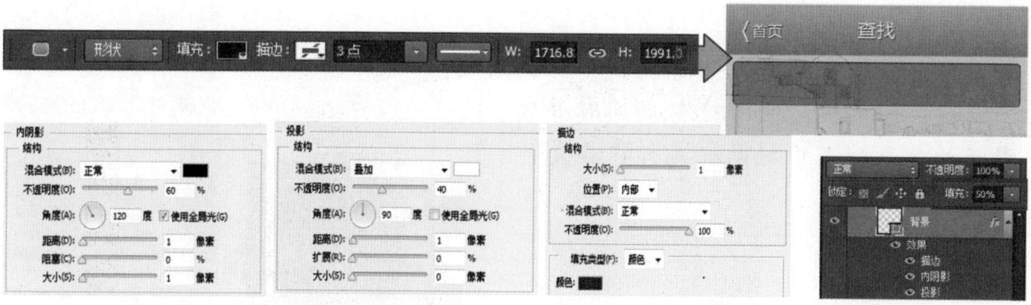


Step 02：使用“圆角矩形工具”，在其选项栏中进行设置，绘制出所需的形状，使用“内阴影”图层样式对绘制的圆角矩形进行修饰，作为搜索栏的文本框。

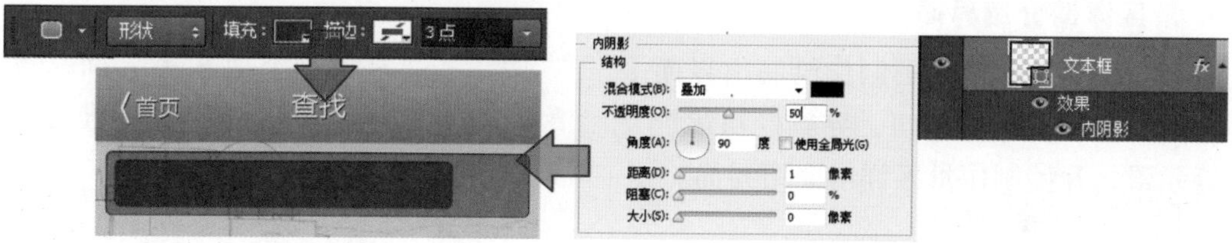


Step 03：选择“横排文字工具”添加所需的文字，并参考前面制作按钮的方法绘制出搜索按钮，完成搜索栏的制作，在图像窗口中可以看到编辑的效果。

Step 04：参考前面制作按钮的方法，制作出界面所需的其他按钮，并为按钮添加所需的文字，在图像窗口中可以看到当前界面制作完成的效果。

提示：在“图层”面板中想要对当前图层应用另外一个图层中的样式，可以在“图层”面板中，按住Alt键的同时并从图层的效果列表中拖动样式，将其复制到另一个图层。

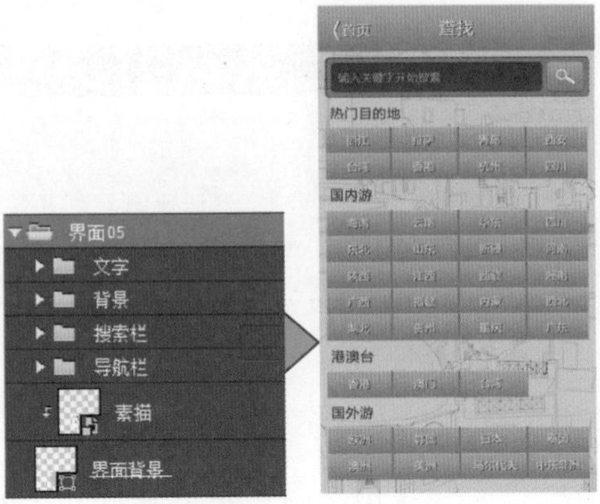


6. **景区详情介绍界面**

Step 01：参考前面的制作绘制出界面大致的布局，添加按钮、导航栏和背景等元素，开始制作景区详情介绍界面。

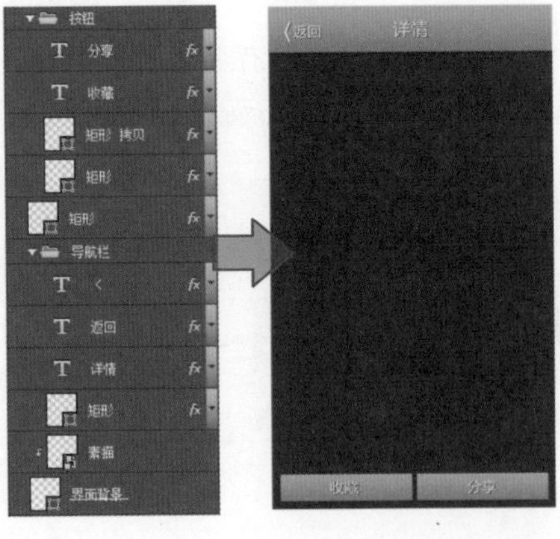


Step 02：为界面添加文字、图片等信息，参考前面的制作和设置进行修饰，完成本案例的编辑。

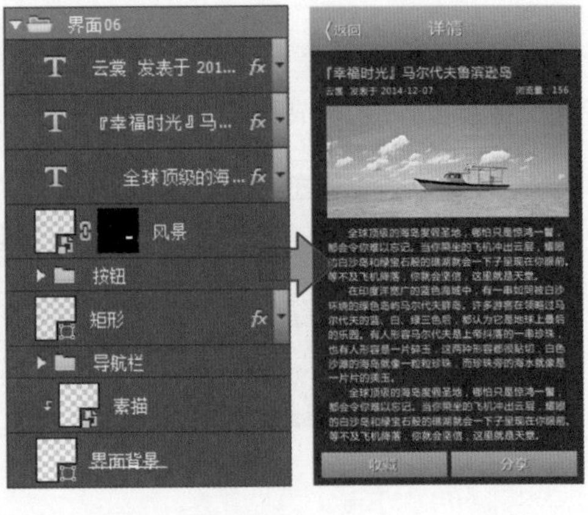